Python 编程宝典

迅速提高编程水平的 100 个关键技能

郭奕 肖舒予◎编著

北京大学出版社

PEKING UNIVERSITY PRESS

内 容 提 要

本书以实战技能的形式，讲解了Python编程从入门到精通可能涉及的100个关键技能，从最基本的语法基础，到面向对象程序设计，再到算法与数据结构，最后是基于Python的各种应用，包括游戏、网站、数据分析与数据挖掘等。本书内容全面，力求覆盖Python所能涉及的各方面应用。通过实战技能的形式，读者学习时容易上手操作，达到学以致用、举一反三的目的。

全书分5章，共100个关键实战技能。第1章主要介绍了Python基本语法的27个实战技能；第2章主要介绍了Python经典算法的21个实战技能；第3章主要介绍了Python在应用开发方面的13个实战技能；第4章主要介绍了Python在数据分析方面的15个实战技能；第5章在第4章内容的基础上，主要介绍了Python在数据挖掘方面的24个实战技能。

本书既适合非计算机软件专业出身的编程小白，也适合即将走上工作岗位的广大毕业生，以及已经有编程经验但想转行做数据分析与数据挖掘的专业人士。同时，还可以作为广大职业院校、培训班的教学参考用书。

图书在版编目(CIP)数据

Python编程宝典：迅速提高编程水平的100个关键技能 / 郭奕，肖舒予编著. —北京：北京大学出版社，2021.1
ISBN 978-7-301-28080-5

Ⅰ.①P… Ⅱ.①郭… ②肖… Ⅲ.①软件工具 – 程序设计 Ⅳ.①TP311.561

中国版本图书馆CIP数据核字(2020)第094818号

书　　　名	Python编程宝典：迅速提高编程水平的100个关键技能
	PYTHON BIANCHENG BAODIAN：XUNSU TIGAO BIANCHENG SHUIPING DE 100 GE GUANJIAN JINENG
著作责任者	郭 奕 肖舒予 编著
责 任 编 辑	张云静 吴佳阳
标 准 书 号	ISBN 978-7-301-28080-5
出 版 发 行	北京大学出版社
地　　　址	北京市海淀区成府路205 号　100871
网　　　址	http://www.pup.cn　　新浪微博:@北京大学出版社
电 子 信 箱	pup7@pup.cn
电　　　话	邮购部 010-62752015　发行部 010-62750672　编辑部 010-62570390
印 刷 者	北京飞达印刷有限责任公司
经 销 者	新华书店
	787毫米×1092毫米　16开本　29.75 印张　675千字
	2021年1月第1版　2021年1月第1次印刷
印　　　数	1-4000册
定　　　价	99.00 元

前　言

▲

| INTRODUCTION |

为什么写这本书

在Python开发领域流传着这样一句话：人生苦短，我用Python！可见在开发编程领域Python受开发者欢迎的程度之高。如果是零基础学编程，把Python作为编程入门语言是一个不错的选择。

Python语言如此火爆的原因非常多，笔者认为主要有以下几点。

（1）入门非常容易。如果有其他编程语言的基础，几分钟就能写出一个Python程序，一天就能基本入门。

（2）性能优良，功能强大，通常用简单的几行代码就能完成别的语言需要花费上百行代码才能实现的功能。Python可用的地方也非常多，从入门级爬虫、前端、后端、自动化运维，到专业级数据挖掘、科学计算、图像处理、人工智能，Python都可以胜任。

本书的特点

本书力求简单、实用，坚持以实例为主、理论为辅的路线，所有的知识点都根据实战技能来进行介绍。

全书分5个章节，从基础语言的使用，到一些简单的应用研发，以及数据分析与数据挖掘方面的应用，基本上覆盖了Python语言所有的使用场景。

本书最大的特点就是通过案例介绍具体的知识点，这使读者在学习过程中能输出学习成果，获得学习的成就感。

学习建议

本书既适合非计算机软件专业出身的编程小白，也适合即将走上工作岗位的广大毕业生，以及已经有编程经验但想转行做数据分析与数据挖掘的专业人士。同时，还可以作为广大职业院校、培训班的教学参考用书。

除了书，您还能得到什么？

（1）赠送：书中相关案例的源代码和数据集文件，方便读者学习参考。

（2）赠送：近300分钟与书同步的52个典型关键技能实战案例的视频教程，读者用微信扫一扫下方的二维码即可在线观看视频教程进行学习。

在线观看视频

（3）赠送：Python常见面试题精选（50道）。

温馨提示

请用微信扫一扫下方任意二维码关注公众号，输入代码 7654D，获取以上资源的下载地址及密码。

官方微信公众号

资源下载

阅读说明

书中代码段前面的行号（1、2、3、4、5……）仅仅是为了便于读者阅读而添加的行序号，不是代码本身的内容。读者在参考代码进行编码实践时，请不要输入代码前的行号数字。

目 录

▲

| CONTENTS |

第4章　Python 数据分析的关键技能....................220

第 1 章

Python 语言基础的关键技能

Python是一门高层次的结合了解释性、编译性、互动性的脚本语言，具有简单易学、易于阅读及易于维护的特点，是对初学者极为友好的一门语言。本章将使用27个实战技能来介绍Python语言基础的关键技能，其中包含了Python结构化程序设计及面向对象程序设计。本章知识点如下所示。

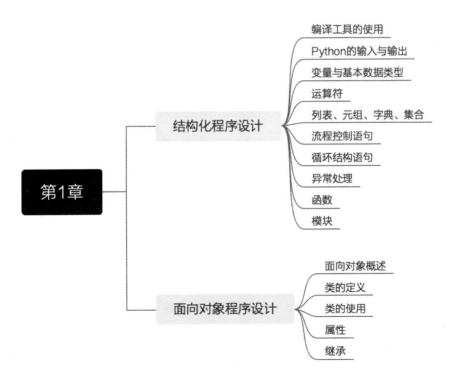

实战技能 ⓞ1 "Hello World!" 的输出

实战·说明

本实战技能是学习每一门编程语言的人都会编写的一个案例，即使用Python语言编写程序，输出 "Hello World!"。运行程序得到的结果如图1-1所示。

$$\boxed{\text{Hello World!}}$$

图1-1 "Hello World!" 的输出结果展示

技能·详解

1.技术要点

print( )函数：用于输出。

语法说明如下。

```
1. print(*objects, sep=' ', end='\n', file=sys.stdout)
```

参数说明如下。

① objects：复数，表示可以一次输出多个对象。输出多个对象时，需要用逗号 "," 分隔。

② sep：用来间隔多个对象，默认值是一个空格。

③ end：用来设定结尾，默认值是换行符 "\n"，可以换成其他字符串。

④ file：要写入的文件对象。

温馨提示

print( )在Python 3.x中是一个函数，但是在Python 2.x中只是一个关键字。

在 Python 2.x 中，如果想让输出的内容在一行上显示，在后面直接加上逗号 ","就可以了，但是在 Python 3.x 中，使用 print( ) 函数时不能直接加上逗号 ","，需要加上 ",end=' 分隔符 '"。

2.编程实现

本书主要介绍的关键技能包括Python语言基础、算法实战、应用开发、数据分析及数据挖掘等。Python语言基础、算法实战、数据分析及数据挖掘在编程中更加注重过程，需要实时反应编程情况及展示运行结果。应用开发编程代码量大，模块之间的调用比较频繁，需要大量的库的支持，所以需要的编译器应该更加智能及模块化。结合章节不同的特点，本书主要使用编译工具——Jupyter Notebook和PyCharm，下面将通过本实战技能的实现来介绍这两个工具的详细使用方法。在进行具体的代码工作之前，读者可以先参考附录A进行Python运行环境的安装，参考附录B进行

Python开发工具的安装。

1）Jupyter Notebook

Jupyter Notebook是用于交互计算的应用程序，可以直接在网页中编写代码和运行代码，代码的运行结果也会直接在代码块下显示。在编程过程中，文档可以在同一个页面中进行编写，便于做及时的说明和解释。

在Jupyter Notebook中，编程的详细步骤如下。

Step1：使用附录B中的方法打开cmd，使用cd命令进入存储代码的文件夹（本案例将代码存储到桌面），如图1-2所示。

图1-2　cmd界面

Step2：在cmd界面中输入"jupyter notebook"命令，进入如图1-3所示的界面。

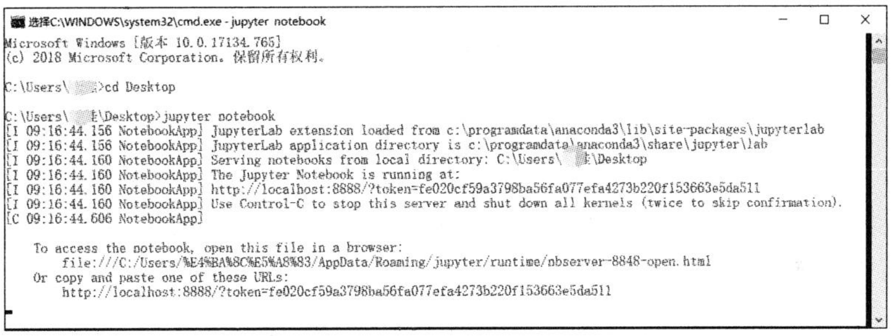

图1-3　Jupyter Notebook运行界面

Step3：完成上述操作之后，单击界面中的【New】按钮，选择【Python 3】选项，建立一个Python 3的源文件，运行结果如图1-4所示。

图1-4　浏览器界面及Jupyter Notebook 新建源文件界面

Step4：新建源文件之后，浏览器将会自动打开一个新的页面，在新页面的【cell】中编写代码，如图1-5所示。

图1-5　代码编写界面

Step5：单击【运行】按钮运行代码，也可以使用快捷键【Shift+Enter】运行代码，如图1-6所示。

图1-6　代码运行界面

温馨提示

编程中的常用快捷键如下。

保存代码：【Ctrl+S】。关闭页面：【Esc】。切换单元滚动：【Shift+0】。切换行号：【Shift+L】。
撤销或删除：【Ctrl+Z】。运行选中的代码块：【Ctrl+Enter】。

2）PyCharm

PyCharm具有代码分析辅助功能，可以补全代码、高亮语法和提示错误，并且支持Python网络框架Django、Web2py及Flask，对网络编程比较友好，是一个和Visual Studio类似的集成开发环境。

在PyCharm中，编程的详细步骤如下。

Step1：安装好PyCharm之后，双击快捷方式，运行PyCharm编译器，运行结果如图1-7所示。

Step2：单击【Create New Project】按钮后创建新的项目，如图1-8所示。

其中，可以单击图中图标【（1）】，选择项目的位置；通过选中单选按钮【（2）】或者【（3）】，选择程序的运行环境。如果选中的是单选按钮【（2）】，表示创建新的虚拟环境，并且可以单击图标【（4）】，更改虚拟环境所存在的位置。如果电脑里面存在多个关于Python的环境，可以单击图标【（5）】，选择所基于的环境（本文主要选择的环境是Anaconda3）。如果选中的是单选按钮【（3）】，则直接利用已经配置好的虚拟环境，也可以单击图标【（6）】，选择相应的环境。

图1-7　运行界面

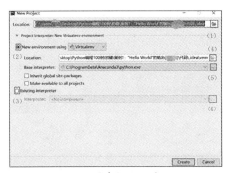

图1-8　创建新项目界面

Step3：完成上述步骤后，单击【Create】按钮，创建新的项目，出现【Create Project】对话框，单击【Yes】按钮，如图1-9所示。

图1-9　选择界面

Step4：单击【Close】按钮，关闭提示界面，如图1-10所示。

图1-10　运 行 界 面

Step5：右击项目（本案例中的【代码】），选择【New】选项，选择【Python File】选项，创建新的源文件，如图1-11所示。

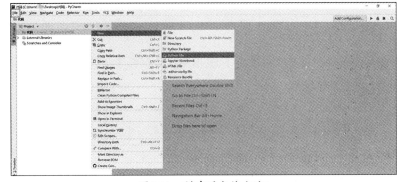

图1-11　创建源文件方法1

Step6：除了上述方法之外，可以选择【File】菜单，选择【New】选项，使用上述相同的步骤创建新的源文件，如图1-12所示。此外，也可以使用快捷键【Alt+Insert】创建新的源文件。

图1-12　创建源文件方法2

Step7：给创建的源文件命名，命名后单击【OK】按钮，如图1-13所示。

Step8：源文件创建完成之后，在界面输入代码，如图1-14所示。

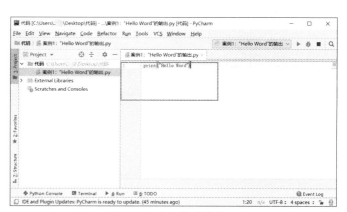

图1-13　源文件命名　　　　　　　　图1-14　输入代码界面

Step9：选择【菜单栏】的【Run】选项，在下拉菜单里单击【Run】命令，运行结果如图1-15所示。

温馨提示

除了上述的运行方式以外，可以单击图1-15中右上角标记【（1）】的运行按钮，也可以使用快捷键【Alt+Shift+F10】运行程序。

本案例通过实现最基础的"Hello World"的输出，介绍了Jupyter Notebook和PyCharm的使用方法。一般来说，Jupyter Notebook更加简单直接，支持分段运行代码，通常用于科学研究和课堂教学。PyCharm功能强大，和其他语言的集成开发环境的风格更加接近，通常用于大型应用项目的研发。

本书涉及的案例都可以使用这两种编译工具来实现，读者根据本案例介绍的基本操作，即可完成源代码的创建和运行。另外，本书涉及的案例都是基于Python 3.x来完成的。

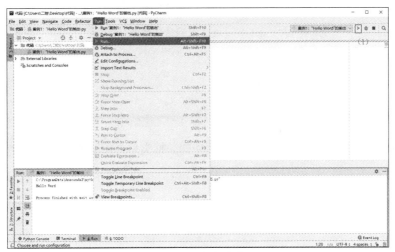

图1-15　运行结果展示

巩固·练习

（1）使用本案例介绍的两种编译工具和print( )函数，编写出自己的姓名、电话和地址，输出结果如图1-16所示。

（2）在巩固练习1的基础上，使用print( )函数输出自己的学号、学校和邮箱等，输出结果如图1-17所示。

姓名：Python
电话：1234567
地址：中国四川省成都市

图1-16　巩固练习1结果

姓名：Python
电话：1234567
地址：中国四川省成都市
学号：7654321
学校：四川大学
邮箱：1234567@qq.com

图1-17　巩固练习2结果

实战技能 02 数字求和

实战·说明

本实战技能将实现两个数字之间的求和并输出结果。运行时，要求用户根据提示输入两个待求和的整数。运行程序得到的结果如图1-18所示。

```
请输入第一个数字：12
请输入第二个数字：23
两个数字的和为： 35
```

图1-18　数字求和结果展示

技能·详解

1.技术要点

input( )函数：接受一个标准输入的数据，返回的数据类型为string类型。

语法说明如下。

```
1. input([prompt])
```

参数说明如下。

prompt：提示信息。

高手点拨

Python 2.x中的input( )函数相当于eval(raw_input(prompt))，raw_input( )将所有输入作为字符串看待，返回字符串类型。input( )函数在对待纯数字输入时具有自己的特性，它返回所输入的数字类型为(int,float)。

2.主体设计

数字求和流程如图1-19所示。

图1-19　数字求和流程图

数字求和具体通过以下3个步骤实现。

Step1：调用input( )函数，要求用户输入待求和的数字，使用num1和num2记录。

Step2：对两个数字进行求和，并且使用sum进行记录。

Step3：调用print( )函数，对结果进行输出。

3.编程实现

本实战技能使用Jupyter Notebook进行编写，建立相关的源文件【案例2：数字求和.ipynb】，在相应的【cell】里面编写代码。参考"实战技能01"的详细步骤，编写具体代码，具体步骤及代码如下所示。

Step1：调用input( )函数，获得用户待求和的数字，代码如下所示。

```
1. # 用户输入待求和的数字
```

```
2. num1 = input(" 请输入第一个数字: ")
3. num2 = input(" 请输入第二个数字: ")
```

Step2：对两个数字进行求和，并且对结果进行输出，代码如下所示。

```
1. sum = int(num1) + int(num2)            # 计算
2. print(" 两个数字的和为: ", sum)          # 输出计算结果
```

巩固·练习

（1）修改本案例的程序，获得多个数字求和的计算结果。

小贴士

修改案例代码，多次调用input( )函数，获得待计算的数字。修改案例代码，改变计算规则，获得多个数字的计算结果。调用print( )函数，输出计算结果。

（2）修改本案例的程序，使程序可以进行四则运算。

小贴士

实现步骤和巩固练习1相似，但是需要注意运算规则的改变和运算符的使用。

实战技能 03 二次方程的求解

实战·说明

本实战技能结合使用input( )函数及print( )函数，实现对标准二次方程进行求解。运行时，要求用户根据提示，分别输入二次项系数、一次项系数和常数。运行程序得到的结果如图1-20所示。

$$1.0\ x^2 + 2.0\ x + 1.0 = 0\ 的结果为\ -1.0\ 和\ -1.0$$

图1-20　二次方程的求解结果展示

技能·详解

1.技术要点

对Python常用的变量、保留字、基本数据类型进行简要介绍。

1）变量

在Python中，可以把变量理解为名字。当把一个值赋给一个名字时，如A = float(input('输入二次项系数A: '))，A就是变量。Python中，不需要先声明变量名及其类型，直接赋值即可创建各种类型的变量。变量的命名并不是任意的，在命名过程中应当注意以下几点。

（1）变量名必须是一个有效的标识符。

（2）变量名不能是Python中的保留字。

（3）小心使用小写字母l和大写字母O。

（4）选择具有特殊意义的单词或者单词的首写字母为变量名。

（5）type( )函数可以返回变量的类型。

（6）id( )函数可以返回变量所指的内存地址。

2）保留字

Python中的保留字指的是已经被赋予特定意义的一些单词。开发程序时，不可以把这些保留字作为变量、函数、类、模块和其他对象的名称来使用，具体如表1-1所示。

表1-1　Python 中的保留字

保留字	说明	保留字	说明
and	用于表达式运算，逻辑与操作	yield	用于从函数依次返回值
as	用于类型转换	if	条件语句，与 else、elif 结合使用
assert	用于判断变量或条件表达式的值是否为真	import	用于导入模块，与 from 结合使用
break	中断循环语句的执行	in	判断变量是否在序列中
class	用于定义类	is	判断变量是否为某个类的实例
continue	继续执行下一次循环	lambda	定义匿名变量
def	用于定义函数或方法	not	用于表达式运算，逻辑非操作
del	删除变量或序列的值	or	用于表达式运算，逻辑或操作
elif	条件语句，与 if、else 结合使用	pass	空的类、方法或函数的占位符
else	条件语句，与 if、elif 结合使用，也可用于异常和循环语句	print	输出语句
except	包含捕获异常后的操作代码块，与 try、finally 结合使用	raise	抛出异常
exec	用于执行 Python 语句	return	用于从函数返回计算结果
for	循环语句	try	包含可能会出现异常的语句，与 except、finally 结合使用
finally	用于异常语句，与 try、except 结合使用	while	循环语句
from	用于导入模块，与 import 结合使用	with	简化 Python 语句
global	定义全局变量		

温馨提示

Python 中，所有保留字是区分字母大小写的。例如，True、if 是保留字，但是 TRUE、IF 不是保留字。

3）基本数据类型

基本数据类型主要包括数字类型、字符串类型、布尔类型等，本书列举出它们的基本用法和常用的方法，以便参考。

（1）数字类型。

Python 的常用数字类型是整数、浮点数和复数。

① 整数用来表示整数数值，即没有小数部分的数值。整数主要包括正整数、负整数和 0，并且它的位数是任意的。整数的数字类型包括十进制整数、八进制整数、十六进制整数和二进制整数。

温馨提示

十进制整数不能以 0 开头（0 除外）。八进制整数由 0~7 组成，进位规则是"逢八进一"，并且以 0 开头。十六进制整数由 0~9 和 A~F 组成，进位规则是"逢十六进一"，并且要以 0x 或 0X 开头。二进制整数只有 0 和 1 两个基数，进位规则是"逢二进一"。

② 浮点数由整数部分和小数部分组成，主要用于处理包括小数的数。

③ 复数由实部和虚部组成，并且使用 j 或 J 表示虚部。当表示一个复数时，可以将实部和虚部相加。

（2）字符串类型。

字符串就是连续的字符序列，可以是计算机所能表示的一切字符的集合。在 Python 中，字符串属于不可变序列，通常使用单引号" ' '"、双引号" " ""或者三引号" """ """"括起来。这种引号形式在语义上没有差别，只是在形式上有些差别。其中，单引号和双引号中的字符序列必须在一行上，而三引号内的字符序列可以分布在连续的多行上。

Python 中的字符串还支持转义字符，转义字符是指使用反斜杠"\"对一些特殊字符进行转义。常用的转义字符如表 1-2 所示。

表 1-2　常用转义字符及其作用

转义字符	说明
\	续行符
\n	换行符
\0	空
\t	水平制表符，用于横向跳到下一制表位
\"	双引号
\'	单引号

转义字符	说明
\\	一个反斜杠
\f	换页
\0dd	八进制数
\xhh	十六进制数

（3）布尔类型。

布尔类型主要用来表示值的真或假。在Python中，标识符True和False被解释为布尔值。与其他语言一样，布尔值可以转换为数值，其中True表示1，False表示0。

4）数据类型转换

实现不同数据类型之间的转换，常用的数据类型转换函数如表1-3所示。

表1-3　常用数据类型转换函数

转换函数	说明
int(x)	将 x 转换为整数类型
float(x)	将 x 转换为浮点数类型
complex(real[, imag])	创建一个复数
str(x)	将 x 转换为字符串
repr(x)	将 x 转换为表达式字符串
eval(str)	将 str 当成表达式求值，返回计算结果
chr(x)	将整数 x 转换为一个字符
ord(x)	将一个字符 x 转换为它对应的整数值
hex(x)	将一个整数 x 转换为一个十六进制字符串
oct(x)	将一个整数 x 转换为一个八进制的字符串

5）format( )函数

format( )函数是Python 2.6之后新增的一个格式化字符串的函数，可以用来进行字符串填充、格式转换等，详细功能介绍如下。

（1）填充。

format( )函数会把参数按位置顺序来填充字符串，第一个参数为0，第二个参数为1，依此类推，用法如下所示。

```
1. print('hello {0} i am {1}'.format('world', 'python'))
```

通过key来填充字符串，用法如下所示。

```
1. obj = 'world'
2. name = 'python'
3. print('hello, {obj}, i am {name}'.format(obj=obj, name=name))
```

通过列表来填充字符串，用法如下所示。

```
1. list = ['world', 'python']
2. print('hello {names[0]}  i am {names[1]}'.format(names=list))
```

通过字典来填充字符串，用法如下所示。

```
1. dict = {'obj': 'world', 'name': 'python'}
2. print('hello {names[obj]} i am {names[name]}'.format(names=dict))
```

通过类的属性填充字符串，用法如下所示。

```
1. class Names( ):
2.     obj = 'world'
3.     name = 'python'
4. print('hello {names.obj} i am {names.name}'.format(names=Names))
```

通过魔法参数填充字符串，用法如下所示。

```
1. args = [',', 'inx']
2. kwargs = {'obj': 'world', 'name': 'python'}
3. print('hello {obj} {} i am {name}'.format(*args, **kwargs))
```

（2）进行格式转换。

Python中，数值型变量只能以十进制形式表示，其他类型变量只能以字符串形式表示，可以通过format( )函数将数值型变量转换成其他字符串，具体格式转换如表1-4所示。

表1-4　通过 format( ) 函数进行格式转换

数字	格式	输出	描述
3.141596	{:.2f}	3.14	保留小数点后两位
−1	{:+.2f}	−1	带符号保留小数点后两位
0.5678	{:.0f}	1	不带小数
10000	{:,}	10,000	逗号分隔
0.95	{:.2%}	95.00%	百分比格式
1000000000	{:.2e}	1.00E+09	指数记法
25	{0:b}	11001	转换成二进制
25	{0:d}	25	转换成十进制
25	{0:o}	31	转换成八进制
25	{0:x}	19	转换成十六进制
2	{:0>3}	002	数字补零（填充左边，宽度为3）
2	{:x<3}	2xx	数字补 x（填充右边，宽度为3）
10	{:x^4}	x10x	数字补 x（填充两边，优先左边，宽度为4）
12	{:10}	12	右对齐（宽度为10）
12	{:<10}	12	左对齐（宽度为10）
12	{:^10}	12	中间对齐（宽度为10）

（3）其他用法。

转义，用法如下所示。

```
1. print('{{hello}} {{{0}}}'.format('world'))
```

函数变量，用法如下所示。

```
1. name = 'InX'
2. hello = 'hello, {} welcome to python world!!!'.format
3. hello(name)
```

格式化datetime，用法如下所示。

```
1. from datetime import datetime
2. now = datetime.now( )
3. print '{:%Y-%m-%d %X}'.format(now)
```

2.主体设计

二次方程求解流程如图1-21所示。

图1-21　二次方程求解流程图

二次方程求解具体通过以下3个步骤实现。

Step1：调用input( )函数，要求用户输入二次项系数A、一次项系数B及常数C。

Step2：利用求根公式，计算出二次方程的结果，并且使用S1和S2记录。

Step3：调用print( )函数和format( )函数，对结果进行输出。

3.编程实现

本实战技能使用Jupyter Notebook进行编写，建立相关的源文件【案例3：二次方程的求解.ipynb】，在相应的【cell】里面编写代码。参考"实战技能01"的详细步骤，编写具体代码，具体步骤及代码如下所示。

Step1：调用input( )函数，输入二次项系数A、一次项系数B及常数C，代码如下所示。

```
1. # 导入数学计算的模块
2. import cmath
3. # 输入相关数据
4. A = float(input('输入二次项系数A: '))
5. B = float(input('输入一次项系数B: '))
6. C = float(input('输入常数C: '))
```

Step2：利用二次方程求根公式计算出二次方程的结果，并且使用S1和S2记录，代码如下所示。

```
1. # 利用求根公式计算结果
2. D = (B ** 2) - (4 * A * C)
3. S1 = (-B - math.sqrt(D)) / (2 * A)
4. S2 = (-B + math.sqrt(D)) / (2 * A)
```

Step3：调用print( )函数和format( )函数，对结果进行输出，代码如下所示。

```
1. # 输出计算结果
2. print(A, 'x^2+', B, 'x+', C, '=0 的结果为 {0} 和 {1}'.format(S1, S2))
```

巩固·练习

（1）实现平方根的计算。

> **小贴士**
>
> 导入cmath模块，调用input( )函数，得到需要开平方根的数字。修改计算部分，得到平方根的计算结果。调用print( )函数，输出计算结果。另外，记得使用format( )函数来规范输出格式。

（2）实现勾股定理的计算。

> **小贴士**
>
> 实现步骤和巩固练习1相似，需要注意运算规则的修改。

实战技能 04 摄氏度与华氏度的转换

实战·说明

本实战技能将结合Python中的算术运算符和算术表达式，实现用户输入一个摄氏度，返回一个华氏度。运行程序得到的结果如图1-22所示。

```
Please enter  the centigrade: 30
the fahrenheit is: 86.0
```

图1-22 摄氏度与华氏度的转换结果展示

技能·详解

1.技术要点

本实战技能将会涉及一些运算，因此先介绍一下Python中常用的运算符。运算符分为算术运算符、比较运算符、赋值运算符等，接下来将详细介绍运算符的使用。

1）算术运算符

算术运算符是用来实现算术表达式的，Python中常见的算术运算符如表1-5所示。

表1-5　算术运算符

运算符	功能
+	加运算符，实现两个式子相加
−	减运算符，实现两个式子相减
*	乘运算符，实现两个式子相乘
/	除运算符，实现两个式子相除
%	取模运算符，实现两个式子相除，返回余数
**	幂运算符，返回 x 的 y 次幂
//	整除运算符，实现两个式子相除，返回商的整数部分

2）比较运算符

比较运算符又被称为关系运算符，是一种用来比较两个变量或常量的运算符。比较运算符如表1-6所示。

表1-6　比较运算符

运算符	功能
==	等于符号，用来判断式子是否相等
!=	不等于符号，用来判断式子是否不等
>	大于符号，用来判断 x 是否大于 y
<	小于符号，用来判断 x 是否小于 y
>=	大于等于符号，用来判断 x 是否大于等于 y
<=	小于等于符号，用来判断 x 是否小于等于 y

温馨提示

所有比较运算符返回 1 则为真，返回 0 则为假，这与 True 和 False 等价。

3）赋值运算符

赋值运算符主要用来给某个变量或式子进行赋值操作，即设定一个值。常见的赋值运算符如表1-7所示。

表1-7　常见赋值运算符

运算符	功能
=	简单的赋值运算符，将右边的值赋给左边的变量
+=	加法赋值运算符，相当于 $a=a+c$
−=	减法赋值运算符，相当于 $a=a-c$
*=	乘法赋值运算符，相当于 $a=a*c$
/=	除法赋值运算符，相当于 $a=a/c$

2.主体设计

摄氏度与华氏度的转换流程如图1-23所示。

图1-23　摄氏度与华氏度的转换流程图

摄氏度与华氏度的转换具体通过以下两个步骤实现。

Step1：用户输入一个摄氏度。

Step2：使用摄氏度转换为华氏度的公式，输出华氏度。

3.编程实现

本实战技能使用Jupyter Notebook进行编写，建立相关的源文件【案例4：摄氏度与华氏度的转换.ipynb】，在相应的【cell】里面编写代码。参考"实战技能01"的详细步骤，编写具体代码，具体步骤及代码如下所示。

Step1：用户输入一个摄氏度。

```
1. Centigrade = int(input("Please enter the centigrade: "))
```

Step2：使用摄氏度转换为华氏度的公式，输出华氏度。

```
1. Fahrenheit = 9 / 5 * Centigrade + 32
2. print("The fahrenheit is: ", Fahrenheit)
```

巩固·练习

（1）修改本案例程序，实现对三角形、正方形和圆形的周长及面积的计算。

> 小贴士
>
> **Step1**：增加输入部分（调用input( )函数），根据需要计算的多边形输入相关的参数，如计算三角形周长时需要的三边的长度。
>
> **Step2**：根据相应的数学计算公式，计算出相应的结果。
>
> **Step3**：使用print( )函数对结果进行输出，记得使用format( )函数。

（2）修改巩固练习1中的程序，对正方体、圆柱及球的体积进行计算。

> 小贴士
>
> 步骤与巩固练习1的实现相似，需要修改的是计算公式。

实战技能 05 随机数的生成

实战 · 说明

本实战技能将实现使用random模块随机生成数字。运行程序得到的结果如图1-24所示。

```
随机生成随机整数
277
随机生成指定范围内的随机偶数
304
随机生成浮点数
2.6927327370483747
```

图1-24 随机数的生成运行结果展示

技能 · 详解

1.技术要点

在Python中，有一个概念叫作模块，这和C语言中的头文件及Java中的包很类似。本案例将会使用random模块，需要先导入这个模块。

语法说明如下。

```
1. import moudle1, moudle2, moudle3
2. from moudle import *
```

参数说明如下。

① moudle1, moudle2, moudle3：模块名称。

② moudle：模块名称。

下面将详细介绍本实战技能中需要使用的两个模块。

1）math模块

math模块提供了许多浮点数的数学运算函数，Python中常用math模块的函数如表1-8所示。

表1-8 math 模块常用函数表

函数	说明
math.e	自然对数 e
math.pi	圆周率 pi
math.degrees(x)	弧度转为角度
math.radians(x)	角转弧为弧度
math.exp(x)	返回 e 的 x 次方的值
math.expm1(x)	返回 e 的 x 次方减 1

续表

函数	说明
math.log(x[, base])	返回 x 的以 base 为底的对数，base 默认为 e
math.log10(x)	返回 x 的以 10 为底的对数
math.log1p(x)	返回 1+x 的自然对数（以 e 为底）
math.pow(x, y)	返回 x 的 y 次方
math.sqrt(x)	返回 x 的平方根
math.ceil(x)	返回不小于 x 的整数
math.floor(x)	返回不大于 x 的整数
math.trunc(x)	返回 x 的整数部分
math.modf(x)	返回 x 的小数和整数
math.fabs(x)	返回 x 的绝对值
math.fmod(x, y)	返回 x/y 的余数
math.fsum([x, y, ...])	浮点数精确求和
math.factorial(x)	返回 x 的阶乘
math.isinf(x)	若 x 为无穷大，返回 True；否则，返回 False
math.isnan(x)	若 x 不是数字，返回 True；否则，返回 False
math.hypot(x, y)	返回以 x 和 y 为直角边的斜边长
math.copysign(x, y)	若 y<0，返回−1 乘以 x 的绝对值；否则，返回 x 的绝对值
math.frexp(x)	返回 x 的尾数和指数
math.ldexp(m, i)	返回 m 乘以 2 的 i 次方
math.sin(x)	返回 x（弧度）的三角正弦值
math.asin(x)	返回 x 的反三角正弦值
math.cos(x)	返回 x（弧度）的三角余弦值
math.acos(x)	返回 x 的反三角余弦值
math.tan(x)	返回 x（弧度）的三角正切值
math.atan(x)	返回 x 的反三角正切值
math.atan2(x, y)	返回 y/x 的反三角正切值
math.sinh(x)	返回 x 的双曲正弦函数
math.erf(x)	返回 x 的误差函数
math.erfc(x)	返回 x 的余补误差函数
math.gamma(x)	返回 x 的伽玛函数
math.lgamma(x)	返回 x 的绝对值的自然对数的伽玛函数

高手点拨

math模块主要提供了许多浮点数的数学运算函数，cmath模块则包含的是复数运算的函数。cmath模块的函数和math模块的函数基本一致，区别是cmath模块进行复数运算，math模块进行数学运算。

2）random模块

random是Python中的模块。生成随机数需要导入random模块，random模块有内置的常用函数，其常用函数如表1-9所示。

表1-9　random 模块常用函数

函数	意义
random.uniform(a, b)	用于生成一个指定范围内的随机符点数，其中参数 b 是上限，参数 a 是下限
random.randint(a, b)	生成一个指定范围内的整数
random.shuffle(x[, random])	将一个数组的元素打乱
random.randrange(a, b, c)	a、b 为范围，c 为步长，从指定范围内的集合中获取一个随机数
random.sample('abcdefghij', 3)	从多个字符中选取特定数量的字符
random.choice('abcdefg&# %^*f')	生成随机字符
random.choice (['apple', 'pear', 'peach', 'orange', 'lemon'])	生成随机字符串

2.主体设计

利用random模块来实现随机数的生成流程如图1-25所示。

图1-25　随机数的生成流程图

随机数的生成具体通过以下3个步骤实现。

Step1：先导入Python中的random模块。

Step2：利用random模块中的内置函数，使其运行。

Step3：输出随机数。

3.编程实现

本实战技能使用Jupyter Notebook进行编写。在使用random模块之前，需要先下载安装，可以利用cmd的pip来下载，输入"pip install random"即可下载。

1）生成随机整数

random.randint(a, b)：随机生成指定范围内的整数。可以自主定义a和b，从而生成一个指定范围的整数，代码如下所示。

```
1. # 随机整数
2. import random
3. x = random.randint(0, 1000) # random.randint(a, b)用于生成一个指定范围内的整数
4. print(" 生成随机整数 ")
5. print(x)
```

2）生成随机偶数

random.randrange(a, b, c)：a、b为范围，c为步长，从指定范围内的集合中获取一个随机数。代码如下所示。

```
6. x = random.randrange(0, 1000, 2) # random.randrange(a, b, c) 从指定范围内的集合中
7.                                   # 获取一个随机数
8. print(" 生成随机偶数 ")
9. print(x)
```

3）生成随机浮点数

random.uniform(a, b)：用于生成一个指定范围内的随机浮点数，其中参数a是下限，参数b是上限。如果b>a，则生成随机数，代码如下所示。

```
10. x = random.uniform(1, 3)
11. print(" 随机生成浮点数 ")
12. print(x)
```

巩固·练习

（1）修改本案例程序，随机生成字符及字符串。

小贴士

导入random模块，指定随机元素的序列。从序列中获取一个随机元素，输出随机生成的元素。

（2）修改本案例程序，打乱指定序列[1,2,3,4,5,6]。

小贴士

与巩固练习1的实现相同，将一个指定序列打乱。

实战技能 06 判断字符串是否为数字

实战·说明

本实战技能将判断字符串是否为数字。运行程序得到的结果如图1-26所示。

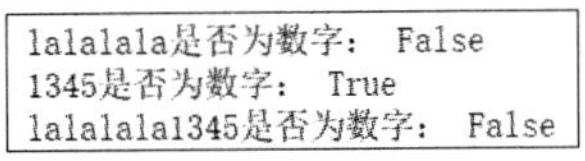

```
lalalala是否为数字: False
1345是否为数字:  True
lalalala1345是否为数字: False
```

图1-26　判断字符串是否为数字的结果展示

技能·详解

1.技术要点

本实战技能将核心功能封装为函数，然后再在主程序中进行调用，因此需要对函数的相关概念进行介绍。

1）函数的定义

函数是组织好的，可以重复使用，实现单一或者有关联功能的代码段。函数能够提高应用的模块性和代码的重复利用率。前述案例中，我们已经接触了Python中常用的print( )函数和input( )函数，用户还可以创建函数，我们常常称之为用户自定义函数。

用户自定义函数需要遵守的规则如下。

（1）函数代码块以def关键词开头，后接函数标识符名称和圆括号。

（2）任何传入的参数和自变量必须放在圆括号中间，圆括号中间可以定义参数。

（3）函数的第一行语句可以选择性地使用文档字符串——用于存放函数说明。

（4）函数内容以冒号开始，并且缩进。

（5）return[表达式]相当于结束函数，选择性地返回一个值给调用方。不带表达式的return相当于返回None。

语法说明如下。

```
1. def functionname([parameterlist]):
2.     ['''comments''']
3.     [functionbady]
```

参数说明如下。

① functionname：函数名称，在调用函数时使用。

② parameterlist：可选参数，用于指定向函数中传递参数。如果有多个参数，各参数间使用逗号","分隔；如果不指定，则表示该函数没有参数。在调用时，也不指定参数。函数没有参数时，也必须保留一对圆括号"( )"。

③ comments：可选参数，表示为函数指定注释，注释的内容通常是说明该函数的功能、要传递的参数的作用等，可以为用户提供友好提示和帮助。

④ functionbady：可选参数，用于指定函数体，即该函数被调用后，要执行的功能代码。如果函数有返回值，则使用return语句返回。

高手点拨

comments及functionbady必须保持缩进。如果只是想定义一个什么都不做的空函数，可以使用pass语句作为占位符。

2）函数的调用

函数的调用也就是函数的执行。函数的创建可以理解为创建了一个具有某种用途的工具，函数的调用也就是使用这个工具。

语法说明如下。

1. functionname([parameterlist])

参数说明如下。

① functionname：要调用的函数名称。

② parameterlist：可选参数，用于指定各个参数的值。如果需要传递多个参数值，则使用逗号分隔；如果该函数没有参数，则直接写一对小括号即可。

3）pass语句

表示一个空语句，不做任何事情，只是一个占位符。例如，知道需要创建一个函数，但是现在还不清楚这个函数到底需要做什么，或者说暂时不知道该函数要实现什么功能，这时就可以使用pass语句填充函数体，等待确认需求之后再将相关的语句块填上。

高手点拨

在Python 3.x的版本中，允许在可以使用表达式的任何地方使用3个连续的点号来省略代码。

4）参数传递

在使用函数时，通常会涉及形式参数（形参）和实际参数（实参）。两者都叫作参数，但是两者之间存在区别。

（1）形式参数：在定义函数时，函数名后面括号中的参数为形式参数。

（2）实际参数：在调用一个函数的时候，函数名后面括号中的参数为实际参数。

5）变量的作用域

程序的变量并不是在哪个位置都可以访问的，访问权限决定于变量在哪里被赋值。在Python中，通常会涉及的变量有局部变量和全局变量。

（1）局部变量：在函数内部定义并使用的变量，只在函数内部有效。如果在函数外部使用函数内部定义的变量，就会抛出NameError异常。

（2）全局变量：能够作用于函数内外的变量。全局变量通常有两种存在形式，一种是定义在函数之外，不仅在函数外可以访问，在函数内也可以访问；另一种是定义在函数之内，使用global关键词进行修饰，可以在函数内进行访问，也可以在函数外进行访问。

高手点拨

虽然Python允许全局变量和局部变量重名，但是在实际开发中，为了减少不必要的修复bug的时间，不建议全局变量与局部变量重名。两种变量重名很容易让代码混乱，很难分清楚哪些是局部变量，哪些是全局变量。

6）匿名函数

匿名函数是没有名字的函数，它主要应用在需要一个函数，但是又不想花"脑力"去研究应该怎么命名函数的时候。通常情况下，这样的函数只使用一次。在Python中，使用lambda表达式来创建匿名函数。

语法说明如下。

> 1. result = lambda [arg1[, arg2, ..., argn]]:expression

参数说明如下。

① [arg1[, arg2, ..., argn]]：可选参数，用于指定要传递的参数列表，多个参数间使用逗号分隔。
② expression：必选参数，用于指定一个实现具体功能的表达式。

Python具有很强大的内置函数，开发人员经常使用的内置函数如表1-10所示。

表1-10　Python 内置函数

函数名称	函数功能
dict( )	用于创建一个字典
help( )	用于查看函数或者模块用途的帮助文档
dir( )	不带参数时，返回当前范围内的变量、方法和定义的类型列表；带参数时，返回参数的属性、方法列表。如果参数包含 _dir_( )，该方法将被调用；如果参数不包含 _dir_( )，该方法将最大限度地收集参数信息
hex( )	用于将十进制转换为十六进制，以字符串形式表示
next( )	返回迭代器的下一个项目
divmod( )	将除数和余数运算的结果结合起来，返回一个包含商和余数的元组
id( )	用于获得对象的存储地址
sorted( )	对所有可迭代的对象进行排序操作
asccii( )	返回一个表示对象的字符串
oct( )	将一个整数转换成八进制字符串
bin( )	返回一个整数 int 或者长整数 long int 的二进制形式
open( )	用于打开一个文件
str( )	将对象转化为适合阅读的形式
sum( )	对序列进行求和计算
filter( )	用于过滤序列，过滤掉不符合条件的元素，返回由符合条件的元素组成的新数组
format( )	格式化字符串
len( )	返回对象（字符、列表、元组等）长度或项目个数
list( )	用于将元组转换为列表
range( )	创建整数列表
zip( )	用于将可迭代的对象作为参数，将对象中对应的元素打包成一个个元组，然后返回由这些元组组成的列表
compile( )	将一个字符串编译为字节代码
map( )	根据提供的函数对指定序列做映射

续表

函数名称	函数功能
reversed( )	返回一个反转的迭代器
round( )	返回浮点数的四舍五入值

7）错误与异常

初学者在编程时，经常会看到一些报错信息，常见的错误有语法错误和异常。

（1）语法错误：对语法不够熟悉，或者打字的时候没有区分全角符及半角符。只需要仔细检查自己的代码，即可找到相应的错误并且改正。

（2）异常：语法正确，但是在运行代码的时候，也有可能发生错误。运行时检测到的错误被称为异常。大多数的异常不会被程序处理，而是以错误信息的形式展现出来。

8）异常处理

遇见异常之后，常用的处理方式就是使用try语句。执行try子句（在关键字try和关键字except之间的语句），如果没有异常发生，则忽略except子句，try子句执行后就结束其生命周期。如果在执行try子句的过程中发生了异常，那么try子句余下部分将被忽略。如果异常的类型和except之后的名称相符，那么对应的except子句将会被执行。如果一个异常没有与任何的except匹配，那么这个异常将会被传递给上层的try中。

语法说明如下。

```
1. try:
2.     expression1
3. except ErrorType:
4.     expression2
```

参数说明如下。

① expression1：必选参数，可能存在异常的语句块。

② ErrorType：必选参数，存在多种错误备选的时候，使用逗号将错误隔开。

③ expression2：可选参数，找到错误之后所执行的语句块。

2.主体设计

判断字符串是否为数字的流程如图1-27所示。

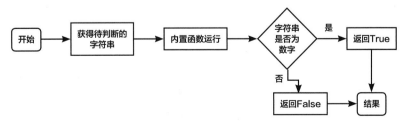

图1-27　判断字符串是否为数字的流程图

数字求和具体通过以下4个步骤实现。

Step1：编写Is_Number( )函数，并且将s作为形式参数。

Step2：获取待判断的字符串，调用Is_Number( )函数，将实际参数传递给形式参数。

Step3：判断字符串是否为数字，如果是，将返回True；如果不是，将返回False。

Step4：输出判断的结果。

3.编程实现

本实战技能使用Jupyter Notebook进行编写，建立相关的源文件【案例6：判断字符串是否为数字.ipynb】，在相应的【cell】里面编写代码。参考"实战技能01"的详细步骤，编写具体代码，具体步骤及代码如下所示。

Step1：编写Is_Number( )函数，代码如下所示。

```
1. def Is_Number(s):
2.     try:
3.         float(s)
4.         return True
5.     except ValueError:
6.         pass
7.     try:
8.         unicodedata.numeric(s)
9.         return True
10.     except (TypeError, ValueError):
11.         pass
12.     return False
```

Step2：获取待判断的字符串，调用Is_Number( )函数，输出最后判断的结果，代码如下所示。

```
1. print("lalalala 是否为数字：", Is_Number('lalalala'))
2. print("1345 是否为数字：", Is_Number('1345'))
3. print("lalalala1345 是否为数字：", Is_Number('lalalala1345'))
```

巩固·练习

仿照"实战技能04"巩固练习中的代码，将计算公式封装为函数，实现对函数的调用，计算出几何图形的周长、面积及体积。

┌─ 小 贴 士 ─

以求解三角形周长为例，定义一个求解三角形周长的函数Triangle_Perimeter( )。将"实战技能04"巩固练习部分书写的代码封装到函数里面，调用函数得到三角形周长的计算结果。

实战技能 07 奇偶数判断

实战·说明

本实战技能将实现对奇数与偶数的判断。运行时，要求用户根据提示输入待判断的数字，程序将对其进行判断，最后输出判断结果。运行程序得到的结果如图1-28所示。

```
请输入待判断奇偶数的数字：15684
15684是偶数
```

图1-28　奇偶数判断结果展示

技能·详解

1.技术要点

本实战技能将使用条件控制语句对程序流程进行控制，Python中常用的条件控制语句是if语句，它可以通过一条或者多条语句的执行结果来决定执行的代码块，具体执行过程如图1-29所示。

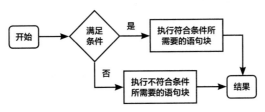

图1-29　if语句执行过程图

语法说明如下。

```
1. if condition_1:
2.     statement_block_1
3. clif condition_2:
4.     statement_block_2
5. else:
6.     statement_block_3))
```

参数说明如下。

① condition_1：判断的条件1。

② statement_block_1：条件1判断为True，执行的语句块1。

③ condition_2：判断的条件2。

④ statement_block_2：条件1判断为False，条件2判断为True，执行的语句块2。

⑤ statement_block_3：条件1和条件2均判断为False，执行的语句块3。

温馨提示

Python 中用 elif 代替 else if，所以 if 语句中的关键字为 if-elif-else。每个条件后面要使用冒号，表示接下来是满足条件后要执行的语句块。使用缩进来划分语句块，相同缩进数的语句组成一个语句块。值得注意的一点是，Python 区别于 C 语言，Python 中并没有 switch-case 语句。

奇偶数判断的流程如图1-30所示。

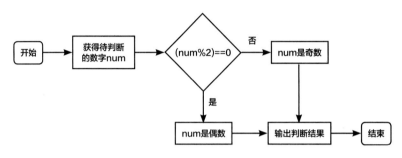

图1-30　奇偶数判断流程图

奇偶数判断具体通过以下3个步骤实现。

Step1：调用input( )函数，获得待进行奇偶数判断的数字，并且使用num进行记录。

Step2：进行模运算，如果得到的结果是0，则数字num是偶数，否则为奇数。

Step3：调用print( )函数，对结果进行输出。

2.编程实现

本实战技能使用Jupyter Notebook进行编写，建立相关的源文件【案例7：奇偶数判断.ipynb】，在相应的【cell】里面编写代码。参考"实战技能01"的详细步骤，编写具体代码，具体步骤及代码如下所示。

Step1：调用input( )函数，获得用户待进行奇偶数判断的数字，代码如下所示。

```
1. # 收到待判断奇偶数的数字
2. num = int(input(" 请输入待判断奇偶数的数字："))
```

Step2：对数字进行奇偶数判断，并且对结果进行输出，代码如下所示。

```
1. # 判断并且输出判断结果
2. if (num % 2 ) == 0:
3.     print("{0} 是偶数 ".format(num))
4. else:
5.     print("{0} 是奇数 ".format(num))
```

巩固 › 练习

现有一个比赛，一共有10道题目，参赛选手需要答对5道题目才可以进入下一个阶段的比赛。

请设计一个程序来判断选手是否可以进入下一个阶段的比赛。

小贴士

Step1：调用input( )函数接收参赛选手答对题目的数目。

Step2：参考本案例修改判断条件，进行结果判断。

Step3：输出判断结果。

实战技能 08　闰年的判断

实战·说明

　　本实战技能将实现对年份是否为闰年的判断。运行时，要求用户根据提示输入待判断的年份。运行程序得到的结果如图1-31所示。

> 请输入带判断的年份1999
> 1999年是平年

图1-31　闰年的判断结果展示

技能·详解

1.技术要点

本实战技能将会用到闰年与平年的判断方法，同时还将使用条件判断嵌套。

1）闰年与平年

闰年是比普通年份多出一段时间的年份，目的是弥补人为规定的纪年与地球公转产生的差异。闰年是2月份有29天的年份，平年是2月份只有28天的年份。

　　目前使用的格里高利历的规则如下。

（1）公元年份除以4不可以整除，为平年。

（2）公元年份除以4可整除但除以100不可整除，为闰年。

（3）公元年份除以100可整除但除以400不可整除，为平年。

（4）公元年份除以400可整除但除以3200不可整除，为闰年。

2）if嵌套

"实战技能07"已经详细介绍了if语句的使用，当条件比较多的时候，如果只使用if语句进行编写程序，就会导致程序过于冗长，代码的可读性不够高。此时，使用if语句的嵌套就至关重要。

　　语法说明如下。

```
1. if condition_1:
```

```
2.       if condition_2:
3.           if condition_3:
4.               statement_block_1
5.           else:
6.               statement_block_2
7.       else:
8.           statement_block_3
```

参数说明如下。

① condition_1、condition_2、condition_3：判断条件。

② statement_block_1、statement_block_2、statement_block_3：符合判断条件之后所执行的语句块。

执行步骤如下。

Step1：对于输入的条件进行判断。

Setp2：如果符合条件condition_1、condition_2、condition_3，则执行statement_block_1。

Step3：如果符合条件condition_1、condition_2，则执行statement_block_2。

Step4：如果符合条件condition_1，则执行statement_block_3。

2.主体设计

闰年的判断流程如图1-32所示。

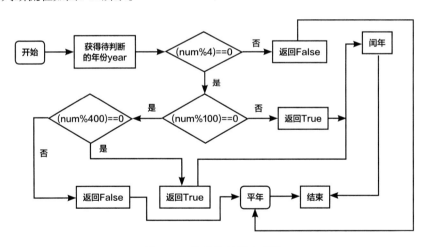

图1-32 闰年的判断流程图

闰年的判断具体通过以下4个步骤实现。

Step1：调用input( )函数，要求用户输入待判断的年份，使用year记录。

Step2：编写Leap_Year( )函数，将year带入条件进行判断，如果同时能够被4、100和400整除，则返回True；如果能够被4和100整除，不能被400整除，则返回False；如果能够被4整除，不能被100整除，则返回True；如果均不能被4、100和400整除，则返回False。

Step3：调用Leap_Year( )函数，并且创建check_year变量，记录Leap_Year( )函数返回的值。

Step4：判断check_year( )的值，如果是True，则调用format( )函数，输出该年是闰年；否则输出该年是平年。

3.编程实现

本实战技能使用Jupyter Notebook进行编写，建立相关的源文件【案例8：闰年的判断.ipynb】，在相应的【cell】里面编写代码。参考"实战技能01"的详细步骤，编写具体代码，具体步骤及代码如下所示。

Step1：调用input( )函数，获得待判断的年份，代码如下所示。

```
1. year = int(input("请输入待判断的年份"))            # 获得待判断的年份
```

Step2：编写Leap_Year( )函数，对年份进行判断，代码如下所示。

```
1. # 编写函数
2. def Leap_Year(year):
3.     if (year % 4) == 0:
4.         if (year % 100) == 0:
5.             if (year % 400) == 0:
6.                 return True
7.             else:
8.                 return False
9.         else:
10.            return True
11.    else:
12.        return False
```

Step3：调用Leap_Year( )函数，输出判断结果，代码如下所示。

```
1. # 调用函数，输出判断结果
2. check_year = Leap_Year(year)
3. if check_year == True:
4.     print("{0}年是闰年".format(year))
5. else:
6.     print("{0}年是平年".format(year))
```

巩固·练习

出门在外，经常需要乘坐出租车。某市出租车的起步里程数为3公里，起步费用为9元。行驶里程数大于3公里，小于10公里时，收费标准是2元/公里。行驶里程数大于10公里之后，收费标准是3元/公里。请设计一个程序，计算出门坐出租车所需要的费用。

实战技能 **09** 获取最大值

实战‧说明

本实战技能将实现获取最大值。运行时，要求用户根据提示输入需要对比大小的数字的个数，再根据提示输入需要对比的数字，调用max( )函数获取最大值。运行程序得到的结果如图1-33所示。

```
请输入需要对比大小的数字的个数7
请输入需要对比的数字：
请输入第1个数字9
请输入第2个数字12
请输入第3个数字34
请输入第4个数字23
请输入第5个数字321
请输入第6个数字234
请输入第7个数字21
最大值为：  321
```

图1-33　获取最大值结果展示

技能‧详解

1.技术要点

本实战技能将会使用列表数据类型和循环流程控制语句，下面先对此做介绍。

1）列表

列表是由一系列按特定顺序排列的元素组成的，也就是Python内置的可变序列。在形式上，列表的所有元素都放在一对中括号"[ ]"中，两个相邻元素间使用逗号"，"分隔。列表的具体内容可以是整数、实数、字符串、元组等任何类型，那如何创建、增加、修改、删除元素呢？因为Python具有强大的封装函数库，所以上述问题均可以使用Python的内置函数来实现，列表常用函数如表1-11所示。

表 1-11　列表常用函数

函数	函数功能
len(list)	获取列表元素个数
max(list)	获取列表元素中最大值
min(list)	获取列表元素中最小值
list(seq)	将元组转换为列表

列表常用方法如表1-12所示。

表1-12　列表常用方法

函数	函数功能
list.append(obj)	在列表末尾添加新的对象
list.count(obj)	统计某个元素在列表中出现的次数
list.extend(obj)	使用新列表扩展原来的列表
list.index(obj)	从列表中找出某个值的第一个匹配项的索引位置
list.insert(index, obj)	将对象插入列表中
list.pop([index=-1])	移除列表中的一个元素，并且返回该元素的值
list.remove(obj)	移除列表中某个值的第一个匹配项
list.reverse( )	反向排列列表中的元素
list.clear( )	清空列表
list.copy(seq)	复制列表

2）循环

日常生活中，有许多问题没有办法一次解决，这个问题会周而复始地运行。为了解决这个问题，程序设计中就诞生了循环这一结构。这一结构主要包括两种类型，一种类型是重复一定次数的循环，称为计次循环，即for循环；另一种类型是一直重复，直到不满足条件时才结束循环，也就是条件循环，即while循环。

（1）for循环是一个计次循环，通常适用于枚举或遍历序列及迭代对象中的元素。一般应用在循环次数已知的情况下。

语法说明如下。

```
1. for 迭代变量 in 对象：
2.     循环体
```

其中，迭代变量用于保存读取出的值，对象为要遍历或者迭代的对象，该对象可以是任何有序的序列对象。for循环工作流程如图1-34所示。

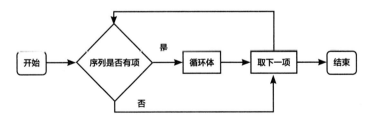

图1-34　for循环工作流程图

温馨提示

range( )函数是Python内置的函数，用于生成一些连续的整数。

语法说明如下。

1. range(start, end, step)

参数说明如下。

① start：用于指定计数起始值，可以省略，如果省略则默认从0开始计数。

② end：用于指定计数结束值，不可以省略。

③ step：用于指定步长，可以省略，如果省略则默认步长为1。

④ 使用range( )函数时，如果只有一个参数，则表示指定的是end；如果有两个参数，则表示指定的是start和end；如果有三个参数，则分别指定的是start、end和step。

（2）while循环是通过一个条件来判断是否要反复执行循环体中的语句。

语法说明如下。

1.   while 条件表达式:
2.   循环体

while循环执行流程如图1-35所示。

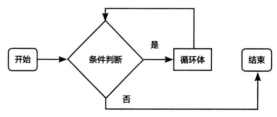

图1-35 while循环执行流程图

while循环语句的执行步骤如下。

Step1：输入条件，执行while循环。

Step2：判断是否反复执行循环体中的语句，如果结果为是，则执行循环体；否则，退出循环。

3）max( )函数

返回参数中的最大值，参数可以是序列。

语法说明如下。

1. max(x, y, z, ...)

参数说明如下。

x, y, z：数值表达式。

2.主体设计

获取最大值流程如图1-36所示。

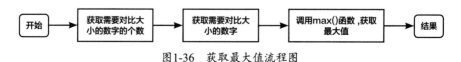

图1-36 获取最大值流程图

获取最大值具体通过以下3个步骤实现。

Step1：调用input( )函数，要求用户输入需要对比大小的数字的个数，使用N记录。

Step2：使用for循环、range( )函数和input( )函数，获取需要对比大小的数字。

Step3：调用max( )函数和print( )函数，对结果进行输出。

3.编程实现

本实战技能使用Jupyter Notebook进行编写，建立相关的源文件【案例9：获取最大值.ipynb】，在相应的【cell】里面编写代码。参考"实战技能01"的详细步骤，编写具体代码，具体步骤及代码如下所示。

Step1：调用input( )函数，获取需要对比大小的数字的个数，代码如下所示。

```
1. # 获取待比较大小的数字的个数
2. N = int(input("请输入需要对比大小的数字的个数"))
```

Step2：使用for循环、range( )函数和input( )函数，获取需要对比大小的数字，代码如下所示。

```
1. # 获取需要比较大小的数字
2. print("请输入需要对比的数字：")
3. num = [ ]
4. for i in range(1, N + 1):
5.     temp = int(input("请输入第 {0} 个数字".format(i)))
6.     num.append(temp)
```

Step3：调用max( )函数和print( )函数，输出最后的结果，代码如下所示。

```
1. print("最大值为：", max(num))
```

巩固·练习

电影《西虹市首富》里的王多鱼想要继承10亿元，就必须在不告诉任何人的情况下，一个月内花掉10亿元。请设计一个程序来实现王多鱼在哪种情况下才可以继承遗产，什么情况下会失去继承权。

小贴士

Step1：设置时间变量为"day=30"，资产剩余为"Remaining_Sum=1000000000"。

Step2：计算王多鱼每天花掉的资金（注意设置随机数的取值范围）。

Step3：计算王多鱼剩余的资金。

实战技能 ⑩ 质数的判断

实战·说明

本实战技能将实现对质数的判断。运行时，要求用户根据提示输入待进行质数判断的数字。运行程序得到的结果如图1-37所示。

```
请输入待判断的数字：1
1 是质数
请输入待判断的数字：15
15 不是质数
3 乘以 5 是 15
```

图1-37　质数判断运行结果展示

技能·详解

1.技术要点

在Python中，允许选择结构和循环结构进行嵌套使用。嵌套有以下两种模式。

（1）已经知道循环次数的循环结构与选择结构进行嵌套，一般模式如下所示。

```
1. for 迭代变量 in 对象：
2.     if 条件表达式：
3.         break
4.         continue
```

（2）不知道循环次数的循环结构与选择结构进行嵌套，一般模式如下所示。

```
1. while 条件表达式1：
2.     执行代码
3.     if 条件表达式2：
4.         break
5.         continue
```

for循环与if嵌套执行流程如图1-38所示，while循环与if嵌套执行流程如图1-39所示。

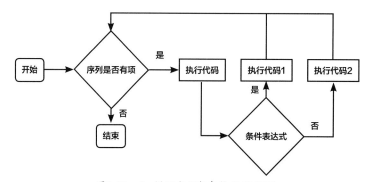

图1-38　for循环与if嵌套执行流程图

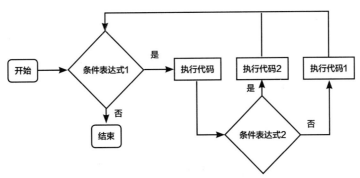

图1-39   while循环与if嵌套执行流程图

2.主体设计

质数的判断流程如图1-40所示。

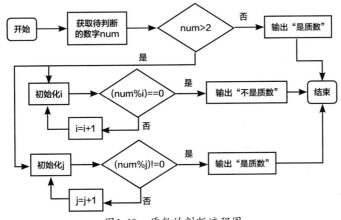

图1-40   质数的判断流程图

质数的判断具体通过以下3个步骤实现。

Step1：调用input( )函数，获取待判断的数字，并且使用num记录。

Step2：判断num是否大于2，如果不大于2，则直接输出"是质数"；如果大于2，则初始化i并且执行循环。判断num否能够被i整除，如果能够整除，则输出"不是质数"。如果到循环终止，都还没有找到一个可以整除该数的数字，那么这个数字就是质数，程序输出"是质数"。

Step3：调用print( )函数，对结果进行输出。

3.编程实现

本实战技能使用Jupyter Notebook进行编写，建立相关的源文件【案例10：质数的判断.ipynb】，在相应的【cell】里面编写代码。参考"实战技能01"的详细步骤，编写具体代码，具体步骤及代码如下所示。

Step1：调用input( )函数，获取待判断的数字，具体步骤及代码如下所示。

```
1. # 输入
2. num1 = input("请输入等待判断的第一个数字：")          # 获取待进行质数判断的数字
```

```
3. num2 = input(" 请输入等待判断的第二个数字：")          # 获取待进行质数判断的数字
```

Step2：编写Prime_Number( )函数，代码如下所示。

```
1. # 编写比较数字的函数
2. def Prime_Number(num):
3.     if num > 2:
4.         for i in range(2, num):
5.             if (num % i) == 0:
6.                 print(num, " 不是质数 ")
7.                 print(i, " 乘以 ", num // i, " 是 ", num)
8.                 break
9.         for j in range(2, num):
10.             if (num % j) != 0:
11.                 print(num, " 是质数 ")
12.                 print(j, " 乘以 ", num // j, " 是 ", num)
13.                 break
14.     else:
15.         print(num, " 是质数 ")
```

Step3：调用函数，输出结果。

```
1. # 调用函数并且输出比较结果
2. Prime_Number(num1)
3. Prime_Number(num2)
```

巩固·练习

请帮助老师设计一个程序，实现对多个学生的成绩进行统计。值得注意的是，学生成绩低于60分将被划分为"不及格"；若学生成绩在60分到70分，将被划分为"及格"；若学生成绩高于70分且低于85分，将被划分为"良好"；若学生成绩高于85分，将被划分为"优秀"。

小贴士

Step1：修改本案的代码，得到学生的成绩。

Step2：修改函数编写部分，编写Student_Grade(grade)函数。Student_Grade(grade)函数使用if语句，对成绩进行分段处理，并且输出结果。

Step3：调用函数对成绩进行判断。

实战技能 ⑪ 素数的输出

实战·说明

本实战技能将使用for循环和if语句来实现素数的输出，运行时要求用户输入检测的范围，如输入前范围1，后范围100，则表示输出1到100的所有素数。运行程序得到的结果如图1-41所示。

```
2 3 5 7 11 13 17 19 23 29 31 37 41 43 47 53 59 61 67 71 73 79 83 89 97
共有素数: 25
```

图1-41　1到100的素数

技能·详解

1.技术要点

素数又称为质数，在数论中有着很重要的作用。在大于1的自然数中，除了1和该数外，不能被其他自然数整除的数就是素数。换句话说，只有两个正因数（1和自己）的自然数即为素数，比1大但不是素数的数称为合数。1和0既非素数也非合数。

2.主体设计

素数的输出流程如图1-42所示。

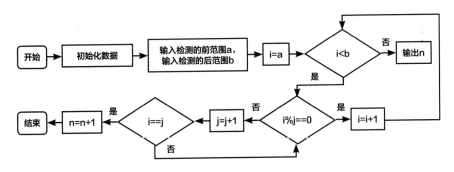

图1-42　素数的输出流程图

素数的输出具体通过以下10个步骤实现。

Step1：初始化需要输出的数据。

Step2：输入检测的前范围a，输入检测的后范围b。

Step3：把a的值赋值给i。

Step4：判断i是否小于b，若是，执行Step5；若否，输出n。

Step5：判断i除以j是否为0，若是，跳到Step10；若否，执行Step6。

Step6：j的值加1。

Step7：判断i是否等于j，若是，执行Step8；若否，执行Step5。

Step8：n的值加1。

Step9：输出i的值。

Step10：i的值加1，返回Step4。

3.编程实现

本实战技能使用Jupyter Notebook进行编写，建立相关的源文件【案例11：素数的输出.ipynb】，在相应的【cell】里面编写代码。参考"实战技能01"的详细步骤，编写具体代码，代码如下所示。

```
1. n = 0
2. j = 2
3. a = int(input(" 请输入需要检测的前范围 \n"))
4. b = int(input(" 请输入需要检测的后范围 \n"))
5. for i in range(a, b + 1):
6.     for j in range(2, i):
7.         m = i % j
8.         j += 1
```

如果m等于0，结束循环。

```
1.         if m == 0:
2.             break
3.     if i == j:
4.         n = n + 1
5.         print(i, end=' ')
6. print("\n 共有素数 :", n)
```

巩固·练习

小明很喜欢网购，他通过分期付款的方式买下了自己心仪已久的鞋。小明选择的是6期分期付款，每月的利息是0.6%，已知此鞋的价格是2369元，请编写一个Python程序，计算小明每月需要偿还的金额。

实战技能 ⑫ 阶乘的实现

实战·说明

本实战技能将使用for循环来实现阶乘，运行时要求用户输入需要求的阶乘，如输入4，则表示输出4的阶乘。运行程序得到的结果如图1-43所示。

```
请输入需要求的阶乘：
4
结果为：  24
```

图1-43　阶乘结果展示

技能·详解

1.技术要点

本实战技能涉及的技术要点包括阶乘的含义和range( )函数的使用。

1）阶乘

阶乘是基斯顿·卡曼（Christian Kramp，1760—1826）于1808年发明的运算符号，是数学术语。

一个正整数的阶乘是所有小于及等于该数的正整数的积，并且0的阶乘为1。自然数n的阶乘写作$n!$，即$n! = 1 \times 2 \times 3 \times \cdots \times n$。

2）range( )函数

Python中的range( )函数可创建一个整数列表，一般用在for循环中。

语法说明如下。

1. range(start, stop[, step])

参数说明如下。

① start：计数从 start 开始。

② stop：计数到 stop 结束，但不包括 stop。

③ step：步长，默认为1。

温馨提示

在使用 range( ) 函数时，如果只有一个参数，那么表示指定的是 end；如果有两个参数，则表示指定的是 start 和 end；只有当三个参数都存在时，最后一个参数才表示步长。

2.主体设计

阶乘的实现流程如图1-44所示。

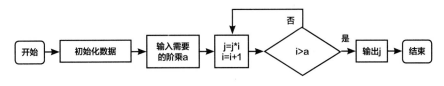

图1-44　阶乘的实现流程图

阶乘的实现流程具体通过以下4个步骤实现。

Step1：初始化需要输出的数据。

Step2：输入需要的阶乘a。

Step3：把j乘以i的值赋值给j，把i的值加1。

Step4：判断i是否大于a，若是，输出j；若否，返回Step3。

3.编程实现

本实战技能使用Jupyter Notebook进行编写，建立相关的源文件【案例12：阶乘的实现.ipynb】，在相应的【cell】里面编写代码。参考"实战技能01"的详细步骤，编写具体代码，代码如下所示。

```
1. j = 1
2. a = int(input(" 请输入需要求的阶乘 \n"))
3. for i in range(1, a + 1):
4.     j = j * i
5. print(" 结果为：", j)
```

巩固 · 练习

在《愚公移山》的故事中，假设愚公每天可以搬100千克的山，后面每天都可以在前一天的基础上多搬10千克的山，愚公一天最多搬300千克。已知山的质量为15吨，请设计程序，计算愚公一共需要多少时间才可以把山搬完？

小 贴 士

Step1：初始化变量，对总搬运量进行记录。

Step2：使用for循环语句和if判断语句进行嵌套，判断是否搬完山。

Step3：输出搬运山的总天数。

实战技能 13 乘法表的输出

实战 · 说明

本实战技能将借助简单的循环操作实现九九乘法表的输出。运行程序得到的结果如图1-45所示。

```
1*1=1,
2*1=2, 2*2=4,
3*1=3, 3*2=6, 3*3=9,
4*1=4, 4*2=8, 4*3=12, 4*4=16,
5*1=5, 5*2=10, 5*3=15, 5*4=20, 5*5=25,
6*1=6, 6*2=12, 6*3=18, 6*4=24, 6*5=30, 6*6=36,
7*1=7, 7*2=14, 7*3=21, 7*4=28, 7*5=35, 7*6=42, 7*7=49,
8*1=8, 8*2=16, 8*3=24, 8*4=32, 8*5=40, 8*6=48, 8*7=56, 8*8=64,
9*1=9, 9*2=18, 9*3=27, 9*4=36, 9*5=45, 9*6=54, 9*7=63, 9*8=72, 9*9=81
```

图1-45　乘法表的输出结果展示

技能·详解

1.技术要点

本实战技能使用到的知识是"实战技能 11"和"实战技能 12"的综合运用。所以,本实战技能不涉及新的知识。

2.主体设计

乘法表的输出流程如图1-46所示。

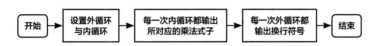

图1-46　乘法表的输出流程图

乘法表的输出具体通过以下4个步骤实现。

Step1：设定一个外循环。

Step2：设定一个内循环。

Step3：每一次内循环都输出所对应的乘法式子。

Step4：每一次外循环都输出换行符号。

3.编程实现

本实战技能使用Jupyter Notebook进行编写,建立相关的源文件【案例13:乘法表的输出.ipynb】,在相应的【cell】里面编写代码。参考"实战技能01"的详细步骤,编写具体代码,代码如下所示。

```
1. for i in range(1, 10):
2.     for j in range(1, i + 1):
3.         s = i * j
4.         print("%d*%d=%d" % (i, j, s), end=',')
5. print("\n")
```

巩固·练习

输出直角三角形、矩形及球形等图形。

> **小贴士**
>
> 在实现输出三角形的时候,可以将案例中的数字改为图形字符串,再按照相应的规则对图像进行输出即可。

实战技能 14 阿姆斯特朗数的实现

实战 · 说明

阿姆斯特朗数的定义是，一个 n 位正整数等于其各位数字的 n 次方之和，如 $1^3 + 5^3 + 3^3 = 153$。例如，输入 121，就可以通过这种算法判断 121 是否是阿姆斯特朗数，还能限定某个范围来求所有阿姆斯特朗数。运行程序得到的结果如图 1-47 所示。

```
请输入一个数: 121
不是阿姆斯特朗数
max: 1000
min: 1
1
2
3
4
5
6
7
8
9
153
370
371
407
```

图 1-47 阿姆斯特朗数的实现结果

技能 · 详解

1.技术要点

本实战技能将会用到求对象长度的 len( ) 方法和一种叫作穷举法的算法。

1）len( ) 方法

len( ) 方法可以返回对象（字符、列表、元组等）长度或项目个数。

语法说明如下。

1. len(s)

参数说明如下。

s：对象。

2）穷举法

穷举法的基本思想是根据题目的部分条件确定答案的大致范围，并在此范围内对所有可能的情况逐一验证，直到全部情况验证完毕。若某个验证符合题目的全部条件，则为本问题的一个解；若全部验证都不符合题目的全部条件，则本题无解。

2.主体设计

阿姆斯特朗数的实现流程如图 1-48 所示。

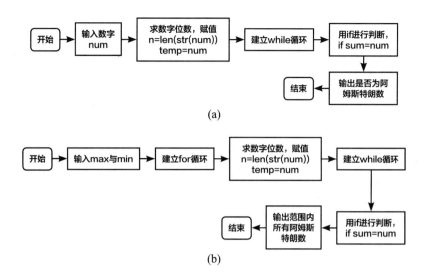

图1-48   阿姆斯特朗数的实现流程图

图1-48中(a)为判断阿姆斯特朗数的流程，其实现步骤如下。

Step1：输入数字num，求数字位数，赋值。

Step2：建立while循环。

Step3：用if判断初始输入的num和运算后求出的sum是否相等。

Step4：输出是否为阿姆斯特朗数。

图1-48中(b)为求范围内所有阿姆斯特朗数的流程，其实现步骤如下。

Step1：输入最大值max和最小值min。

Step2：建立for循环，确定范围。

Step3：用len( )方法求数字位数，赋值。

Step4：建立while循环。

Step5：用if判断初始输入的num和运算后求出的sum是否相等。

Step6：输出范围内所有阿姆斯特朗数。

3.编程实现

本实战技能使用Jupyter Notebook进行编写，建立相关的源文件【案例14：阿姆斯特朗数的实现.ipynb】，在相应的【cell】里面编写代码。参考"实战技能01"的详细步骤，编写具体代码，具体步骤及代码如下所示。

Step1：要求用户输入一个数。

```
1. # 判断是否为阿姆斯特朗数
2. num = int(input(" 请输入一个数 :"))
3. sum = 0
4. n = len(str(num))
5. temp = num
```

Step2：建立一个while循环。

```
1. # 建立 while 循环
2. while temp > 0:
3.     digit = temp % 10
4.     sum += digit ** n
5.     temp //= 10
```

Step3：通过if来判断累加，最后输出。

```
1. # 通过 if 来判断累加
2. if sum == num:
3.     print(num, " 是阿姆斯特朗数 ")
4. else:
5.     print(" 不是阿姆斯特朗数 ")
```

Step4：输出范围内所有阿姆斯特朗数，代码如下所示。

```
1.  # 输出范围内阿姆斯特朗数
2.  max = int(input(" 请输入最大值 :"))
3.  min = int(input(" 请输入最小值 :"))
4.  # 建立 for 循环
5.  for num in range(min, max):
6.      sum = 0
7.      n = len(str(num))
8.      temp = num
9.      while temp > 0:
10.         digit = temp % 10
11.         sum += digit ** n
12.         temp //= 10
13.     if sum == num:
14.         print(num)
```

巩固·练习

使用穷举法的基本思想计算："鸡翁一值钱五，鸡母一值钱三，鸡雏三值钱一。百钱买百鸡，问鸡翁、母、雏各几何?"

小贴士

初始化所有公鸡、母鸡和小鸡的数量，设置公鸡和母鸡的上限，并且计算小鸡的数量。判断所需要的钱是否等于100，最后输出结果。

实战技能 15 斐波那契数列的实现

实战·说明

本实战技能将使用列表来实现一个斐波那契数列，运行时要求用户输入一个自然数，表示输出数列的前几项，如输入9，则表示输出斐波那契数列的前9项。运行程序得到的结果如图1-49所示。

```
Please enter the number of items you want to output:9
[0, 1, 1, 2, 3, 5, 8, 13, 21]
```

图1-49 斐波那契数列的实现结果

技能·详解

1.技术要点

本实战技能涉及较多的数据结构，下面先对其做详细介绍。

1）斐波那契数列

斐波那契数列又称为黄金分割数列，因为数学家昂纳多·斐波那契以兔子繁殖例子而引入，故又称为兔子数列，指的是这样一个数列：0, 1, 1, 2, 3, 5, 8, 13, 21, …。在数学上，斐波那契数列以递归的方法定义：

$$F_0 = 0, F_1 = 1, F_n = F_{n-1} + F_{n-2} (n \geqslant 3, n \in N^*) \qquad （公式1-1）$$

在现代物理、准晶体结构、化学等领域，斐波那契数列都有直接的应用，由此可以看出斐波那契数列应用之广。美国数学会从1963年开始出版《斐波那契数列季刊》，用于专门刊载这方面的研究成果，由此可见斐波那契数列的重要性。

2）序列

在数学中，序列称为数列，是指按照一定顺序排列的一列数字，如本案例中的斐波那契数列。在编程中，我们将会使用什么样的数据存储方式呢？在Python中，序列是最基本的数据结构，是用于存放多个值的连续内存空间，并且按一定顺序排列，每一个值都分配一个数字，这个数字通常被称为索引。我们可以通过该索引取出相应的值。Python内置了5个常用的序列结构，分别为列表、元组、集合、字典和字符串。接下来，将详细介绍这5种序列结构的使用方法。

> **温馨提示**
>
> 序列的索引可以是正数索引，也可以是负数索引。正数索引是从0开始递增的，即下标为0表示第一个元素，下标为1表示第二个元素，具体如下所示。

元素 1	元素 2	元素 3	元素 4	元素…	元素 n
0	1	2	3	…	$n-1$

元素 1	元素 2	元素 3	元素…	元素 $n-1$	元素 n
$-n$	$-(n-1)$	$-(n-2)$	…	-2	-1

除此之外，还可以使用切片操作来访问序列中的元素，它可以访问一定范围内的元素，通过切片操作可以生成一个新的序列。

语法说明如下。

1. sname[start: end: step]

参数说明如下。

① sname：序列的名称。

② start：切片开始的位置，如果不指定，则默认是0。

③ end：切片的截止位置，如果不指定，则默认为序列的长度。

④ step：切片的步长，如果省略，则默认为1，当省略该步长时，最后一个冒号也可以省略。

（1）列表是Python内置的一种数据类型，是一种有序的集合，可以随时添加或删除其中的元素。列表的相关知识在"实战技能09"中已经详细介绍，此处不再赘述。

（2）元组与列表类似，不同之处在于元组的元素不能被修改。元组使用的是小括号"()"，列表使用的是中括号"[]"。创建元组很简单，只需要在括号中添加元素，并使用逗号","隔开即可。创建元组与其他类型的Python变量一样，可以直接使用赋值运算符"="，将一个元组赋值给变量。

语法说明如下。

1. listname = (lement1, element2, element3, ..., elementn)

参数说明如下。

① listname：元组的名称。

② element1, element2, element3, …, elementn：元组中的元素。

Python元组包含的内置函数如表1-13所示。

表1-13　元组常用函数

方法	描述
len(tuple)	计算元组中元素的个数
max(tuple)	返回元组中元素的最大值
min(tuple)	返回元组中元素的最小值
tuple(seq)	将列表转换为元组

（3）集合是一个无序的不重复元素序列，可以使用大括号"{ }"或者set( )函数创建集合。创建一个空集合必须用set( )而不是大括号"{ }"，因为大括号"{ }"用来创建一个空字典。集合常常

使用到的方法如表1-14所示。

表1-14　集合常用方法

方法	描述
add( )	为集合添加元素
clear( )	移除集合中的所有元素
difference( )	返回多个集合的差集
difference_update( )	移除集合中的元素，该元素在指定的集合中存在
discard( )	删除集合中指定的元素
intersection( )	返回集合的交集
intersection_update( )	计算交集
isdisjoint( )	判断两个集合是否包含相同的元素，如果没有则返回 True；否则，返回 False
issubset( )	判断集合的所有元素是否包含在指定集合中，如果是则返回 True；否则，返回 False
issuperset( )	判断指定集合的所有元素是否包含在原始的集合中，如果是则返回 True；否则，返回 False
pop( )	随机移除元素
remove( )	移除指定元素
symmetric_difference( )	返回两个集合中不重复的元素集合
symmetric_difference_update( )	移除当前集合中在另外一个指定集合相同的元素，并将另外一个指定集合中不同的元素插入到当前集合中
union( )	返回两个集合的并集
update( )	给集合添加元素

（4）字典是另一种可变容器模型，且可以存储任意类型对象。字典的每个键值对用冒号"："分隔，每个键值对之间用逗号"，"分隔，整个字典在大括号"{}"中。

语法说明如下。

```
1. d = {key1: value1, key2: value2 }
```

参数说明如下。

① key1，key2：键值。

② value1，value2：值。

字典常使用的方法和函数，如表1-15所示。

表1-15　字典常用的函数方法

方法	描述
len(dict)	计算字典元素个数，即键的总数
str(dict)	输出字典，以可以打印的字符串表示
type(variable)	返回输入的变量类型，如果变量是字典就返回字典类型
radiansdict.clear( )	删除字典内所有元素

续表

方法	描述
radiansdict.copy( )	返回一个字典的浅复制
radiansdict.fromkeys(seq[, value])	创建一个新字典，序列 seq 中的元素为字典的键，value 为字典所有键对应的初始值
radiansdict.get(key, default=None)	返回指定键的值，如果键不在字典中返回 default 值
key in dict	如果键在字典 dict 里则返回 True，否则返回 False
radiansdict.items( )	以列表形式返回可遍历的元组数组
radiansdict.keys( )	返回一个迭代器，可以使用 list( ) 来转换为列表
radiansdict.setdefault(key, default=None)	如果键不存在于字典中，将会添加键并将值设为 default
radiansdict.update(dict2)	把字典 dict2 的键 / 值对更新到 dict 里
radiansdict.values( )	返回一个迭代器，可以使用 list( ) 来转换为列表
pop(key[, default])	删除字典给定键 key 所对应的值，返回值为被删除的值。key 值必须给出，否则会报错
popitem( )	随机返回并删除字典中的一对键和值

（5）虽然不能在Python中修改字符串，但可以把字符串当成列表一样处理。字符串的特性是有序、不可变的字符序列。若想修改，可先将其转为列表，修改后再转为字符串。字符串的访问与访问元组或列表中的元素一样，可用切片法，不可多层嵌套。

高手点拨

列表、元组、字典和集合的区别，如表1-16所示。

表1-16 列表、元组、字典和集合的区别

数据结构	是否可变	是否重复	是否有序	定义字符
列表	可变	可重复	有序	[]
元组	不可变	可重复	有序	( )
字典	可变	可重复	无序	{key: value}
集合	可变	不可重复	无序	{ }

2.主体设计

利用列表来实现斐波那契数列的流程如图1-50所示。

斐波那契数列的实现具体通过以下6个步骤实现。

Step1：初始化需要输出的项数n。

Step2：判断需要输出的项数n是否等于1，若是，则返回列表[0]并且执行Step6；若不是，则执行Step3。

Step3：判断需要输出的项数n是否等于2，若是，则返回列表[0,1]并且执行Step6；若不是，则执行Step4。

Step4：初始化列表[0,1]和位置参数i。

Step5：判断i是否小于需要输出的项数n；若是，则执行l.append( )方法，将列表的最后一项和倒数第二项加入到列表中；若否，则返回列表。

Step6：输出返回列表。

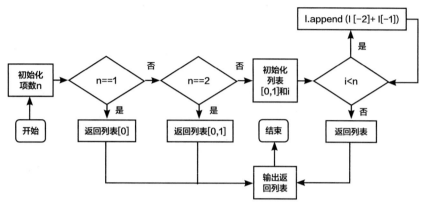

图1-50　斐波那契数列的实现流程图

3.编程实现

本实战技能使用Jupyter Notebook进行编写，建立相关的源文件【案例15：斐波那契数列的实现.ipynb】，在相应的【cell】里面编写代码。参考"实战技能 01"的详细步骤，编写具体代码，具体步骤及代码如下所示。

Step1：编写斐波那契数列的fib( )函数，返回存储斐波那契数列的列表，代码如下所示。

```
1. def fib(n):
2.     if n == 1:
3.         return [0]
4.     elif n == 2:
5.         return [0, 1]
6.     l = [0, 1]
7.     for i in range(2, n):
8.         l.append(l[-2] + l[-1])
9.     return l
```

Step2：接收用户需要输出的斐波那契数列项数，并且调用fib( )函数，最后输出返回的列表，代码如下所示。

```
1. num = int(input("Please enter the number of items you want to output:"))
2. print(fib(num))
```

巩固·练习

使用递归法来实现斐波那契数列。

小 贴 士

　　递归法：按照某一包含有限步数的法则或公式，对一个或多个前面的元素进行运算，以确定一系列元素。从斐波那契数列的性质和递归法的性质可以看出，斐波那契数列的求解是完全符合递归法求解的。所以，我们只需要编写fib( )函数，便可以实现斐波那契数列。

实战技能 16 寻找最大公约数

实战·说明

　　本实战技能将实现寻找两个自然数的最大公约数。运行时，要求用户根据提示输入两个待寻找最大公约数的整数，运行程序得到的结果如图1-51所示。

```
请输入第一个数字：12
请输入第二个数字：23
12 和 23 的最大公约数为： 1
```

图1-51　寻找最大公约数实现结果

技能·详解

1.技术要点

　　公约数也称为公因数，它是一个能够被若干整数同时整除的整数，如果一个整数同时是几个整数的约数，那么称这个整数为它们的公约数。公约数中最大的数称为最大公约数。对任意若干个正整数，1总是它们的公约数。

2.主体设计

　　寻找最大公约数的实现流程如图1-52所示。

图1-52　寻找最大公约数的实现流程图

　　寻找最大公约数具体通过以下4个步骤实现。

Step1：输入待求最大公约数的两个数。

Step2：找出两个数中较小的一个，并且使用min记录。

Step3：使用穷举法，找到可以整除x、y两个值的数字，并且使用Find记录（Find：小的值将会被大的值覆盖）。

Step4：返回最后找到的Find，即x与y之间的最大公约数。

3.编程实现

本实战技能使用Jupyter Notebook进行编写，建立相关的源文件【案例16：寻找最大公约数.ipynb】，在相应的【cell】里面编写代码。参考"实战技能01"的详细步骤，编写具体代码，具体步骤及代码如下所示。

Step1：编写Find( )函数，代码如下所示。

```
1. # 定义寻找最大公约数的函数
2. def Find(x, y):
3.     # 获取最小值
4.     if x > y:
5.         min = y
6.     else:
7.         min = x
8.     for i in range(1, min + 1):
9.         if ((x % i == 0) and (y % i == 0)):
10.             Find = i
11.     return Find
```

Step2：接收待求最大公约数的两个整数，并且调用Find( )函数，最后输出返回的Find数值（即待求的最大公约数），代码如下所示。

```
1. # 用户数输入数据
2. num1 = int(input(" 请输入第一个数字: "))
3. num2 = int(input(" 请输入第二个数字: "))
4. print(num1, " 和 ", num2, " 的最大公约数为: ", Find(num1, num2))
```

巩固·练习

（1）修改本案例的程序，使程序可以寻找多个整数之间的最大公约数。

小贴士

使用列表或者其他结构来存储数据，找到数据中的最小值和最大值，然后再修改本案例给出的代码，寻找最大公约数。

（2）修改本案例的程序，使程序返回寻找的多个整数的所有公约数。

小贴士

在巩固练习1的基础上，对找到的公约数进行记录与输出。

实战技能 17 寻找最小公倍数

实战 说明

本实战技能将实现寻找两个自然数的最小公倍数。运行时，要求用户根据提示输入两个待寻找最小公倍数的整数，运行程序得到的结果如图1-53所示。

```
请输入第一个数字：12
请输入第二个数字：34
12 和 34 的最小公倍数为： 204
```
图1-53　寻找最小公倍数结果展示

技能 详解

1.技术要点

本实战技能将涉及公倍数的概念和break语句。

1）公倍数

两个或者多个整数公有的倍数叫作它们的公倍数，除0以外，最小的公倍数就叫作这几个整数的最小公倍数。

2）break语句

如果break语句是在嵌套循环内（在一个循环内的一个循环），则break语句将终止最内层循环，具体工作流程如图1-54所示。

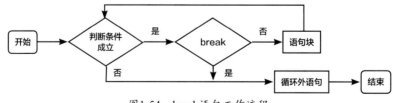

图1-54　break语句工作流程

高手点拨

return语句：退出循环体所在的函数，相当于结束该方法，一般是在函数结尾返回相关值，如函数的计算结果等。

break语句：结束循环，跳出循环体，执行后面的语句，一般是在循环内遇到特殊的条件需要跳出循环。

continue语句：结束此次循环，进行下一次循环。区别于break语句的是，break语句是跳出整个循环体，结束整个循环；continue语句只是跳出一次循环，继续执行下一次循环。

2.主体设计

寻找最小公倍数的实现流程如图1-55所示。

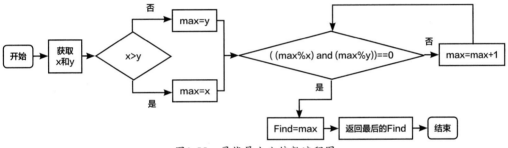

图1-55　寻找最小公倍数流程图

寻找最小公倍数具体通过以下4个步骤实现。

Step1：用户输入待求最小公倍数的两个数字。

Step2：找出两个数字中较大的一个数字，并且使用max记录。

Step3：使用循环，判断max是否可以同时整除x与y，如果可以同时整除，退出循环，将max赋值给Find；否则max的值加1，并且继续执行循环直到找到Find。

Step4：返回Find，即x与y之间的最小公倍数。

3.编程实现

本实战技能使用Jupyter Notebook进行编写，建立相关的源文件【案例17：寻找最小公倍数.ipynb】，在相应的【cell】里面编写代码。参考"实战技能01"的详细步骤，编写具体代码，具体步骤及代码如下所示。

Step1：编写Find( )函数，找到两个数的最小公倍数的具体实现函数，代码如下所示。

```
1.  # 定义寻找最小公倍数的函数
2.  def Find(x, y):
3.      # 获取最大的数
4.      if x > y:
5.          max = x
6.      else:
```

```
7.          max = y
8.
9.      while (True):
10.         if ((max % x == 0) and (max % y == 0)):
11.             Find = max
12.             break
13.         max += 1
14.     return Find
```

Step2：接收待求最小公倍数的两个整数，并且调用Find( )函数，最后输出返回的Find数值（即待求的最小公倍数），代码如下所示。

```
1. # 获取用户输入
2. num1 = int(input(" 请输入第一个数字： "))
3. num2 = int(input(" 请输入第二个数字： "))
4. # 打印结果
5. print(num1, " 和 ", num2, " 的最小公倍数为： ", Find(num1, num2))
```

巩固·练习

（1）有一个游戏是"逢三做动作"，从1开始依次计数，当数到3或者3的倍数时，则不能说出该数，而是做指定动作——拍腿。现编写程序，计算从1到100，一共需要拍多少次腿（中间无人出错）？

小贴士

初始化计数变量、次数变量，结合for循环语句和range( )函数生成可以执行100次的循环。执行一次循环就将计数变量加1，再嵌套一个if语句，判断现在的数是否为3或者3的倍数（使用模运算判断），如果是，次数变量就加1；如果不是，就使用continue语句，退出当前本次循环。循环次数执行完毕，输出次数变量（即题目中所需要的拍腿的次数）。

（2）游戏允许有两次犯错误的机会，若犯错超过两次，游戏将结束。请修改巩固练习1中的程序，计算参加游戏的成员正确拍腿的次数（编写程序的时候，注意设置犯错次数）。

小贴士

实现步骤与巩固练习1相似，需要设置出错的次数和出错的时间。每次循环的时候都需要对错误次数进行判断，如果错误次数多于两次，则执行break语句退出循环，并且输出正确拍腿次数；否则执行continue语句，跳出本次循环并执行下一次循环。

实战技能 18 计算器的实现

实战·说明

　　本实战技能将创建多个函数，实现简单的计算器功能。程序运行的时候，首先，会要求用户选择运算的模式；其次，用户再输入待运算的两个数字；最后，再调用函数将运行结果展示出来。运行程序得到的结果如图1-56所示。

```
选择运算:
1、相加
2、相减
3、相乘
4、相除
输入你的选择(1/2/3/4):2
输入第一个数字: 2
输入第二个数字: 3
2 - 3 = -1
```

图1-56　计算器的实现结果展示

技能·详解

1.技术要点

本实战技能将大量使用函数，函数是由关键字def实现的具有一定用途的工具。

语法说明如下。

```
1.   def functionname([parameterlist]):
2.       ['''comments''']
3.       [functionbody]
```

参数说明如下。

① functionname：函数名称，在调用函数时使用。

② parameterlist：用于向函数中传递参数。

③ comments：为函数指定注释，注释的内容通常是函数的功能和参数的作用，可以为用户提供友好提示和帮助。

④ functionbody：用于指定函数体，即该函数被调用后，要执行的功能代码。

　　调用函数也就是执行函数，如果把创建的函数理解为一个可以多次重复使用并且具有某种用途的工具的话，那么该如何使用这个工具呢？

语法说明如下。

```
1. functionname([parameterlist])
```

参数说明如下。

① functionname：函数名称。

② parameterlist：用于向函数中传递参数的值。如果需要传递多个参数值，则各参数值之间使用逗号","分隔开，如果该函数没有参数，则直接写一对小括号"( )"就可以了。

2.主体设计

计算器的实现流程如图1-57所示。

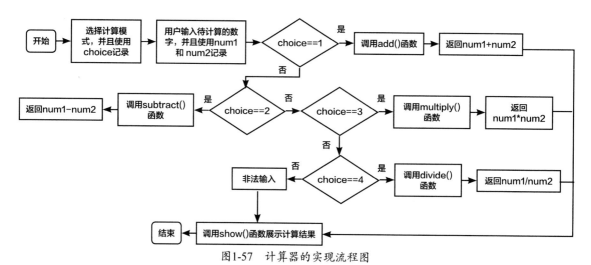

图1-57　计算器的实现流程图

计算器的实现具体通过以下6个步骤实现。

Step1：调用input( )函数，要求用户输入选择的计算模式，使用choice记录。

Step2：再次调用input( )函数，要求用户输入待计算的两个数字，使用num1和num2记录。

Step3：编写add( )函数、subtract( )函数、multiply( )函数、divide( )函数，实现计算的功能。

Step4：编写show( )函数，实现结果展示。

Step5：根据选择的模式，然后调用相应的计算模式，对用户输入的数字进行计算。

Step6：最后调用show( )函数，对计算结果进行输出。

3.编程实现

本实战技能使用Jupyter Notebook进行编写，建立相关的源文件【案例18：计算器的实现.ipynb】，在相应的【cell】里面编写代码。参考"实战技能01"的详细步骤，编写具体代码，具体步骤及代码如下所示。

Step1：调用input( )函数，获得用户选择的模式和待计算的数字，代码如下所示。

```
1.  # 获取用户输入待计算的数字
2.  # 首先选择运算技能
3.  print(" 选择运算: ")
4.  print("1、相加 ")
5.  print("2、相减 ")
6.  print("3、相乘 ")
7.  print("4、相除 ")
8.  choice = input(" 输入你的选择 (1/2/3/4):")
9.  # 然后获取需要运算的数字
10. num1 = int(input(" 输入第一个数字："))
11. num2 = int(input(" 输入第二个数字："))
```

Step2：编写具有计算功能的函数，代码如下所示。

```
1. # 定义具有相加功能的函数
2. def add(x, y):
3.     ''' 相加 '''
4.     return x + y
5. # 定义具有相减功能的函数
6. def subtract(x, y):
7.     ''' 相减 '''
8.     return x - y
9. # 定义具有相乘功能的函数
10.def multiply(x, y):
11.     ''' 相乘 '''
12.     return x * y
13.# 定义具有相除功能的函数
14.def divide(x, y):
15.     ''' 相除 '''
16.     return x / y
```

Step3：编写show( )函数，代码如下所示。

```
1. def show(choice, num1, num2):
2.     if choice == '1':
3.         print(num1, "+", num2, "=", add(num1, num2))
4.     elif choice == '2':
5.         print(num1, "-", num2, "=", subtract(num1, num2))
6.     elif choice == '3':
7.         print(num1, "*", num2, "=", multiply(num1, num2))
8.     elif choice == '4':
9.         print(num1, "/", num2, "=", divide(num1, num2))
10.    else:
11.        print(" 非法输入 ")
```

Step4：调用show( )函数，展示计算结果，代码如下所示。

```
1. # 展示输出
2. show(choice, num1, num2)
```

巩固·练习

修改本案例的实现代码，使计算器可以进行四则运算。

小贴士

修改代码，增加一个退出模式，计算之后退出运算。选择部分模式进行封装，使其可以多次调用，用户每次运算完后，都重新选择计算模式。

实战技能 ⑲ 汉诺塔的实现

实战·说明

本实战技能将使用递归来实现汉诺塔，运行时要求用户输入一个自然数，表示初始柱子上的盘数，并初始化三根柱子，如分别输入"3""A""B""C"，则表示如何移动圆盘实现汉诺塔。运行程序得到的结果如图1-58所示。

```
请输入初始盘子数：3
请输入初始柱子名称：A
请输入过渡柱子名称：B
请输入目标柱子名称：C
具体的移动过程如下：
从 A 柱移动到 C 柱
从 A 柱移动到 B 柱
从 C 柱移动到 B 柱
从 A 柱移动到 C 柱
从 B 柱移动到 A 柱
从 B 柱移动到 C 柱
从 A 柱移动到 C 柱
```

图1-58　汉诺塔的实现结果

技能·详解

1.技术要点

要实现本案例，需要详细了解汉诺塔问题及其解决方案。

1）汉诺塔问题

汉诺塔问题源于印度一个古老传说的益智玩具。大梵天创造世界的时候做了三根金刚石柱子，在一根柱子上从下往上按照大小顺序摆着64片黄金圆盘。大梵天命令婆罗门把圆盘从下面按大小顺序重新摆放在另一根柱子上，并且规定在小圆盘上不能放大圆盘，三根柱子之间一次只能移动一个圆盘。

2）汉诺塔实现

在利用计算机求汉诺塔问题时，必不可少的一步是对整个实现求解进行算法分析。到目前为止，求解汉诺塔问题最简单的算法还是递归算法。简单来说，递归就是一个方法或者函数，在这个函数里有调用自身函数的语句。要使这种调用能够正常结束，必须在函数里有一个结束点，具体地说，是在调用最后一次后，函数能返回一个确定的值，根据这个确定的值，可以得到倒数第二次调用时的返回值，依次向前推进，得到第一次调用这个函数的返回值。

实现这个算法可以简单分为3个步骤。

Step1：把第n-1个盘子由a柱移到 b柱。

Step2：把第n个盘子由 a柱移到 c柱。

Step3：把第n-1个盘子由b柱移到 c柱。

从这里入手，再加上数学问题解法的分析，不难发现，移动的步数必定为奇数。

（1）中间的一步是把第n个盘子从a柱移到c柱上去。

（2）中间一步之前可以看成把a柱上第n—1个盘子借助辅助塔（c塔）移到了b柱上。

（3）中间一步之后可以看成把b柱上第n-1个盘子借助辅助塔（a塔）移到了c柱上。

汉诺塔实现图解如图1-59所示。

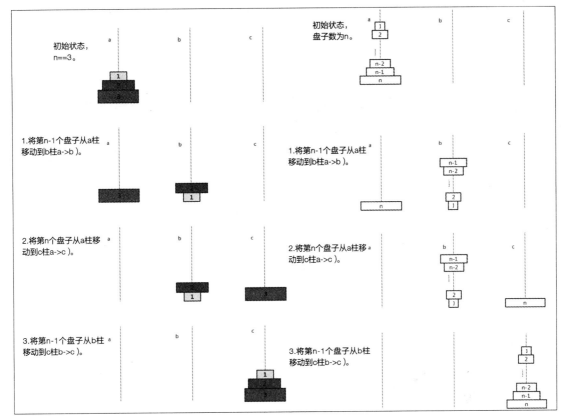

图1-59　汉诺塔实现图解

2.主体设计

汉诺塔的实现流程如图1-60所示。

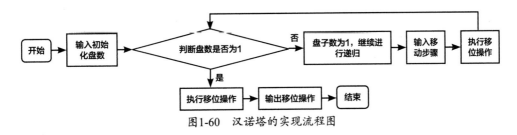

图1-60　汉诺塔的实现流程图

汉诺塔的实现具体通过以下5个步骤实现。

Step1：初始化盘数，并初始化三根柱子。

Step2：判断输入的盘数是否为1，若是，则执行Step3；若不是，则执行Step4。

Step3：移动盘子。

Step4：返回Step2，继续判断盘数是否为1，重复Step3。

Step5：输出返回列表。

3.编程实现

本实战技能使用Jupyter Notebook进行编写，建立相关的源文件【案例19：汉诺塔的实现.ipynb】，在相应的【cell】里面编写代码。参考"实战技能01"的详细步骤，编写具体代码，具体步骤及代码如下所示。

Step1：实现递归的执行函数，代码如下所示。

```
1. def move(n, a, b, c):  # n 为圆盘数，a 代表第一根初始圆柱，b 代表第二根过渡圆柱，
2.                        # c 代表第三根目标圆柱
3.     if n == 1:
4.         print(" 从 ", a, " 柱移动到 ", c, " 柱 ")
5.     else:
6.         move(n - 1, a, c, b)  # 将第一根圆柱的第 n-1 个圆盘移动到第二根过渡圆柱，
7.                                # 此时上一级函数的第二根圆柱为目标圆柱，
8.                                # 第三根圆柱为过渡圆柱，第一根为初始圆柱
9.         print(" 从 ", a, " 柱移动到 ", c, " 柱 ")
10.        move(n - 1, b, a, c)  # 将过渡圆柱的第 n-1 个圆盘移动到目标圆柱，
11.                               # 此时上一级函数的第二根圆柱为初始圆柱，
12.                               # 第一根圆柱为过渡圆柱，第三根圆柱为目标圆柱
```

Step2：实现程序主流程。

```
1. D = int(input(" 请输入初始盘子数: "))
2. E = input(" 请输入初始柱子名称: ")
3. F = input(" 请输入过渡柱子名称: ")
4. G = input(" 请输入目标柱子名称: ")
5. print(" 具体的移动过程如下: ")
6. move(D, E, F, G)    # 调用上面自定义的函数，可以实现汉诺塔
```

巩固·练习

根据本案例算法的思想，修改"实战技能12"。

┌─小贴士──

　将"实战技能12"的实现代码封装为一个函数，使用本案例的思想，反复调用函数，从而实现阶乘。

└───

实战技能 20 自定义数组

实战·说明

本实战技能将使用面向对象编程（Object Oriented Programming，OOP）的技术，自定义数组类，实现数组中数字之间的四则运算、内积运算和成员测试等功能。运行程序得到的结果如图1-61所示。

```
案例20: 自定义数组的实现
数组a: [1, 2, 3, 4, 5, 6]
数组b: [6, 5, 4, 3, 2, 1]
a+b: [7, 7, 7, 7, 7, 7]
a,b的内积为: 56
2是否在a内: True
a添加元素7: [1, 2, 3, 4, 5, 6, 7]
查看a的第3个元素值: 3
修改最后一项值为0: [1, 2, 3, 4, 5, 6, 0]

Process finished with exit code 0
```

图1-61　自定义数组的实现

技能·详解

1.技术要点

从本实战技能开始，将会涉及利用Python进行面向对象程序设计。关于面向对象程序设计的详细原理，读者可以参考专门介绍面向对象程序设计的书籍，本书只针对程序中的技术要点进行介绍。

1）数组

所谓数组，是指有序的元素序列。若将有限个类型相同的变量的集合命名，那么这个名称为数组名。组成数组的各个变量称为数组的分量，也称为数组的元素，有时也称为下标变量。用于区分数组的各个元素的数字编号称为下标。在程序设计中，为了处理方便，把具有相同类型的若干元素按无序的形式组织起来，这些无序排列的同类数据元素的集合称为数组。数组是用于存储多个相同类型数据的集合。

2）面向对象

面向对象是一种软件开发方法，面向对象的概念和应用已经超越了程序设计和软件开发。面向对象中的对象，通常是指客观世界中存在的对象，这个对象具有唯一性，对象之间各不相同，各有各的特点，每一个对象都有运动的规律和内部状态。对象与对象之间是可以相互联系、相互作用的。另外，对象也可以是一个抽象的事物。

（1）对象（Object）：一个抽象概念，表示任意存在的事物。现实世界中，随处可见的一种事物就是对象，对象是事物存在的实体。对象通常被划分为两个部分，即静态部分与动态部分。静态部分通常被称为这个对象的属性，任何对象都具有自身属性，这些属性不仅是客观存在的，而且是不能被忽略的，如人的姓名。动态部分指的是对象的行为，即对象执行的动作，如人可以跑步。

（2）类（Class）：封装对象的属性和行为的载体。反过来说，具有相同属性和行为的一类实体被称为类。

面向对象程序设计的特点：封装、继承和多态。

（1）封装：面向对象编程的核心，也是将对象的属性和行为封装起来的载体。类通常会对客户隐藏其实现细节，这就是封装的思想。封装通过限制只有特定类的对象，访问这一特定类的成员，而它们通常利用接口实现消息的传入和传出。采用封装思想保证了类的内部数据结构的完整性，使用该类的用户不能直接看到类中的数据结构，而只能执行类允许公开的数据，这样就可以避免外部对内部数据的影响，提高了程序的可维护性。

（2）继承：在某种情况下，一个类会有子类，子类比原本的类要更加具体化。例如，犬这个类会有它的子类——拉布拉多犬和哈士奇犬等。"二哈"可能就是哈士奇犬的一个实例。子类会继承父类的属性和行为，并且也包含它们自己的特有属性。我们假设犬类有一个行为叫作吠叫，还有一个属性叫作毛色，它的子类会继承这些行为和属性。综上所述，继承是实现重复利用的重要手段，子类通过继承，复用了父类的实现和行为，同时又添加了子类特有的属性和行为。

（3）多态：由继承产生的不同的类，其对象对同一消息会做出不同的响应。子类继承父类特征的同时，也具备了自己的特征，并且能够实现不同的效果，这就是多态化结果。

3）类的定义和使用

语法说明如下。

```
1. class ClassName :
2.     '''The help of the class'''
3.     statement
```

参数说明如下。

① ClassName:类的名称，开头一般使用大写字母。如果类名中包括两个单词，第二个单词的首字母也要大写，这样的命名方式称为驼峰式命名法。

② The help of the class：类的帮助信息，用于指定类的文档字符串。定义该字符串后，创建类的对象时，输入类名和左括号"（"后，将显示该信息。

③ statement：类体，主要由类变量、方法和属性等定义语句组成。如果在定义类时，还没有想好类的具体功能，也可以在类中直接使用pass语句代替。

▌温馨提示

Python 中提供关键字 pass，执行时什么也不会发生，在类和函数定义中代表空语句，也可以用三引号""" """进行必要注释。

在类定义完成之后，可以创建类的实例。

语法说明如下。

1. ClassName(parameterlist)

参数说明如下。

① ClassName：用于具体的类。

② parameterlist：当创建一个类时，没有创建创建__init__方法，或者当只有一个self参数时，parameterlist可以省略。

2.主体设计

使用Python列表实现自定义数组。自定义数组类，实现数组中的四则运算、内积运算和成员测试等功能，其步骤如下。

Step1：保证输入值为数字元素，通过isinstance( )函数判断数据类型。

Step2：初始化__init__函数，对输入的数据进行储存。

Step3：重构数组的运算方法（重载运算）。

Step4：添加数组类的类方法。

3.编程实现

本实战技能使用PyCharm进行编写，创建相关的源文件【案例20：自定义数组的实现.py】，在界面输入代码。参考"实战技能01"的详细步骤，编写具体代码，具体步骤及代码如下所示。

Step1：创建MyArray类，代码如下所示。

```
1. class MyArray:
```

Step2：建立__isNumber( )方法，保证输入值为数字元素（整型、浮点、复数），代码如下所示。

```
1.    def ___isNumber(self, n):
2.        if not isinstance(n, (int, float, complex)):
3.            return False
4.        return True
5.    def __init__(self, *args):
6.        if not args:
7.            self.__value = []
8.        else:
9.            for arg in args:
10.               if not self.___isNumber(arg):
11.                   print('All elements must be numbers')
12.                   return
13.           self.__value = list(args)
```

高手点拨

*args 的实质就是将函数传入的参数，存储在元组类型的变量args中。**kargs的实质就是将函数的参数和值，存储在字典类型的变量kargs中。

Step3：实现数组之间的加法运算，代码如下所示。

```
1.    def __add__(self, other):
2.        ''' 数组中每个元素都与数字 other 相加，或者两个数组相加，得到一个新数组 '''
3.        if self.___isNumber(other):
4.            # 数组与数字 other 相加
5.            b = MyArray( )
6.            b.__value = [item + other for item in self.__value]
7.            return b
8.        elif isinstance(other, MyArray):
9.            # 两个数组对应元素相加
10.           if (len(other.__value) == len(self.__value)):
11.               c = MyArray( )
12.               c.__value = [i + j for i, j in zip(self.__value, other.__value)]
13.               return c
14.           else:
15.               print('Lenght no equal')
16.       else:
17.           print('Not supported')
```

[高手点拨]

zip( )函数用于将可迭代的对象作为参数，将对象中对应的元素打包成元组，然后返回由这些元组组成的列表。

Step4：建立dot( )方法，使MyArray类具有计算内积运算的功能，代码如下所示。

```
1. def dot(self, v):
2.     if not isinstance(v, MyArray):
3.         print('must be an instance of MyArray.')
4.         return
5.     if len(v) != len(self.__value):
6.         print('size must be equal.')
7.         return
8.     return sum([i * j for i, j in zip(self.__value, v.__value)])
```

Step5：建立__len__( )方法，使MyArray类具有查看对象长度的功能，代码如下所示。

```
1. def __len__(self):
2.     return len(self.__value)
```

Step6：建立__str__( )方法，使MyArray类具有转换为字符串类型的功能，代码如下所示。

```
1. def __str__(self):
2.     return str(self.__value)
```

Step7：建立__contains__方法，使MyArray类具有判断数字是否属于数组的功能，代码如下所示。

```
3. def __contains__(self, n):
```

```
4.    if n in self.__value:
5.        return True
6.    return False
```

Step8：建立append( )方法，使MyArray类具有附加元素的功能，代码如下所示。

```
1. def append(self, n):
2.     if isinstance(n, (int, float)):
3.         self.__value.append(n)
4.     else:
5.         print('isinstance error')
6. def __repr__(self):
7.     return repr(self.__value)
```

Step9：建立__getitem__方法，使MyArray类判断指定元素是否属于数组，代码如下所示。

```
1. def __getitem__(self, key):
2.     length = len(self.__value)
3.     if isinstance(key, int) and 0 <= key < length:
4.         return self.__value[key]
5.     else:
6.         return 'Index Error'
```

Step10：建立__setitem__方法，使MyArray类具有修改数组元素的功能，代码如下所示。

```
1. def __setitem__(self, key, value):
2.     length = len(self.__value)
3.     if isinstance(key, int) and  0 <= key < length:
4.         self.__value[key] = value
5.     else:
6.         return 'Index Error'
```

Step11：检验结果，代码如下所示。

```
1. a = MyArray(1, 2, 3, 4, 5, 6)
2. b = MyArray(6, 5, 4, 3, 2, 1)
3. print('案例20：自定义数组的实现')
4. print('数组a：', a)
5. print('数组b：', b)
6. print('a+b：', a + b)
7. print('a, b 的内积为：', a.dot(b))
8. print('2 是否在 a 内：', 2 in a)
9. a.append(7)
10.print('a 添加元素 7：', a)
11.print('查看 a 的第 3 个元素值：', a[2])
12.a[6] = 0
13.print('修改最后一项值为 0：', a)
```

巩固·练习

修改本案例的代码，实现数组的混合运算。

小贴士

　　本案例已经实现了类的创建和实例化，本巩固练习需要实现多次数组计算。除此之外，本案例已经实现MyArray类接收传入数组的数据，因此还需要对MyArray类进行多次实例化，接收需要进行混合运算的数组，再调用相应的方法来实现对数组的混合运算。

实战技能 ㉑ 自定义矩阵

实战·说明

　　矩阵的调用很容易，那么是否还有其他的办法自定义矩阵呢？本实战技能主要介绍了如何用类的方式自定义矩阵。运行程序得到的结果如图1-62所示。

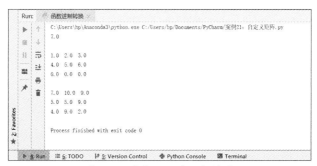

图1-62　自定义矩阵运行结果

技能·详解

1.技术要点

　　本实战技能主要涉及了类的魔术方法。在Python中，以两个下画线开头的方法，如__init__、__str__、__doc__、__new__等，被称为魔术方法。魔术方法会自动执行，如果希望根据自己的程序定制特殊功能的类，那么就需要对这些方法进行重写。

　　Python将所有以两个下画线开头的类方法保留为魔术方法。所以在定义类方法时，除了上述魔术方法，建议不要以下画线为前缀。

以下是一些常见的魔术方法。

（1）__new__(cls[, ...])：在一个对象实例化的时候调用的第一个方法。它的第一个参数是这个类，其他的参数直接传递给 __init__ 方法。__new__ 决定是否要使用 __init__ 方法，因为 __new__ 可以调用其他类的构造方法或者直接返回其他实例对象来作为本类的实例。如果 __new__ 没有返回实例对象，则 __init__ 方法不会被调用。__new__ 主要是用于继承一个不可变的类型，如一个 tuple 或者 string。

（2）__init__(self[, ...])：构造器，当一个实例被创建的时候调用的方法。

（3）__del__(self)：析构器，当一个实例被销毁的时候调用的方法。

（4）__getitem__(self, key)：定义获取容器中指定元素的行为，相当于 self[key]。

（5）__setitem__(self, key, value)：定义设置容器中指定元素的行为，相当于 self[key] = value。

（6）__delitem__(self, key)：定义删除容器中指定元素的行为，相当于 del self[key]。

（7）__add__(self, other)：定义加法的行为。

（8）__sub__(self, other)：定义减法的行为。

（9）__mul__(self, other)：定义乘法的行为。

2.主体设计

自定义矩阵的实现流程如图1-63所示。

图1-63　自定义矩阵的实现流程图

自定义矩阵的实现具体通过以下6个步骤实现。

Step1：定义矩阵类，然后使用__init__定义矩阵的行数和列数。

Step2：如果类把某个属性定义为序列，那么__getitem__可以输出某个元素的值。

Step3：定义函数。

Step4：定义矩阵的加法。

Step5：在类中定义输出矩阵的函数。

Step6：使用if __name__ == '__main__:'米执行代码。

3.编程实现

本实战技能使用Jupyter Notebook进行编写，建立相关的源文件【案例21：自定义矩阵.ipynb】，在相应的【cell】里面编写代码。参考"实战技能01"的详细步骤，编写具体代码，具体步骤及代码如下所示。

Step1：定义矩阵类的行数和列数，代码如下所示。

```
1. import copy
2. class Matrix:
3.     def __init__(self, row, column, fill=0.0):
```

```
4.        self.shape = (row, column)
5.        self.row = row
6.        self.column = column
7.        self._matrix = [[fill] * column for i in range(row)]
```

Step2：返回矩阵的行和列元素的值，代码如下所示。

```
1.    def __getitem__(self, index):
2.        if isinstance(index, int):
3.            return self._matrix[index - 1]
4.        elif isinstance(index, tuple):
5.            return self._matrix[index[0] - 1][index[1] - 1]
```

Step3：设置矩阵的行和列元素的值，代码如下所示。

```
1.    def __setitem__(self, index, value):
2.        if isinstance(index, int):
3.            self._matrix[index - 1] = copy.deepcopy(value)
4.        elif isinstance(index, tuple):
5.            self._matrix[index[0] - 1][index[1] - 1] = value
```

Step4：比较维度，也就是比较行数和列数，代码如下所示。

```
1.    def __eq__(self, N):
2.        ''' 相等 '''
3.        assert isinstance(N, Matrix), " 类型不匹配，不能比较 "
4.        return N.shape == self.shape
```

Step5：将矩阵相加，矩阵能相加的条件是两个矩阵维度相等，代码如下所示。

```
1.    def __add__(self, N):
2.        ''' 加法 '''
3.        assert N.shape == self.shape, " 维度不匹配，不能相加 "
4.        M = Matrix(self.row, self.column)
5.        for r in range(self.row):
6.            for c in range(self.column):
7.                M[r, c] = self[r, c] + N[r, c]
8.        return M
```

Step6：输出矩阵函数，代码如下所示。

```
1.    def show(self):
2.        for r in range(self.row):
3.            for c in range(self.column):
4.                print(self[r + 1, c + 1], end='  ')
5.        print()
```

Step7：使用所定义的类，代码如下所示。

```
1. if __name__ == '__main__':
2.    m = Matrix(3, 3, fill=0.0)
```

```
3.    n = Matrix(3, 3, fill=0.0)
4.    m[1] = [1., 2., 3.]
5.    m[2] = [4., 5., 6.]
6.    n[1] = [6., 8., 6.]
7.    n[2] = [1., 0., 3.]
8.    n[3] = [4., 9., 2.]
9.    p = m + n
10.   m.show( )
11.   print( ) # 空行
12.   p.show( )
13.   print( )
14.   print(p[1, 1])
```

巩固·练习

修改本案例的代码，实现矩阵的混合运算。

小贴士

修改本案例代码，创建接收待计算的矩阵的类，在需要进行计算的时候对该类进行实例化。接收需要计算的相应类之后，调用相应的计算方法对矩阵进行计算，再调用show( )方法实现对结果的输出。

实战技能 22 自定义队列

实战·说明

本实战技能使用面向对象编程的思想，实现对队列的模拟，主要测试元素入队、元素出队和检查队列是否已满等功能。运行程序得到的结果如图1-64所示。

技能·详解

1.技术要点

队列是一种只允许在一端进行插入操作，而在另一端进行删除操作的线性表。允许插入的一端称为队尾，允许删除的一端称为队头。队列示意如图1-65所示。

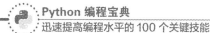

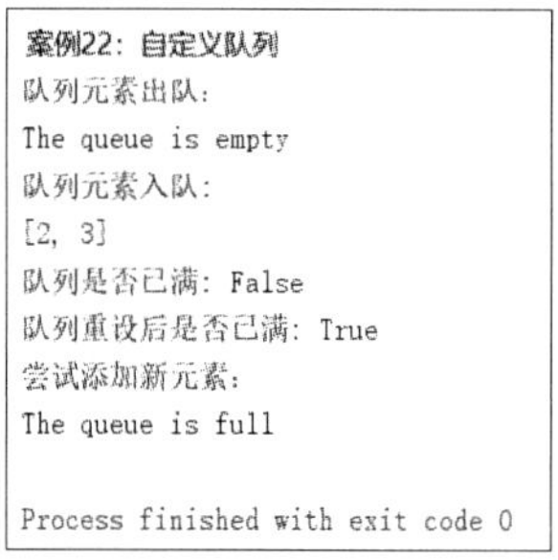

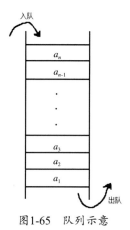

```
案例22：自定义队列
队列元素出队：
The queue is empty
队列元素入队：
[2, 3]
队列是否已满: False
队列重设后是否已满: True
尝试添加新元素：
The queue is full

Process finished with exit code 0
```

图1-64　自定义队列实现

图1-65　队列示意

2.主体设计

队列类封装后，可以实现设置队列大小、入队、出队、显示队列元素、判断队列等功能，实现步骤如下。

Step1：创建自定义myQueue类。

Step2：添加队列属性。

Step3：创建入队、出队、显示队列元素、判断队列等方法。

Step4：验证创建好的类对象。

3.编程实现

本实战技能使用Jupyter Notebook进行编写，建立相关的源文件【案例22：自定义队列.ipynb】，在相应的【cell】里面编写代码。参考"实战技能01"的详细步骤，编写具体代码，具体步骤及代码如下所示。

Step1：使用关键词class，创建myQueue类，代码如下所示。

```
1. class myQueue:
```

Step2：创建构造函数，添加队列属性，默认队列大小为10，代码如下所示。

```
1.    def __init__(self, size=10):
2.        self._content = []
3.        self._size = size
4.        self._current = 0
```

Step3：建立设置队列大小的setSize( )方法，代码如下所示。

```
1.    def setSize(self, size):
2.        if size < self._current:      # 如果缩小队列，应删除后面的元素
3.            for i in range(size, self._current)[::-1]:
4.                del self._content[i]
5.            self._current = size
6.        self._size = size
```

高手点拨

[::-1]使用了Python的切片功能，其实就是去除这行文本的最后一个字符（换行符）后，剩下的部分再取反。

Step4：创建入队的put( )方法，将元素插入队列，代码如下所示。

```
1.    def put(self, v):              # 入队
2.        if self._current < self._size:
3.            self._content.append(v)
4.            self._current = self._current + 1
5.        else:
6.            print('The queue is full')
```

Step5：创建出队的get( )方法，代码如下所示。

```
1.    def get(self):                # 出队
2.        if self._content:
3.            self._current = self._current - 1
4.            return self._content.pop(0)
5.        else:
6.            print('The queue is empty')
```

Step6：创建显示队列当前元素的show( )方法，代码如下所示。

```
1.    def show(self):
2.        if self._content:
3.            print(self._content)
4.        else:
5.            print('The queue is empty')
```

Step7：创建清空队列所有元素的empty( )方法，代码如下所示。

```
1.    def empty(self):
2.        self._content = []
```

Step8：创建判断队列是否为空的isEmpty( )方法，代码如下所示。

```
1.    def isEmpty(self):
2.        if not self._content:
3.            return True
4.        else:
5.            return False
```

Step9：创建判断队列是否已满的isFull( )方法，代码如下所示。

```
1.    def isFull(self):
2.        if self._current == self._size:
3.            return True
4.        else:
5.            return False
```

Step10：检验结果，代码如下所示。

```
1. q = myQueue( )
2. print(' 案例 22：自定义队列 ')
3. print(' 队列元素出队：')
4. q.get( )
5. q.put(2)
6. q.put(3)
7. print(' 队列元素入队 :')
8. q.show( )
9. print(' 队列是否已满 :', str(q.isFull( )))
10.q.setSize(2)
11.print(' 队列重设后是否已满 :', str(q.isFull( )))
12.print(' 尝试添加新元素：')
13.q.put(3)
```

巩固·练习

基于队列的知识，修改本案例的程序代码，对银行ATM机前排队的情况进行模拟。

> 小贴士
>
> **Step1**：初始化排队人群的队列。
>
> **Step2**：实现人群的入队操作。
>
> **Step3**：判断人群队列是否已满。
>
> **Step4**：判断人是否已经完成操作，若完成操作，则出队列；若未完成操作，则等到其完成操作。
>
> **Step5**：等到最后一个人，清空队列。

实战技能 ㉓ 自定义栈

实战·说明

本实战技能使用面向对象编程的思想，实现对于栈的模拟，主要实现测试栈是否为空和是否已满的功能，以及添加元素和弹出元素的功能。运行程序得到的结果如图1-66所示。

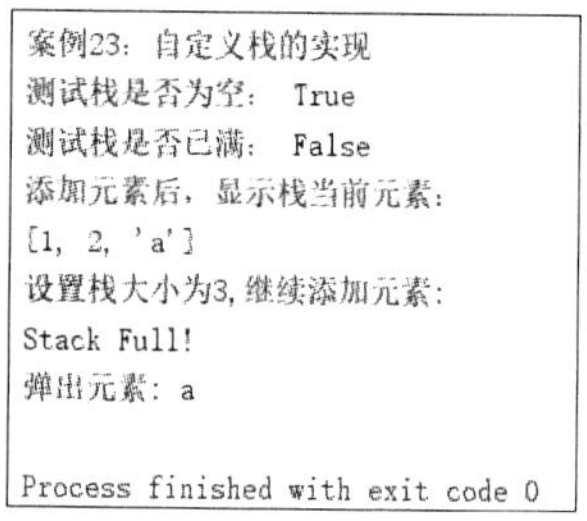

```
案例23：自定义栈的实现
测试栈是否为空：True
测试栈是否已满：False
添加元素后，显示栈当前元素：
[1, 2, 'a']
设置栈大小为3,继续添加元素：
Stack Full!
弹出元素: a

Process finished with exit code 0
```

图1-66　自定义栈的实现

技能·详解

1.技术要点

本实战技能涉及类的属性和继承等概念，另外还需要了解栈。

1）属性

（1）实例属性：通过实例变量或self来定义。

（2）类属性：定义在类中的属性。

（3）私有属性：Python面向对象的属性，可以更方便地访问私有数据成员。

在Python中，可以通过@property将一个实例方法转换为同名属性，从而实现用于计算的属性。将方法转换为属性后，可以直接通过方法名来访问方法，而不需要再添加一对小括号"（）"，这样可以让代码更加简洁。

语法说明如下。

```
1. @property
2. def methodname(self):
3.     block
```

参数说明如下。

① methodname：用于指定方法名，一般使用小写字母开头。

② self：表示类的实例。

③ block：方法体，用于实现具体的功能。在方法体中，通常以return语句结束，用于返回计算结果。

高手点拨

通过@property转换后的属性不能重新赋值，如果对其重新赋值，将会抛出异常信息。通过getter和setter方法定义只读和修改属性。使用@methodname.setter可以修饰新的实例方法，从而修改实例属性。

2）继承

在面向对象程序设计中，当我们定义一个类的时候，可以从某个现有的类继承，新的类称为子类，而被继承的类称为基类、父类或超类。继承可以提高代码复用率，也是实现多态的必要条件。

（1）子类可以继承父类的公有成员，不能继承私有成员。

（2）需要调用父类的属性和方法时，可以通过super（）函数或者父类名.方法名（）实现继承。

温馨提示

多态指的是父类的方法在不同的子类中有不同的表现。对于一个实例，只需要知道父类，就能自动调用父类的方法。

3）栈

栈又名堆栈，它是一种运算受限的线性表，仅允许在表的一端进行插入和删除运算，这一端称为栈顶，另一端称为栈底。向一个栈插入新元素又称为进栈、入栈或压栈，它是把新元素放到栈顶元素的上面，使其成为新的栈顶元素；从一个栈删除元素又称为出栈或退栈，它是把栈顶元素删除掉，使其相邻的元素成为新的栈顶元素。栈的模型如图1-67所示。

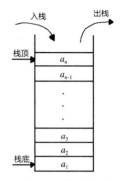

图1-67　栈的模型

栈是一种最常用的数据结构，它包括入栈和出栈操作，算法如下所示。

（1）入栈。

Step1：若TOP≥n，则给出溢出信息，作为出错处理（入栈前检查栈是否已满，满则溢出；不满则进入Step2）。

Step2：设置TOP=TOP+1（栈指针加1，指向入栈地址）。

Step3：S(TOP)=X，结束（X为新入栈的元素）。

（2）出栈。

Step1：若TOP≤0，则给出下溢信息，作为出错处理（出栈前先检查栈是否已空，空则下溢；不空则进入Step2）。

Step2：X=S(TOP)（出栈后的元素赋给X）。

Step3：TOP=TOP-1，结束（栈指针减1，指向栈顶）。

2.主体设计

使用Python列表对象提供的append( )、pop( )方法和简单面向对象技术，可以实现设置栈大小、入栈、出栈、显示栈当前元素等功能，其步骤如下。

Step1：创建自定义Stack类。

Step2：添加栈的属性。

Step3：创建入栈、出栈、显示栈当前元素等方法。

3.编程实现

本实战技能使用Jupyter Notebook进行编写，建立相关的源文件【案例23：自定义栈的实现.ipynb】，在相应的【cell】里面编写代码。参考"实战技能01"的详细步骤，编写具体代码，具体步骤及代码如下所示。

Step1：使用关键词class，创建Stack类，代码如下所示。

```
1. class Stack:
```

Step2：创建构造函数，添加栈的属性，代码如下所示。

```
1.  class Stack:
2.      def __init__(self, size=10):
3.          self._content = []  # 使用列表存放栈的元素
4.          self._size = size   # 初始化栈大小
5.          self._current = 0   # 栈中元素个数初始化为 0
```

Step3：建立设置栈大小的setSize( )方法，代码如下所示。

```
6.      def setSize(self, size):
7.          # 如果缩小栈空间，则删除已有元素
8.          if size < self._current:
9.              for i in range(size, self._current)[::-1]:
10.                 del self._current[i]
11.             self._current = size
12.         self._size = size
```

Step4：设置入栈push( )方法，代码如下所示。

```
13.     def push(self, v):
14.         if self._current < self._size:
15.             self._content.append(v)
16.             self._current = self._current + 1   # 栈中元素个数加 1
17.         else:
18.             print('Stack Full!')
```

Step5：设置出栈pop( )方法，代码如下所示。

```
1.      def pop(self):
2.          if self._content:
3.              self._current = self._current - 1   # 栈中元素个数减 1
4.              return self._content.pop()
5.          else:
6.              print('Stack is empty!')
```

Step6：设置显示栈当前元素的show( )方法，代码如下所示。

```
1.      def show(self):
2.          print(self._content)
```

Step7：设置清空栈的empty( )方法，代码如下所示。

```
1.      def empty(self):
2.          self._content = []
3.          self._current = 0
```

Step8：创建isFull( )、isEmpty( )方法，代码如下所示。

```
1.      def isEmpty(self):
2.          return not self._content
3.      def isFull(self):
4.          return self._current == self._size
```

Step9：创建实例对象，检测已经创建好的类，代码如下所示。

```
1. print(' 案例 23：自定义栈的实现 ')
2. s = Stack( )
3. print(' 测试栈是否为空： ', str(s.isEmpty( )))
4. print(' 测试栈是否已满： ', str(s.isFull( )))
5. s.push(1)
6. s.push(2)
7. s.push('a')
8. print(' 添加元素后，显示栈当前元素： ')
9. s.show( )
10.s.setSize(3)
11.print(' 设置栈大小为 3，继续添加元素 :')
12.s.push('b')
13.print(' 弹出元素 :', str(s.pop( )))
```

巩固 · 练习

使用栈的思想，实现将十进制转换为二进制。

小 贴 士

十进制转换为二进制常使用的方法是短除法。修改本案例的代码，将计算的余数存储到栈中。计算完之后，按照出栈的顺序对结果进行输出，输出的结果即转换的二进制数。

实战技能 (24) 自定义二叉树

实战 · 说明

在计算机科学中，树是一种抽象数据结构，也是一种简单的非线性结构。它是由 n ($n>0$) 个有限节点组成一个具有层次关系的集合。本节将简单介绍树与二叉树，并利用编程自定义二叉树。案例实现结果如图1-68所示。

```
案例24：自定义二叉树
先序遍历：[0, 1, 3, 7, 8, 4, 9, 2, 5, 6]
中序遍历：[7, 3, 8, 1, 9, 4, 0, 5, 2, 6]
后序遍历：[7, 8, 3, 9, 4, 1, 5, 6, 2, 0]

Process finished with exit code 0
```

图1-68　自定义二叉树的实现

技能·详解

1.技术要点

树是一种简单的非线性结构。在这种结构中，所有元素之间的关系具有明显的层次特性，每个节点只有一个前件，称为父节点。没有前件的节点只有一个，称为树的根节点。每一个节点可以有多个后件，称为节点的子节点。没有后件的节点称为叶子节点。在树的结构中，一个节点所拥有的后件个数称为节点的度，最大的度称为树的度，最大层次称为树的深度。

1）二叉树概念

二叉树是一种特殊的树，具有以下特点。

（1）每个节点最多只能有两棵子树，即每个节点的度最多为2。

（2）二叉树的子树有左右之分，即左子树和右子树。

（3）单子树也要区分左、右子树。

2）二叉树的基本性质

（1）在二叉树的第k层上，最多有2^{k-1}个节点，其中$k \geq 1$。

（2）深度为m的二叉树最多有2^{m-1}个节点，其中$m \geq 1$。

（3）在任意一棵二叉树中，度数为0的节点比度数为2的节点多一个。

（4）具有n个节点的二叉树，其深度至少为$\log_2(n+1)$。

3）满二叉树与完全二叉树

（1）满二叉树：除最后一层，每一层上的所有节点都有两个子节点。

（2）完全二叉树：除最后一层，每一层上的节点数均达到最大值。

4）二叉树的遍历

（1）前序遍历（DLR）：先访问根节点，再遍历左子树，最后遍历右子树。

（2）中序遍历（LDR）：先遍历左子树，再访问根节点，最后遍历右子树。

（3）后序遍历（LRD）：先遍历左子树，再遍历右子树，最后访问根节点。

2.主体设计

实现二叉树的步骤如下。

Step1：创建节点类，用None型数据表示空节点。

Step2：创建二叉树类，初始化根节点。

Step3：创建添加节点的方法。

Step4：创建二叉树的遍历方法，实现前、中、后序遍历。

3.编程实现

本实战技能使用Jupyter Notebook进行编写，建立相关的源文件【案例24：自定义二叉树.ipynb】，在相应的【cell】里面编写代码。参考"实战技能01"的详细步骤，编写具体代码，具体步骤及代码如下所示。

Step1：自定义节点类属性，代码如下所示。

```
1. class Node:
2.     def __init__(self, item):
3.         self.item = item
4.         self.child1 = None
5.         self.child2 = None
```

Step2：创建二叉树类，初始化根节点，代码如下所示。

```
1. class BinaryTree:
2.     def __init__(self):
3.         self.root = None
```

Step3：创建添加节点的方法，代码如下所示。

```
1.     def add(self, item):
2.         node = Node(item)
3.         if self.root is None:
4.             self.root = node
5.         else:
6.             q = [self.root]
7.             while True:
8.                 pop_node = q.pop(0)
9.                 if pop_node.child1 is None:
10.                    pop_node.child1 = node
11.                    return
12.                elif pop_node.child2 is None:
13.                    pop_node.child2 = node
14.                    return
15.                else:
16.                    q.append(pop_node.child1)
17.                    q.append(pop_node.child2)
```

Step4：创建前序遍历的方法，代码如下所示。

```
1.     def preorder(self, root):  # 前序遍历
2.         if root is None:
3.             return []
4.         result = [root.item]
5.         left_item = self.preorder(root.child1)
6.         right_item = self.preorder(root.child2)
7.         return result + left_item + right_item
```

Step5：创建中序遍历的方法，代码如下所示。

```
1.     def inorder(self, root):  # 中序遍历
2.         if root is None:
3.             return []
4.         result = [root.item]
```

```
5.        left_item = self.inorder(root.child1)
6.        right_item = self.inorder(root.child2)
7.        return left_item + result + right_item
```

Step6：创建后序遍历的方法，代码如下所示。

```
1.    def postorder(self, root):  # 后序遍历
2.        if root is None:
3.            return []
4.        result = [root.item]
5.        left_item = self.postorder(root.child1)
6.        right_item = self.postorder(root.child2)
7.        return left_item + right_item + result
```

Step7：检验创建好的二叉树类，运行程序。

```
1. t = BinaryTree( )
2. for i in range(10):
3.     t.add(i)
4. print(' 前序遍历 :', t.preorder(t.root))
5. print(' 中序遍历 :', t.inorder(t.root))
6. print(' 后序遍历 :', t.postorder(t.root))
```

巩固·练习

实现二叉树的层序遍历。

小贴士

二叉树的层序遍历也就是逐层遍历，每层从左到右逐个遍历，与前序、中序、后序遍历最根本的区别就是双亲节点的访问时机（前序遍历是先访问双亲节点，然后左孩子，最后右孩子；中序遍历是先访问左孩子，然后双亲，最后右孩子；后序遍历是先访问左孩子，然后右孩子，最后双亲节点）。修改本案例的代码，按照层序遍历的规则，创建层序遍历的方法，调用print( )函数实现对层序遍历的结果输出。

实战技能 25 自定义有向图

实战·说明

本实战技能将使用面向对象编程的技术，自定义有向图，实现寻找有向图的所有途径及最短

途径等功能。运行程序得到的结果如图1-69所示。

```
案例25: 自定义有向图
The path from  A to D is:
['A', 'D']
['A', 'C', 'D']
['A', 'B', 'E', 'D']
['A', 'C', 'F', 'D']
['A', 'C', 'F', 'G', 'E', 'D']
The path from  A to E is:
['A', 'B', 'E']
['A', 'D', 'E']
['A', 'C', 'D', 'E']
['A', 'D', 'B', 'E']
['A', 'D', 'G', 'E']
['A', 'C', 'D', 'B', 'E']
['A', 'C', 'D', 'G', 'E']
['A', 'C', 'F', 'D', 'E']
['A', 'C', 'F', 'G', 'E']
['A', 'C', 'F', 'D', 'B', 'E']
['A', 'C', 'F', 'D', 'G', 'E']
```

图1-69　自定义有向图的运行结果

技能·详解

1.技术要点

在有向图中，边是单向的，每条边连接的两个顶点都是一个有序对。在开发过程中，很多场景都是有向图，如任务调度的依赖关系和社交网络的任务关系等。

以下是有向图的概念。

（1）有向图：由一组顶点和一组有方向的边组成，每条有方向的边都连接着一组顶点。

（2）顶点的出度：该顶点指出的边的总数。

（3）顶点的入度：指向该顶点的边的总数。

（4）有向路径：由一系列顶点组成，其中每个顶点都存在一条有向边，由它指向序列中的下一个顶点。

（5）有向环：至少含有一条边，且起点和终点相同的有向路径。

（6）简单有向环：除了起点和终点外，不含有重复的顶点和边的环。

有向图图解如图1-70所示。

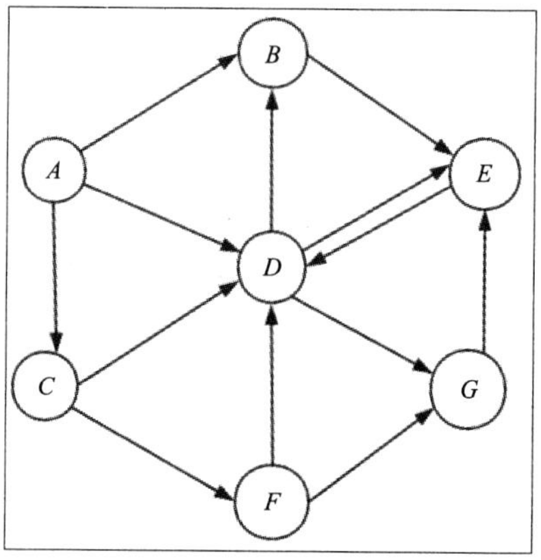

图1-70　有向图图解

2.主体设计

有向图实现步骤如下。

Step1：自定义有向图，并用邻接表进行储存。实现所有途径和最短途径的求解，通过isinstance( )函数判断数据类型。

Step2：对输入的数据进行储存。

3.编程实现

本实战技能使用Jupyter Notebook进行编写，建立相关的源文件【案例25：自定义有向图.ipynb】，在相应的【cell】里面编写代码。参考"实战技能01"的详细步骤，编写具体代码，具体步骤及代码如下所示。

Step1：使用关键字class，创建DirectedGraph类，代码如下所示。

```
1. class DirectedGraph(object):
```

Step2：建立__inti__( )方法，储存输入的数据，代码如下所示。

```
1.    def __init__(self, d):
2.        if isinstance(d, dict):
3.            self.__graph = d
4.        else:
5.            self.__graph = dict( )
6.            print('Sth error')
```

Step3：建立__generatePath( )方法，代码如下所示。

```
1.    def __generatePath(self, graph, path, end, results):
2.        curret = path[-1]
3.        if curret == end:
4.            results.append(path)
5.        else:
6.            for n in graph[curret]:
7.                if n not in path:
8.                    self.__generatePath(graph, path + [n], end, results)
```

Step4：建立searchPath( )方法，代码如下所示。

```
1.    def searchPath(self, start, end):
2.        self.__results = []
3.        self.__generatePath(self, graph, [start], end, self, results)
4.        self.__results.sort(key=lambda x:len(x))    # 按所有路径的长度进行排序
5.        print('The path from ', self, results[0][0], 'to',
6.            self.__results[0][-1]'is:')
7.        for path in self.__results:
8.            print(path)
```

巩固·练习

修改本案例代码，找出本案例从起点到终点的最短路径。

┌─小贴士──────────────────────────────────
    修改本案例代码，对每条路径的长度进行赋值。计算每条路径的长度，保存每条路径的总距离。选择最小的路径，即需要找到的最短路径。
└──

实战技能 ㉖ 自定义集合

实战·说明

在数学上，把由不同的元素组成的容器叫作集合。Python引入了这一概念，集合对象是一组无序排列的可哈希的值。在Python中，集合有两种不同的类型，即可变集合和不可变集合。可变集合可以像列表一样删除和添加元素，对于不可变集合来说，则不允许这样做。本案例将介绍集合的定义和常见的操作等。运行程序得到的结果如图1-71所示。

```
"C:\Users\【       】\PycharmProjects\untitled2\venv\Scripts\python.exe" "C:/Users/【
原来的集合u为 {Lisa:99, Bart:59, Anna:66, Jerry:69}
原来的集合s为 {Roy:92, Karry:86, Jerry:69}
删除后的集合u为 {Lisa:99, Anna:66, Jerry:69}
增加后的集合s为 {Bart:59, Roy:92, Karry:86, Jerry:69}
集合u与集合s的并集为 {Lisa:99, Anna:66, Jerry:69, Karry:86, Bart:59, Roy:92}
集合u与集合s的交集为 {Jerry:69}
集合u与集合s的差集为 {Lisa:99, Anna:66}

Process finished with exit code 0
```

图1-71　自定义集合的实现结果

技能·详解

1.技术要点

本实战技能将主要涉及集合的定义和基本操作。

1）集合的定义

集合的定义主要有以下几点。

（1）集合是无序的，所以不支持用下标索引来查找元素。

（2）集合中的每个元素都是唯一的。

（3）集合是一种可变的数据类型。

2）集合的常见操作

最常见的操作就是添加元素和删除元素。

（1）向集合中添加元素。

① add( )：将添加的元素作为一个整体处理。

② update( )：将添加的元素拆分，作为个体传入集合中。

（2）删除集合中的元素。

① remove( )：删除集合中具体的值，如果集合中没有这个值，则程序报错。

② pop( )：随机删除集合中的某个元素，如果集合为空，则程序报错。

③ discard( )：如果元素存在，直接删除；如果元素不存在，程序不会报错，不做任何操作。

④ clear( )：清空集合，集合为空。

3）集合的运算

集合的运算主要有交集、并集和差集。

（1）交集：含有既属于 A 又属于 B 的元素，没有其他元素的集合。使用操作符 "&" 执行交集操作，也可使用 intersection( ) 方法完成。

（2）并集：包含一组集合的所有元素，而不包含其他元素构成的集合。使用操作符 "｜" 执行并集操作，同样也可使用 union( ) 方法完成。

（3）差集：所有属于 A 且不属于 B 的元素构成的集合。使用操作符 "-" 执行差集操作，同样也可使用 difference( ) 方法完成。

2.主体设计

使用Python自定义可变集合，实现创建集合、添加或删除元素，以及求交集、并集、差集等一系列运算，其步骤如下。

Step1：创建自定义Student类。

Step2：使用__hash__哈希算法，把形参转为一个数值，再用__eq__把转换过来的数值进行比较。

Step3：使用__repr__自定义类，实现自我描述的功能。

Step4：定义两个集合，实现添加、删除数据。

Step5：实现集合的运算并输出。

3.编程实现

本实战技能使用Jupyter Notebook进行编写，建立相关的源文件【案例26：自定义集合.ipynb】，在相应的【cell】里面编写代码。参考 "实战技能01" 的详细步骤，编写具体代码，具体步骤及代码如下所示。

Step1：创建Student类。

```
1. class Student:
2.     def __init__(self, name, score): # 初始化各个形参
3.         self.name = name
4.         self.score = score
```

Step2：使用__hash__哈希算法，把形参转为一个数值，再用__eq__把转换过来的数值进行比较。

```
1.     def __hash__(self): # 使用哈希算法把形参转为一个数值
2.         return self.name.__hash__()
3.     def __eq__(self, oter): # 把转换过来的数值进行比较
4.         if self.score == other.score:
5.             return True
6.         return False
```

Step3：使用 __repr__ 自定义类，实现自我描述的功能。

```
1.     def __repr__(self):
2.         return self.name + ';' + self.score
```

Step4：自定义集合。

```
1. u1 = Student('Lisa', '99')
2. u2 = Student('Bart', '59')
3. u3 = Student('Anna', '66')
4. u4 = Student('Jerry', '69')
5. u5 = Student('Roy', '92')
6. u6 = Student('Karry', '86')
7. a = {u1, u2, u3, u4}
8. b = {u4, u5, u6}
```

Step5：创建u、s两个集合。

```
1. u = set(a)
2. s = set(b)
3. print("原来的集合 u 为 ", u)
4. print("原来的集合 s 为 ", s)
```

Step6：进行增添、删除操作。

```
1. u.remove(u2)
2. s.add(u2)
3. print("删除后的集合 u 为 ", u)
4. print("增加后的集合 s 为 ", s)
```

Step7：进行集合的运算并输出。

```
1. print("集合 u 与集合 s 的并集为 ", u | s)
2. print("集合 u 与集合 s 的交集为 ", u & s)
3. print("集合 u 与集合 s 的差集为 ", u - s)
```

巩固·练习

创建一个学生的集合，存储10个学生的数据，数据需要学生姓名、学号、性别、联系电话和联系地址，并且实现对集合的删除等运算。

小贴士

Step1：使用循环，实现对集合的创建。

Step2：收集10个学生的相关信息并存储到集合中。

Step3：调用print( )函数对集合进行输出。

Step4：调用相应的方法对集合进行操作。

实战技能 27 《绝地求生》的实现

实战·说明

《绝地求生》这款游戏是当下火热的第一人称射击游戏。在Python中，可以用面向对象的编程思想，模拟实现一个战士开枪射击敌人的场景。模拟场景中需要有战士（玩家）、敌人、枪三个对象，其中枪又包括弹夹、子弹两个对象。

该实战技能的目的是理解面向对象的基本概念，掌握类和对象的定义和使用。《绝地求生》的实现结果如图1-72所示。

弹夹当前的数量为：0/20

弹夹当前的数量为：5/20

枪没有弹夹

枪有弹夹

敌人剩余血量：100

弹夹当前的数量为：4/20

敌人剩余血量：95

弹夹当前的数量为：3/20

敌人剩余血量：90

图1-72 《绝地求生》的实现结果

技能·详解

1.技术要点

本实战技能主要结合面向对象的知识来实现本案例。

2.主体设计

《绝地求生》实现流程如图1-73所示。

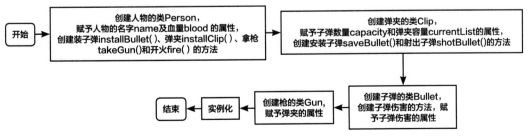

图1-73 《绝地求生》实现流程图

《绝地求生》的实现具体通过以下5个步骤实现。

Step1：创建人物的类Person，赋予人物的名字name及血量blood的属性，同时创建装子弹installBullet( )、弹夹installClip( )、拿枪takeGun( )和开火fire( )方法，最后构造方法来显示受伤后的血量。

Step2：创建弹夹的类Clip，创建saveBullet( )、shotBullet( )方法，赋予子弹数量和弹夹容量的属性。判断是否有子弹，若没有子弹则安装子弹，再射击敌人，子弹数减1。

Step3：创建子弹的类Bullet，创建hurt( )方法，赋予子弹伤害的属性。

Step4：创建枪的类Gun，赋予弹夹的属性，初始化无弹夹。判断弹夹情况，用多个动态方法将弹夹安装到枪中，射击敌人。

Step5：实例化，调用上面所有的类。敌人出现，显示初始化的血量，战士装子弹和弹夹，然后拿枪射击敌人，显示敌人剩余血量。

3.编程实现

本实战技能使用Jupyter Notebook进行编写，建立相关的源文件【案例27：《绝地求生》的实现.ipynb】，在相应的【cell】里面编写代码。参考"实战技能01"的详细步骤，编写具体代码，具体步骤及代码如下所示。

Step1：创建人物的类，即战士和敌人。类的实例化操作会自动调用__init__( )方法。类赋予人物的名字和血量的属性，用self对人物和血量进行初始化。

```
1. class Person:
2.     def __init__(self, name):
3.         # 姓名
4.         self.name = name
5.         # 血量
6.         self.blood = 100
```

Step2：分别创建安装子弹的方法 installBullet( )、安装弹夹的方法installClip( )、拿枪的方法takeGun( )和开火的方法fire( )。实现人物能够进行安装子弹、安装弹夹、拿枪和开火的操作。

```
1.      # 给弹夹安装子弹
2.      def installBullet(self, clip, bullet):
3.          # 弹夹放置子弹
4.          clip.saveBullet(bullet)
5.      # 安装弹夹
6.      def installClip(self, gun, clip):
7.          # 枪安装弹夹
8.          gun.mountingClip(clip)
9.      # 拿枪
10.     def takeGun(self, gun):
11.         self.gun = gun
12.     # 开火
13.     def fire(self, enemy):
14.         self.gun.shoot(enemy)
```

Step3：建立人物掉血方法loseBlood( )。当敌方射击之后，人物会调用掉血方法，减去与伤害值相同的血量。

```
1.    # 显示
2.    def __str__(self):
3.        return self.name + " 剩余血量: " + str(self.blood)
4.    # 掉血
5.    def loseBlood(self, damage):
6.        self.blood -= damage
```

Step4：人物创建完成后，创建弹夹的类Clip，并且创建子弹数量和弹夹容量的属性。

```
1. class Clip:
2.    def __init__(self, capacity):
3.        self.capacity = capacity
4.        self.currentList = []
```

Step5：构造安装子弹saveBullet( )和射出子弹shotBullet( )的方法。

```
1.    # 安装子弹
2.    def saveBullet(self, bullet):
3.        # 判断子弹是否装满
4.        if len(self.currentList) < self.capacity:
5.            self.currentList.append(bullet)
6.    # 显示弹夹信息
7.    def __str__(self):
8.        return " 弹夹当前的数 " + str(len(self.currentList)) + "/" + str(self.capacity)
9.    # 射出子弹
10.   def shotBullet(self):
11.       # 判断是否有子弹
12.       if len(self.currentList) > 0:
13.           # 子弹减 1
14.           self.currentList.pop( )
15.           return bullet
16.       else:
17.           return None
```

Step6：创建子弹的类Bullet，并且创建子弹伤害的方法，赋予子弹伤害的属性。

```
1. class Bullet:
2.    def __init__(self, damage):
3.        self.damage = damage
4.    # 子弹伤害的方法
5.    def hurt(self, enemy):
6.        enemy.loseBlood(self.damage)
7.    pass
```

Step7：创建枪的类Gun，赋予弹夹的属性。

```
1. class Gun:
```

```
2.    def __init__(self):
3.        self.clip = None
4.    def __str__(self):
5.        if self.clip:
6.            return "枪有弹夹"
7.        else:
8.            return "枪没有弹夹"
```

Step8：构造子弹连接弹夹的mountingClip( )方法和射击的shoot( )方法。

```
1.    # 子弹连接弹夹
2.    def mountingClip(self, clip):
3.        if not self.clip:
4.            self.clip = clip
5.    # 射击
6.    def shoot(self, enemy):
7.        bullet = self.clip.shotBullet( )
8.        if bullet:
9.            bullet.hurt(enemy)
10.        else:
11.            print("没有子弹了，放了空枪……")
```

Step9：上述操作完成之后，进行实例化。分别创建人物"小明"和"敌人"，初始化弹夹容量，安装子弹。

```
1. soldier = Person("小明")
2. clip = Clip(20)
3. print(clip)  # 弹夹当前数量
4. i = 0
5. # 装子弹
6. while i < 4:
7.     bullet = Bullet(4)
8.     soldier.installBullet(clip, bullet)
9.     i += 1
10.print(clip)  # 弹夹当前数量
11.gun = Gun( )
12.print(gun)  # 弹夹情况
13.soldier.installClip(gun, clip)
14.print(gun)  # 弹夹情况
15.enemy = Person("敌人")
16.print(enemy)  # 敌人剩余血量
17.soldier.takeGun(gun)
18.soldier.fire(enemy)
19.print(clip)  # 弹夹当前数量
20.print(enemy)  # 敌人剩余血量
21.soldier.fire(enemy)
22.print(clip)  # 弹夹当前数量
```

```
23.print(enemy)   # 敌人剩余血量
```

巩固·练习

使用面向对象的思想实现对游戏《王者荣耀》的模拟。

小 贴 士

　　游戏《王者荣耀》与游戏《绝地求生》最大的区别是，《王者荣耀》不仅会受到敌人的攻击，还会受到防御塔的攻击；不仅要攻击敌人，还需要攻击防御塔，具体步骤如下。

　　Step1：为了实现对游戏《王者荣耀》的模拟，还需要添加关于防御塔的类，包括伤害值和血量的属性，同时还需要有伤害的方法。

　　Step2：完成类的建立之后，需要修改本案例代码中关于掉血的方法，增加受防御塔攻击后需要减少的血量。

　　Step3：在进行攻击的时候，需要修改shoot( )方法，增加一个射击的选择。用户可以选择射击防御塔，也可以选择射击敌人。

　　Step4：值得注意的是，在实例化的时候，还需要对防御塔进行实例化。在对战况进行输出的时候，需要对防御塔的血量进行输出。

第2章
Python 算法实战的关键技能

在Python编程中，最为重要的就是数据结构与算法。数据结构是计算机存储、组织数据的一种方式，是指相互之间存在一种或者多种特定关系的数据元素的集合，分为逻辑结构与物理结构。算法是对准确的解题方案进行完整的描述，是解决问题的指令，代表着用系统的方法描述解决问题的策略机制。算法具有5个基本特性，即输入、输出、有穷性、确定性、可行性。设计算法要求具有正确性、可读性、健壮性、高效率和低存储。

本章将运用数据结构等知识点来实现21个算法实战技能，使读者能够在实战技能中学习数据结构的特点及相关算法的思维。本章知识点如下所示。

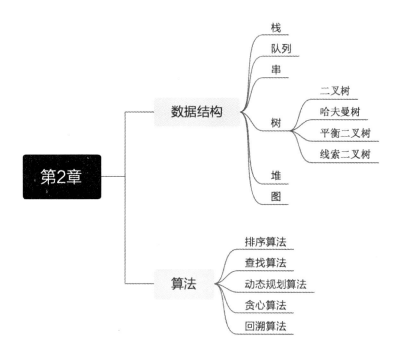

实战技能 (28) 冒泡排序

实战 ‣ 说明

本实战技能将使用冒泡排序，实现数据从小到大的排序。运行程序得到的结果如图2-1所示。

技能 ‣ 详解

1.技术要点

本实战技能重点在于冒泡排序，要实现本案例，需要掌握冒泡排序的基本原理。

冒泡排序是一种较简单的排序算法，它会遍历若干次要排序的数列，每次遍历时，都会从前往后依次比较相邻两个数的大小，如果前者比后者大，则交换它们的位置。一次遍历之后，最大的数就在数列的末尾。除了最后一个数外，采用相同的方法对其他数再次遍历时，第二大的数就被排列在最大的数之前。重复以上步骤，直到整个数列没有任何一对数字需要比较为止。

冒泡排序图解如图2-2所示。

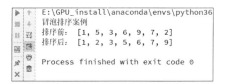

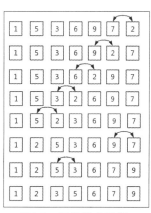

图2-1　冒泡排序结果展示　　　　　　　　图2-2　冒泡排序图解

2.主体设计

冒泡排序算法流程如图2-3所示，实现步骤如下。

Step1：输入需要排序的数组。

Step2：得到需排序的数据个数。

Step3：运用for循环，从前往后遍历。判断相邻两个数的大小，如果前者比后者大，则交换两个数的位置。

Step4：输出最终的排序，结束程序。

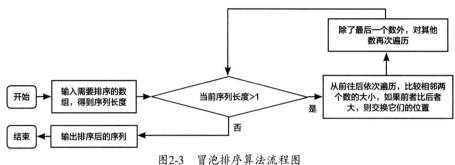

图2-3　冒泡排序算法流程图

3.编程实现

本实战技能使用PyCharm进行编写，建立相关的源文件【案例28：冒泡排序.py】，在界面输入代码。参考下面的详细步骤，编写具体代码，具体步骤及代码如下所示。

Step1：先输入需要排序的数组，使用len( )函数获得序列的长度，输出排序前的序列，代码如下所示。

```
1. List = [1, 5, 3, 6, 9, 7, 2]
2. n = len(List)
3. print(" 冒泡排序案例 ")
4. print(" 排序前: ", List)
```

Step2：使用for循环，实现冒泡排序。当前一个数大于后一个数，则交换两个数的位置，输出排序后的序列，代码如下所示。

```
1. for i in range(n - 1):
2.     for j in range(n - 1):
3.         for j in range(n - i - 1):
4.             if List[j] > List[j + 1]:
5.                 temp = List[j]
6.                 List[j] = List[j + 1]
7.                 List[j + 1] = temp
8. print(" 排序后 :", List)
```

巩固·练习

（1）本案例的代码没有进行封装，请结合相关的知识点，将本案例的代码进行封装。

小贴士

将代码进行封装，应注意以下几点。

（1）注意使用关键字def封装函数。

（2）将算法写成函数之后，注意如何进行调用。

（2）在巩固练习1的基础上，实现多次调用函数，对多组数据进行排序。

小 贴 士

为实现多次调用，应注意以下几点。

（1）使用while和if循环语句。

（2）需要多次调用巩固练习1中封装的函数。

实战技能 ㉙ 选择排序

实战·说明

本实战技能将使用选择排序，实现数据从小到大的排序。运行程序得到的结果如图2-4所示。

技能·详解

1.技术要点

本实战技能重点在于选择排序，要实现本案例，需要掌握选择排序的基本原理。

选择排序的原理是先固定每个元素的位置，在序列中找到最小元素，将这个元素与第一个元素交换位置，其次除去第一个元素，找到剩余序列中最小的元素，与第二个元素交换位置。以此类推，直到所有元素排完，就能实现选择排序。

选择排序图解如图2-5所示。

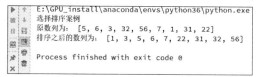

```
E:\GPU_install\anaconda\envs\python36\python.exe
选择排序案例
原数列为: [5, 6, 3, 32, 56, 7, 1, 31, 22]
排序之后的数列为: [1, 3, 5, 6, 7, 22, 31, 32, 56]

Process finished with exit code 0
```

图2-4 选择排序结果展示

选择排序		
原序列: [4, 3, 8, 5, 2, 6, 1, 7]	minValueIndex	
第一趟: [1, 3, 8, 5, 2, 6, 4, 7]	6	
第二趟: [1, 2, 8, 5, 3, 6, 4, 7]	4	
第三趟: [1, 2, 3, 5, 8, 6, 4, 7]	4	
第四趟: [1, 2, 3, 4, 8, 6, 5, 7]	6	
第五趟: [1, 2, 3, 4, 5, 6, 8, 7]	6	
第六趟: [1, 2, 3, 4, 5, 6, 8, 7]	5	
第七趟: [1, 2, 3, 4, 5, 6, 7, 8]	7	

图2-5 选择排序图解

高手点拨

选择排序是通过数据移动实现的，如果有的元素已经在正确的位置上，则不会发生数据的交换。若发生数据的交换，则两个元素中至少有一个被交换到正确的位置上。因此，对n个元素进行选择排序，最多只交换$n-1$次。选择排序属于较为简单与方便的一种方法。

2.主体设计

选择排序的主要流程如图2-6所示。

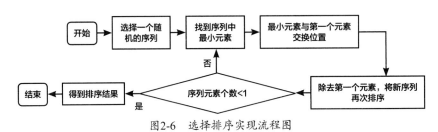

图2-6　选择排序实现流程图

选择排序的实现步骤如下。

Step1：自定义输入一个数据序列。

Step2：找出这个序列中的最小元素，与序列中第一个元素交换位置。

Step3：从序列中找到第二小的元素，与第二个元素交换位置。以此类推，直至所有位置放置完毕。

Step4：输出排序完成的数列。

3.编程实现

本实战技能使用PyCharm工具进行编写，建立相关的源文件【案例29：选择排序.py】，在界面输入代码。参考下面的详细步骤，编写具体代码，具体步骤及代码如下所示。

Step1：输入一个数列，使用print( )语句查看输入的数据，代码如下所示。

```
1. a = [5, 6, 3, 32, 56, 7, 1, 31, 22]
2. print("选择排序案例")
3. print("原数列为: ", a)
```

Step2：找出最小元素，将最小元素与第一个元素交换位置，代码如下所示。

```
1. for i in range(len(a)):
2.     for j in range(len(a)):
3.         if a[j] > a[i]:
4.             a[i], a[j] = a[j], a[i]
```

Step3：输出排序结果，代码如下所示。

```
1. print("排序之后的数列为: \n", a)
```

巩固·练习

使用随机数模块，随机生成待排序的数列，修改本案例的程序，实现对生成的数列进行选择排序。

小贴士

Step1：使用random模块实现对数列的随机生成，注意参数的传入。

Step2：使用字典对数字进行存储。

实战技能 (30) 插入排序

实战·说明

本实战技能将使用插入排序，实现数据从小到大的排序。运行程序得到的结果如图2-7所示。

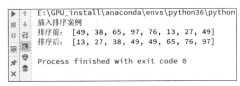

```
E:\GPU_install\anaconda\envs\python36\python
插入排序案例
排序前： [49, 38, 65, 97, 76, 13, 27, 49]
排序后： [13, 27, 38, 49, 49, 65, 76, 97]

Process finished with exit code 0
```

图2-7 插入排序结果展示

技能·详解

1.技术要点

本实战技能重点在于插入排序，要实现本案例，需要掌握插入排序的基本原理。

插入排序是一种简单的排序算法，它的工作原理是构造有序序列，将未排序的序列从后向前扫描，找到序列中对应的位置，然后将数据插入。实现插入排序时，需要反复把已排序的元素逐步向后移，为新插入的元素提供插入空间。插入排序图解如图2-8所示。

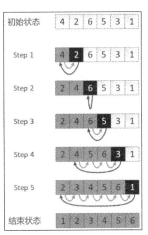

图2-8 插入排序图解

2.主体设计

插入排序的详细流程如图2-9所示。

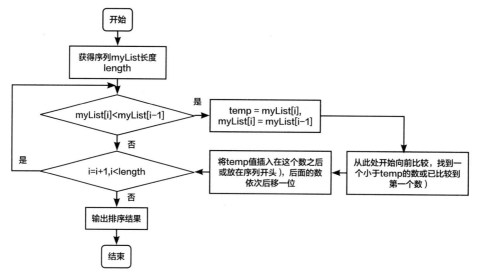

图2-9　插入排序流程图

插入排序的实现步骤如下。

Step1：定义一个插入排序函数，函数参数为需要排序的序列，得到序列的长度。

Step2：使用for循环依次比较列表中的数字大小，若前一个数大于后一个数，就将后面的这个数作为临时值，用temp将其存储起来，将较大的这个数后移一位。

Step3：从此处开始向前比较，找到一个小于temp的数（或已比较到第一个数），则将这个数之后的数据依次向后移动一个位置，temp值放到空出来的位置。

Step4：调用InsertSort( )得到排序后的结果。

Step5：将排好序的数列进行输出。

3.编程实现

本实战技能使用PyCharm工具进行编写，建立相关的源文件【案例30：插入排序.py】，在界面输入代码。参考下面的详细步骤，编写具体代码，具体步骤及代码如下所示。

Step1：定义插入排序函数InsertSort( )，得到传入序列的长度，代码如下所示。

```
1. def InsertSort(myList):
2.     length = len(myList)
```

Step2：使用for循环从前往后比较相邻数字大小，若前一个数大于后一个数，则将较小的数暂时储存，较大的数则后移一位，代码如下所示。

```
1.     for i in range(1, length):
2.         j = i - 1
3.         if (myList[i] < myList[j]):
```

```
4.          temp = myList[i]
5.          myList[i] = myList[j]
```

Step3：判断数据应该插入的位置，其后面的数据依次后移，代码如下所示。

```
1.          j = j - 1
2.          while j >= 0 and myList[j] > temp:
3.              myList[j + 1] = myList[j]
4.              j = j - 1
5.          myList[j + 1] = temp
```

Step4：定义需要排序的序列并输出，调用InserSort( )函数得到排序后的列表，再将排序后的列表输出，代码如下所示。

```
1. print(" 插入排序案例 ")
2. myList = [49, 38, 65, 97, 76, 13, 27, 49]
3. print(" 排序前: ", myList)
4. InsertSort(myList)
5. print(" 排序后: ", myList)
```

巩固·练习

使用随机数模块，随机生成待排序的数列，修改本案例的程序，实现对生成的数列进行插入排序。

小贴士

Step1：使用random模块实现对数列的随机生成，注意参数的传入。

Step2：使用字典对数字进行存储。

实战技能 31 快速排序

实战·说明

本实战技能将使用快速排序，实现数据从小到大的排序。运行程序得到的结果如图2-10所示。

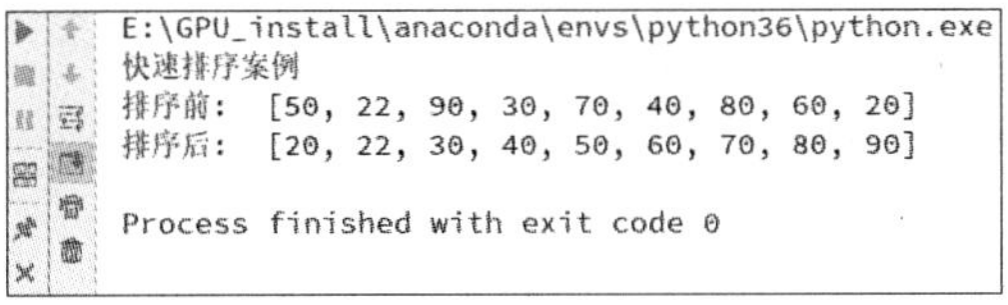

图2-10　快速排序结果展示

技能·详解

1.技术要点

本实战技能的重点在于快速排序，要实现
本案例，需要掌握快速排序的原理。

快速排序是交换排序的一种，它的基本思
想是选择一个基准数，通过排序，将数据分割
成独立的两部分，其中一部分的数据比另外一
部分的数据都要小。按此方法对这两部分数据
分别进行快速排序，整个排序过程可以递归进
行，以此达到数据排序的目的。快速排序图解
如图2-11所示。

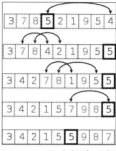

图2-11　快速排序图解

2.主体设计

快速排序流程如图2-12所示。

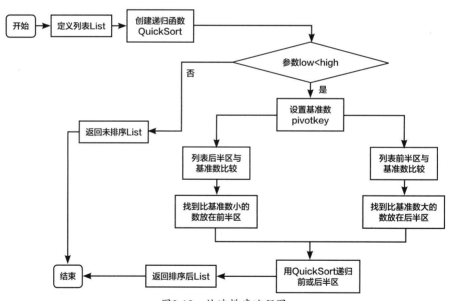

图2-12　快速排序流程图

快速排序算法实现步骤如下。

Step1：定义一个需要排序的列表。

Step2：创建用于递归调用的快速排序函数。

Step3：判断low是否小于high，如果不小于，则直接返回原序列。

Step4：设置基准数pivotkey。

Step5：如果列表后半区的数比基准数大或相等，则向前移一位，直到有比基准数小的数出现，放入前半区内。如果列表前半区的数比基准数小或相等，则后移一位，直到有比基准数大的数出现，放入后半区。

Step6：递归前或后半区，返回列表。

Step7：调用函数并输出列表。

3.编程实现

本实战技能使用PyCharm工具进行编写，建立相关的源文件【案例31：快速排序.py】，然后在界面输入代码。参考下面的详细步骤，编写具体代码，具体步骤及代码如下所示。

Step1：定义快速排序Quicksort( )函数，传入需要排的序列、序列最左边位置编号、序列最右边位置编号。判断low是否小于high，如果不小于，则直接返回原序列，并且将当前序列的第一个值设置为基准数pivotkey。

```
1. def QuickSort(List, low, high):
2.     # 判断 low 是否小于 high，如果不小于，直接返回原序列
3.     if low < high:
4.         i, j = low, high
5.         # 设置基准数
6.         pivotkey = List[i]
```

Step2：如果列表后半区的数比基准数大或相等，则前移一位，直到有比基准数小的数出现，放入前半区。同理，如果列表前半区的数比基准数小或相等，则后移一位，直到有比基准数大的数出现，放入后半区。

```
1.         while i < j:
2.             # 如果列表后半区的数比基准数大或相等，则前移一位，直到有比基准数小的数出现
3.             while (i < j) and (List[j] >= pivotkey):
4.                 j = j - 1
5.             # 如找到，放入前半区
6.             List[i] = List[j]
7.             # 同样的方式比较前半区
8.             while (i < j) and (List[i] <= pivotkey):
9.                 i = i + 1
10.                List[j] = List[i]
11.         # 做完第一轮比较之后，列表被分成了两个半区，并且 i = j
12.         List[i] = pivotkey
```

Step3：将前、后区分别递归，返回List。

```
1.         # 递归前、后半区
2.         QuickSort(List, low, i - 1)
3.         QuickSort(List, j + 1, high)
4.     return List
```

Step4：定义一个List并输出，调用Quicksort( )函数，将List排序后输出。

```
1. print(" 快速排序案例 ")
2. List = [50, 10, 90, 30, 70, 40, 80, 60, 20]
3. print(" 排序前 : ", List)
4. QuickSort(List, 0, len(List) - 1)
5. print(" 排序后 : ", List)
```

巩固·练习

修改本案例程序，对字母进行排序。

实战技能 ㉜ 堆排序

实战·说明

本实战技能将使用Python实现堆排序，实现数组从小到大的排序。运行程序得到的结果如图2-13所示。

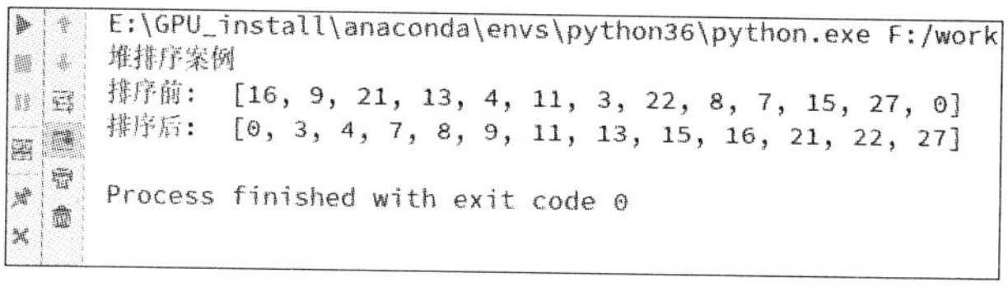

```
E:\GPU_install\anaconda\envs\python36\python.exe F:/work
堆排序案例
排序前：  [16, 9, 21, 13, 4, 11, 3, 22, 8, 7, 15, 27, 0]
排序后：  [0, 3, 4, 7, 8, 9, 11, 13, 15, 16, 21, 22, 27]

Process finished with exit code 0
```

图2-13　堆排序的结果

技能·详解

1.技术要点

本实战技能主要体现完全二叉树的使用及堆排序的思想，要实现本案例，需要掌握以下知识点。

1）完全二叉树

前文已经介绍了树和二叉树的基本概念。在这里需要用到一种特殊的二叉树——完全二叉树。完全二叉树是除了最后一层之外的其他每一层都被完全填充，并且所有节点都保持向左对齐，如图2-14所示。

2）堆排序

堆排序是将数据看成完全二叉树，根据完全二叉树的特性来进行排序的一种算法，具体分为最大堆和最小堆。最大堆要求节点的元素都大于其对应的叶子节点，通常被用来进行升序排序，而最小堆要求节点的元素都小于其对应的叶子节点，通常被用来进行降序排序。

以最大堆为例，利用最大堆结构的特点，每个最大堆的根节点必然是数组中最大的元素，构建一次最大堆，即可获取数组中最大的元素。剔除最大元素后，反复构建余下的数字为最大堆，获取根元素，最终保证数组有序。

最大堆和最小堆是对称关系，理解其中一种即可。本案例主要实现最大堆的升序排序。

2.主体设计

堆排序的实现流程如图2-15所示。

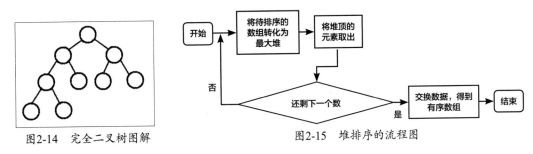

图2-14　完全二叉树图解　　　　　　图2-15　堆排序的流程图

堆排序的实现步骤如下。

Step1：将待排序的数组转化成最大堆。

Step2：数组转换成最大堆之后，将堆顶的元素取出，剩余的继续构建为最大堆。

Step3：重复Step2的过程，直到剩余数只有一个时结束。

Step4：交换数据，得到有序数组。

3.编程实现

本实战技能使用PyCharm工具进行编写，建立相关的源文件【案例32：堆排序.py】，在界面输入代码。参考下面的详细步骤，编写具体代码，具体步骤及代码如下所示。

Step1：建立sift_down( )函数为最大堆函数，传入当前节点位置，左孩子位置为2*root+1，调整位置使堆顶元素最大，代码如下所示。

```
1. def sift_down(arr, node, end):
2.     root = node    # 当前节点的位置
3.     while True:
4.         # 从 root 开始对最大堆调整
5.         child = 2 * root + 1  # 左孩子的位置
6.         if child > end:
7.             break
8.         # 找出两个孩子中较大的一个
9.         if child + 1 <= end and arr[child] < arr[child + 1]:
10.            child += 1
11.        if arr[root] < arr[child]:
12.            # 如果最大堆小于较大的孩子，则交换顺序
```

```
13.         tmp = arr[root]
14.         arr[root] = arr[child]
15.         arr[child] = tmp
16.         root = child
17.     else:
18.         # 无须调整的时候, 退出
19.         break
```

Step2: 建立heap_sort( )函数为堆排序函数, 传入需要排序的数组, 逐次遍历, 代码如下所示。

```
1. def heap_sort(arr):
2.     # 从最后一个有子节点的孩子开始调整最大堆, 不断缩小调整的范围
3.     first = len(arr) // 2 - 1
4.     for i in range(first, -1, -1):
5.         sift_down(arr, i, len(arr) - 1)
```

Step3: 将堆顶最大的元素放到堆的最后一个, 继续调整排序, 代码如下所示。

```
1.     for end in range(len(arr) -1, 0, -1):
2.         arr[0], arr[end] = arr[end], arr[0]
3.         sift_down(arr, 0, end - 1)
```

Step4: 建立main( )函数, 输出排序之前的序列, 调用heap_sort( )排序, 代码如下所示。

```
1. def main( ):
2.     array = [16, 9, 21, 13, 4, 11, 3, 22, 8, 7, 15, 27, 0]
3.     print(" 堆排序案例 ")
4.     print(" 排序前 : ", array)
5.     heap_sort(array)
6.     print(" 排序后 : ", array)
7. if __name__ == "__main__":
8.     main( )
```

巩固·练习

修改本案例代码, 实现序列的降序排序。

小贴士

（1）实现最小堆排序的时候, 最小堆要求节点的元素都不大于其左、右孩子, 使堆顶元素最小。

（2）注意函数的定义和调用, 用得好能够事半功倍。

实战技能 33 线性查找

实战·说明

本实战技能将使用线性查找，实现数组中元素的查找，输入为待查找的元素，输出为待查找元素所在位置的索引。运行程序得到的结果如图2-16所示。

技能·详解

1.技术要点

本实战技能重点在于线性查找，要实现本案例，需要掌握线性查找的基本原理。

线性查找又称为顺序查找，线性查找是从第一个记录开始，与记录的关键字逐个比较，直到和给定的关键字相等，则查找成功；若比较结果与文件中所有记录的关键字都不等，则查找失败。

线性查找的平均查找长度与表长度 n 成线性关系，当 n 较大时，线性查找的效率较低。线性查找算法比较简单，线性查找图解如图2-17所示。

图2-16　线性查找的结果

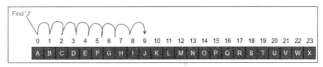

图2-17　线性查找图解

> **高手点拨**
>
> 查找是对具有相同属性的元素进行的，只是找出表或文件的对应索引位置而不改变表中数据元素的，称为静态查找。相反，除了查找操作，对文件或表进行增加、删除或修改操作的，称为动态查找。

2.主体设计

线性查找的实现流程如图2-18所示，实现步骤如下。

Step1：获得查找的元素。

Step2：判断待查找的元素是否存在于数组中。

Step3：若存在于数组中，则返回该元素的索引号；若不存在于数组中，则返回-1。

Step4：若返回的是索引号，则输出该元素的索引位置；若不存在于数组中，则输出"元素不在数组中"。

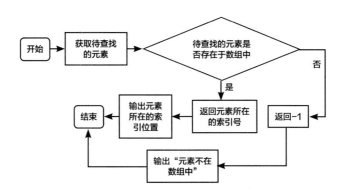

图2-18 线性查找的流程图

3.编程实现

本实战技能使用PyCharm工具进行编写，建立相关的源文件【案例33：线性查找.py】，在界面输入代码。参考下面的详细步骤，编写具体代码，具体步骤及代码如下所示。

Step1：定义search( )函数，用for遍历查找，代码如下所示。

```
1. def search(arr, n, x):
2.     for i in range(0, n):
3.         if (arr[i] == x):
4.             return i;
5.     return -1;
```

Step2：定义数组，存放所有的数组元素。调用input( )函数，获取待查找的元素。调用自定义的search( )函数，对数组进行查找，输出查找结果，代码如下所示。

```
1. print("线性查找案例")
2. # 在数组 arr 中查找字符 D
3. arr = ['A', 'B', 'C', 'D', 'E', 'F', 'G', 'H', 'I', 'J', 'K', 'L', 'M'];
4. x = input("请输入你需要查找的元素：");
5. n = len(arr);
6. result = search(arr, n, x)
7. if (result == -1):
8.     print("元素不在数组中")
9. else:
10.    print("元素在数组中的索引位置为 ", result);
```

巩固 · 练习

修改本案例代码，实现对字符串的查找。

小 贴 士

（1）本案例代码获取元素的时候，注意进行类型的转换。

（2）本案例存储元素的数组中没有包含任何字符串，注意添加相应的字符串。

实战技能 (34) 折半查找

实战 · 说明

本实战技能将使用折半查找，实现对输入元素的查找，输入为单调递增的整型数组及待查找的元素，输出为待查找元素所在位置的索引。运行程序得到的结果如图2-19所示。

技能 · 详解

1.技术要点

本实战技能的重点在于折半查找，要实现本案例，需要掌握折半查找的基本原理。

折半查找是一种快速查找的方式，需要查找的序列必须是有序的，其核心思想是将中间位置的值作为基准值。如果待查找的值比基准值小，则查找表的左边，把前面的中间值作为基准值；若待查找的值比基准值大，则查找表的右边，把后面的中间值作为基准值；如果相等，则返回这个值的位置索引。递归实现直到找到该值或区间长度小于1为止。此查找方式复杂度较低，对于时间的消耗较少，非常适用于频繁查找的情况。

折半查找图解如图2-20所示。

图2-19 折半查找的结果展示

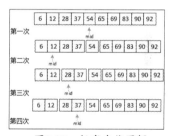

图2-20 折半查找图解

2.主体设计

折半查找的流程如图2-21所示。

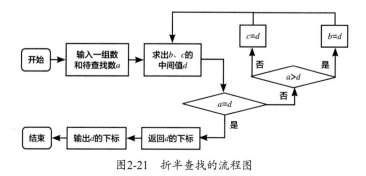

图2-21 折半查找的流程图

折半查找的实现步骤如下。

Step1：输入一组数和待查找数 *a*。

Step2：令这组数的第一个和最后一个数分别为 *b*、*c*。

Step3：求出 *b*、*c* 的中间值 *d*。

Step4：判断 *a* 与 *d* 是否相等，是则执行 step6，否则执行 step5。

Step5：判断 *a* 是否大于 *d*，是则令 *b=d*，否则令 *c=d*，并返回 step3。

Step6：返回 *d* 的下标。

Step7：输出该下标。

3.编程实现

本实战技能使用 PyCharm 工具进行编写，建立相关的源文件【案例34：折半查找.py】，在界面输入代码。参考下面的详细步骤，编写具体代码，具体步骤及代码如下所示。

Step1：定义 fun( ) 函数实现折半查找，输入的参数分别为字典 elements、待查找元素 key、起始索引位置 start、终点索引位置 end，代码如下所示。

```
1. def fun(elements, key, start, end):
```

Step2：找到字典中间位置的值作为基准值。若待查找元素与基准值相同，则返回中间位置的索引；若待查找元素比基准值大，则在中间与末尾区间段查找；若待查找元素比基准值小，则在前半段区间继续查找，代码如下所示。

```
1.     if elements[0] <= key <= elements[-1]:
2.         mid = (start + end) // 2  # //表示取整型数
3.         if elements[mid] == key:
4.             return mid
5.         if start > end:
6.             return "not found"
7.         elif elements[mid] < key:
8.             return fun(el, key, mid + 1, end)
9.         else:
10.            return fun(el, key, start, mid - 1)
11.    else:
12.        return "not found"
```

Step3：获得输入待查找的数，调用 fun( ) 函数，实现折半查找，输出查找结果，代码如下所示。

```
1. print("折半查找案例")
2. print("请输入单调递增的整型数组")
3. el = [int(s) for s in input( ).split( )]
4. print("请输入待查的数")
5. key = int(input( ))
6. end = len(el)
```

```
7.  print(" 该数的下标为 ")
8.  print(fun(el, key, 0, end))
```

巩固·练习

修改本案例代码，输入字符，在指定元素中查找相应字符。

小贴士

（1）待查找元素的字符一定是以字符的形式存储，而非字符串。

（2）修改折半查找的代码和查找规则。

实战技能 35 分块查找

实战·说明

本实战技能将使用分块查找，实现数据查找。运行时需要用户输入9个不同的数，实现将其分为3块，返回用户所需查找的数的位置。运行程序得到的结果如图2-22所示。

技能·详解

1.技术要点

本实战技能的重点在于分块查找，要实现本案例，需要掌握分块查找的基本原理。

分块查找要求将n个数据元素划分为m块（$m \leqslant n$）。每一块的数据不必有序，但块与块之间必须有序，即第1块中任一元素都必须小于第2块中任一元素，而第2块中任一元素又都必须小于第3块中任一元素。

分块查找的核心是构建索引表。索引表包括两个字段，即关键码字段（存放对应子表中的最大关键字）和指针字段（存放指向对应子表的指针），索引表按关键码字段有序排序。通过最大关键字与起始地址确定所查找数的区间，确定数据结构之后就通过顺序查找的方式确定其具体位置。

分块查找图解如图2-23所示。

图2-22 分块查找的输出结果展示

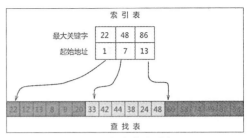

图2-23 分块查找图解

2.主体设计

分块查找的实现流程如图2-24所示。

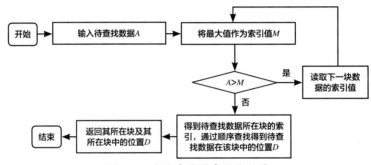

图2-24 分块查找的实现流程图

分块查找的实现步骤如下。

Step1：输入待查找数据。

Step2：将最大值作为索引值。

Step3：判断待查找数据是否大于索引值，如果大于，则比较下一块数据的索引值；反之，得到当前待查找数据所在块的索引。

Step4：通过顺序查找得到待查找数据在块中的位置。

Step5：返回位置。

3.编程实现

本实战技能使用PyCharm工具进行编写，建立相关的源文件【案例35：分块查找.py】，在界面输入代码。参考下面的详细步骤，编写具体代码，具体步骤及代码如下所示。

Step1：定义分块查找所需参数，用户输入列表数据、待查找数据，具体参数及代码如下所示。

```
1. Length = 9      # 输入数据个数
2. flag = 0        # 标记
3. pos = -1        # 用于表示搜索元素在某块中的索引位置
4. tabNum = 3      # 分块个数
5. tabPos = -1     # 用于表示搜索元素在哪一块的索引
6. print(" 分块查找案例 ")
7. print(" 请输入查找列表，以空格键隔开数字 :", end=' ')
```

```
8. list = [int(s) for s in input( ).split( )]
9. goal = int(input(' 请输入待查找数据：'))    # 用户输入待查找数据
10.print(' 需要在列表中找到：', goal)
```

Step2：使用二维列表表示多个子列表，选择序列前tabNum个元素排序后建立索引，根据索引建立子列表，显示构造的子列表，代码如下所示。

```
1. list_index = []    # 使用二维列表表示多个子列表
2. for i in range(tabNum):  # 在列表中添加列表
3.     list_index.append([])
4. for i in range(1, tabNum):
5.     list_index[i].append(list[i - 1])    # 会出现最大值在第二个子列表中，第一子列表
6.                               # 为空的情况
7. for i in range(1, tabNum - 1):  # 将添加元素的子列表中的元素降序排列
8.     for j in range(1, tabNum - i):
9.         if list_index[j] < list_index[j + 1]:
10.            list_index[j], list_index[j + 1] = list_index[j + 1], list_index[j]
11.for i in range(tabNum - 1, Length):  # 将其余元素添加到各子列表，比索引大则放到
12.                              # 前一个子列表中，其余放入最后一个
13.    for j in range(1, tabNum):
14.        if list[i] > list_index[j][0]:
15.            list_index[j - 1].append(list[i])
16.            break
17.    else:
18.        list_index[tabNum - 1].append(list[i])
19.if len(list_index[0]) > 1:  # 提取第一个子列表的最大值作为索引
20.    for i in range(len(list_index[0]) - 1, 0, -1):
21.        if list_index[0][i] > list_index[0][i - 1]:
22.            list_index[0][i], list_index[0][i - 1] = list_index[0][i - 1],
23.                list_index[0][i]
24.print(" 子列表结构：", list_index)  # 显示构造的子列表
```

Step3：将给定元素与各子列表进行比较，确定给定元素位置，用flag标记元素是否找到，找到则输出元素所在位置，否则输出"没有找到"，代码如下所示。

```
1. for i in range(tabNum - 1, -1, -1):  # 将给定元素与各子列表进行比较，确定给定元素位置
2.     if len(list_index[i]) != 0 and goal < list_index[i][0]:
3.         for j in range(len(list_index[i])):
4.             if list_index[i][j] == goal:
5.                 tabPos = i + 1
6.                 pos = j + 1
7.                 flag = 1
8.
9. if flag:
10.    print(" 在第 ", tabPos, " 个子列表中第 ", pos, " 的位置 ")
11.else:
12.    print(" 没有找到 ")
```

巩固·练习

修改本案例代码，实现对学生成绩的分块查找。

小贴士

（1）需要修改录入的成绩，正确输入成绩。

（2）需要修改查询的成绩，对成绩进行正确查询。

实战技能 36 二叉遍历

实战·说明

本实战技能是对二叉遍历（即二叉树的遍历算法）的实现。运行程序得到的结果如图2-25所示。

技能·详解

1.技术要点

要实现本案例，需要掌握二叉树遍历算法的知识。

从二叉树的递归定义可知，一棵非空的二叉树由根节点及左、右子树组成。因此，在任意给定节点上，可以按某种次序执行以下3种操作。

（1）访问根节点（N）。

（2）遍历该节点的左子树（L）。

（3）遍历该节点的右子树（R）。

以上3种操作有6种执行次序：NLR、LNR、LRN、NRL、RNL、RLN。

前三种次序与后三种次序对称，故只讨论NLR、LNR、LRN。这3种次序分别被命名为前序遍历、中序遍历和后序遍历。二叉树如图2-26所示，各种遍历方式如下。

图2-25　二叉查找结果展示

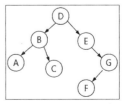

图2-26　示例二叉树

（1）前序遍历（NLR）：访问根节点的操作发生在遍历其左、右子树之前（DBACEGF）。

（2）中序遍历（LNR）：访问根节点的操作发生在遍历其左、右子树的中间（ABCDEFG）。

（3）后序遍历（LRN）：访问根节点的操作发生在遍历其左、右子树之后（ACBFGED）。

2.主体设计

二叉树遍历的实现流程如图2-27所示。

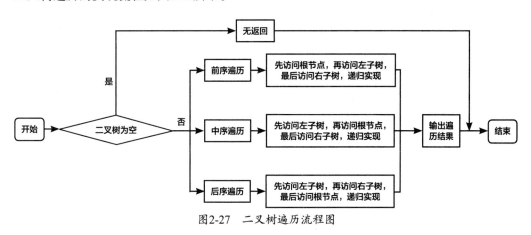

图2-27　二叉树遍历流程图

二叉树遍历的编程步骤如下。

Step1：构建类的函数，将根节点、左子树、右子树进行基本的初始化，即构建一个空的二叉树。

Step2：判断二叉树是否为空，若为空则没有值返回。若为前序遍历，则先访问根节点，再访问左子树，最后访问右子树，递归实现。

Step3：判断二叉树是否为空，若为空则没有值返回。若为中序遍历，则先访问左子树，再访问根节点，最后访问右子树，递归实现。

Step4：判断二叉树是否为空，若为空则没有值返回。若为后序遍历，则先访问左子树，再访问右子树，最后访问根节点，递归实现。

Step5：给出一个二叉树，通过调用前面已经定义好的各个遍历方式的函数，对该二叉树进行遍历处理，使用print( )函数输出遍历结果。

3.编程实现

本实战技能使用PyCharm工具进行编写，建立相关的源文件【案例36：二叉遍历.py】，在界面输入代码。参考下面的详细步骤，编写具体代码，具体步骤及代码如下所示。

Step1：构建一个空的二叉树，初始化根节点、左子树、右子树，代码如下所示。

```
1. class Node:
2.     def __init__(self, value=None, left=None, right=None):
3.         self.value = value
4.         self.left = left     # 左子树
5.         self.right = right   # 右子树
```

Step2：定义一个用于对二叉树进行前序遍历的函数，代码如下所示。

```
1. def preTraverse(root):
2.     # 前序遍历
3.     if root == None:
4.         return
5.     print(root.value, end=" ")
6.     preTraverse(root.left)
7.     preTraverse(root.right)
```

Step3：定义一个用于对二叉树进行中序遍历的函数，代码如下所示。

```
1. def midTraverse(root):
2.     # 中序遍历
3.     if root == None:
4.         return
5.     midTraverse(root.left)
6.     print(root.value, end=" ")
7.     midTraverse(root.right)
```

Step4：定义一个用于对二叉树进行后序遍历的函数，代码如下所示。

```
1. def afterTraverse(root):
2.     # 后序遍历
3.     if root == None:
4.         return
5.     afterTraverse(root.left)
6.     afterTraverse(root.right)
7.     print(root.value, end=" ")
```

Step5：将二叉树各个节点的数据录入空的二叉树中，再对二叉树的数据进行遍历输出，代码如下所示。

```
1. if __name__ == '__main__':
2.     print(" 二叉遍历案例 ")
3.     root = Node('D', Node('B', Node('A'), Node('C')), Node('E', right=Node(
4.                 'G', Node('F'))))
5.     print(' 前序遍历: ')
6.     preTraverse(root)
7.     print('\n 中序遍历: ')
8.     midTraverse(root)
9.     print('\n 后序遍历: ')
10.    afterTraverse(root)
```

巩固·练习

请根据3种不同的遍历方式，修改本案例代码，构造相应的二叉树结构，最后使遍历输出结果相同。

> **小贴士**
>
> 不同的遍历方式，需要构造的二叉树是不一样的，所以要根据不同的遍历规则正确构造二叉树。

实战技能 ③ 简单的学生成绩管理系统

实战·说明

本实战技能将实现一个能够任意添加、删除、修改、查询、计算总成绩的系统。运行程序得到的结果如图2-28所示。

技能·详解

1.技术要点

本实战技能主要用字典实现增、删、改、查的功能，对字典的用法说明如下。

字典是Python中的映射类型，采用键值对的形式存储数据。key键不允许同一个键出现两次，创建时如果同一个键被赋值两次，后一个值会被记住。故可以用数字、字符串或元组充当，用列表就不行，key键必须是不可变类型。

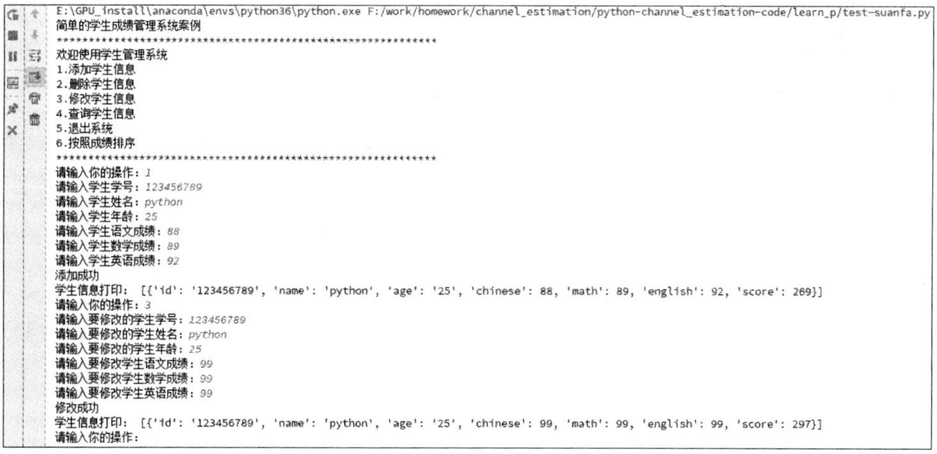

图2-28　简单的学生成绩管理系统结果展示

字典常用函数如下。

```
1. del dict          # 删除字典
2. del dict['data']  # 删除键是 data 的条目
```

```
3. dict['data'] = "data1" # 若 data 键不存在，则数据为添加 data1，否则为更新
4. dict.keys( ) # 以列表返回字典中的所有键
5. dict.values( ) # 以列表返回字典中的所有值
6. pop(key[, default]) # 删除字典 key 键所对应的值，返回值为被删除的值。key 值必须给出，
7.                      # 否则返回 default 值
8. dict.clear( ) # 删除字典中的所有元素
9. len(dict) # 计算字典元素个数，即键的总数
```

高手点拨

除列表外，字典是Python之中最灵活的内置数据结构类型。列表是有序的对象集合，字典是无序的对象集合。两者之间的区别在于，字典当中的元素是通过键来存取的，而不是通过偏移存取。

2.主体设计

学生成绩管理系统流程如图2-29所示。

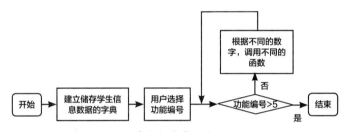

图2-29　学生成绩管理系统流程图

实现学生成绩管理系统的具体步骤如下所示。

Step1：建立储存学生信息数据的字典。

Step2：让用户输入一个数据，根据其值的不同按照以下步骤编写函数。

（1）添加学生信息。

（2）删除学生信息。

（3）修改学生信息。

（4）查询学生信息。

（5）按照成绩排序。

（6）退出系统。

Step3：判断用户输入的数据，并选择自定义的函数实现。

Step4：输出操作结果。

3.编程实现

本实战技能使用PyCharm工具进行编写，建立相关的源文件【案例37：简单的学生成绩管理系统.py】，在界面输入代码。参考下面的详细步骤，编写具体代码，具体步骤及代码如下所示。

Step1：建立添加学生信息的函数，用input( )函数捕获输入的信息。

```
1. def addStu(array):
2.     ''' 添加学生信息 '''
3.     stuDict = {}
4.     try:
5.         id = input(" 请输入学生学号: ")
6.         for i in range(len(array)):
7.             if array[i]['id'] == id:
8.                 print(" 该学号已存在，不能重复添加 ")
9.                 return
10.        name = input(" 请输入学生姓名: ")
11.        age = input(" 请输入学生年龄: ")
12.        chinese = int(input(" 请输入学生语文成绩: "))
13.        math = int(input(" 请输入学生数学成绩: "))
14.        english = int(input(" 请输入学生英语成绩: "))
```

Step2：保存用户数据，定义字典中所包含的学生信息，把单个学生数据添加到列表array中。添加成功则输出"添加成功"，添加失败则输出"发生异常，添加失败"。

```
1.         stuDict['id'] = id
2.         stuDict['name'] = name
3.         stuDict['age'] = age
4.         stuDict['chinese'] = chinese
5.         stuDict['math'] = math
6.         stuDict['english'] = english
7.         stuDict['score'] = english + math + chinese
8.         array.append(stuDict) # 把单个学生数据添加到列表中
9.         print(" 添加成功 ")
10.    except BaseException:
11.        print(" 发生异常，添加失败 ")
```

Step3：建立删除学生信息的函数。获得需要删除的学生学号，在列表array中找到对应的学生信息，再将所对应的列表array删除。捕获异常信息，删除不成功则输出"发生异常，删除失败"。

```
1. def delStu(array):
2.     ''' 删除学生信息 '''
3.     try:
4.         id = input(" 请输入要删除的学生学号: ")
5.         for i in range(len(array)):
6.             if array[i]['id'] == id:
7.                 del array[i]
8.                 return 0
9.         return 1
10.    except BaseException:
11.        print(" 发生异常，删除失败 ")
12.        return 2
```

Step4：建立修改学生信息的函数。获得需要修改的学生学号，在列表array中找到对应的学生
信息，再将对应的信息重新赋值，删除不成功则输出"找不到该学号，没法修改"。捕获异常信息，
修改不成功则输出"发生异常，修改失败"。

```python
1. def updateStu(array):
2.     ''' 修改学生信息 '''
3.     try:
4.         id = input(" 请输入要修改的学生学号： ")
5.         for i in range(len(array)):
6.             if array[i]['id'] == id:
7.                 name = input(" 请输入要修改的学生姓名： ")
8.                 age = input(" 请输入要修改的学生年龄： ")
9.                 chinese = int(input(" 请输入要修改的学生语文成绩： "))
10.                math = int(input(" 请输入要修改的学生数学成绩： "))
11.                english = int(input(" 请输入要修改的学生英语成绩： "))
12.                array[i]['name'] = name
13.                array[i]['age'] = age
14.                array[i]['chinese'] = chinese
15.                array[i]['math'] = math
16.                array[i]['english'] = english
17.                array[i]['score'] = chinese + math + english
18.                print(" 修改成功 ")
19.                return
20.        print(" 找不到该学号，没法修改 ")
21.    except BaseException:
22.        print(" 发生异常，修改失败 ")
```

Step5：建立查询学生信息的函数。获得需要查询的学生学号，在列表array中找到对应的学生
信息。捕获异常信息，查询不成功则输出"发生异常，查询失败"。

```python
1. def selectStu(array):
2.     ''' 查询学生信息 '''
3.     try:
4.         id = input(" 请输入要查询的学生学号： ")
5.         for i in range(len(array)):
6.             if array[i]['id'] == id:
7.                 print(" 查询到的学生信息： ", array[i])
8.         return
9.     except BaseException:
10.        print(" 发生异常，查询失败 ")
11.        return
```

Step6：输出提示信息。

```python
1. print(" 简单的学生成绩管理系统案例 ")
2. print("**" * 30)
3. print(" 欢迎使用学生管理系统 ")
```

```
4. print("1. 添加学生信息 ")
5. print("2. 删除学生信息 ")
6. print("3. 修改学生信息 ")
7. print("4. 查询学生信息 ")
8. print("5. 按照成绩排序 ")
9. print("6. 退出系统 ")
10.print("**" * 30)
11.flag = 0
12.array = []
```

Step7：用flag标记，选择要进行的操作，输入的操作代号为数字类型。

```
1. while flag != 1:
2.     step = input(" 请输入你的操作：")
3.     try:
4.         step = int(step)
5.     except BaseException:
6.         print(" 发生异常，输入的不是数字类型 ")
7.         break
8.     if step == 1:
9.         addStu(array)
10.        print(" 学生信息打印：", array)
11.    elif step == 2:
12.        num = delStu(array)
13.        if num == 0:
14.            print(" 删除成功 ")
15.        elif num == 1 or num == 2:
16.            print(" 删除失败 ")
17.        print(" 学生信息打印：", array)
18.    elif step == 3:
19.        updateStu(array)
20.        print(" 学生信息打印：", array)
21.    elif step == 4:
22.        selectStu(array)
23.    elif step == 5:
24.        for i in range(len(array)):
25.            if array[i]['score'] < array[i - 1]['score']:
26.                array[i], array[i - 1] = array[i - 1], array[i]
27.        print(" 学生信息排序后：", array)
28.    else:
29.        flag = 1
30.print(" 退出系统成功 ")
```

高手点拨

　　可以在容易出错的地方使用try方法来避免系统提前退出。另外，定义添加学生信息的函数也能简化代码量。在本案例中，可以通过创建、定义、接受、判断、输出这几步来完成任务。

巩固·练习

修改本案例程序代码，实现对图书管理系统的模拟。

小贴士

（1）将学生信息录入修改为图书信息录入。

（2）图书信息应该包括书名、作者、出版社、库存等，注意添加信息。

实战技能 38 盒子的移动

实战·说明

本实战技能要求，完成盒子的移动。依次输入盒子的个数、盒子的编号、盒子的移动命令等。按盒子的编号，输出盒子移动后的排列。

移动命令1表示把盒子X移动到盒子Y的左边（如果盒子X已经在盒子Y的左边，则忽略此命令）；移动命令2表示把盒子X移动到盒子Y的右边（如果X已经在Y的右边，则忽略此命令）；移动命令3表示交换盒子X和盒子Y的位置；移动命令4表示将盒子的位置反向排序。可以在输入第1条指令后继续输入第2条指令，指令不超过10条。运行程序得到的结果如图2-30所示。

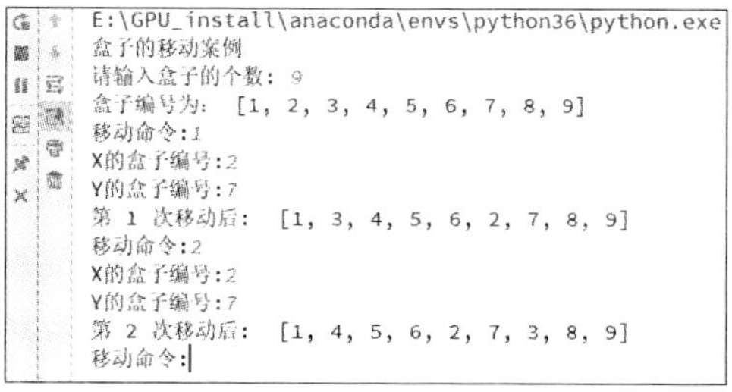

图2-30　盒子的移动的输出结果展示

技能·详解

1.技术要点

本实战技能的主要技术关键在于list的使用，list中的常用函数有以下几个。

（1）len( )：得到list中元素的个数。

（2）append( )：追加元素到list末尾。

（3）insert( )：将元素插入指定位置。

（4）pop( )：删除末尾的元素，也可以删除指定索引位置的元素。

高手点拨

　　Python中，并不能直接改变list中的元素顺序，但可以通过一系列算法来达到目的。例如，将元素插入到指定位置，再将它删除。

2.主体设计

　　盒子的移动实现流程如图2-31所示。

　　根据流程图，盒子的移动实现步骤如下所示。

Step1：定义move( )函数。

Step2：将需要移动的元素弹出，赋值给item，再将item插入所需要的位置。

Step3：构建reverse( )函数，倒置列表。

Step4：函数的循环调用，控制小球移动的次数。

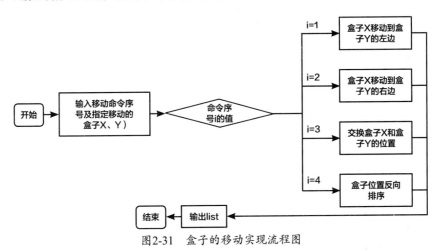

图2-31　盒子的移动实现流程图

3.编程实现

　　本实战技能使用PyCharm工具进行编写，建立相关的源文件【案例38：盒子的移动.py】，在界面输入代码。参考下面的详细步骤，编写具体代码，具体步骤及代码如下所示。

Step1：创建空列表并为列表中的盒子编号，输出盒子编号，代码如下所示。

```
1. print(" 盒子的移动案例 ")
2. Num = int(input("请输入盒子的个数："))
3. list = []
4. for i in range(1, Num + 1):
5.     list.append(i)
6. print(" 盒子编号为: ", list)
```

Step2：用def定义move( )函数，表示小球的移动。定义order列表，用于存放盒子移动的命令编号和X、Y的盒子编号，代码如下所示。

```
1. def move(list):
```

```
2.      order = []
3.      order.append(int(input(" 移动命令 :")))
4.      order.append(int(input("X 的盒子编号 :")))
5.      order.append(int(input("Y 的盒子编号 :")))
```

Step3：根据order[0]值的大小，执行相应操作。当值为1时，将盒子X置于盒子Y的左边；当值为2时，将盒子X置于盒子Y的右边；当值为3时，交换盒子X和盒子Y的位置；当值为4时，倒置列表，代码如下所示。

```
1.      if order[0] == 1:
2.          item = list.pop(order[1] - 1)
3.          list.insert(order[2] - 2, item)
4.      if order[0] == 2:
5.          item = list.pop(order[1] - 1)
6.          list.insert(order[2] - 1, item)
7.      if order[0] == 3:
8.          list[order[2] - 1], list[order[1] - 1] = list[order[1] - 1],
9.              list[order[2] - 1]
10.     if order[0] == 4:
11.         list.reverse( )
12.     return list
```

Step4：循环10次，代码如下所示。

```
1. for i in range(1, 10):
2.      move_list = move(list)
3.      print('第 ', i, ' 次移动后 : ', move_list)
```

巩固·练习

修改本案例代码，将盒子的移动扩展到一个平面上，实现盒子在一个平面上的移动。

小 贴 士

在平面上移动也不难，只需要修改坐标，便可以轻松实现盒子在一个平面内自由移动。

实战技能 **39** 老鼠走迷宫

实战·说明

本实战技能模拟迷宫问题的求解，在迷宫某处放一大块奶酪，把一只老鼠放入迷宫。迷宫以二维数组表示，0表示墙，1表示老鼠可以移动的路径。老鼠不能离开迷宫或翻墙，从用户指定的位置开始移动，判断老鼠是否能走出迷宫。

该实战技能要求输入老鼠出发的起始位置，输出老鼠是否能走出迷宫的结果。运行程序得到的结果如图2-32所示。

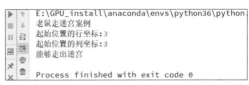

图2-32　老鼠走迷宫结果展示

技能▸详解

1.技术要点

本实战技能的技术难点在于回溯法的运用。回溯法的原理，即发现当前的候选解不可能是解时，就放弃它而选择下一个候选解。如果当前的候选解除了不满足问题的要求外，其他所有要求都已满足，则扩大当前候选解的规模继续试探。如果当前的候选解满足了问题的所有要求，则这个候选解将成为问题的一个解。

在求解本案例迷宫问题的过程中，如果发现老鼠进入死胡同，就回溯一步或多步，寻找其他路径。

2.主体设计

利用回溯法实现老鼠走迷宫的流程如图2-33所示。

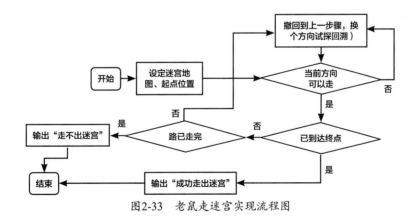

图2-33　老鼠走迷宫实现流程图

实现老鼠走迷宫具体通过以下3个步骤实现。

Step1：设定一个迷宫地图，即一个二维数组，1为可以行走的路，0为不能行走的路。

Step2：判断当前方向是否可以走，若不行则回溯到上一步，将走过的路标记为2；若可以则判断是否到达终点，没有则继续走，直到没有路可以走。

Step3：判断老鼠是否走到终点，若没有到达终点，则输出"走不出迷宫"，否则输出"成功走出迷宫"。

3.编程实现

本实战技能使用PyCharm工具进行编写，建立相关的源文件【案例39：老鼠走迷宫.py】，在界面输入代码。参考下面的详细步骤，编写具体代码，具体步骤及代码如下所示。

Step1：创建一个列表作为迷宫的地图，代码如下所示。

```
1. maze = [[1, 1, 0, 1, 0, 1],
2.         [1, 1, 1, 0, 1, 0],
3.         [0, 0, 1, 0, 1, 0],
4.         [0, 1, 1, 1, 0, 0],
5.         [0, 0, 0, 1, 1, 0],
6.         [1, 0, 0, 0, 0, 0]]
```

Step2：定义map( )函数，确保老鼠不会走出迷宫的范围并且判断当前这条路是否通畅，代码如下所示。

```
1. def map(maze, x, y):
2.     if (x >= 0 and x < len(maze) and y >= 0 and y < len(maze[0]) and maze[x][y] == 1):
3.         return True
4.     else:
5.         return False
```

Step3：定义一个move( )函数，此函数有两个功能，一是用来判断老鼠是否走出迷宫；二是用来模拟老鼠的行走路径。为了防止老鼠原路返回，将走过的路标记为2，代码如下所示。

```
1. def move(maze, x, y):
2.     if (x == 0 and y == 0):
3.         print("能够走出迷宫")   # 判断是否走到迷宫出口
4.         return True
5.     if map(maze, x, y):
6.         maze[x][y] = 2           # 防止原路返回
7.         if not move(maze, x - 1, y): # 对四个方向进行试探，判断哪个方向可以走，
8.                                       # 如果都不行则撤回
9.             maze[x][y] = 1
10.         elif not move(maze, x, y - 1):
11.             maze[x][y] = 1
12.         elif not move(maze, x + 1, y):
13.             maze[x][y] = 1
14.         elif not move(maze, x, y + 1):
15.             maze[x][y] = 1
16.         else:
17.             return False
18.     return True
```

Step4：接收用户定义的老鼠的起点位置，输出是否能够走出迷宫，代码如下所示。

```
1. print("老鼠走迷宫案例")
2. a = int(input("起始位置的行坐标:"))
```

```
3.  b = int(input(" 起始位置的列坐标 :"))
4.  move(maze, a, b)
5.  if maze[0][1] == 1 and maze[1][0] == 1:
6.      print(" 走不出迷宫 ")        # 判断第 0 行和第 1 列或者第 1 行和第 0 列是否为 1,
7.                                  # 若为 1 说明已经到达终点, 若不为 1 则未到达终点
```

巩固·练习

修改本程序代码，合理设计迷宫，使老鼠有两条出迷宫的路，并且使老鼠准确找出两条出去的路。

小贴士

设计迷宫的时候，可以直接将两条路设计出来，再对路径进行数字化。找到一条路之后，需要对其进行标记，避免重复寻找。

实战技能 40 铁轨列车出站管理

实战·说明

本实战技能是经典的铁轨列车问题，铁轨铺设如图2-34所示，输入车厢个数及车厢出站顺序，输出铁轨列车能否按指定顺序出站的结果。

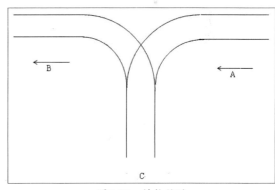

图2-34　铁轨铺设

有一个火车站，有5节车厢从A方向驶入车站，按进站顺序编号1~5。火车按顺序进入B方向的铁轨并驶出车站，可以借助中转站C，C是一个可以停放任意多节车厢的车站，但由于末端封闭，驶入C的车厢必须按照相反的顺序驶出C。每节车厢一旦从A移入C，就不能再回到A了，一旦从C移入B，就不能回到C了。换句话说，在任意时刻，只有两种选择，即A→C和C→B。运行程序得到的结果如图2-35和图2-36所示。

图2-35　铁轨列车出站管理运行结果1　　　　图2-36　铁轨列车出站管理运行结果2

技能·详解

1.技术要点

本实战技能的重点在于栈的运用，要实现本案例，需要掌握以下知识点。

本实战技能具有先进后出的特点，故可以用栈来实现本案例。Python的内建数据结构强大，可以用list直接实现栈，简单操作如下。

```
1. stack( )      # 建立一个空的栈对象
2. push( )       # 把一个元素添加到栈的最顶层
3. pop( )        # 删除栈最顶层的元素，并返回这个元素
4. peek( )       # 返回栈最顶层的元素，并不删除它
5. isempty( )    # 判断栈是否为空
6. size( )       # 返回栈中元素的个数
```

2.主体设计

铁轨列车出站管理实现流程如图2-37所示。

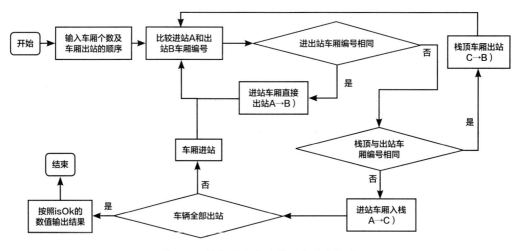

图2-37　铁轨列车出站管理实现流程图

铁轨列车出站管理实现步骤如下。

Step1：输入车厢个数及车厢出站的顺序，C站作为栈操作。

Step2：判断进、出站的车厢编号是否相同，相同就认为从A直接开到B，比较下一辆车厢编号与出站车厢编号大小；否则，进入下一步。

Step3：判断栈顶与出站车厢编号是否相同，相同则从C站驶向B，判断下一个。

Step4：若A和C的第一节车厢都没有对应于target的车，看A是否已经对比完，对比完就结束；否则，把A的车厢开到C中暂存。

Step5：若所有车厢进站完毕，那么退出循环，输出结果。

3.编程实现

本实战技能使用PyCharm工具进行编写，建立相关的源文件【案例40：铁轨列车出栈管理.py】，在界面输入代码。参考下面的详细步骤，编写具体代码，具体步骤及代码如下所示。

Step1：创建Stack类，在类中创建判断栈内是否存在元素is_empty( )函数、进栈push( )函数、出栈pop( )函数、取栈顶元素gettop( )函数，代码如下所示。

```
1. class Stack(object):
2.     def __init__(self):
3.         self.stack = []
4.     def is_empty(self):    # 判断栈内是否存在元素
5.         return bool(self.stack)
6.     def push(self, data):     # 进栈函数
7.         self.stack.append(data)
8.     def pop(self):      # 出栈函数
9.         return self.stack.pop( )
10.    def gettop(self):    # 取栈顶元素函数
11.        return self.stack[-1]
```

Step2：添加实现本案例需要的参数，输入车厢个数及车厢出站的顺序，将出站顺序用字典储存，代码如下所示。

```
1. print(" 铁轨列车出栈管理案例 ")
2. stack = Stack( )
3. target = {}
4. C = {}
5. isOk = 1
6. A = 1   # A为进入的车厢的编号
7. B = 1
8. n = int(input("请输入车厢个数: "))
9. targetStr = input("请输入车厢出站的顺序: ").split(" ")   # 输入车厢出站的顺序
10.for index in range(0, len(targetStr), 1):
11.    target[index + 1] = int(targetStr[index])
```

Step3：利用循环判断出站顺序是否能从A到B，如果能，isOk的值不变；否则，变为0，代码如下所示。

```
1. while B <= n:
2.     if A == target[B]:    # 判断进站车厢的编号与出站车厢的编号是否相同
3.         A += 1
4.         B += 1
```

```
5.     elif (int(stack.is_empty( )) != 0) and (stack.gettop( ) == target[B]):
6.                                      # 如果不同，判断栈顶与出站车厢编号是否相同
7.         stack.pop( )   # 出站（出栈）
8.         B += 1         # 对比车厢编号
9.     elif A <= n:       # 判断车辆是否全部进站
10.
11.        stack.push(A)
12.        A += 1  # 进站（进栈）
13.    else:
14.        isOk = 0
```

Step4：输出是否能够实现此顺序，代码如下所示。

```
1. if isOk:
2.     print(" 能够出站 ")
3. else:
4.     print(" 不能出站 ")
```

巩固·练习

修改本案例代码，用技术要点中讲到的list直接实现栈，调用相关函数实现铁轨列车出站管理。

小贴士

根据铁轨列车出站管理的算法及栈的性质，不难看出车厢的进站和出站正好符合Stack类中的进栈和出栈。因此，本案例也可以通过Stack类编写代码。

实战技能 ④ 股票收益最大化

实战·说明

本实战技能是Pyhton面试题中的常见问题，也是经典的动态规划问题——实现股票收益最大化。运行程序得到的结果如图2-38所示。

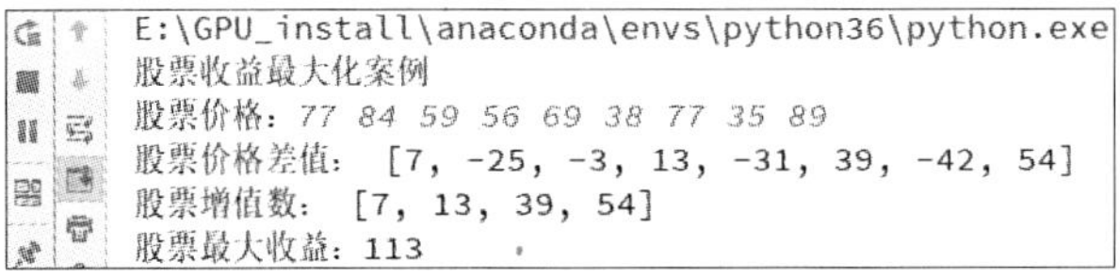

```
E:\GPU_install\anaconda\envs\python36\python.exe
股票收益最大化案例
股票价格: 77 84 59 56 69 38 77 35 89
股票价格差值: [7, -25, -3, 13, -31, 39, -42, 54]
股票增值数: [7, 13, 39, 54]
股票最大收益: 113
```

图2-38 股票收益最大化结果展示

股票每天会有涨跌，需要经过多次买进、抛售，实现股票收益最大化。假设把某股票的价格按照时间先后顺序存储在数组中，求出可以获得的最大利润（对股票的买卖操作可以进行多次）。

技能·详解

1.技术要点

本实战技能的重点在于动态规划，动态规划是求解决策过程最优化的方法。将待求解的问题分解成若干个子问题，按照顺序求解，前一个子问题的解为后一个子问题的解提供有用的信息。在求解任一子问题时，列出局部解，通过决策保留可能达到最优解的局部解，丢弃其他局部解。依次解决各个子问题，最后一个子问题的解就是初始问题的解。

高手点拨

动态规划的问题经过分解之后，得到的子问题往往不是相互独立的（即下一个子阶段的求解是建立在上一个问题的基础上）。

举一个例子，假设你正在爬楼梯，需要 n 阶才能到达楼顶，每次可以爬1或2个台阶，有多少种不同的方法可以爬到楼顶呢？

（1）动态规划步骤1：假如我们是从第 $n-1$ 级开始，跨1级上到第 n 级，或我们是从第 $n-2$ 级开始，跨2级上到第 n 级，那么我们就得到了状态转移方程，即 $F(n)=F(n-1)+F(n-2)$，$F(n-1)=F(n-2)+F(n-3)$，$F(n-2)=F(n-3)+F(n-4)$，以此类推，一直到最底层。当只有1级台阶时，$F(1)=1$；当只有2级台阶时，$F(2)=2$。

（2）动态规划步骤2：因为 $F(1)=1$ 且 $F(2)=2$，所以 $F(3)=F(2)+F(1)=3$，进而解决这个问题。

2.主体设计

股票收益最大化实现流程如图2-39所示。

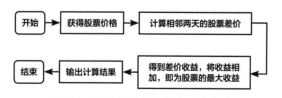

图2-39　股票收益最大化实现流程图

股票收益最大化的实现步骤如下。

Step1：获得多次交易的股票价格。

Step2：计算相邻两天的股票差价。

Step3：得到差价收益，计算出股票的最大收益。

Step4：输出计算结果。

3.编程实现

本实战技能使用PyCharm工具进行编写，建立相关的源文件【案例41：股票收益最大化.py】，在界面输入代码。参考下面的详细步骤，编写具体代码，具体步骤及代码如下所示。

Step1：定义BestStock_n_time( )函数，基于动态规划的思想，实现股票价格差值，代码如下所示。

```
1.  def BestStock_n_time(arr):
2.      len1 = len(arr)
3.      if len1 < 2:
4.          return 0
5.      diffArr = []   # 股票价格差值
6.      add_value = []
7.      for i in range(len1 - 1):
8.          diffArr.append(arr[i + 1] - arr[i])
9.      sum = 0   # 股票最大收益
10.     for i in range(len(diffArr)):
11.         if diffArr[i] > 0:
12.             add_value.append(diffArr[i])
13.             sum += diffArr[i]
14.     return diffArr, add_value, sum
```

Step2：调用input( )函数，获得股票价格。调用BestStock_n_time( )函数，计算出股票最大收益，输出结果，代码如下所示。

```
1.  if __name__ == '__main__':
2.      print("股票收益最大化案例")
3.      try:
4.          while True:
5.              print("股票价格: ", end='')
6.              arr = [int(i) for i in input().split()]
7.              diffArr, add_value, sum = BestStock_n_time(arr)
8.              print("股票价格差值: ", diffArr)
9.              print("股票增值数: ", add_value)
10.             print("股票最大收益: {0}".format(sum))
11.     except:
12.         pass
```

巩固·练习

修改本案例代码，计算个人工资，实现一年的个人工资最大化。

小贴士

修改原代码，并且正确输入获取的工资。注意，只能输入12个月的工资。

实战技能 ④ 哈夫曼编码的实现

实战·说明

本实战技能将建立二叉树来实现哈夫曼编码，运行程序得到的结果如图2-40所示。

```
  ▶   E:\GPU_install\anaconda\envs\python36\python.exe
  ◉  哈夫曼编码案例
  ⊞  Character:C freq:2     encoding: 10100
  ⊟  Character:G freq:2     encoding: 10101
  ⊞  Character:E freq:3     encoding: 0000
  ⚏  Character:K freq:3     encoding: 0001
  ⚐  Character:B freq:4     encoding: 0100
  ✕  Character:F freq:4     encoding: 0101
      Character:I freq:4     encoding: 0110
      Character:J freq:4     encoding: 0111
      Character:D freq:5     encoding: 1011
      Character:H freq:6     encoding: 1110
      Character:N freq:6     encoding: 1111
      Character:L freq:7     encoding: 001
      Character:M freq:9     encoding: 100
      Character:A freq:10    encoding: 110

      Process finished with exit code 0
```

图2-40 哈夫曼编码结果展示

技能·详解

1.技术要点

本实战技能的技术重点在于理解哈夫曼编码，要实现本案例，需要掌握以下知识点。

1）哈夫曼编码

哈夫曼编码（Huffman Coding）又称为霍夫曼编码。哈夫曼编码使用变长编码表对源符号（如文件中的一个字母）进行编码，其中变长编码表是通过一种评估来源符号出现机率的方法得到的，出现机率高则使用较短的编码，出现机率低则使用较长的编码。

2）哈夫曼树

哈夫曼树（Huffman Tree）是指给定n个权值作为n个叶子节点，构造一棵二叉树。若树的带权路径长度达到最小，则这棵树被称为哈夫曼树。

2.主体设计

哈夫曼编码流程如图2-41所示。

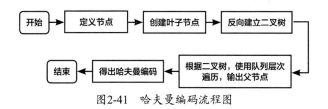

图2-41 哈夫曼编码流程图

实现哈夫曼编码的步骤如下。

Step1：创造一个节点函数，并且将左支点、右支点、父支点的初值皆设为特殊值None，从而定义节点。

Step2：创建叶子节点。

Step3：反向建立二叉树，并且使用队列层次遍历各个节点，将各节点值作为数组。当该数组长度大于1时，构建新的哈夫曼树，最后返回队列。

Step4：将已建立的哈夫曼树的节点值输出的数组作为编码，通过循环，最终得出哈夫曼编码。

Step5：结束程序。

3.编程实现

本实战技能使用PyCharm工具进行编写，建立相关的源文件【案例42：哈夫曼编码.py】，在界面输入代码。参考下面详细步骤，编写具体代码，具体步骤及代码如下所示。

Step1：建立gengNode类，初始化各值，从而定义节点。定义createNodes( )函数，调用gengNode类，代码如下所示。

```
1.  class gengNode:
2.      def __init__(self, freq):
3.          self.left = None
4.          self.right = None
5.          self.father = None
6.          self.freq = freq
7.      def isLeft(self):
8.          return self.father.left == self
9.      def createNodes(freqs):
10.         return [gengNode(freq) for freq in freqs]
```

Step2：建立哈夫曼树HuffmanTrees( )函数，生成叶子节点。升序排序后，将最小值从队列中取出，赋值给左子叶；将次小值从队列中取出，赋值给右子叶。将两值相加作为父节点，再将这个节点值放入队列中。

```
1.  def HuffmanTrees(nodes):
2.      queue = nodes[:]
3.          while len(queue) > 1:
4.              queue.sort(key=lambda item:item.freq)
5.              node_left = queue.pop(0)
6.              node_right = queue.pop(0)
7.              node_father = gengNode(node_left.freq + node_right.freq)
8.              node_father.left = node_left
9.              node_left.father = node_father
10.             node_right.father = node_father
11.             queue.append(node_father)
12.         queue[0].father = None
13.         return queue[0]
```

Step3：输出哈夫曼编码。左子叶路径编码为0，右子叶路径编码为1，判断是否运用for循环和if语句输出，代码如下所示。

```
1.  def huffmanEncodings(nodes, root):
2.      codes = [''] * len(nodes)
3.      for a in range(len(nodes)):
4.          node_tmp = nodes[a]
5.          while node_tmp != root:
6.              if node_tmp.isLeft( ):
7.                  codes[a] = '0' + codes[a]
8.              else:
9.                  codes[a] = '1' + codes[a]
10.             node_tmp = node_tmp.father
11.     return codes
```

Step4：定义需要编码的字母序列，依次产生节点、哈夫曼树、哈夫曼编码。循环得到各个字母所对应的哈夫曼编码，代码如下所示。

```
1.  if __name__ == '__main__':
2.      chars_freqs = [('C', 2), ('G', 2), ('E', 3), ('K', 3), ('B', 4),
3.                     ('F', 4), ('I', 4), ('J', 4), ('D', 5), ('H', 6),
4.                     ('N', 6), ('L', 7), ('M', 9), ('A', 10)]
5.      nodes = createNodes([item[1] for item in chars_freqs])
6.      root = HuffmanTrees(nodes)
7.      codes = huffmanEncodings(nodes, root)
8.      for item in zip(chars_freqs, codes):
9.          print('Character:%s freq:%-2d   encoding: %s' % (item[0][0],
10.               item[0][1], item[1]))
```

巩固·练习

修改本案例代码，实现香农编码。

小贴士

修改编码规则，即可实现香农编码。

实战技能 43 收银员找钱

实战·说明

本实战技能使用贪心算法，实现收银员找钱，输入为每种零钱的数量及需要找的零钱，输出找钱的数值，具体说明如下。

在超市结账时，假设只有1分、5分、1角、5角、1元的硬币，如果需要找零钱，给定需要找的零钱数目，使收银员给顾客的硬币数量最少。运行程序得到的结果如图2-42所示。

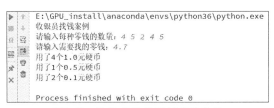

```
E:\GPU_install\anaconda\envs\python36\python.exe
收银员找钱案例
请输入每种零钱的数量: 4 5 2 4 5
请输入需要找的零钱: 4.7
用了4个1.0元硬币
用了1个0.5元硬币
用了2个0.1元硬币

Process finished with exit code 0
```

图2-42 收银员找钱案例实现结果

技能·详解

1.技术要点

本实战技能的技术重点在于实现贪心算法，要实现本案例，需要掌握以下几个知识点。

贪心算法是指在对问题求解时，总是做出当前最好的选择。也就是说，贪心算法做出的仅是局部最优解，其基本思路如下。

（1）把求解的问题分成若干个子问题。

（2）对每个子问题求解，得到子问题的局部最优解。

（3）把子问题的局部最优解合成原问题的一个解。

高手点拨

不是所有问题都能通过贪心算法得到最优解，贪心策略必须具备无后效性，即某个状态以后的过程不会影响以前的状态，只与当前状态有关。贪心策略适用的前提：局部最优策略能产生全局最优解。

2.主体设计

收银员找钱的流程如图2-43所示。收银员找钱的实现步骤如下。

Step1：输入各面值硬币的数量和需要找的零钱sum，得到收银员零钱总数s。

Step2：如果零钱总数s小于需要找的零钱sum，则无法找钱，输出"零钱不够"，结束程序。反之取出硬币最大面值，比较sum与最大面值的大小，若sum大于最大面值，则可以得到所找零钱最大面值的硬币个数。

Step3：将剩下需要找的零钱与次大硬币面值相比，得到次大面值硬币个数。以此类推，直到将零钱找完为止。

Step4：输出找钱所用的不同面值个数。

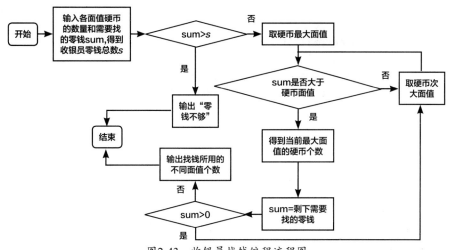

图2-43　收银员找钱编程流程图

3.编程实现

本实战技能使用PyCharm工具进行编写，建立相关的源文件【案例43：收银员找钱.py】，在界面输入代码。参考下面的详细步骤，编写具体代码，具体步骤及代码如下所示。

Step1：存储每种硬币的面值，定义相关参数，用input()函数得到每种零钱的数量，代码如下所示。

```
1. print("收银员找钱案例")
2. d = [0.01, 0.05, 0.1, 0.5, 1.0] # 存储每种硬币的面值
3. d_num = [] # 存储每种硬币的数量
4. s = 0  # 拥有的零钱总数
5. temp = input('请输入每种零钱的数量：')
6. d_num0 = temp.split(" ")
```

Step2：用for循环计算出收银员共拥有多少零钱，得到需要找的零钱数额，判断当前找的零钱是否大于零钱总数。若是，则输出"零钱不够"，退出程序，代码如下所示。

```
1. for i in range(0, len(d_num0)):
2.     d_num.append(int(d_num0[i]))
3.     s += d[i] * d_num[i] # 计算出收银员共拥有多少零钱
4. sum = float(input("请输入需要找的零钱："))
5. if sum > s:
6.     # 当输入的总金额比收银员的总金额多时，无法进行找零
7.     print("零钱不够")
```

```
8.      exit( )
```

Step3：从面值大的钱币开始遍历。运用贪心算法，输出各面值硬币的数量，代码如下所示。

```
1. s = s - sum
2. # 要想用的硬币数量最少，需要利用面值大的硬币，因此从面值大的硬币开始遍历
3. i = len(d) - 1
4. while i >= 0:
5.     if sum >= d[i]:
6.         n = int(sum / d[i])
7.         if n >= d_num[i]:
8.             n = d_num[i]  # 更新 n
9.         sum -= n * d[i] # 贪心算法的关键步骤，改变 sum 的动态
10.        print(" 用了 %d 个 %0.1f 元硬币 "%(n, d[i]))
11.    i -= 1
```

巩固·练习

一辆汽车加满油后可行驶n公里，旅途中有若干个加油站。设计一个有效算法，指出汽车应在哪些加油站停靠加油，使沿途加油次数最少。对于给定的n=100和k=5个加油站位置，加油站之间的距离为[50,80,39,60,40,32]，编程计算最少加油次数。

小贴士

（1）可使用贪心算法，令汽车每一次加满油后跑尽可能长的距离。
（2）如果距离中得到任何一个大于n的数值，则无法计算。

实战技能 44 八皇后问题

实战·说明

八皇后问题是一个以国际象棋为背景的问题，在国际象棋棋盘上放置八个皇后，使任何一个皇后无法直接吃掉其他的皇后，因此任意两个皇后都不能处于同一条横行、纵行或者斜线上，请问八个皇后一共有多少种放置方案？有人使用图论的方法解出一共有92种放置方案，本案例将使用Python实现回溯算法，解出这一个历史难题。运行程序得到的结果如图2-44所示。

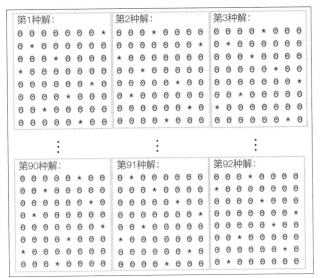

图2-44　八皇后问题部分结果展示

技能详解

1.技术要点

本实战技能的重点在于回溯算法。回溯算法是暴力搜索法中的一种，可以找出所有（或一部分）解的一般性算法，尤其适用于约束满足问题。回溯算法采用试错的思想，尝试着分步解决一个问题。分步解决问题的思路可以分为以下几个步骤。

Step1：逐步构造尽可能多的候选解。

Step2：发现现有的分步答案不能得到正确的解时，将取消上一步甚至是上几步的计算。

Step3：通过其他候选解再次尝试，寻找问题的答案。

回溯算法通常可以使用递归的方法和递推的方法来实现，一般实现步骤如下。

Step1：设置初始化的方案。

Step2：变换方式去试探，若全部试探完，则执行Step7。

Step3：判断此方法是否成功（通过约束函数），不成功则执行Step2。

Step4：试探成功则进一步试探。

Step5：正确方案还是未找到，执行Step2。

Step6：找到一种正确的方案，记录并且输出。

Step7：回退一步，若未回退到初始状态，则执行Step2。

Step8：若已经回退到初始状态，则结束执行。

2.主体设计

八皇后问题编程的流程如图2-45所示。

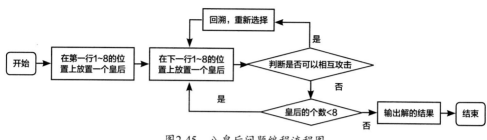

图2-45　八皇后问题编程流程图

八皇后问题编程实现步骤如下所示。

Step1：从1~8中选择一个数，代表在第一行的位置上放置第一个皇后。

Step2：从1~8中选择一个数，代表在第二行的位置上放置第二个皇后。

Step3：判断这两个皇后是否可以相互攻击，如果可以相互攻击，则第二行不能选择位置放置皇后，需要回溯，重新选择。

Step4：如果不能相互攻击，则可以选择第三行放置皇后的位置。以此类推，找到所有的解。

Step5：输出解的结果，结束程序。

3.编程实现

本实战技能使用PyCharm工具进行编写，建立相关的源文件【案例44：八皇后问题.py】，在界面输入代码。参考下面的详细步骤，编写具体代码，具体步骤及代码如下所示。

Step1：导入random( )函数，定义conflict( )函数传入新皇后的落点，看皇后摆放的位置是否合规。若合规，则返回True；若不合规，则返回False。

```
1. import random
2. def conflict(state, nextX):
3.     nextY = len(state)
4.     for i in range(nextY):
5.         if abs(state[i] - nextX) in (0, nextY - i):
6.             return True
7.     return False
```

Step2：创建queens( )函数，采用生成器的方式来确定每一个皇后的位置，并用递归实现下一个皇后的位置。conflict( )函数判断有无冲突，如果没有冲突，则产生当前皇后的位置信息。

```
1. def queens(num=8, state=( )):
2.     for pos in range(num):
3.         if not conflict(state, pos):
4.             if len(state) == num - 1:
5.                 yield (pos,)
6.             else:
7.                 for result in queens(num, state + (pos,)):
8.                     yield (pos,) + result
```

Step3：创建prettyprint( )函数，用"*"表示皇后的位置，通过遍历的方式显式地输出解。

```
1.  def prettyprint(solution):
2.      def line(pos, length=len(solution)):
3.          return '0 ' * pos + '* ' + '0 ' * (length - pos - 1)
4.      for pos in solution:
5.          print(line(pos))
```

Step4：得到八皇后问题全部解的个数并输出，调用prettyprint( )函数显式地输出所有解。

```
1. print('8 皇后问题, 共 %d 种解 ' % (len(list(queens(8))) ))
2. for ii in range(6):
3.      print(' 第 %d 种解 :' % (ii))
4.      prettyprint(random.choice(list(queens(8))))
```

高手点拨

    递归：函数在其定义或者说明中调用自身的一种方法，通常把一个问题转换为一个与原问题相似的规模较小的问题。递归策略是只需要少量的程序就可以描述出解题过程所需要的多次重复计算。

    递推：一种用若干步可重复的运算来描述复杂问题的方法。递推通常按照一定的规律来计算序列中的每个项，通过计算前面的一些项来得出序列中指定项的值。

巩固 · 练习

    八皇后问题可以推广为N皇后问题，此时，棋盘的大小变为$N*N$。注意，当且仅当$N=1$或$N \geqslant 4$时，问题有解。

小 贴 士

    修改本案例代码，在生成棋盘时需要向用户请求，获得请求之后传入参数，生成棋盘。调用寻找方案的函数，找到符合条件的函数，获得N皇后的解。

实战技能 ㊺ 地铁里的间谍

实战 · 说明

    本实战技能是经典的算法竞赛问题，主要用到动态规划方法，题目内容如下。

    城市的地铁是线性的，有n（$2 \leqslant n \leqslant 50$）个地铁站，从左到右编号为1~$n$。有M1辆地铁从第1站出发往右开，有M2辆地铁从第n站出发往左开。在时刻0的时候，Mario从第1站出发，目的是在时

刻 T（$0 \leqslant T \leqslant 200$）会见地铁站 n 的一个间谍。因为在地铁站等待时容易被抓，所以他决定尽量躲在开动的地铁上，让在车站等待的总时间尽量短。地铁靠站停车时间忽略不计，假设两辆方向不同的列车在同一时间靠站，Mario 也能完成换乘。地铁站台示意如图 2-46 所示。

本案例输入第 1 行为地铁站的个数 n，第 2 行为会见时刻 T，第 3 行为各站到下一站的行驶时间，第 4 行为 M1，即从第 1 站出发向右开的列车数目，第 5 行为 M1 列车出发时间，第 6 行为 M2，即从第 n 站出发向左开的列车数目，第 7 行为 M2 列车出发时间。输出最少等待时间，无解输出"不可能"。运行程序得到的结果如图 2-47、图 2-48 和图 2-49 所示。

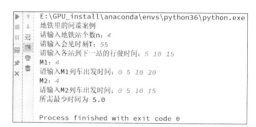

图 2-47　地铁里的间谍运行结果 1

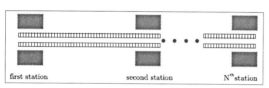

图 2-46　地铁站台示意

图 2-48　地铁里的间谍运行结果 2

图 2-49　地铁里的间谍运行结果 3

技能·详解

1.技术要点

动态规划把多阶段过程转化为单阶段问题，利用各阶段之间的关系，使问题能够通过递推逐个求解。

动态规划的本质思想就是递归，但如果直接应用递归方法，更加耗费栈内存，所以通常用一个二维矩阵来表示不同子问题的答案，这样能够实现高效的求解。针对本案例，存在以下 3 种决策。

决策 1：等 1 分钟。

决策 2：搭乘往右开的车（如果有）。

决策 3：搭乘往左开的车（如果有）。

2.主体设计

地铁里的间谍实现流程如图 2-50 所示。

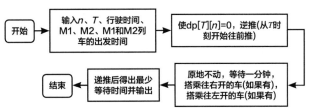

图2-50　地铁里的间谍实现流程图

地铁里的间谍实现步骤如下。

Step1：输入地铁站的个数n、会见时刻T、行驶时间、M1、M1列车的出发时间、M2、M2列车的出发时间。

Step2：使dp[T][n] = 0，从T时刻开始往前推，影响决策的只有当前时间和所处的车站。决策1是等1分钟，决策2是搭乘往右开的车（如果有），决策3是搭乘往左开的车（如果有）。

Step3：考虑决策1，这个时候需要等的时间由dp[i+1, j]的状态而来，需要在dp[i+1, j]的基础上加1，因为是在最优等待值的基础上等待一段时间，时间从后往前逆推。dp数组表示最少还需要等待多少时间。

Step4：考虑决策2，如果往右有车的话，那么dp[i][j]就需要从dp[i+t[j]][j+1]转移过来。dp[i+t[j]][j+1]表示在时刻i+t[j]的时候，往右到j+1站的最优值。由于是逆推的，dp[i+t[j]][j+1]的值先于dp[i][j]计算出。

Step5：考虑决策3，如果往左有车的话，那么dp[i][j]就需要从dp[i+t[j−1]][j−1]转移过来。原理和上面一样，往左需要花t[j−1]时间，在i+t[j−1]的时刻，往左到j−1站的最优值。因为先循环的是i，而且是逆向循环，所以dp[i+t[j−1]][j−1]的值已经计算得出。

Step6：使用递推，直到逆推到时刻0，得出最少等待时间并输出。

3.编程实现

本实战技能使用PyCharm工具进行编写，建立相关的源文件【案例45：地铁里的间谍.py】，在界面输入代码。参考下面的详细步骤，编写具体代码，具体步骤及代码如下所示。

Step1：导入numpy包，用dp[i][j]表示时刻i，在车站j最少还要等待多长时间。定义has_train数组，代码如下所示。

```
1. import numpy as np
2. print(" 地铁里的间谍案例 ")
3. has_train = np.zeros((100, 100, 2))
4. dp = np.zeros((100, 100))    # dp[i][j] 表示时刻 i，在车站 j 最少还要等待多长时间
```

Step2：输入地铁站个数n、会见时刻T、各站到下一站的行驶时间、M1、M1列车出发时间、M2、M2列车出发时间等，代码如下所示。

```
1. n = int(input(" 请输入地铁站个数 n: "))
2. T = int(input(" 请输入会见时刻 T: "))
3. t = [0]
```

```
4.  t1 = [0] * (100 - n)
5.  print(" 请输入各站到下一站的行驶时间: ", end='')
6.  t2 = list(map(int, input( ).split( )))
7.  t.extend(t2)
8.  t.extend(t1)
9.  M1 = int(input("M1: "))
10.M1a = list(map(int, input(" 请输入 M1 列车出发时间: ").split( )))        # a 时出发
11.for i in range(M1):
12.    i1 = i
13.    for j in range(1, n + 1):
14.        has_train[M1a[i]][j][0] = 1     # 在时刻 a, 车站 j 有向右的车
15.        M1a[i] = M1a[i] + t[j]          # 加上到下一个站的时间
16.M2 = int(input("M2: "))
17.M2a = list(map(int, input(" 请输入 M2 列车出发时间: ").split( )))
18.for i in range(M2):
19.    i1 = i
20.    for j in range(n, 0, -1):
21.        has_train[M2a[i]][j][1] = 1
22.        M2a[i] = M2a[i] + t[j - 1]
```

Step3：由 dp[T][n]=0 这个位置来进行反推，T 时刻最短等待时间为 0，按照流程步骤实现 3 个决策，递归输出，代码如下所示。

```
1.  for i in range(1, n):
2.      dp[T][i] = 100
3.  dp[T][n] = 0    # 在时刻 T, 车站 n 时不用等车
4.  for i in range(T - 1, -1, -1):
5.      for j in range(1, n + 1, 1):
6.          dp[i][j] = dp[i + 1][j] + 1     # 原地不动, 等待一分钟
7.          if (j < n and has_train[i][j][0] > 0 and i + t[j] <= T):
8.              dp[i][j] = min(dp[i][j], dp[i + t[j]][j + 1])
9.                                              # 搭乘往右开的车（如果有）
10.         if (j > 1 and has_train[i][j][1] > 0 and i + t[j - 1] <= T):
11.             dp[i][j] = min(dp[i][j], dp[i + t[j - 1]][j - 1])
12.                                             # 搭乘往左开的车（如果有）
13.if (dp[0][1] < 100):
14.    print(" 所需最少时间为 ", dp[0][1])# 最少等待时间会保存在 dp[0][1]
15.else:
16.    print(" 不可能 ")
```

巩固·练习

当你去沙漠旅行，带有一个背包和一些物品，背包有最大承受重量，物品也有重量和价值，

而物品种类很多（见表2-1），不可能全都装在背包里，如何选取价值总量最高的物品呢?

表 2-1　物品的价值及重量

物品名	价值	重量
water（水）	10	3kg
book（书）	3	1kg
food（食物）	9	2kg
jacket（夹克）	5	2kg
camera（相机）	6	1kg

小贴士

Step1：使用列表定义物品名、价值和重量。

Step2：创建矩阵，保存单元格。

Step3：在得到单元格的时候注意判断物品是否超重，如果超重不能加入。

Step4：设置参数。

实战技能 46 下落的树叶

实战·说明

一棵二叉树的每个根节点对应一个水平位置（可以理解为每个节点的 x 坐标值，假设根节点的水平位置为 p，则左叶子节点的水平位置为 $p-1$，右叶子节点的水平位置为 $p+1$）。按照递归方式输入各个节点的值，−1表示空树。实现从左向右输出具有相同水平位置的所有节点的权值之和。输入的二叉树如图2-51所示。运行程序得到的结果如图2-52所示。

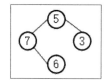

图2-51　输入的二叉树

图2-52　下落的树叶运行结果

技能 · 详解

1.技术要点

本实战技能的重点在于二叉树的实现，要实现本案例，还需要掌握以下知识点。

利用axis来存储每个水平位置的所有节点的权值之和，pos表示水平位置，对应值表示节点的权值之和，得到结果遍历输出即可。

2.主体设计

下落的树叶流程如图2-53所示。

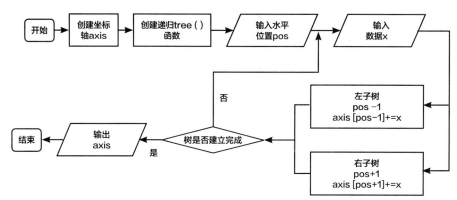

图2-53　下落的树叶实现流程图

下落的树叶实现的具体步骤如下。

Step1：利用Python的列表创建坐标轴axis，用来保存输入的值。

Step2：创建递归tree( )函数，对输入的值的位置进行运算，并累加节点的权值之和。

Step3：利用创建的递归函数，判断树是否建立完成，建立完成后输出axis坐标值。

Step4：输出axis保存的权值之和。

3.编程实现

本实战技能使用PyCharm工具进行编写，建立相关的源文件【案例46：下落的树叶.py】，在界面输入代码。参考下面的详细步骤，编写具体代码，具体步骤及代码如下所示。

Step1：创建坐标轴，存储每个水平位置的节点的权值之和。创建tree( )函数，代码如下所示。

```
1. print(" 下落的树叶案例 ")
2. axis = [0 for i in range(100)]  # 创建 100 个元素的坐标轴 axis，存储每个水平位置节点的
3.                                 # 权值之和
4. print(" 按先序遍历方式输入此二叉树: ")
5. def tree(pos):
```

Step2：输入节点数据，若为-1则返回上一级，使用递归实现每个水平节点的位置相加，代码如下所示。

```
1.     x = int(input( )) # 输入数据
```

```
2.    if (x == -1):      # -1 表示空树，子树为空则返回上一级
3.        return
4.    axis[pos] += x     # 对定位的坐标节点求权值之和
5.    tree(pos - 1)      # 优先进入左子树
6.    tree(pos + 1)
```

Step3：以中点作为递归起点，调用递归tree( )函数实现。若axis保存的值大于0，则将各个值输出，代码如下所示。

```
1. tree(50)
2. print(" 输出结果为: ", end=' ')
3. for x in axis:        # 对 axis 保存的值进行输出
4.    if x > 0 :
5.        print(x, end=' ')
```

巩固·练习

有一天，小兰一个人去玩迷宫，但是方向感不好的小兰很快就迷路了。小红得知后便去解救无助的小兰。此时的小红已经弄清楚了迷宫的地图，并且要以最快的速度去解救小兰。问题来了，小红如何解救小兰呢？迷宫如图2-54所示。

图2-54　小兰被困

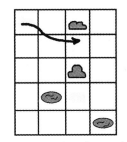
图2-55　迷宫数字化示意

小贴士

Step1：将图2-54进行数字化，如图2-55所示。

Step2：用二维数组来存储迷宫，初始化小红的位置，使小红处于迷宫的入口(1,1)，小兰在(p,q)。

Step3：找到所有可能的路，输出最短的一条路径。

实战技能 47 小球下落

实战·说明

有一棵二叉树，最大深度为 D，所有叶子的深度都相同，节点从上到下，从左到右的编号依次为1, 2, 3, …。每个节点都有一个开关，初始全部关闭。在节点1处放一个小球，它会往下落，当有小球落到开关上时，对应节点的开关状态会发生改变。若该节点上的开关是关闭的，则往左走，否则往右走，直到走到二叉树的叶子节点。

本实战技能基于图2-56所示的二叉树，实现小球下落，输入下落的小球个数，输出最后一个小球下落的节点。运行结果如图2-57所示。

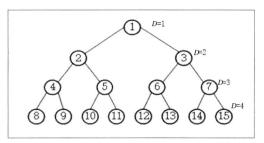

图2-56 所有叶子深度相同的二叉树

图2-57 小球下落结果展示

技能·详解

1. 技术要点

本实战技能的重点在于满二叉树的使用。一个二叉树，如果每一层的节点数都达到最大值，则这个二叉树就是满二叉树。也就是说，如果一个二叉树的层数为K，且节点总数是2^{K-1}，则它就是满二叉树。

高手点拨

（1）深度为D的满二叉树共有2^{D-1}个节点。从上到下，从左到右依次排序为1, 2, 3, …。

（2）初始化所有开关状态为OFF，可用0表示为OFF状态，1表示ON状态。当有一个小球经过以后，开关由OFF状态变为ON状态。

（3）每个小球都要经过开关1，所以遍历的时候需要设一个临时的变量k，记录小球走向的开关。

（4）若小球从一个状态为0的m开关经过，则下一步就是往左走，即走向2m开关，否则走向2m+1开关。

2.主体设计

小球下落实现流程如图2-58所示。

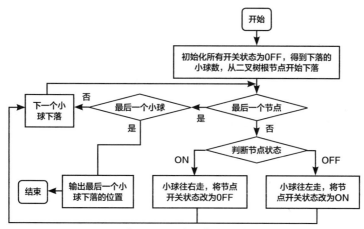

图2-58 小球下落流程图

小球下落的具体步骤如下。

Step1：初始化所有开关状态，得到下落的小球数。

Step2：小球下落，判断是否为最后一个节点，如果是，则执行Step 4；如果否，则进入下一步。

Step3：判断节点的状态，根据判断结果改变状态。进入Step 2，循环处理下一个小球。

Step4：判断是否为最后一个小球，若是，则退出；若不是，则继续执行Step 2。

3.编程实现

本实战技能使用PyCharm工具进行编写，建立相关的源文件【案例47：小球下落.py】，在界面输入代码。参考下面的详细步骤，编写具体代码，具体步骤及代码如下所示。

Step1：计算总节点个数，定义reverseRes( )函数，实现开关状态的改变，代码如下所示。

```
1. import math
2. print(" 小球下落案例 ")
3. D = 4    # 二叉树深度
4. I = int(input(" 请输入下落小球的个数：")) # 下落小球的个数
5. n = int(round((math.pow(2, D)) - 1)) # 2^D - 1, 所有节点个数
6. s = {}  # 每个节点的开关状态
7. def reverseRes(num):
8.     if num == 1:
9.         return 0
10.    elif num == 0:
11.        return 1
```

Step2：初始化所有开关状态为OFF，代码如下所示。

```
1. for index in range(1, n, 1): # 初始化所有开关
2.     s[index] = 0 # 所有开关都关闭
```

Step3：遍历每个小球，当小球经过对应节点时，改变节点开关状态，通过开关状态判断当前小球下落的方向，直到下落到最后的叶子节点。输出最后一个小球下落的节点，代码如下所示。

```
1. for index in range(1, I + 1, 1): # 遍历每个小球
2.     k = 1 # 需要一个辅助的编号，因为小球每次是从第一个开关经过
3.     while 1:
4.         s[k] = reverseRes(s[k]) # 改变节点开关状态
5.         if s[k] == 1: # 小球经过以后，开关打开了，说明经过之前是闭合的，所以往左走
6.             k = 2 * k
7.         else:
8.             k = 2 * k + 1
9.         if k > n:
10.             break
11.print(" 最后一个小球将会落到：{0}".format(int(k / 2)))
```

巩固·练习

修改本案例代码，实现多个小球同时下落的情况，判断最后一个小球下落的节点。

小贴士

（1）在本案例的基础上增加变量，记录需要下落的小球的数量。

（2）需要使用多重循环嵌套和break语句，判断每个小球所在的位置和每个节点位置的状态。

（3）程序出口需要判断是否是最后一个小球到最后一节点。

实战技能 (48) 给任务排序

实战·说明

在生活中存在任务*a*、*b*、*c*、*d*……若*b*完成的前提是*a*完成的情况，为了使所有任务完成，则必存在完成任务的先后顺序。像PyCharm安装模块一样，在安装其中一个模块时，可能要先安装其他模块，这就是任务的先决条件。本实战技能针对这种问题实现任务的排序。

将任务表示成一个有向无环图，如图2-59所示。运行程序得到的结果如图2-60所示。

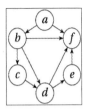

图2-59 任务图

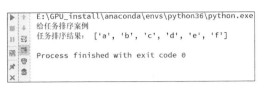

图2-60 给任务排序结果展示

技能·详解

1.技术要点

本实战技能的重点在于对DAG的理解，要实现本案例，需要掌握以下几个知识点。

1）DAG

DAG（Directed Acyclic Graph，DAG）即有向无环图。"有向"指的是有方向，准确说是同一个方向；"无环"则指的是够不成闭环。

举个例子，如果想进行一笔交易，就必须要验证前面的交易，具体验证几个交易，根据不同的规则来进行。这种验证手段，使DAG可以异步并发地写入很多交易，并最终构成一种拓扑的树状结构，能够极大地提高扩展性。

2）求解拓扑排序

任务依赖顺序的过程称为拓扑排序，求解拓扑排序的一般方法是先移除其中一个节点，每次移除的都是当前拓扑结构中入度为0的点。入度为 0 的含义是不依赖其他任何节点，然后通过循环解决其余 $n-1$ 个节点的问题。

任务有向无环图如图2-61所示。

2.主体设计

给任务排序的流程如图2-62所示。

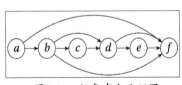

图2-61 任务有向无环图

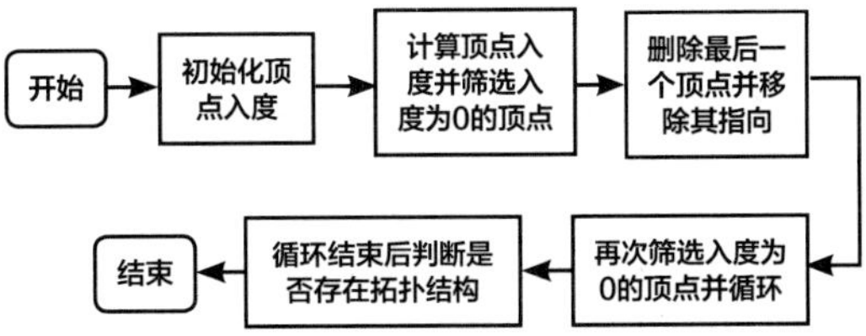

图2-62 给任务排序流程图

给任务排序的步骤如下。

Step1：定义函数并且初始化顶点入度。

Step2：计算顶点入度并筛选入度为0的顶点。

Step3：从最后一个顶点开始删除，移除其指向。

Step4：再次筛选入度为0的顶点并循环。

Step5：输出任务排序结果。

3.编程实现

本实战技能使用PyCharm工具进行编写，建立相关的源文件【案例48：给任务排序.py】，在界面输入代码。参考下面的详细步骤，编写具体代码，具体步骤及代码如下所示。

Step1：定义toposort( )函数，实现拓扑任务的排序。用in_degrees参数表示入度数。计算每个顶点的入度，筛选入度为0的顶点，代码如下所示。

```
1. def toposort(graph):
2.     in_degrees = dict((u, 0) for u in graph)    # 初始化所有顶点入度为 0
3.     vertex_num = len(in_degrees)
4.     for u in graph:
5.         for v in graph[u]:
6.             in_degrees[v] += 1              # 计算每个顶点的入度
7.     Q = [u for u in in_degrees if in_degrees[u] == 0]    # 筛选入度为 0 的顶点
8.     Seq = []    # 存储排序结果
```

Step2：删除最后一个顶点并移除其指向，多次循环，再次筛选入度为0的顶点，代码如下所示。

```
1.     while Q:
2.         u = Q.pop( )             # 默认从最后一个删除
3.         Seq.append(u)
4.         for v in graph[u]:
5.             in_degrees[v] -= 1           # 移除其所有指向
6.             if in_degrees[v] == 0:
7.                 Q.append(v)              # 再次筛选入度为 0 的顶点
8.     if len(Seq) == vertex_num:           # 如果循环结束后存在非 0 入度的顶点，
9.                                          # 说明图中有环，不存在拓扑排序
10.        return Seq
11.    else:
12.        print(" 这个图存在环 ")
```

Step3：定义有向无环图G，用字典的形式存储。例如，'a':'bf'表示任务*a*在任务*b*和任务*f*的前面。调用toposort( )函数并将结果输出，代码如下所示。

```
1. print(" 给任务排序案例 ")
2. G = {                          # 任务图
3.     'a': 'bf',
4.     'b': 'cdf',
5.     'c': 'd',
6.     'd': 'ef',
7.     'e': 'f',
8.     'f': ''
9.     }
```

```
10.print(" 任务排序结果: ", toposort(G))
```

巩固·练习

使用BFS的思想对"实战技能 47"的巩固练习进行实现。

小贴士

DFS（深度优先）与BFS（广度优先）区别如下。

DFS：实现方法为递归方式，基本思想是回溯法，一次访问一条路，更接近人的思维方式。DFS用于解决所有解问题或连通性问题，搜索规模不能太大。

BFS：实现方法为队列方式，基本思想是分治限界法，一次访问多条路，每一层需要储存大量信息。BFS用于解决最优解问题，探索规模大于DFS。

3

第3章
Python 应用开发的关键技能

Python可以完成很多任务，包括数据分析、网络应用开发、网络爬虫和人工智能与机器学习等。本章将通过一些实战技能来介绍Python在应用开发方面的关键技能，主要包括用作数据获取的网络爬虫、用作数据存取的数据库、网络应用和其他应用等，同时还会给大家演示一些小游戏的设计与实现。本章知识点如下所示。

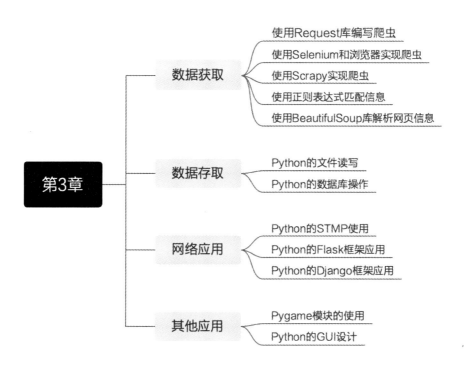

实战技能 49 文件读写

实战说明

本实战技能主要介绍利用Python对txt文件、csv文件、xls文件的写入与读取操作。txt文件写入与读取结果如图3-1和图3-2所示。csv文件写入与读取结果如图3-3和图3-4所示。xls文件写入与读取结果如图3-5和图3-6所示。

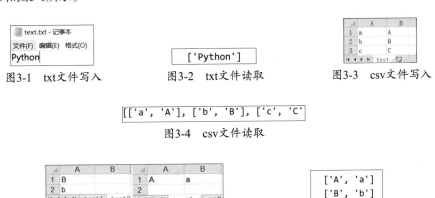

图3-1　txt文件写入

```
['Python']
```

图3-2　txt文件读取

图3-3　csv文件写入

```
[['a', 'A'], ['b', 'B'], ['c', 'C'
```

图3-4　csv文件读取

图3-5　xls文件写入

```
['A', 'a']
['B', 'b']
```

图3-6　xls文件读取

技能详解

1.技术要点

本实战技能的重点在于利用Python的一些内置函数，对文件进行操作，文件操作的常规用法如下。

Python中的open( )函数用于打开一个文件，创建一个file对象，再使用相关的方法才可以调用它并进行读写。

语法说明如下。

```
1. open(file, mode, buffering, encoding)
```

参数说明如下。

① file：一个包含了要访问的文件名称的字符串值。

② mode：决定了打开文件的模式为只读'r'、写入'w'、追加'a'等，这个参数是非强制的，默认文件访问模式为只读。

③ buffering：如果将值设为0，那么就不会有缓存；如果将值设为1，那么访问文件时，文件会被缓存；如果将值设为大于1的整数，那么这就是缓存区的缓冲大小；如果将值设为负数，那么缓

存区的缓冲大小则为系统默认。

④ encoding：文本编码格式，常见的是ASCII、Latin-1、UTF-8 和UTF-16。在Web应用程序中通常使用的是UTF-8。

不同文件类型的读取与写入分别由相应的模块来负责，txt文件的读取与写入可通过Python自带的open( )、write( )、read( )等函数来完成，csv文件则需要导入csv模块，Excel的xls文件则需要导入读取xlrd模块和写入xlwt模块。

输入文件路径时，可以在文件路径前加一个字母"r"来解决转义字符造成的文件路径失效问题，如r"C：\Users\Desktop\excel.xls"=" C：\Users\Desktop\excel.xls"。

2.主体设计

文件读写的流程如图3-7所示。

图3-7　文件读写流程图

文件读写具体通过以下3个步骤实现。

Step1：导入Python中的csv、xlwt等模块。

Step2：利用csv、xlwt模块中的文件调用函数，对文件进行操作。

Step3：根据自己需要，进行文件的读取与写入。

3.编程实现

本实战技能可以使用Jupyter Notebook或PyCharm进行编写，建立相关的源文件【案例49：文件读写.ipynb】，在相应的【cell】里面编写代码。参考下面的详细步骤，编写具体代码，具体步骤及代码如下所示。

Step1：txt文件读取与写入。

```
1. # txt 文件写入
2. f = open('text.txt', 'w', encoding='utf-8') # 参数为文件路径，没有该文件则重新创建
3. f.write('Python')      # 写入内容为字符串格式
4. f.close( )      # 调用关闭文件的函数，避免异常错误
5.
6. # txt 文件读取
7. f = open('text.txt', 'r') # 读取时可不使用 'encoding='，不同系统的 txt 编码格式不一样，
8.                     # 会造成无法读取
9. date = f.readlines( )   # .readlines( ) 将所有的数据放入一个列表当中，
10.                    # 而 .read( ) 将所有的数据放入一个字符串当中
11.print(date)
12.f.close( )
```

Step2：csv文件读取与写入。

```
1. # csv 文件写入
```

```
2. import csv  # 引入 csv 模块
3. rows = [['A', 'a'], ['B', 'b'], ['B', 'b']]
4. with open(r"test.csv", 'w', newline='') as csv_file:
5.     # 写入时需要加入 newline = '' 参数
6.     writer = csv.writer(csv_file)
7. for row in rows:
8.     writer.writerow(row)
9. # csv 文件读取
10.with open(r"test.csv", 'r') as csv_file:
11.    reader = csv.reader(csv_file)
12.print([row for row in reader])
```

Step3：xls文件读取与写入。

```
1. # xls 文件写入
2. import xlwt
3. f = xlwt.Workbook(encoding = 'utf-8') # 编码格式为 'utf-8'
4. sheet1 = f.add_sheet('test1')    # 创建 xls 文件 sheet 并命名
5. sheet2 = f.add_sheet('test2')
6. sheet1.write(0, 0, 'A')  # write( ) 函数三个值分别为行、列、写入内容
7. sheet1.write(0, 1, 'a')
8. sheet2.write(0, 0, 'B')
9. sheet2.write(1, 0, 'b')
10.f.save(r"excel.xls") # 保存创建的 xls 文件
11.# xls 文件读取
12.import xlrd
13.filepath = r"excel.xls" # xls 文件路径
14.xls_file = xlrd.open_workbook(filepath)    # 打开 xls 文件
15.xls_sheet1 = xls_file.sheets( )[0]    # 读取文件 sheet，sheet1 对应值为 [0]
16.xls_sheet2 = xls_file.sheets( )[1]
17.row = xls_sheet1.row_values(0) # 读取表 1 的行
18.col = xls_sheet2.col_values(0) # 读取表 2 的列
19.print(row)              # 打印读取的内容
20.print(col)
```

巩固 ▸ 练习

修改本案例程序，读取与写入数据量大的文件。

小 贴 士

  将文本信息改为大文件的访问地址，可以读取与写入已经下载好的小说或班级成绩表格等
数据量大的文件。

实战技能 ⑤⓪ 数据库的增、删、改、查操作

实战·说明

本实战技能是使用PyMySQL库，实现对
MySQL数据库的增、删、改、查操作。运行程
序得到的结果如图3-8所示。

```
<class 'tuple'>
(2, 'wang', 13)
id: 2 name: wang age: 13
(3, 'li', 11)
id: 3 name: li age: 11
(4, 'sun', 12)
id: 4 name: sun age: 12
(5, 'zhao', 13)
id: 5 name: zhao age: 13
```

图3-8　数据库的增、删、改、查操作运行结果

图3-8包含ID、姓名和年龄信息。查询共存在4条记录，ID为1的信息已被删除，所以最后查询时不存在该条记录。图中的class 'tuple' 表示该表的信息为元组类型。

技能·详解

1.技术要点

本实战技能主要利用PyMySQL库，实现对数据库的增、删、改、查，其技术关键在于PyMySQL的使用及MySQL数据管理系统的常用方法。要实现本案例，需要掌握以下几个知识点。

1）MySQL的概述

MySQL是一个关系型数据库管理系统，可以将数据保存在不同的表中，而不是将所有数据放在一个大仓库内。因此MySQL大大提高了处理数据的速度并增强了灵活性。

MySQL所使用的语言是用于访问数据库的最常用标准化语言。MySQL 采用了双授权政策，分为社区版和商业版，由于其体积小、速度快、成本低、开放源码等特点，一般中小型网站都选择MySQL作为网站数据库。

2）MySQL的系统特性

关于MySQL的系统特性有许多，简单地说有以下几点。

（1）使用编程语言C和 C++进行编写。此外，还使用了多种编译器进行测试，保证了源代码的可移植性。支持Linux、Windows 、AIX、FreeBSD、HP-UX、Mac OS、NovellNetware、OpenBSD、OS/2 Wrap、Solaris等多种操作系统。

（2）为多种编程语言提供了API。这些编程语言包括C、C++、Python、Java、Perl、PHP、Eiffel、Ruby、NET和 TCL 等。

（3）支持多线程，充分利用CPU资源。

（4）优化 SQL 查询算法，有效提高查询速度。

（5）既能够作为一个单独的程序应用在客户端服务器网络环境中，也能够作为一个库嵌入其他的软件中。

（6）提供多语言支持。常见的编码，如中文的 GB 2312、BIG5，日文的 Shift_JIS 等都可以用作数据表名和数据列名。

（7）提供 TCP/IP、ODBC 和 JDBC 等多种数据库连接途径。

（8）提供用于管理、检查、优化数据库操作的工具。

（9）支持大型的数据库，可以处理拥有上千万条记录的大型数据库。

（10）支持多种存储引擎。

（11）MySQL 使用标准的 SQL 数据语言形式。

（12）MySQL 支持 PHP，PHP 是比较流行的 Web 开发语言。

（13）MySQL 是可定制的，采用了 GPL 协议，用户可以修改源码来开发自己的 MySQL 系统。

3）MySQL 表结构的相关语句

MySQL 对于表的操作如下。

（1）创建表。

CREATE TABLE 表名(字段名 类型(长度)约束)

例如，CREATE TABLE sort (sidINT, sname VARCHAR(100))，sid 是分类 ID，sname 是分类名称。

（2）主键约束。

主键是用于标识当前记录的字段，它的特点是非空且唯一，即一个表必须存在且只存在一个主键。在开发中，一般情况下主键不具备任何含义，只是用于标识当前记录，其格式要求如下。

① 在创建表时创建主键，在字段后面加上 primary key。

CREATE TABLE 表名(id int primary key, …)

② 在创建表时，不创建主键，在创建表的最后来指定主键。

CREATE TABLE 表名(id int, …, primary key(id))

③ 删除主键。

ALTER TABLE 表名 (drop primary key)

④ 主键自增长。

一般主键是自增长的字段，不需要指定，实现添加自增长语句，主键字段后加 auto_increment。例如，CREATE TABLE sort (sidINT PRIMARY KEYauto_increment, sname VARCHAR(100))。

（3）查看表。

查看数据库中所有的表：SHOW TABLES。

查看表结构：DESC 表名。

查看建表语句：SHOW CREATE TABLE 表名。

（4）删除表。

删除指定表：DROP TABLE 表名。

（5）修改表结构。

删除列：ALTER TABLE 表名 DROP 列名。

修改表名：RENAME TABLE 表名 TO 新表名。

修改表的字符集：ALTER TABLE 表名 CHARACTER SET 字符集。

修改列名：ALTER TABLE 表名 CHANGE 列名 新列名 列类型。

添加列：ALTER TABLE 表名 ADD 列名 列类型。

4）PyMySQL

PyMySQL是在Python 3.x中用于连接MySQL服务器的一个库，可使用pip install进行安装。PyMySQL基本使用流程如下。

（1）创建连接：使用connect( )创建连接并获取Connection对象。

（2）交互操作：获取Connection对象的Cursor对象，然后使用Cursor对象的各种方法与数据库进行交互。

（3）关闭连接：在进行数据库连接时，需要传入许多参数，连接数据库常用的参数释义如表3-1所示。

表 3-1   连接数据库常用的参数释义

序号	参数名称	参数释义
1	host	数据库服务器地址，默认为 localhost
2	user	用户名，默认为当前程序运行用户
3	password	登录密码，默认为空字符串
4	database	操作的数据库
5	port	数据库端口，默认为 3306
6	bind_address	当客户端有多个网络接口时，指定连接到主机的接口，参数可以是主机名或 IP 地址
7	unix_socket	unix 套接字地址，区别于 host
8	read_timeout	读取数据超时时间，单位秒，默认无限制
9	write_timeout	写入数据超时时间，单位秒，默认无限制
10	charset	数据库编码
11	sql_mode	指定默认的 SQL_MODE
12	cursorclass	设置默认的游标类型

2.主体设计

对数据库进行增、删、改、查的流程如图3-9所示。

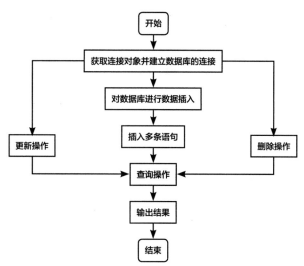

图3-9　对数据库进行增、删、改、查的流程图

对数据库进行增、删、改、查，具体通过以下5个步骤实现。

Step1：导入PyMySQL模块，再使用PyMySQL中的函数进行数据库的连接。

Step2：创建数据库。

Step3：使用insert( )方法在表中插入一个新的记录。当在数据库中插入多行数据时，则使用insert_many( )方法对其进行处理，将单对象处理变换为多对象处理，以此完成多行数据的插入。

Step4：对创建的数据库与表进行增、删、改、查等操作。

Step5：完成处理后，输出结果。

3.编程实现

本实战技能可以使用Jupyter Notebook或PyCharm进行编写，创建源文件【案例50：数据库的增、删、改、查操作.py】，在界面输入代码。参考下面的详细步骤，编写具体代码，具体步骤及代码如下所示。

Step1：建立数据库的连接。

```
1. import PyMySQL
2. def get_object( ):
3.     object = PyMySQL.objectect(host='localhost', port=3306, user='root',
4.                          passwd='root', db='test1')    # db 表示数据库名称
5.     return object
```

Step2：连接数据库，插入一行完整数据。

```
1. def insert(sql):
2.     object = get_object( )
3.     cur = object.cursor( )
4.     result = cur.execute(sql)
5.     print(result)
6.     object.commit( )
```

```
7.      cur.close()
8.      object.close()
9.  if __name__ == '__main__':
10. sql = 'INSERT INTO test_student_table VALUES(1, \'zhang\', 12)'
11.                                                      # 插入信息的 sql 命令
12. insert(sql)     # 调用命令
```

Step3：插入多行数据。

```
1.  def insert_many(sql, args):
2.      object = get_object()
3.      cur = object.cursor()
4.      result = cur.executemany(query=sql, args=args)
5.      print(result)
6.      object.commit()
7.      cur.close()
8.      object.close()
9.  if __name__ == '__main__':
10.     sql = 'insert into test_student_table VALUES(%s, %s, %s)'
11.                                                      # 插入多行信息的 sql 命令
12.     args = [(3, 'li', 11), (4, 'sun', 12), (5, 'zhao', 13)]     # 插入的信息
13. insert_many(sql=sql, args=args)     # 调用命令
```

Step4：对数据库进行更改操作。

```
1.  def update(sql, args):
2.      object = get_object()
3.      cur = object.cursor()
4.      result = cur.execute(sql, args)
5.      print(result)
6.      object.commit()
7.      cur.close()
8.      object.close()
9.  if __name__ == '__main__':
10.     sql = 'UPDATE test_student_table SET NAME=%s WHERE id = %s;'
11.                                                      # 更改信息的 sql 命令
12.     args = ('zhangsan', 1)     # 更改的信息内容
13.     update(sql, args)     # 调用命令
```

Step5：对更新后的数据库进行删除操作。

```
1.  def delete(sql, args):
2.      object = get_object()
3.      cur = object.cursor()
4.      result = cur.execute(sql, args)
5.      print(result)
6.      object.commit()
7.      cur.close()
8.      object.close()
```

```
9.   if __name__ == '__main__':
10.      sql = 'DELETE FROM test_student_table WHERE id = %s;'   # 删除信息的 sql 命令
11.      args = (1,) # 单个元素的 tuple 写法
12.      delete(sql, args)
```

Step6：对数据库进行查询操作。

```
1. def query(sql, args):
2.      object = get_object( )
3.      cur = object.cursor( )
4.      cur.execute(sql, args)
5.      results = cur.fetchall( )
6.      print(type(results))   # 输出 <class 'tuple'>, tuple 元组类型
7.      for row in results:
8.          print(row)
9.          id = row[0]
10.         name = row[1]
11.         age = row[2]
12.         print('id: ' + str(id) + '  name: ' + name + '  age: ' + str(age))
13.         pass
14.     object.commit( )
15.     cur.close( )
16.     object.close( )
17.     if __name__ == '__main__':      # 查询的主函数
18.         sql = 'SELECT * FROM test_student_table;' # 返回 <class 'tuple'>,
19.                                                    # tuple 元组类型
20.     query(sql, None)    # 调用查询语句进行查询
```

巩固·练习

通过代码创建自己的数据库，设置表头，添加内容。

小贴士

创建数据库，可以将数据库名称修改为自己设置的名字。

实战技能 ⑤ 数字匹配

实战·说明

本实战技能将使用正则表达式完成对数据类型的匹配，运行时要求用户输入一组数据，如输

入"qwertyuiop123456[]",之后返回所输入数据中的数字部分。运行程序得到的结果如图3-10所示。

```
请输入数据: qwertyuiop123456[]
['123456']
```

图3-10 数字匹配的输出结果展示

技能·详解

1.技术要点

本实战技能主要利用正则表达式实现数字匹配,其技术关键在于掌握正则表达式的匹配规则,要实现本案例,需要掌握以下几个知识点。

1)正则表达式常用符号

正则表达式通常被用来检索和替换那些符合某个模式的文本。常用的正则表达式符号如表3-2所示。

表 3-2 正则表达式常用符号

符号	说明
.	匹配任意字符(不包括换行符)
^	匹配开始位置,多行模式下匹配每一行的开始
$	匹配结束位置,多行模式下匹配每一行的结束
*	匹配前一个元字符 0 到多次
+	匹配前一个元字符 1 到多次
?	匹配前一个元字符 0 到 1 次
{m, n}	匹配前一个元字符 m 到 n 次
\\	转义字符,跟在其后的字符将失去特殊元字符的含义
[]	字符集,可匹配方括号中任意一个字符
|	或
…	分组,默认为捕获,即被分组的内容可以被单独取出
\number	匹配和前面索引为 number 的分组捕获到的内容一样的字符串
\A	匹配字符串开始位置,忽略多行模式
\z	匹配字符串结束位置,忽略多行模式
\b	匹配位于单词开始或结束位置的空字符串
\B	不匹配位于单词开始或结束位置的空字符串
\D	不匹配数字
\d	匹配一个十进制数字
\s	匹配空格字符
\S	不匹配空格字符
\w	匹配数字、字母、下画线中任意一个字符
\W	不匹配数字、字母、下画线中的任意字符

2）正则表达式的简单使用规则

对正则表达式有了初步了解后，我们来进一步学习正则表达式的使用规则。

在使用正则表达式之前，需先导入re模块。在导入模块之后，要匹配所需值。例如，可以用\d匹配一个十进制数字，用\w匹配一个字母或者数字。\d可以匹配2019却无法匹配201a，\d\d\d可以匹配110却无法匹配aaa，\d\w\d可以匹配101却无法匹配a0a。

点"."可以匹配任意字符，字符串"Python."就可以匹配字符串"Python 3."。大括号"{}"可以限制数量，所以可以用\d{3}来匹配3个字符，这里不再一一叙述。假如需要更精确地表示范围，可以使用中括号"[]"。

2.主体设计

本实战技能主要使用正则表达式实现数字匹配，流程如图3-11所示。

图3-11　数字匹配的实现流程图

数字匹配具体通过以下4个步骤实现。

Step1：导入re模块。

Step2：用户输入需要匹配的数据。

Step3：使用正则函数，完成对数字的筛选。

Step4：输出返回值。

3.编程实现

本实战技能使用Jupyter Notebook进行编写，建立相关的源文件【案例51：数字匹配.ipynb】，在相应的【cell】里面编写代码。参考下面的详细步骤，编写具体代码，具体步骤及代码如下所示。

Step1：导入模块。

```
1. import re
```

Step2：由用户输入需要匹配的数据。

```
1. box = str(input('请输入数据：'))
```

Step3：匹配字符串中的数字部分，并使其返回列表。

```
1. num = re.findall('\d+', box)
2. print(num)
```

巩固▸练习

正则表达式可以帮我们减少很多步骤，尤其是在接下来要接触的爬虫中，正则表达式更是无可替代的筛选数据的方式。读者不妨试着编写一个匹配所有正整数的小程序。

实战技能 52 找出歌手及其作品

实战·说明

爬虫可以高效地获取一些网络上的信息。利用爬虫获取信息，可以节约大量的人工成本和时间。本实战技能将实现爬取"网易云音乐华语男歌手Top10"的歌曲，并将所有的歌手和歌曲信息存入Excel表格中。运行程序得到的结果如图3-12和图3-13所示。

图3-12　华语男歌手　　　　　　　　　图3-13　歌手的歌曲信息

技能·详解

1.技术要点

本实战技能主要利用爬虫的相关库Requests、BeautifulSoup和HTML的知识实现爬取，其技术关键在于对库的使用和对HTML的了解。要实现本案例，需要掌握以下几个知识点。

1）爬虫

爬虫是一种按照一定规则，自动抓取万维网信息的程序或者脚本。其工作原理就是通过编程，让程序自动化模拟人的操作，模仿人给服务器发信息，从返回的信息中抓取需要的信息。

2）HTML

HTML即超文本标记语言，HTML不是一种编程语言，而是一种标记语言（markup language），是网页制作必备的语言。超文本就是指页面内包含图片、链接、音乐、程序等非文字元素。超文本标记语言（或超文本标签语言）的结构包括头和主体，其中头提供关于网页的信息，主体提供网页的具体内容。在编写爬虫代码的时候，解析网页内容是十分重要的，因此需要了解HTML的标记规则。

（1）HTML的基本骨架。

在利用HTML编写网页的时候一般遵循以下基本骨架。

```
1. <!DOCTYPE html>
2. <html lang="en">
3. <head>
4. <meta charset="UTF-8">
5. <title>Title</title>
6. </head>
7. <body>
8.
9. </body>
10.</html>
11.<!DOCTYPE>
```

<!DOCTYPE html>位于文档的最前面，用于向浏览器说明当前文件使用的是哪种HTML或者XHTML标准规范。浏览器会对文件进行解析。

Charset标签为字符集类型，一般有以下几种类型。

① GB2312：简体中文字符集。

② BIG5：繁体中文，在港澳台地区使用。

③ GBK：含全部中文字符，是对GB2312的扩展，支持繁体字。

④ UTF-8：常用的字符集，支持中文和英文等语言。

（2）排版标签。

HTML的排版标签有以下几种。

① 标题标签<h1></h1>。h即head的简写，有<h1>、<h2>、<h3>、<h4>、<h5>、<h6>，从左到右，字号依次变小。基本格式为<h1></h1>，像<h7>这种错误的标签在展示时不起作用。

② 段落标签<p></p>。P即paragraph的简写，基本格式为<p>段落内容</p>，段落中的文本内容超出浏览器宽度之后会执行自动换行。

③ 水平线标签<hr/>。hr即horizontal的缩写，其作用是在页面中插入一条水平线，基本格式为<hr/>，这是一个自闭合标签（普通标签成对出现，自闭合标签不需要包裹内容就执行开始和结束操作）。

④ 容器标签<div></div>和<span></span>。div即division 的缩写，表示分割、区分的意思，span即跨度、范围的意思。它们本质上是一个容器，类似于 Android 中的ViewGroup，基本格式为<div>，这是div标签中的内容。

（3）图像标签<img/>。img即image的缩写，基本格式为<imgsrc="图片URI/URL"/>。<img/>常用属性如表3-3所示。

表 3-3　<img/> 常用属性

属性	属性值	属性含义
src	URI/URL	图像的路径
alt	文本	图像无法正常显示时的提示文本
title	文本	鼠标悬停于图像时显示的文本
width	像素（XHTML 不支持按页面百分比显示）	图像的宽度
height	像素（XHTML 不支持按页面百分比显示）	图像的高度
border	数字	设置图像边框的宽度

3）Requests库

在Python爬虫开发中最为常用的就是使用Requests实现HTTP请求，因为Requests实现HTTP请求的操作更为人性化。get( )方法为获取信息的方法，其具体步骤如下。

Step1：定义get( )方法。

```
1. def get(url, params=None, **kwargs)
2. # url: 想访问的网址
3. # params: 添加查询参数
4. # **kwargs(headers): 添加请求头信息
```

Step2：向服务器发送get请求。

```
1. from requests import get
2. url = "http://httpbin.org/get"
3. # 1. 向服务器发送 get 请求
4. response = get(url)
5. # 2. 使用 response 处理服务器的响应内容
6. print(response.text)
```

Step3：添加查询数据。

```
1. from requests import get
2. url = "http://httpbin.org/get"
3. # 1. 数据以字典的形式
4. data = {"project":"Python"}
5. # 2. 向服务器发送 get 请求
6. response = get(url, params=data)
7. # 3. 使用 response 处理服务器的响应内容
8. print(response.text)
```

高手点拨

在访问网页的时候，浏览器需要提供一系列的秘钥才能获得请求的信息。

Step4：添加请求头信息。

```
1. from requests import get
```

```
2. url = "http://httpbin.org/get"
3. # 1. 数据以字典的形式
4. data = {"project":"Python"}
5. # 2. 添加请求头信息
6. headers = {"User-Agent": "Mozilla/5.0 (Windows NT 10.0; WOW64) "
7.             "AppleWebKit/537.36 (KHTML, like Gecko) Chrome/55.0.2883.87
8.             Safari/537.36"}
9. # 3. 向服务器发送 get 请求
10.response = get(url, params=data, headers=headers)
11.# 4. 使用 response 处理服务器的响应内容
12.print(response.text)
```

Step5：解析json。

```
1. from requests import get
2. url = "http://httpbin.org/get"
3. response = get(url)
4. # 1. 打印响应消息类型
5. print(type(response.text))
6. # 2. 解析 json
7. print(response.json( ))
8. print(type(response.json( )))
```

4）BeautifulSoup库

BeautifulSoup是一个从文件中提取数据的Python库，广泛应用于爬虫之中。

find_all( )几乎是BeautifulSoup库中最常用的搜索方法，所以开发者们定义了它的简写方法。BeautifulSoup对象和tag对象可以被当作一个方法来使用，这个方法的执行结果与调用find_all( )方法相同，下面两行代码是等价的。

```
1. soup.find_all("a")
2. soup("a")
```

这两行代码也是等价的。

```
1. soup.title.find_all(text=True)
2. soup.title(text=True)
```

下面将给出一些BeautifulSoup中的常用搜索示例。

（1）name：标签名称。

```
1. tag = soup.find('a')
2. name = tag.name # 获取
3. print(name)
4. tag.name = 'span' # 设置
5. print(soup)
```

（2）attrs：标签属性。

```
1. tag = soup.find('a')
```

```
2. attrs = tag.attrs     # 获取
3. print(attrs)
4. tag.attrs = {'ik': 123} # 设置
5. tag.attrs['id'] = 'iiiii' # 设置
6. print(soup)
```

（3）children：所有子标。

```
1. body = soup.find('body')
2. v = body.children
```

（4）clear：将所有子标签全部清空（保留标签名）。

```
1. tag = soup.find('body')
2. tag.clear( )
3. print(soup)
```

（5）decompose：递归删除所有的标签。

```
1. body = soup.find('body')
2. body.decompose( )
3. print(soup)
```

（6）extract：递归删除所有的标签，并获取删除的标签。

```
1. body = soup.find('body')
2. v = body.extract( )
3. print(soup)
```

（7）decode：转换为字符串（含当前标签）。decode_contents：转换为字符串（不含当前标签）。

```
1. body = soup.find('body')
2. v = body.decode( )
3. v = body.decode_contents( )
4. print(v)
```

（8）find：获取匹配的第一个标签。

```
1. tag = soup.find('a')
2. print(tag)
3. tag = soup.find(name='a', attrs={'class': 'sister'},
4.              recursive=True, text='Lacie')
5. tag = soup.find(name='a', class_='sister', recursive=True, text='Lacie')
6. print(tag)
```

（9）find_all：获取匹配的所有标签。

```
1. tags = soup.find_all('a')
2. print(tags)
3.
4. tags = soup.find_all('a', limit=1)
5. print(tags)
```

```
6.
7. tags = soup.find_all(name='a', attrs={'class': 'sister'}, recursive=True,
8.                  text='Lacie')
9. tags = soup.find(name='a', class_='sister', recursive=True, text='Lacie')
10.print(tags)
```

5）xlwt模块

xlwt模块主要为了操作Excel表格，下面介绍一些基本操作。

（1）新建一个Excle文件。

```
1. file = xlwt.Workbook( ) # 注意，这里的 Workbook 首字母是大写
```

（2）新建一个sheet表。

```
1. table = file.add_sheet('sheet name')
```

（3）写入数据。

```
1. table.write(0, 0, 'test')
```

（4）保存文件。

```
1. table = file.add_sheet('sheet name', cell_overwrite_ok=True )
2. file.save('demo.xls')
```

（5）初始化样式。

```
1. style = xlwt.XFStyle( )
```

（6）为样式创建、设置、使用字体。

```
1. font = xlwt.Font( )
2. font.name = 'Times New Roman'
3. font.bold = True
4. style.font = font
5. table.write(0, 0, 'some bold Times text', style)
```

2.主体设计

找出歌手及其作品的流程如图3-14所示。

图3-14　找出歌手及其作品的流程图

找出歌手及其作品通过以下5个步骤实现。

Step1：导入需要用到的模块。

Step2：利用Requests库中的函数爬取网页。

Step3：利用BeautifulSoup库中的函数来解析字符串。

Step4：使用正则表达式找到自己需要的信息。

Step5：使用xlwt模块，将所需要的信息写入Excel表格。

3.编程实现

该实战技能建议使用PyCharm进行编写，创建源文件【案例52：找出歌手及其作品.py】，在界面输入代码。参考下面的详细步骤，编写具体代码，具体步骤及代码如下所示。

Step1：找到网易云音乐华语男歌手页面入口的URL。

Step2：利用Requests库中的函数，把整个网页爬取下来。

```
1. import requests
2. importxlwt
3. from bs4 import BeautifulSoup
4. import re
5.
6. url = 'http://music.163.com/discover/artist/cat?id=1001'    # 华语男歌手页面
7. headers = {'Accept': 'text/html, application/xhtml+xml,
8.               application/xml;q=0.9, image/webp, image/apng, */*;q=0.8',
9.           'Accept-Encoding': 'gzip, deflate, br',
10.          'Accept-Language': 'zh-CN, zh;q=0.9',
11.          'Connection': 'keep-alive',
12.          'Cookie': '你的 cookie',
13.          'Host': 'music.163.com',
14.          'Referer': 'http://music.163.com/',
15.          'Upgrade-Insecure-Requests': '1',
16.              'User-Agent': 'Mozilla/5.0 (Windows NT 10.0; Win64; x64)
17.              AppleWebKit/537.36 (KHTML, like Gecko) '
18.              'Chrome/66.0.3359.181 Safari/537.36'} # 添加头请求，为了模仿
19.                                          # 正常浏览器发出请求
20.r = requests.get(url, headers=headers)
21.r.raise_for_status()
22.r.encoding = r.apparent_encoding
23.html = r.text # 获取整个网页
```

Step3：利用BeautifulSoup库解析html字符串。

```
1. soup = BeautifulSoup(html, 'lxml')
2. top_10 = soup.find_all('div', attrs={'class': 'u-cover u-cover-5'})
3.                                          # top10 的标签信息
4. print(top_10)
```

Step4：用正则表达式把歌手的信息筛选出来。

```
1. singers = []
2. for i in top_10:
3. singers.append(re.findall(r'.*?<a class="msk" href="(/artist\?id=\d+)"
4.          title="(.*?) 的音乐 "></a>.*?', str(i))[0])
```

Step5：写入表格。

```
1. url = 'http://music.163.com'
2. for singer in singers:
```

```
3.      try:
4.          new_url = url + str(singer[0])
5.          # print(new_url)
6.          songs = requests.get(new_url, headers=headers).text   # 获取歌曲信息
7.          soup = BeautifulSoup(songs, 'html.parser')
8.          Info = soup.find_all('textarea', attrs={'style': 'display:none;'})[0]
9.          songs_url_and_name = soup.find_all('ul', attrs={'class': 'f-hide'})[0]
10.         # print(songs_url_and_name)
11.         datas = []
12.         data1 = re.findall(r'"album".*?"name":"(.*?)".*?', str(Info.text))
13.         data2 = re.findall(r'.*?<li><a href="(/song\?id=\d+)">(.*?)</a></li>.*?',
14.                     str(songs_url_and_name))
15.
16.         for i in range(len(data2)):
17.             datas.append([data2[i][1], data1[i],
18.                         'http://music.163.com/#' + str(data2[i][0])])
19.         # print(datas)
20.         book = xlwt.Workbook( )
21.         sheet1 = book.add_sheet('sheet1', cell_overwrite_ok=True)
22.         sheet1.col(0).width = (25 * 256)
23.         sheet1.col(1).width = (30 * 256)
24.         sheet1.col(2).width = (40 * 256)
25.         heads = [' 歌曲名称 ', ' 专辑 ', ' 歌曲链接 ']
26.         count = 0
27.         for head in heads:
28.             sheet1.write(0, count, head)
29.             count += 1
30.
31.         i = 1
32.         for data in datas:
33.             j = 0
34.             for k in data:
35.                 sheet1.write(i, j, k)
36.                 j += 1
37.             i += 1
38.         book.save(str(singer[1]) + '.xls')   # 括号里写入的地址
39.     except:
40. Continue
```

运行上述代码，得到"网易云音乐华语男歌手Top10"的歌手信息和歌曲信息。

巩固·练习

修改本案例代码，获取其他感兴趣的歌手信息。

小贴士

在爬取自己感兴趣的歌手信息时，需要先找到歌手信息的页面。修改本案例代码的目标网址和目标信息的匹配规则，即可爬取自己想要的信息。

实战技能 53 爬取新浪新闻

实战▸说明

在信息爆炸的今天，新闻报道的成本越来越低，新闻的数量也越来越多。新闻信息里面包含了许多热点话题，因此新闻的获取对于舆情工作者来说十分重要。本实战技能主要通过爬虫获取新闻的标题、内容、时间和评论数。运行程序得到的结果如图3-15所示。

技能▸详解

1.技术要点

本实战技能主要运用Requests库获取网页信息，利用BeautifulSoup库解析网页信息。Requests库的常用方法与BeautifulSoup库的相关介绍可参见“实战技能 52”技术要点部分。

2.主体设计

爬取新浪新闻的流程如图3-16所示。

	content	ctime	source	title
2	最近刚刚	2019年05月31日05:33	琰梭	西游记里的通天河 真正的万里长江第一湾
3	在世界三	2019年05月31日00:06	路灯摄影	中国唯一穿汉服才能进的园林 游客打招呼以古语相称
4	在中国，	2019年05月31日00:39	路灯摄影	中国景德镇繁荣千年 究竟烧制了多少绝世珍品
5	厦门是座	2019年06月14日17:20	J调de华丽	没去过这些花砖复古美店 怎能说自己去过厦门
6		2019年05月31日00:00	阿兹猫	企鹅家族神秘成员 很少有人见过
7		2019年05月30日23:42	蓝风摄影	历经12年精心打造的这座豪宅极其奢华 被称江南大宅门
8	日本，是	2019年05月31日05:35	苏丹卿	这几个地方被誉为日本的九寨沟
9	很多人知	2019年05月31日05:11	琰梭	去阿坝探秘云朵上的民族，一位羌族大爷为我唱了一首听不懂的歌
10		2019年05月29日18:38	新浪旅游	乌干达带你开启夏日非洲大冒险
11	??浪漫的	2019年06月04日14:47	Lydia_雅	北京密云蔡家洼 爱丽丝梦游玫瑰情园
12	每个地域	2019年05月30日23:16	Realchi	原汁原味的江南古镇和小吃
13	2019年5	2019年05月30日23:17	上海旭日东	锦溪古镇绝美光影里 外国帅哥在拍戏
14	时光流转	2019年05月31日04:46	正宗情流感	这个淮河博物馆 藏着如此多的珍贵文物
15	说起“江	2019年05月31日03:03	抬头看风景	想要打胜仗、想要考试金榜题名都要吃的糕点
16		2019年05月30日21:28	南魔土著	我们常聚的“茶话会”怎么来的 茶道又是何时传到日本去的
17	去年秋天去扬	2019年05月31日03:00	潘潘猫	不可辜负的春天 老少三代四日扬州惬意温泉美食游记
18	宁波这座	2019年05月31日04:46	river_201	宁波市中心一片免费开放的老街 还是美食小吃聚集地
19	厦门旅游	2019年05月31日04:45	幸福花园儿	鼓浪屿 一个可以让你舍不得睡觉的地方
20		2019年06月06日18:05	新浪旅游	北京世园会开园 这三大亮点值得看
21		2019年05月31日03:38	北京世园会	北京世园会最强攻略 十处必去景点拍出最美网红照

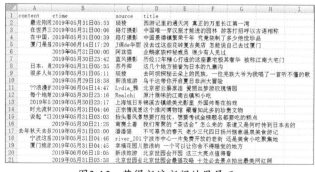

图3-15　获得新浪新闻结果展示

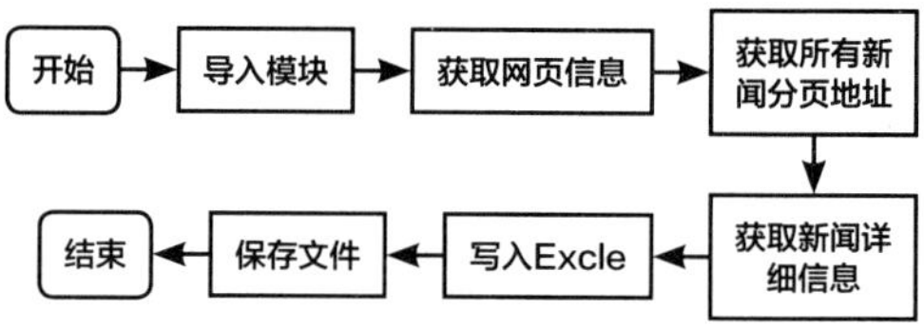

图3-16　爬取新浪新闻流程图

爬取新浪新闻具体通过以下6个步骤实现。

Step1：导入模块。

Step2：获取网页信息。

Step3：使用BeautifulSoup库和正则表达式匹配目标内容。

Step4：使用for循环获取分页地址。

Step5：整合所有新闻的时间、内容、标题和评论数量等信息。

Step6：处理数据并转化为Excel文档。

3.编程实现

该实战技能建议使用PyCharm来实现，创建源文件【案例53：爬取新浪新闻.py】，在界面输入代码。参考下面的详细步骤，编写具体代码，具体步骤及代码如下所示。

Step1：导入所需模块。

```
1. import requests
2. from bs4 import BeautifulSoup
3. import pandas as pd
4.
```

Step2：用Requests库获取网页信息，获取每个分页的url。

```
1. def get_news_urls(page_url):
2.     """ 获取每个分页的所有新闻的 url，并返回 """
3.     _urls = []
4.     headers = {  # 浏览器请求头
5.         'User-Agent': 'Mozilla/5.0 (Macintosh; Intel Mac OS X 10_15_1)
6.             AppleWebKit/537.36  (KHTML, like Gecko) Chrome/78.0.3904.97
7.             Safari/537.36'}
8.
9.     res = requests.get(page_url, headers=headers)
10.    if res.status_code != 200:  # 验证是否爬取成功
11.        print('url acquisition failed！ :  ' + page_url)
12.        return None
13.
14.    res_content = res.json( ).get('cards')
15.    if res_content:  # 返回数据
16.        for item in res_content:
17.            _urls.append('http:' + item['scheme'])
18.        return _urls
19.    else:
20.        print('url parse failed！ :  ' + page_url)
21.        return None
22.
```

Step3：获取每个新闻的详细信息。

```
1. def get_one_news(news_url):
2.     """ 取得新闻的详细信息 """
3.     headers = {  # 浏览器请求头
4.         'User-Agent': 'Mozilla/5.0 (Macintosh; Intel Mac OS X 10_15_1)
5.             AppleWebKit/537.36  (KHTML, like Gecko) Chrome/78.0.3904.97
6.             Safari/537.36'}
```

```
7.     res = requests.get(news_url, headers=headers)
8.     if res.status_code != 200:
9.         print('url acquisition failed！ :  ' + news_url)
10.        return None
11.    res.encoding = 'utf-8'
12.
13.# try:  # 解析爬取的网页数据
14.    soup = BeautifulSoup(res.text, 'lxml')
15.    title = soup.find(attrs={'class': 'page-header'}).h1.string
16.    content = ''.join([''.join(list(i.strings)) for i in soup.find(attrs={
17.        'id': 'artibody'}). find_all(attrs={'align': 'justify'})])
18.    ctime = list(soup.find(attrs={'class': 'time-source'}).strings)[0].strip( )
19.    source = list(soup.find(attrs={'class': 'time-source'}).strings)[1].strip( )
20.return {'title': title, 'content': content, 'ctime': ctime, 'source': source}
```

Step4：储存爬取的新闻信息。

```
1. def save_to_csv(all_data):
2.     pd.DataFrame(all_data).to_csv('temp.csv', encoding='utf-8', index=False)
3.     print(' 文件保存完毕！ ')
```

Step5：编写执行函数，执行爬虫代码，并将新闻信息存入csv文件。

```
1. if __name__ == '__main__':
2.     page_num = 5  # 在此修改需要爬取的页数
3.     base_url = 'http://travel.sina.cn/interface/2018_feed.d.json? target=3&
4.         page={}'  # http://travel.sina.cn/itinerary/  网页内动态获取新闻的 url
5.     all_news_urls = []
6.     all_data = []
7.
8.     # 循环每一页，获取所有新闻的 url
9.     for i in range(1, page_num + 1):
10.        print('======== 开始爬取第 {} 页 =========='.format(i))
11.        page_url = base_url.format(i)
12.        news_urls = get_news_urls(page_url)
13.        if news_urls:
14.            for news_url in news_urls:
15.            # all_news_urls += news_urls
16.                # 循环所有新闻的 url
17.                # for news_url in all_news_urls:
18.                print(news_url)
19.                data = get_one_news(news_url)
20.                if data:
21.                    all_data.append(data)
22.    print(' 爬取总共获得新闻 ', len(all_data), ' 条！ ')
23.
24.    save_to_csv(all_data)  # 保存到本地 csv
```

25.

新闻爬虫编写完成，在PyCharm中的运行结果如图3-17所示。

巩固·练习

尝试爬取百度贴吧的网页内容。

小贴士

本题只需替换网页地址，再根据实际网页结构进行解析。

实战技能 54 QQ空间的秘密

实战·说明

本实战技能是利用Python爬虫进行动态爬取QQ说说并生成词云，再把这些内容存在txt中，然后读取出来生成云图，这样可以清晰地看出朋友的状况。爬取数据的过程类似于普通用户打开网页的过程。运行程序得到的结果如图3-18所示。

图3-17　爬取新浪新闻的运行结果　　　　图3-18　QQ爬取空间说说并生成词云

技能·详解

1.技术要点

本实战技能主要利用Selenium库和浏览器实现QQ空间的爬取，利用Matplotlib库实现词云的绘制。其技术关键在于自动化测试工具的使用，对于Matplotlib库暂不做详细介绍，后续会有更全面的介绍，在本案例中仅先使用。要实现本案例，需要掌握Selenium库及其基本操作。

Selenium库是一个Web的自动化测试工具，最初是为网站自动化测试而开发的，类型像我们玩游戏用的"按键精灵"，可以按指定的命令自动操作，不同的是Selenium库可以直接运行在浏览器上，它支持所有主流的浏览器。Selenium库可以根据指令，让浏览器自动加载页面，获取需要的数据，进行页面截屏，或者判断网站上某些动作是否发生，其基本用法如表3-4所示。

表 3-4　Selenium 库基本用法

函数	意义
webdriver.Chrome( )	调用浏览器
find_element_by_	元素查找
switch_to.from( )	切入或切出 Frame 标签
get_attribute('xxx')	获取所需要的元素

高手点拨

使用自动化测试程序编写爬虫是因为有的网页是动态生成的，如包含了大量代码动态执行的网页，这种网页无法用之前介绍的办法直接爬取，必须使用动态的方法去获取。这时就需要用到Selenium库和浏览器。

2.主体设计

爬取QQ空间说说实现流程如图3-19所示。

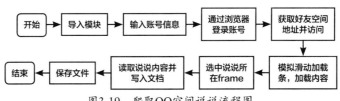

图3-19　爬取QQ空间说说流程图

爬取QQ空间说说具体通过以下6个步骤实现。

Step1：导入需要的模块。

Step2：输入账号信息。

Step3：打开浏览器，让浏览器定向为QQ登录页面，进行模拟登录。

Step4：让webdriver操控页面，跳转到好友空间。

Step5：下拉滚动条，使浏览器加载内容，并将内容存到一个txt文件里。

Step6：本页加载结束则跳到下一页面，继续加载内容，保存说说内容，直到跳转到最后一个页面。

生成词云的流程如图3-20所示。

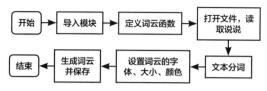

图3-20　生成词云流程图

生成词云具体通过以下5个步骤实现。

Step1：像爬取QQ说说一样，先导入所需模块。

Step2：打开文件，读取说说，再利用jieba库来分词，通过空格进行分隔。

Step3：设置词云的字体、大小、颜色和词云的背景颜色，生成词云。

Step4：用可视化模块来展示词云图。

Step5：保存词云。

3.编程实现

本实战技能建议使用PyCharm来实现，创建源文件【案例54：QQ空间的秘密.py】，在界面输入代码。参考下面的详细步骤，编写具体代码，具体步骤及代码如下所示。

Step1：导入time、selenium和lxml模块。输入QQ账号、密码，以及要爬取的好友QQ账号，代码如下所示。

```
1. import time
2. from selenium import webdriver
3. from lxml import etree
4. friend = " xxx " # 朋友的 QQ 号
5. user = ' xxx ' # 你的 QQ 号
6. pw = ' xxx ' # 你的 QQ 密码
```

Step2：调用浏览器，实现自动登录和访问好友空间，代码如下所示。

```
1. driver = webdriver.Firefox() # 打开浏览器
2. driver.maximize_window() # 浏览器窗口最大化
3. driver.get("http://i.qq.com") # 浏览器定向为登录页面
4. driver.switch_to.frame("login_frame")    # 这里需要选中一下 frame，否则找不到下面
5.                                           # 需要的网页元素
6. driver.find_element_by_id("switcher_plogin").click() # 自动单击账号登录方式
7. # 在账号框输入已知账号
8. driver.find_element_by_id("u").send_keys(user)
9. # 在密码框输入已知密码
10.driver.find_element_by_id("p").send_keys(pw)
11.# 自动单击登录按钮
12.driver.find_element_by_id("login_button").click()
13.# 让 webdriver 操纵当前页
14.driver.switch_to.default_content()
```

```
15.# 跳到说说的 url，你可以任意改成想访问的空间
16.driver.get("http://user.qzone.qq.com/" + "xxx" + "/311")
```

Step3：利用while循环实现所有页面的获取，跳出循环条件直到最后一页。利用自动化程序实现自动下拉滚动条，让浏览器加载内容，通过网页标签匹配目标信息，并保存到自定义的txt文件，代码如下所示。

▍**温馨提示**

经过试验，进行 5 次下拉滚动条动作，即可完成一个页面的所有内容加载，每次下滑的时间间隔为 4 秒。设置间隔时间是为了让浏览器能够将页面信息完全加载。

```
1. next_num = 0   # 初始 "下一页" 的 id
2. while True:
3.
4.      # 下拉滚动条，使浏览器加载内容，
5.      # 从 1 开始，到 6 结束，分 5 次加载完每页数据
6.      for i in range(1, 6):
7.          height = 20000 * i # 每次滑动 20000 像素
8.          strWord = "window.scrollBy(0, "+str(height)+")"
9.          driver.execute_script(strWord)
10.         time.sleep(4)
11.
12.     # 网页由多个 <frame> 或 <iframe> 组成，webdriver 默认的是最外层的 frame，
13.     # 所以这里需要选中一下说说所在的 frame，否则找不到下面需要的网页元素
14.     driver.switch_to.frame("app_canvas_frame")
15.     selector = etree.HTML(driver.page_source)
16.     divs = selector.xpath('//*[@id="msgList"]/li/div[3]')
17.
18.     # 这里使用 a 表示内容可以连续写入
19.     with open('qq_word.txt', 'a') as f:
20.         for div in divs:
21.             qq_name = div.xpath('./div[2]/a/text( )')
22.             qq_content = div.xpath('./div[2]/pre/text( )')
23.             qq_time = div.xpath('./div[4]/div[1]/span/a/text( )')
24.             qq_name = qq_name[0] if len(qq_name) > 0 else ''
25.             qq_content = qq_content[0] if len(qq_content) > 0 else ''
26.             qq_time = qq_time[0] if len(qq_time) > 0 else ''
27.             print(qq_name, qq_time, qq_content)
28.             f.write(qq_content + "\n")
```

Step4：说说加载到尾页就停止，否则就要单击 "下一页" 按钮，并将再下一页的id进行记录，然后跳转到外层标签，进行下一次的循环读取说说，代码如下所示。

```
1.      # 当已经到了尾页，"下一页" 这个按钮就没有 id 了，可以结束了
2.      if driver.page_source.find('pager_next_' + str(next_num)) == -1:
```

```
3.          break
4.          # 找到"下一页"按钮，需要动态记录一下
5.          driver.find_element_by_id('pager_next_' + str(next_num)).click( )
6.          # "下一页"的 id
7.          next_num += 1
8.          # 因为在下一个循环里首先还要把页面下拉，所以要跳到外层的 frame 上
9.          driver.switch_to.parent_frame( )
```

Step5：导入相关模块，生成词云。创建词云函数，并设置各项参数。利用Matplotlib库将词云可视化，代码如下所示。

```
1. from wordcloud import WordCloud
2. import matplotlib.pyplot as plt
3. import jieba
4. # 生成词云
5. def create_word_cloud(filename):
6.      text = open("qq_word.txt".format(filename)).read( )
7.      # 结巴分词
8.      wordlist = jieba.cut(text, cut_all=True)
9.      wl = " ".join(wordlist)
10.     # 设置词云
11.     wc = WordCloud(
12.         # 设置背景颜色
13.         background_color="white",
14.         # 设置最大显示的词云数
15.         max_words=2000,
16.         # 一般路径
17.         font_path='C:\Windows\Fonts\simfang.ttf',
18.         height=1200,
19.         width=1600,
20.         # 设置字体最大值
21.         max_font_size=100,
22.         # 设置有多少种随机生成状态，即有多少种配色方案
23.         random_state=30,)
24.     myword = wc.generate(wl)   # 生成词云
25.     # 展示词云图
26.     plt.imshow(myword)
27.     plt.axis("off")
28.     plt.show( )
29.     wc.to_file('py_book.png')   # 保存词云
30. if __name__ == '__main__':
31.     create_word_cloud('word_py')
```

爬取好友QQ说说并生成词云的完整程序结束了，直接在PyCharm中运行程序，即可得到说说内容和词云图片。说说内容如图3-21所示。

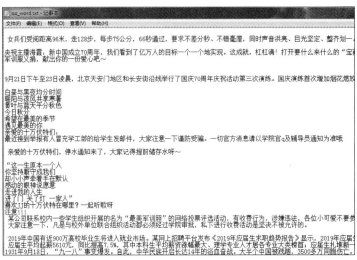

图3-21　爬取的说说内容

巩固·练习

利用Selenium库和浏览器完成直播间名称与人气的爬取。

小贴士

修改本案例访问网址，即可完成内容爬取。

实战技能 55　爬取天气预报

实战·说明

　　本实战技能使用Scarpy框架对某一城市的天气数据进行爬取，Scrapy框架与Requests相似，都是编写爬虫项目中的模块，但Scrapy框架操作更加简便，功能更加完善，可应用于大型的多线程、多进程的爬虫项目开发。本实战技能以成都的天气为例，利用Scarpy框架进行天气预报爬取。运行程序得到的结果如图3-22所示。图3-22为不完全截图，案例设计为爬取未来一周天气。

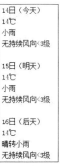

图3-22　Scrapy框架爬取天气结果

技能·详解

1.技术要点

本实战技能主要利用Scrapy框架实现高性能的爬取，其技术关键在于Scrapy框架的使用和配置，要实现本案例，需要掌握以下几个知识点。

1）Scrapy概述

Scrapy是一个为遍历爬行网站、分解获取数据而设计的应用程序框架。Scrapy框架用途广泛，可以用于数据挖掘、监测和自动化测试等，也可以访问API来提取数据。

2）Scrapy的构成

（1）Scrapy Engine：负责Spider、ItemPipeline、Downloader、Scheduler中间的通信、信号、数据传递等。

（2）Scheduler：负责接受引擎发送过来的请求，并按照一定方式进行整理排列、入队，当引擎需要时，交还给引擎。

（3）Downloader：负责下载Scrapy Engine发送的所有请求，并将其获取到的Responses交还给Scrapy Engine，由Scrapy Engine交给Spider来处理。

（4）Spider：负责处理所有Responses，从中分析提取数据，获取Item字段需要的数据，并将需要跟进的URL提交给Scrapy Engine，再次进入Scheduler。

（5）ItemPipeline：负责处理Spider中获取到的Item，并进行后期处理（详细分析、过滤、存储等）的地方。

（6）Downloader Middlewares：可以自定义扩展下载功能的组件。

（7）Spider Middlewares：可以自定义扩展、操作引擎和Spider中间通信的功能组件。

Scrapy的架构如图3-23所示。

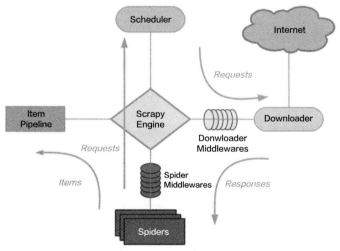

图3-23　Scrapy架构图

3）Scrapy的基本使用流程

利用Scrapy编写爬虫的流程如下。

（1）新建项目。

（2）明确目标。

（3）制作爬虫。

（4）存储内容。

高手点拨

Scrapy和其他爬虫编写库的不同就在于它是一个爬虫框架，可以根据需求修改内容，实现所有功能的爬虫，不用重复造轮子。Scrapy 底层是异步框架 Twisted ，吞吐量高，可以实现多线程的爬虫，并更高速地完成爬虫工作。

2.主体设计

爬取天气数据的流程如图3-24所示。

开始
创建Scrapy工程
编写配置
items.py
创建Spider的
源文件
编写配置
pipelines.py
编写配置
settings.py
结束

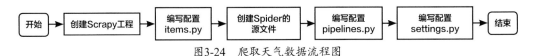

图3-24　爬取天气数据流程图

爬取天气数据具体通过以下5个步骤实现。

Step1：创建一个Scrapy工程。

Step2：编写配置items.py，确定要爬取的目标。

Step3：创建Spider的源文件。

Step4：编写配置pipelines.py，pipelines.py是用来储存爬虫抓到的数据的。最终爬取出的数据一般有3种储存形式，即txt、json和数据库形式，本案例以txt形式储存信息。

Step5：编写配置settings.py，Scrapy框架才能够最终运行起来。

Scrapy工程创建结果如图3-25所示。

3.编程实现

该实战技能建议使用PyCharm来实现，可在命令窗口中进行项目创建，具体步骤及代码如下所示。

Step1：从项目的目标文件夹进入命令窗口，如图3-26所示。

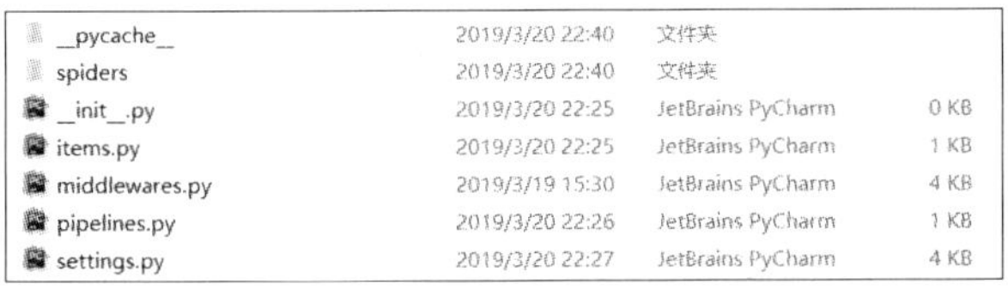

__pycache__
2019/3/20 22:40
文件夹
spiders
2019/3/20 22:40
文件夹
__init__.py
2019/3/20 22:25
JetBrains PyCharm
0 KB
items.py
2019/3/20 22:25
JetBrains PyCharm
1 KB
middlewares.py
2019/3/19 15:30
JetBrains PyCharm
4 KB
pipelines.py
2019/3/20 22:26
JetBrains PyCharm
1 KB
settings.py
2019/3/20 22:27
JetBrains PyCharm
4 KB

图3-25　Scrapy工程创建结果图

C:\Users\wangxiaolan\Desktop\新建文件夹
文件(F)
编辑(E)
查看(V)
工具(T)
帮助(H)
组织
包含到库中
共享
放映幻灯片
新建文件夹

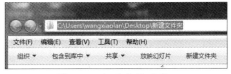

图3-26　打开文件目录

Step2：在目标文件路径下输入"cmd"并按【Enter】键进入该目录下的命令窗口，如图3-27所示。

Step3：在命令行中输入"scrappy startproject weather"并按【Enter】键创建项目，如图3-28所示。

图3-27　在文件目录下进入命令行

图3-28　输入创建项目的命令

Step4：创建完成后，PyCharm环境中自动生成的文件目录如图3-29所示。

图3-29　生成的文件目录

Step5：编写items.py文件。

```
1. import scrapy
2.
3. class WeatherItem(scrapy.Item):
4. # define the fields for your item here like:
5.     # name = scrapy.Field( )
6.     date = scrapy.Field( )
7.     temperature = scrapy.Field( )
8.     weather = scrapy.Field( )
9.     wind = scrapy.Field( )
```

Step6：在spiders文件夹下创建Spider的源文件，编写爬虫的具体编码。

```
1. import scrapy
2. from weather.items import WeatherItem
3. class HftianqiSpider(scrapy.Spider):
4.     name = 'HFtianqi'
5.     allowed_domains = ['www.weather.com.cn/weather/101220101.shtml']
6.                                                 # 成都天气预报的 url
7.     start_urls = ['http://www.weather.com.cn/weather/101220101.shtml']
8. def parse(self, response):
9.     '''
```

```
10.      筛选信息的函数：
11.      date = 日期
12.      temperature = 当天的温度
13.      weather = 当天的天气
14.      wind = 当天的风向
15.      '''
16.      # 先建立一个列表，用来保存每天的信息
17.      items = []
18.      # 找到包裹着天气信息的 div
19.      day = response.xpath('//ul[@class="t clearfix"]')
20.      # 循环筛选出每天的信息
21.      for i  in list(range(7)):
22.          # 保存结果
23.          item = WeatherItem()
24.          # 观察网页，并找到需要的数据
25.          item['date'] = day.xpath('./li[' + str(i+1) + ']/h1//text()').
26.              extract()[0]
27.          item['temperature'] = day.xpath('./li[' + str(i + 1) + ']/
28.              p[@class="tem"]/i/text()').extract()[0]
29.
30.          item['weather'] = day.xpath('./li[' + str(i + 1) + ']/p[@class="wea"]/
31.              text()').extract()[0]
32.          item['wind'] = day.xpath('./li[' + str(i + 1) + ']/p[@class="win"]/
33.              em/span/@title').extract()[0] + day.xpath('./li['+ str(i+1) + ']/
34.              p[@class="win"]/i/text()').extract()[0]
35.          items.append(item)
36.      return items
```

Step7：编写 pipelines.py 文件。

```
1. import os
2. import requests
3. import json
4. import codecs
5. import PyMySQL
6.
7. class WeatherPipeline(object):
8.     def process_item(self, item, spider):
9.
10.         print(item)
11.         # print(item)
12.         # 获取当前工作目录
13.         base_dir = os.getcwd()
14.         # 文件存在 data 目录下的 weather.txt 文件内，
15.         # data 目录和 txt 文件需要自己事先建立好
16.         filename = base_dir + '/data/weather.txt'
17.
```

```
18.        # 从内存以追加的方式打开文件，并写入对应的数据
19.        with open(filename, 'a') as f:
20.            f.write(item['date'] + '\n')
21.            f.write(item['temperature'] + '\n')
22.            f.write(item['weather'] + '\n')
23.            f.write(item['wind'] + '\n\n')
24.
25.        return item
```

Step8：编写settings.py文件，保证Scrapy的正常运行。

```
1. BOT_NAME = 'weather'
2.
3. SPIDER_MODULES = ['weather.spiders']
4. NEWSPIDER_MODULE = 'weather.spiders'
5.
6. ROBOTSTXT_OBEY = True
7.
8. ITEM_PIPELINES = {
9.     'weather.pipelines.WeatherPipeline': 300,
10.}
```

Step9：在__init__.py中编写执行爬虫代码。

```
1. from scrapy import cmdline
2. cmdline.execute(['scrapy', 'crawl', 'CQtianqi']) # 执行命令
```

该案例编程结束。

巩固·练习

小明是一个电影爱好者，他想爬取"豆瓣高分电影Top250"的电影名单和简介信息等，请参考本案例对相关信息进行爬取。

小贴士

修改本案例代码，将目标网址替换为"豆瓣高分电影Top250"的网址，观察网页，将目标信息解析出来。

实战技能 **56** GUI计算器制作

实战·说明

GUI即图形界面，本实战技能是通过图形化界面来实现一个计算器程序。采用Tkinter库，运行程序得到的结果如图3-30、图3-31、图3-32和图3-33所示。

图3-30　GUI计算器的除法输出结果展示

图3-31　GUI计算器的加法输出结果展示

图3-32　GUI计算器的乘法输出结果展示

图3-33　GUI计算器的减法输出结果展示

技能·详解

1.技术要点

本实战技能主要利用Tkinter库和Lambda来实现计算器的制作，其技术关键在于Tkinter库和Lambda表达式的使用，要实现本案例，需要掌握以下几个知识点。

1）Tkinter库的使用

Tkinter是Python的标准GUI库，可以直接导入模块。

举一个建立窗口的例子。

```
1.      import tkinter as tk
2.      Root = tk.Tk( )
3.      Root.mainloop
```

这样就建立了一个最简单的窗口，GUI计算器Tkinter组件如表3-5所示。

> **温馨提示**
>
> Root.mainloop 可以使程序进入主事件循环。假如没有这条代码，窗口就不会出现，可以通过 from tkinter import * 一次导入所有模块。

表 3-5　GUI 计算器 Tkinter 组件

组件名	说明
Button	按钮控件，在程序中显示按钮
Canvas	画布控件，显示图形元素
Checkbutton	多选按钮控件，用于在程序中提供多项选择
Entry	输入控件，用于显示简单的文本内容
Frame	框架控件，在屏幕上显示一个矩形区域，多用来作为容器
Label	标签控件，可以显示文本和图片
Listbox	列表框控件，给用户显示一个字符串列表
Menubutton	菜单按钮控件，用于显示菜单项
Menu	菜单控件，显示菜单栏
Message	消息控件，用来显示多行文本，与 Label 比较类似
Radiobutton	单选按钮控件，显示一个单选的按钮状态
Scale	范围控件，显示一个数值刻度，输出限定范围的数字区间
Scrollbar	滚动条控件，当内容超过可视化区域时使用，如列表框
Text	文本控件，用于显示多行文本
Toplevel	容器控件，用来提供一个单独的对话框，和 Frame 比较类似
Spinbox	输入控件，与 Entry 类似，但是可以指定输入范围值
PanedWindow	窗口布局管理的插件，可以包含一个或者多个子控件
LabelFrame	容器控件，常用于复杂的窗口布局
tkMessageBox	显示应用程序的消息框

2）Lambda的使用

Lambda在Python中使用频率很高。Lambda是一个匿名函数，就是一个不需要给它命名的函数。它包含输入和输出，输入是传入参数列表argument_list的值，输出是根据表达式expression计算得到的值。Lambda通常十分简单，只有一行代码，因此Lambda无法实现很复杂的功能。

Lambda允许在def语句不能出现的地方使用，如在列表常量或者函数调用的参数中。需要注意的是，Lambda是单个的表达式，而不是一个语句块，所以其能力小于定义的函数，在Lambda中不能使用if 、else、while 、return等语句。

Lambda表达式如下。

```
1. lambda x, y:x + y
```

可以改写为如下形式。

```
1. def add(x, y):
```

```
2.    return x + y
```

上面定义函数时使用了简化语法，当函数体只有一行代码时，可以直接把函数体的代码放在函数头。

总体来说，函数比 Lambda 的适应性更强，Lambda 只能创建简单的函数对象（它只适合函数体为单行的情形）。Lambda 有以下两个用途。

（1）对于单行函数，使用 Lambda 可以省去定义函数的过程，让代码更加简洁。

（2）对于不需要多次复用的函数，通过 Lambda 可以立即释放，提高了性能。

2.主体设计

GUI计算器制作流程如图3-34所示。

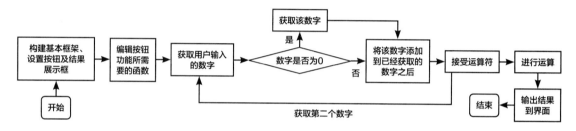

图3-34　GUI计算器制作流程图

制作GUI计算器设计具体通过以下5个步骤实现。

Step1：利用Tkinter建立图形化界面框架。

Step2：编辑按钮功能所需的函数。

Step3：数字的连接。

▌温馨提示

需要通过连接的方式使程序获得一个十位数或者百位数，所以在这里要判断所输入的数字是否为零。假如为零的话直接获取那个数据，不为零则将该数添加到后一位，如按下"1"和"2"得到的应该是"12"而不是"1""2"。

Step4：接受运算符，将之前的数字保存到一个地方，留出新的位置接受第二个数字。

Step5：运算。

▌温馨提示

将计算结果传回并将列表清空，方便进行下一次运算。

3.编程实现

该实战技能建议使用PyCharm来实现。创建源文件【案例56：GUI计算器制作.py】，在界面输入代码。参考下面的详细步骤，编写具体代码，具体步骤及代码如下所示。

Step1：导入模块并定义后续所用参数。

```
1. from tkinter import *importcmath
2. root = Tk( )
3. root.title(" 简易计算器 ")
4. result = StringVar( ) # result 用于显示结果及默认数字，StringVar 是库内部定义的
5.                        # 字符串变量类型，在这里用于管理部件上面的字符
6. result .set (0)
7. result2 = StringVar( ) # 用于显示计算过程
8. result2.set('')
9. label1 = Label(root, fg='#828282', bg='#EEE9E9', anchor='se',
10.    textvariable=result2, text="=").grid(row=0, column=4)
11.# fg 表示前景色，bg 表示背景色，可以使用 rgb 数值表示出想要的颜色，anchor 表示向画面
12.# 输出图像或者文本等对象的基准点，grid(row=0, column=4) 表示位于第 0 行、第 4 列
13.label2 = Label(root, bg='#EEE9E9', bd='9', fg='black', anchor='se',
14.    textvariable=result).grid(row=0, column=5)
```

Step2：设置数字按钮。

```
1. bt1 = Button(root, text="1", command=lambda: pressNum(1)).grid(row=0, column=0)
2. bt2 = Button(root, text="2", command=lambda: pressNum(2)).grid(row=0, column=1)
3. bt3 = Button(root, text="3", command=lambda: pressNum(3)).grid(row=0, column=2)
4. bt4 = Button(root, text="4", command=lambda: pressNum(4)).grid(row=1, column=0)
5. bt5 = Button(root, text="5", command=lambda: pressNum(5)).grid(row=1, column=1)
6. bt6 = Button(root, text="6", command=lambda: pressNum(6)).grid(row=1, column=2)
7. bt7 = Button(root, text="7", command=lambda: pressNum(7)).grid(row=2, column=0)
8. bt8 = Button(root, text="8", command=lambda: pressNum(8)).grid(row=2, column=1)
9. bt9 = Button(root, text="9", command=lambda: pressNum(9)).grid(row=2, column=2)
10.bt0 = Button(root, text="0", command=lambda: pressNum(0)).grid(row=3, column=0)
```

Step3：设置符号按钮。

```
1. btadd = Button(root, text="+", command=lambda: press("+")).grid(row=0, column=3)
2. btdec = Button(root, text="-", command=lambda: press("-")).grid(row=1, column=3)
3. btm = Button(root, text="*", command=lambda: press('*')).grid(row=2, column=3)
4. bte = Button(root, text="/", command=lambda: press("/")).grid(row=3, column=3)
5. btis = Button(root, text="=", command=lambda: got( )).grid(row=3, column=1)
6. Button(root, text="ce", width=1, command=lambda:
7.        press("ce")).grid(row=3, column=2)
8. lista = []
```

Step4：创建空列表。

```
1. isPressSign = False
```

Step5：添加判断是否按下的标志。

```
1. isPressNum = False
2. def pressNum(num):
```

Step6：全局化lista与isPressSign。

```
1.     global lista
2.     global isPressSign
3.     if isPressSign == False:
4.         pass
5.     else:
6.         result.set(0)
7. isPressSign = False
```

Step7：重新设置运算符状态，判断界面的数字是否为零。

```
1. onum = result.get( )
2.     if onum == '0':
3.         result.set(num)
```

Step8：如果数字是零，获取该数字。

```
1.     else:
2.         nnum = onum + str(num)
3.         result.set(nnum)
```

Step9：如果不是零，将该数字添加到已经获得的数字之后。

```
1. def press(sign):
2.     global lista
3.     global isPressSign
4.     num = result.get( )
```

Step10：将获取的数字保存到lista中。

```
1.     lista.append(num)
2.     lista.append(sign)
3.     isPressSign = True
```

Step11：如果按下"ce"键，则清空列表，并将数字重新归0。

```
1. if sign == "ce":
2.     lista.clear( )
3.     result.set(0)
4. def got( ):
5.     global lista
6.     global isPressSign
7.     num2 = result.get( )
```

Step12：设置当前数字变量，将运算结果传回并清空列表。

```
1.     lista.append(num2)
2.     computrStr = ''.join(lista)
3.     lastnum = eval(computrStr)
4.     result.set(lastnum)
5.     result2.set(computrStr)
6.     lista.clear( )
```

```
7.    mainloop()
```

运行上述代码即可实现简易的计算器界面和功能。

巩固·练习

目前计算器只能完成一些最基础的运算。读者可以试着加入更多的按钮，如对根式的运算，对阶乘的运算等。

小贴士

Step1：增加更多的按钮，以增加新的计算功能。

Step2：根据相应的数学计算公式，设计按钮的逻辑，参照上面的编程步骤与方法完成新功能的编程。

实战技能 57 SMTP发送邮件

实战·说明

本实战技能简单介绍了如何使用SMTP发送邮件。Python支持smtplib和email两个模块，smtplib负责发送邮件，email负责构造邮件。运行程序得到的结果如图3-35、图3-36和图3-37所示。图3-35为PyCharm中运行程序后显示邮件发送成功的截图，图3-36、图3-37分别为测试邮件内容和接收测试邮件的截图。

图3-35   SMTP成功发送邮件

图3-36   测试邮件内容

图3-37   接收测试邮件

技能·详解

1.技术要点

本实战技能的技术关键在于如何使用SMTP发送邮件。SMTP是简单邮件传输协议，可以控制信件的中转方式。Python支持SMTP，可以发送纯文本邮件、HTML邮件和带附件的邮件。

在发送邮件前，需要对用于测试的邮箱进行一些设置，具体操作步骤如下。

Step1：首先需要查看发件人是否开启了SMTP的协议，如果没有开启则需开启。在这里使用的是QQ邮箱的SMTP服务。

Step2：登录QQ邮箱，单击【设置】按钮，然后单击【账户】按钮，如图3-38所示。

Step3：在账户目录下可以找到如图3-39中所示的SMTP服务配置，然后单击【开启】按钮，再单击【生成授权码】按钮。

图3-38　打开账户目录

图3-39　获取授权码

高手点拨

授权码是QQ邮箱推出的，用于登录第三方客户端。

为了账户安全，更改QQ密码及独立密码会导致授权码过期，需要重新获取新的授权码登录。一个账户可以有多个授权码，可以不用特意记住，但需要每次获得。

2.主体设计

SMTP发送邮件的流程如图3-40所示。

图3-40　SMTP发送邮件流程图

SMTP发送邮件具体通过以下3个步骤实现。

Step1：在开始编程前开启SMTP协议，获得授权码。

Step2：引入模块。

Step3：定义函数，启动测试，发送邮件。

3.编程实现

该实战技能建议使用PyCharm来实现，创建源文件【案例57：SMTP发送邮件.py】，在界面输入代码。参考下面的详细步骤，编写具体代码，具体步骤及代码如下所示。

Step1：导入模块。

```
1. import smtplib
2. from email.mime.text import MIMEText
3. from email.utils import formataddr
```

Step2：输入测试的邮箱账号、邮箱密码、收件人邮箱账号，邮箱的密码为之前的授权码。在此处设置将邮件发给自己，也可以发给别人。

```
1. my_sender = '854***787@qq.com'  # 发件人邮箱账号
2. my_pass = 'jhuimhqbeknzbbde'  # 发件人邮箱密码
3. my_user = '854***787@qq.com'  # 收件人邮箱账号
```

Step3：用smtplib进行邮件发送，发送前需要知道SMTP服务器的端口，一般默认端口为25。

```
1. def mail( ):
2.     ret = True
3.     try:
4.         msg = MIMEText(' 今天天气真好……( 邮件内容 )', 'plain', 'utf-8')
5.         msg['From'] = formataddr(["Wing", my_sender])  # 括号里对应发件人邮箱
6.                                           # 昵称、发件人邮箱账号
7.         msg['To'] = formataddr(["Wing", my_user])  # 括号里对应收件人邮箱昵称、
8.                                           # 收件人邮箱账号
9.         msg['Subject'] = " 来一次简单的发送邮件测试 "  # 邮件的主题，也可以说是标题
10.        server = smtplib.SMTP_SSL("smtp.qq.com", 465)  # 发件人邮箱中的 SMTP
11.                                           # 服务器的端口是 25
12.        server.login(my_sender, my_pass)  # 括号中对应的是发件人邮箱账号、邮箱密码
13.        server.sendmail(my_sender, [my_user,], msg.as_string( ))
14.                        # 括号中对应的是发件人邮箱账号、收件人邮箱账号、发送邮件
15.        server.quit( )  # 关闭连接
16.    except Exception:  # 如果 try 中的语句没有执行，则会执行下面的 ret = False
17.        ret = False
18.    return ret
19.    ret = mail( )
20. if ret:
21.    print(" 邮件发送成功 ")
22. else:
23.    print(" 邮件发送失败 ")
```

巩固·练习

（1）修改本案例的代码，使其可以发送HTML格式的内容。

（2）修改本案例的代码，发送带附件的邮件。

小贴士

（1）Python发送HTML格式的邮件与发送纯文本消息的邮件的不同之处，就是将MIMEText中_subtype设置为HTML。

（2）发送带附件的邮件需要创建MIMEMultipart( )实例，构造附件，最后利用smtplib发送邮件。

实战技能 58 基于Flask框架的商品销售管理系统

实战·说明

本实战技能采用Flask框架，实现一个基于Flask框架的商品销售管理系统。完整的管理系统还包括数据库和管理后台等，本案例主要讲解如何使用Flask框架搭建登录系统，使用Python语言编写网页后台处理程序，前端的代码语法不做详细介绍。运行程序得到的结果如图3-41、图3-42、图3-43所示。图3-41为进入网站时的登录界面，在登录界面可输入账号和密码，单击【登录】按钮，如果登录成功则进入登录成功页面，如图3-42所示。若登录失败则跳转至404页面，如图3-43所示。

图3-41　登录界面　　　　图3-42　登录成功页面　　　　图3-43　登录失败的404页面

技能·详解

1.技术要点

Flask是一个使用Python编写的轻量级Web应用框架，其WSGI工具箱采用Werkzeug，模板引擎则使用Jinja2。与其他开发框架相比，Flask更加简单，适用于小型网站的开发。要完成本案例需要学习一些关于Web开发的基础知识，本书在代码部分给出已经写好的HTML和CSS程序，可以直接使用渲染。

访问网页实际是访问服务器URL（统一资源定位系统），路由是根据不同的URL地址展示不同的内容或页面。为了便于视图方法模块化，就需要使用蓝图做路由管理。除此之外，有一些URL需要访问数据库，还有一些URL不能直接访问，需要进行验证操作，接下来会对这些情况详细介绍。

1）蓝图

蓝图定义了可用于单个应用的视图、模板、静态文件等集合，简化了大型应用工作的流程，并提供Flask扩展在应用上注册操作的核心方法。将拥有相同前缀的URL单独建立文件，相当于将@app.route( )分离成多个文件来写，方便找到需要修改的地方。同时也能方便团队协作，每个人写自己的功能模块并放在自己的文件里。新版本和旧版本可以同时在线，通过不同的URL来调用。读者可以通过下面的代码来了解一些蓝图的功能。

```
1. from flask import Flask, Blueprint
2. my_page = Blueprint('my_page', __name__) # 实例化一个蓝图，还可指定模板和静态目录
3. app = Flask(__name__) # 实例化一个 Flask
4. @app.route('/')
5. def hello():
6.     return 'hello world'
7. @my_page.route("/")
8. def index():
9.     return " my_page index page!"
10.@my_page.route("/hello")
11.def page():
12.     return " my_page hello page!"
13.app.register_blueprint(my_page, url_prefix="/my_page")  # 登记蓝图
14.app.run()   # 默认访问本机电脑的端口
```

使用实例化的my_page蓝图来管理my_page前缀的URL。

访问http://127.0.0.1:5000/ 的结果为"hello world"。

访问http://127.0.0.1:5000/my_page/的结果为"my_page index page!"。

访问http://127.0.0.1:5000/ my_page/hello/的结果为"my_page hello page!"。

2）数据库管理

在Flask中，使用SQLAlchemy来连接数据库，做数据的查询和修改工作。下面的示例将简单地介绍SQLAlchemy。本案例使用的是关系型数据库MySQL，在Flask的实例化对象中还需要配置数据库的类型、账号、密码等参数，代码如下所示。

```
1. from flask import Flask, Blueprint, url_for
2. from flask_sqlalchemy import SQLAlchemy
3. from sqlalchemy import text
4.
5. app = Flask(__name__)  # 实例化一个 Flask
6. @app.route('/')
7. def hello():
8. sql = text("SELECT *  FROM  user ") # 事先需在数据库建立 user 表格
9.     result = db.engine.execute(sql)  # 执行查询语句
10.for row in result:
11.     app.logger.info(row)
```

```
12. return 'hello world'
13. app.config['SQLALCHEMY_DATABASE_URI'] = 'mysql://root:123456@127.0.0.1/
14.    my_db?charset=utf8mb4'        # 配置账号、密码、地址等信息
15. app.config['SQLALCHEMY_ECHO'] = True
16. app.config['SQLALCHEMY_TRACK_MODIFICATIONS'] = False
17. app.config['SQLALCHEMY_ENCODING'] = "utf8mb4"
18. db = SQLAlchemy(app)
19. if __name__ == '__main__':
20.    app.run(debug=True)  # 需要将其调至 debug 模式，app.logger.info( )才能使用
```

当打开网页http://127.0.0.1:5000/时，会在控制台输出user表格的内容。

3）异常捕捉

在Flask中使用下面的代码捕捉异常，当访问不正确的页面时，系统可以捕捉404错误，返回自己定义的内容，给用户更好的体验。使用app.logger.error( )，将错误添加到日志系统。

```
1. @app.errorhandler(404)  # 捕捉异常
2. def page_not_found(error):
3.     app.logger.error(error)
4. return 'This page does not exist', 404
```

4）拦截器与Cookie

拦截器与Cookie是息息相关的。Cookie的作用是在客户端保存数据，然后在每一次对该站点进行访问的时候都会携带此Cookie中的数据，于是后台就可以通过客户端的数据来识别用户。拦截器的实质就是在每次访问网站的时候都校验Cookie，将没有Cookie和Cookie不正确的访问都拦截，使其跳转到登录页面。Cookie是用户登录时由服务器产生的，通常由密码和用户名等唯一的识别标识和某种加密手段共同生成。

2.主体设计

用户登录流程如图3-44所示。

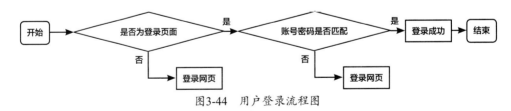

图3-44 用户登录流程图

用户登录具体通过以下3个步骤实现。

Step1：直接访问登录界面，判断账号密码是否匹配。

Step2：如果不匹配，依旧停留在登录页面，否则跳转到登录成功页面。

Step3：若访问非登录网页，则拦截跳转到登录页面。

3.编程实现

本实战技能使用PyCharm进行编写，创建源文件【案例58：基于Flask框架的商品销售管理系统.py】，

在界面输入代码。参考下面的详细步骤，编写具体代码，具体步骤及代码如下所示。

Step1：创建相关文件夹，需要创建的文件目录和清单如图3-45所示，按照目录顺序创建源文件。

在PyCharm中创建HTML文件的方法：在PyCharm页面左侧项目目录处选中templates文件夹，右击会出现如图3-46所示的操作菜单选项，选择【New】选项，再在其下拉菜单中选择【HTML File】选项进行创建。

图3-45　项目文件清单　　　　　　　　　图3-46　创建HTML文件

温馨提示

templates通常存放HTML文件。

config.py文件为配置文件，通常存放数据库的连接信息等。

login.py文件处理登录跳转等信息。

runserver.py文件是整个项目的启动文件。

user_model 文件与数据库相关。

Step2：在templates文件夹中创建404.html文件，并进行程序编写。

```
1. <!DOCTYPE html>
2. <html lang="en">
3. <head>
4.     <meta charset="UTF-8">
5.     <title>404</title>
6. </head>
7. <h1>
8. 自定义 404 页面
9. </h1>
10.</html>
```

Step3：在templates文件夹中创建login.html文件，并进行程序编写。

```
1. <!DOCTYPE html>
2. <html lang="en">
3. <head>
4.     <meta charset="UTF-8">
```

```
5.      <title>Title</title>
6.      <form action = "{{ url_for('user.login') }}" method="POST">
7.          <p>账号 <input type="text" name="accountNumber" /></p>
8.          <p>密码 <input type="password" name="password" /></p>
9.          <p><input type="submit" value=" 登录 " /></p>
10.     </form>
11.</head>
12.<body>
13.
14.</body>
15.</html>
```

Step4：在templates文件夹中创建success.html文件，并进行程序编写。

```
1. <!DOCTYPE html>
2. <html lang="en">
3. <head>
4.     <meta charset="UTF-8">
5.     <title> 首页 </title>
6. </head>
7. <body>
8.     <h1> 测试登录成功 </h1>
9. </body>
10.</html>
```

高手点拨

　　Flask的模板功能是基于Jinja2模板引擎来实现的，模板文件存放在当前目录下的子目录templates
中。在Jinja2中，表达式都是包含在分隔符"{{ }}"内的；控制语句都是包含在分隔符"{% %}"内
的；块注释也都包含在分隔符"{# #}"内。

Step5：编写config.py文件。

```
1. DEBUG = True
2. SQLALCHEMY_ECHO = True
3. SQLALCHEMY_DATABASE_URI = 'mysql://root:123456@127.0.0.1/my_db?charset=utf8mb4'
4. SQLALCHEMY_TRACK_MODIFICATIONS = False
5. SQLALCHEMY_ENCODING = "utf8mb4"
6. SECRET_KEY = "12345678"
```

高手点拨

　　DEBUG是程序调试工具命令，用于开发环境。SECRET_KEY是session秘钥的配置。
SQLALCHEMY_ECHO是记录输出SQL语句的配置，当SQL语句报错时，会输出错误的信息。
SQLALCHEMY_DATABASE_URI配置使用的是数据库URL，而配置MySQL的URL格式为mysql://
username:password@hostname/database?charset=utf8mb4。

上边的配置使用的是MySQL驱动器，username为用户名，password为用户密码，然后再连接到本地主机（localhost:127.0.0.1），database是要使用的数据库名。SQLALCHEMY_TRACK_MODIFICATIONS如果设置成True（默认情况），Flask-SQLAlchemy将会追踪数据库的修改并且输出修改的信息。追踪数据库修改信息需要额外的内存，如果没有追踪需求可以禁用它，将SQLALCHEMY_TRACK_MODIFICATIONS设置为Flase。配置SQLALCHEMY_ENCODING，即配置编码格式，本案例使用的编码格式为utf8mb4。

Step6：编写login.py文件。

```
1. from user_model import User
2. from flask import render_template, request, redirect, Blueprint, url_for,
3.    session, make_response
4.
5. userRoute = Blueprint('user', __name__, url_prefix='/user', template_
6.                        folder='templates', static_folder='static') # 创建蓝图
7. @userRoute.before_request # 使用拦截器
8. def before_request():
9.     print(request.path)
10.    if not request.path == '/user/login': # 判断是否是登录页面
11.        if request.cookies.get('userID') == None: # 判断是否已经登录
12.            return redirect(url_for('.login')) # 跳转
13.
14.@userRoute.route('/success') # 成功登录的跳转界面
15.def success():
16.    return render_template('success.html')
17.
18.@userRoute.route('/login', methods=['GET', 'POST']) # 登录页面
19.def login():
20.    error = None
21.    if request.method == 'POST':
22.        user = User.query.filter(User.accountNumber == request.form[
23.            'accountNumber'], User.password == request.form['password']).first()
24.        if user:
25.            session['username'] = request.form['accountNumber']
26.            resp = make_response(render_template('success.html'))
27.                                        # 匹配账号和密码，跳转到成功登录页面
28.            resp.set_cookie('userID', str(user))
29.            return resp
30.        else:
31.            error = 'Invalid username/password'
32.    return render_template('login.html', error=error)
```

高手点拨

在login.py文件中创建蓝图，其中url_prefix加上/user才能访问该视图函数，template_folder= 'templates'表示渲染模板文件夹，static_folder='static'表示静态文件存放的位置。

Step7：编写runserver.py文件。

```
1. # config = utf-8
2. from login import userRoute
3. from flask import render_template
4. from flask import Flask
5. from flask_sqlalchemy import SQLAlchemy
6.
7. __all__ = ['db']
8. db = SQLAlchemy()
9. # 创建Flask应用，并绑定数据库
10.def create_app(config_filename):
11.    app = Flask(__name__)
12.    app.config.from_pyfile(config_filename)
13.    db.init_app(app)
14.    return app
15.
16.DEFAULT_MODULES = [userRoute]
17.app = create_app('./config.py')
18.for module in DEFAULT_MODULES:
19.    app.register_blueprint(module) # 登记蓝图
20.# 捕捉异常，跳转到自己定义的页面
21.@app.before_request
22.def before_request():
23.    pass # 对 "/" 不设置访问前拦截
24.@app.errorhandler(404)  # 捕捉异常
25.def page_not_found(error):
26.    return render_template('404.html')
27.# 启动主程序
28.if __name__ == '__main__':
29.    app.run(debug=True) # 在程序运行中也可以调试和修改代码
```

Step8：通过SQLyog创建登录账号信息表格，如图3-47所示。

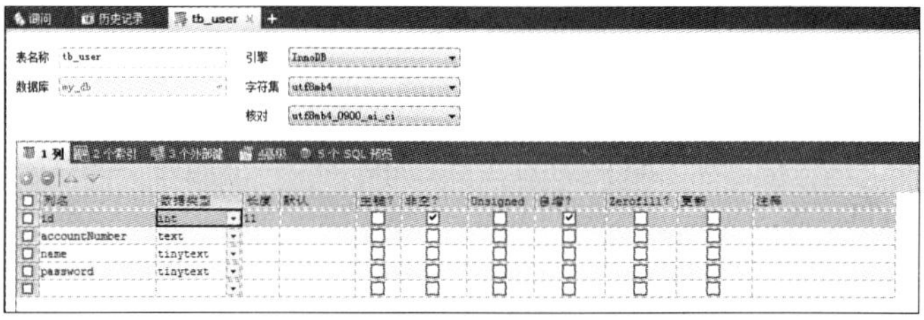

图3-47　登录账户信息表格

Step9：启动runserver.py文件，运行后台程序。

Step10：打开浏览器，输入网址，返回结果为404页面，其原因是没有设置该网址对应的网页。

Step11：进入登录界面，在相应文本框中输入在数据库中设置好的账号和密码。

Step12：单击登录，跳转到成功登录页面。

高手点拨

SQLyog是一个图形化管理数据库的工具，可以用于MySQL数据库的管理和操作。本案例使用该工具创建表格，输入数据。

巩固·练习

在本案例中使用Flask框架搭建常用登录系统，请参照本案例搭建一个更加具有实际应用的后台程序。

小贴士

由于篇幅有限且有大量重复的内容，本案例只讲解了重要的技术。需要更多了解，可以查看本书附带的代码。

实战技能 59 基于Django框架制作个人博客

实战·说明

本实战技能使用Python中的Django框架搭建一个简单的个人博客。运行程序得到的结果如图3-48、图3-49、图3-50、图3-51和图3-52所示。在主页面可以新建文章和查看以往的文章，通过在管理员页面输入账号和密码来进行数据的管理。

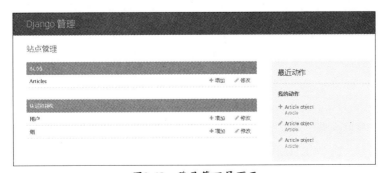

图3-48　登录管理员页面

图3-49 主页面

图3-50 写文章页面

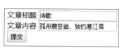

图3-51 历史文章页面

图3-52 文章主页面

技能·详解

1.技术要点

Django框架与Flask框架的不同点在于Flask框架小巧、灵活，让程序员自己决定定制哪些功能，非常适用于小型网站；Django框架功能强大，第三方库极其丰富。使用Flask框架来开发大型网站的难度较大，代码架构需要自己设计，开发成本取决于开发者的能力和经验；Django框架常适合企业级网站的开发，但是对于小型的微服务来说，其体量较大，定制化程度没有Flask框架高，也没有Flask框架那么灵活。因此小型的网站一般使用Flask框架，大型企业网站一般使用Django框架。

在对Django案例进行实际操作之前，需要了解其整个框架的结构。

1）Django框架的结构

Django框架的结构主要有3层，分别是模型层、视图层、模板层。

（1）模型层。

该层处理与数据相关的所有事务，包括如何存取数据和验证数据有效性。Models模块被包含在django.db中，里面封装了模型类的通用接口，其中CharField( )是创建varchar型数据的方法，参数有max_length（最大长度）、blank（是否为空）、verbose_name（显示名称）等。def__unicode__提供了装箱后的默认显示，如果没有设置此函数，则默认显示object类型。class Meta规定了模型的默认排序字段。

（2）视图层。

该层处理与表相关的决定，主要在页面或其他类型文档中进行显示。在Django框架里面，views通常是一个views.py模块，放在对应的包里。views.py里面是具体的逻辑函数，每一个函数对应一个或多个模板，为了建立模板与视图的联系，还需要一定的路由机制，于是Django框架通常在根目录有一个路由程序urls.py。路由程序由patterns创建，用正则表达式描述，这极大地增强了路由机制的灵活性。

（3）模板层。

该层主要负责存取模型及调取恰当模板的相关逻辑，是模型与模板的桥梁。模板在Django框架中是显示数据的地方，通常为HTML格式。在模板中，Django框架的处理逻辑要写在"{% %}"中，显示的变量要写在"{{ }}"中。Django框架的母板页可以用任何文档充当，前提是用"{% block name %}{% endblock %}"声明要填充或替换的块，而使用时只需用"{% extends 母版名字 %}"，即可调用相应的块。

2）Django框架中常用的命令

掌握Django框架中的一些常用命令将有助于快速开发网页，表3-6列出了Django框架的常用命令。

表 3-6　Django 框架的常用命令

命令	意义
startproject	创建一个项目
runserver	运行开发服务器
dbshell	进入 Django dbshell
flush	清空数据库
makemessages	创建语言文件
migrate	生成数据库
sqlflush	查看生成清空数据库的脚本
dumpdata	导出数据
diffsettings	查看你的配置和 Django 默认配置的不同之处
createsuperuser	创建超级管理员
clearsessions	清除 session
startapp	创建一个 app
shell	进入 Django shell
check	检查 Django 项目完整性
compilemessages	编译语言文件
makemigrations	生成数据库同步脚本
sqlmigrate	查看数据库同步的 SQL 语句
loaddata	导入数据

温馨提示

安装Django的两种方法如下。

（1）使用pip安装，执行命令pip install Django==1.10.2。

（2）进入Django官网下载源码，然后进入根目录执行命令python setup.py install。

2.主体设计

个人博客制作的流程如图3-53所示。

图3-53　个人博客制作流程图

基于Django框架制作个人博客具体通过以下6个步骤实现。

Step1：创建博客项目，创建项目时会自动生成一些关键文件，生成文件中配置博客的url。

Step2：在博客项目文件夹下新建文件夹，存放网页前端HTML文件。

Step3：编写博客文章的models.py文件，该文件主要负责项目数据的存储。

Step4：通过命令行来创建一个用户，用于管理Django中的数据库。

Step5：编写代码，实现接收用户在Web端传来的请求，并进行逻辑处理。

Step6：完善HTML前端页面，添加撰写新文章、修改文章和删除文章的功能。

3.编程实现

该实战技能建议使用PyCharm来实现，可以按照以下步骤进行代码实现。

Step1：新建Django项目，在目标文件夹下打开命令行，并输入创建项目的命令行"djiango-admin startproject myblog"。创建项目的具体操作如图3-54所示。

```
(base) C:\Users\sky\Desktop\321>django-admin startproject myblog
(base) C:\Users\sky\Desktop\321>
```

图3-54　创建Django项目

Step2：在PyCharm中打开myblog项目，项目预先生成的文件如图3-55所示。

Step3：在命令行中执行"python manage.py runserver"来测试服务器，通过命令行提示的网址来查看网页。在manage.py同级目录中，输入"python manage.py startapp blog"来新建一个应用blog。创建后的项目文件如图3-56所示。

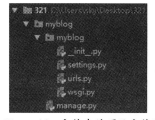

图3-55　myblog文件夹的项目文件清单

图3-56　blog文件夹的项目文件清单

Step4：在myblog文件夹下，在INSTALLED_APPS中添加一个我们的项目blog。

```
1.  INSTALLED_APPS = [
2.      'django.contrib.admin',
3.      'django.contrib.auth',
4.      'django.contrib.contenttypes',
5.      'django.contrib.sessions',
```

```
6.      'django.contrib.messages',
7.      'django.contrib.staticfiles',
8.      'blog'
9. ]
```

Step5：在自动生成的myblog文件夹下的urls.py中导入模块，并配置主url。

```
1. from django.conf.urls import url, include
2. from django.contrib import admin
3. import blog.views as bv
4. urlpatterns = [
5.     url(r'^admin/', admin.site.urls),
6.     url(r'^blog/', include('blog.urls', namespace="blog")),  # 主url配置
7. ]
```

Step6：配置blog文件夹下的urls.py。

```
1. from django.conf.urls import url
2. from . import views
3. urlpatterns = [
4.     url(r'^index/$', views.index),
5.     url(r'^article/(?P<article_id>[0-9]+)$', views.article_page,
6.         name="article_page"),  # 一个正则表达式来匹配组名
7.     url(r'^edit/(?P<article_id>[0-9]+)$', views.edit_page, name='edit_page'),
8.     url(r'^edit/action$', views.edit_action, name="edit_action"),
9. ]
```

Step7：在blog文件夹下的views.py中编写代码，实现接收用户在Web端传来的请求，进行逻辑处理，处理完成后返回Web响应给请求者。

```
1. from django.shortcuts import render
2. from django.http import HttpResponse
3. from . import models
4.
5. def index(request):  # 主界面
6.     articles = models.Article.objects.all()
7.     return render(request, 'index.html', {'articles': articles})
8. # Create your views here
9.
10.def article_page(request, article_id):  # 文章界面
11.    article = models.Article.objects.get(pk=article_id)  # 获取一个文章对象
12.    return render(request, 'article_page.html', {'article': article})
13.
14.def edit_page(request, article_id):  # 编辑页面
15.    if str(article_id) == "0":
16.        return render(request, 'edit_page.html')
17.    article = models.Article.objects.get(pk=article_id)
18.    return render(request, 'edit_page.html', {"article": article})
```

```
19.
20.def edit_action(request): # 编辑响应函数，与models类建立交互
21.    title = request.POST.get('title', 'TITLE') # 获取数据
22.    content = request.POST.get('content', 'CONTENT')
23.    article_id = request.POST.get('article_id', '0')
24.    if article_id == '0':
25.        models.Article.objects.create(title=title, content=content)
26.        articles = models.Article.objects.all( )
27.        return render(request, 'index.html', {'articles': articles})
28.    article = models.Article.objects.get(pk=article_id)
29.    article.title = title
30.    article.content = content
31.    article.save( )
32.    return render(request, 'article_page.html', {'article': article})
```

Step8：在myblog目录下创建超级用户Admin，创建过程在命令窗口中进行，进入目标文件目录下的命令窗口的方法参见前文。进入命令窗口后输入"python manage.py createsuperuser"，创建超级用户时需要设置一个名称、邮箱和密码，建议名称为Admin。出现如图3-57所示的提示，即为超级用户创建成功。

Step9：修改settings.py中的语言，将网页管理界面改成由中文显示。

```
1. LANGUAGE_CODE = 'zh_Hans'
```

Step10：在admin.py中引入自身的models模块，用于管理员配置操作数据库中的数据。

```
2. from django.contrib import admin
3.   from . models import Article
4. admin.site.register(Article)
```

Step11：通过命令行进入manage.py同级目录，执行命令"python manage.py makemigrations"，为数据迁移做准备。数据迁移准备工作如图3-58所示。

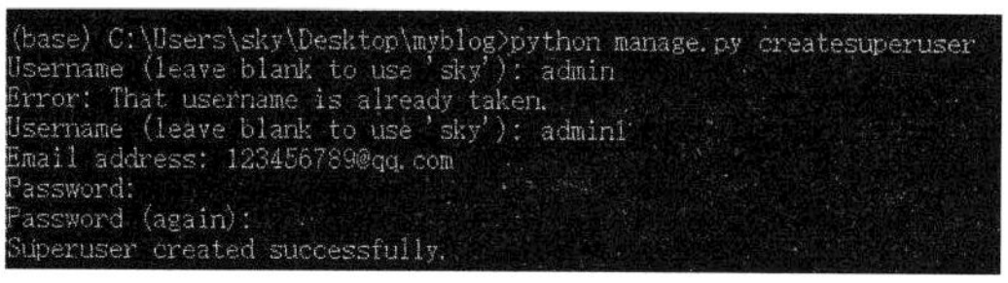

图3-57　创建Admin

图3-58　数据迁移准备工作

Step12：通过命令行进入manage.py同级目录，执行命令如图3-59所示。在migrations目录下生成博客的数据格式管理的文件，文件目录清单如图3-60所示。

图3-59　数据迁移

图3-60　文件目录清单

Step13：在models.py中导入数据库数据。

```
1. from __future__ import unicode_literals
2. from django.db import models # 导入相关库信息
3.
4. class Article(models.Model):    # 类名对应的是表名，属性对应的是字段名
5.     title = models.CharField(max_length=32, default="Title") # 约束长度
6.     content = models.TextField(null=True) # 允许其为空
7.
8.     def __str__(self):
9.         return self.title
10.# Create your models here
```

高手点拨

针对博客所生成的数据库db.sqlite3，推荐使用第三方软件SQLite Expert Pensonal，该软件为轻量级软件，完全免费。migrations所有的内容都是Django自动生成的，主要处理数据迁移。

Step14：将apps.py中的项目名称设置为blog。

```
1. from django.apps import AppConfig
2.
3. class BlogConfig(AppConfig):
4.     name = 'blog'
```

Step15：在blog文件下新建一个templates文件来对HTML进行存储。创建一个名为index.html的HTML文件来进行首页的编写。

```
1. <!DOCTYPE html>
2. <html lang="en">
3. <head>
4.     <meta charset="UTF-8">
5.     <title>Title</title>
6. </head>
7. <body>
8. <h1>
9.     <a href="{% url 'blog:edit_page' 0 %}">新文章 </a> # 添加链接
10.</h1>
11.{% for article in articles %}
12.    <a href="{% url 'blog:article_page' article.id  %}">{{ article.title }}</a>
13.    <br/>
14.{% endfor %}
15.</body>
16.</html>
```

Step16：新建一个名为edit_page.html的HTML文件来创建文章撰写页面，在这个页面中，进行新文章的撰写。

```
1. <!DOCTYPE html>
2. <html lang="en">
3. <head>
4.     <meta charset="UTF-8">
5.     <title>Edit Page</title>
6. </head>
7. <body>
8. <form action="{% url 'blog:edit_action' %}" method="post">
9.     {% csrf_token %}
10.    {% if article %}
11.        <input type="hidden" name="article_id" value="{{ article.id }}"/>
12.    <label> 文章标题
13.    <input type="text" name="title" value="{{ article.title }}"/>
14.    </label>
15.    <br/>
16.    <label> 文章内容
17.    <input type="text" name="content" value="{{ article.content }}"/>
18.    </label>
19.    <br/>
20.    {% else %}
21.        <input type="hidden" name="article_id" value="0"/>
22.    <label> 文章标题
23.    <input type="text" name="title"/>
24.    </label>
25.    <br/>
26.    <label> 文章内容
27.    <input type="text" name="content"/>
28.    </label>
29.    <br/>
30.    {% endif %}
31.    <input type="submit" value=" 提交 ">
32.</form>
33.    </body>
34.</html>
```

Step17：创建一个名为article_page.html的HTML文件，修改文章页面。

```
1. <!DOCTYPE html>
2. <html lang="en">
3. <head>
4.     <meta charset="UTF-8">
5.     <title>Article Page</title>
6. </head>
7. <body>
8. <h1>{{ article.title }}</h1>
9. <br/>
10.<h3>{{ article.content }}</h3>
```

```
11.<br/><br/>
12.<a href="{% url 'blog:edit_page' article.id %}"> 修改文章 </a>
13.</body>
14.</html>
15.</html>
```

Step18：完成所有的代码编写之后，在manage.py同级目录下进入命令行，执行"python manage.py runserver"命令，运行服务器。

Step19：在网页中输入"https://127.0.0.1：8000/"，进入创建的博客页面。

巩固·练习

利用Django框架设计一个学生管理系统，要求如下。

（1）能按班级、课程完成对学生成绩的增、删、改、查。

（2）能按班级、课程统计学生的成绩，能求总分、平均分、课程的不及格人数等。

（3）能按班级、课程对学生的成绩进行排序。

（4）能查询某名学生的成绩。

小贴士

创建学生信息类，其中包含学生姓名、性别、年龄、入学时间、家庭住址等信息。创建一个类，其中的list_display属性包含需要展示在页面的相关字段。

实战技能 60 俄罗斯方块

实战·说明

相信很多读者都曾经玩过俄罗斯方块这款游戏。本实战技能通过 Pygame，开发一个简单的俄罗斯方块游戏。运行程序得到的结果如图3-61所示。

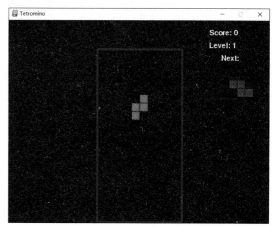

图3-61　俄罗斯方块的实现图

技能·详解

1.技术要点

实现本案例的技术关键在于使用Pygame进行游戏开发。Pygame是在SDML（Simple Direct Media Layer）库之上开发的功能性包，是用来写游戏的Python模块集合。利用Pygame能够非常方便地开发出跨平台的游戏，很多功能都可以直接调用接口来完成。Pygame在游戏开发过程中的常用方法如表3-7所示。

表 3-7　Pygame 常用方法

函数	意义
pygame.cdrom	访问光驱
pygame.time	管理时间和帧信息
pygame.rect	管理矩形区域
pygame.movie	播放视频
pygame.music	播放音频
pygame.mouse	鼠标
pygame.key	读取键盘按键
pygame.image	加载和存储图片
pygame.font	使用字体
pygame.event	管理事件
pygame.draw	绘制形状、线和点
pygame.display	访问显示设备
pygame.transform	缩放和移动图像

2.主体设计

俄罗斯方块的实现流程如图3-62所示。

图3-62　俄罗斯方块的实现流程图

俄罗斯方块的实现具体通过以下6个步骤实现。

Step1：从下面4个方面进行图形规划。

（1）边框：由10*20个空格组成，方块落在里边。

（2）盒子：组成方块的小方块，方块的基本单元。

（3）方块：从游戏顶框落下的东西，可以移动和旋转。

（4）形状：有7种不同类型的方块，按照方块的形状，分别命名为T、S、Z、J、L、I、O。

Step2：导入模块，设定游戏初始化参数。

Step3：定义形状，实现T、S、Z、J、L、I、O方块的绘制与旋转。

Step4：利用字典储存方块变量。

Step5：编写游戏主函数，实现游戏基本逻辑。

Step6：组合各个模块，运行游戏。

3.编程实现

该实战技能建议在PyCharm环境下实现，创建源文件【案例60：俄罗斯方块.py】，在界面输入代码。参考下面的详细步骤，编写具体代码，具体步骤及代码如下所示。

Step1：创建文件，使用import语句导入俄罗斯方块相关库，定义一些初始化变量，代码如下所示。

```
1. import random, time, pygame, sys
2. from pygame.locals import *
3. FPS = 25
4. WINDOWWIDTH = 640
5. WINDOWHEIGHT = 480
6. BOXSIZE = 20
7. BOARDWIDTH = 10
8. BOARDHEIGHT = 20
9. BLANK = '.'
10.MOVESIDEWAYSFREQ = 0.15   # 控制方块下落时间
11.MOVEDOWNFREQ = 0.1   # 控制方块下落频率
12.XMARGIN = int((WINDOWWIDTH - BOARDWIDTH * BOXSIZE) / 2)
13.TOPMARGIN = WINDOWHEIGHT - (BOARDHEIGHT * BOXSIZE) - 5
14.# 色彩 RGB 格式
15.WHITE = (255, 255, 255)
16.GRAY = (185, 185, 185)
17.BLACK = (0, 0, 0)
18.RED = (155, 0, 0)
19.LIGHTRED = (175, 20, 20)
20.GREEN = (0, 155, 0)
21.LIGHTGREEN = (20, 175, 20)
22.BLUE = (0, 0, 155)
23.LIGHTBLUE = (20, 20, 175)
24.YELLOW = (155, 155, 0)
25.LIGHTYELLOW = (175, 175, 20)
26.BORDERCOLOR = BLUE
27.BGCOLOR = BLACK
28.TEXTCOLOR = WHITE
29.TEXTSHADOWCOLOR = GRAY
30.COLORS = (BLUE, GREEN, RED, YELLOW)   # 小方块可能的颜色
31.LIGHTCOLORS = (LIGHTBLUE, LIGHTGREEN, LIGHTRED, LIGHTYELLOW)   # 小方块外围颜色
32.TEMPLATEWIDTH = 5
33.TEMPLATEHEIGHT = 5
```

Step2：定义 T、S、Z、J、L、I、O 的形状，代码如下所示。

```
1. S_SHAPE_TEMPLATE = [['.....', '.....', '..00.', '.00..', '.....'],
2.                     ['.....', '..0..', '..00.', '...0.', '.....']]
3. Z_SHAPE_TEMPLATE = [['.....', '.....', '.00..', '..00.', '.....'],
4.                     ['.....', '..0..', '.00..', '.0...', '.....']]
5. I_SHAPE_TEMPLATE = [['..0..', '..0..', '..0..', '..0..', '.....'],
6.                     ['.....', '.....', '0000.', '.....', '.....']]
7. O_SHAPE_TEMPLATE = [['.....', '.....', '.00..', '.00..', '.....']]
8. J_SHAPE_TEMPLATE = [['.....', '.0...', '.000.', '.....', '.....'],
9.                     ['.....', '..00.', '..0..', '..0..', '.....'],
10.                    ['.....', '.....', '.000.', '...0.', '.....'],
11.                    ['.....', '..0..', '..0..', '.00..', '.....']]
12.L_SHAPE_TEMPLATE = [['.....', '...0.', '.000.', '.....', '.....'],
13.                    ['.....', '..0..', '..0..', '..00.', '.....'],
14.                    ['.....', '.....', '.000.', '.0...', '.....'],
15.                    ['.....', '.00..', '..0..', '..0..', '.....']]
16.T_SHAPE_TEMPLATE = [['.....', '..0..', '.000.', '.....', '.....'],
17.                    ['.....', '..0..', '..00.', '..0..', '.....'],
18.                    ['.....', '.....', '.000.', '..0..', '.....'],
19.                    ['.....', '..0..', '.00..', '..0..', '.....']]
```

高手点拨

　　采用这种定义方法，可以使用函数定位盒子的位置，从而绘制出不同的方块，同时包含了不同方块所有的变化情况，解决了方块翻转的难题。

Step3：自定义字典变量 PIECES 来储存所有的方块模板，通过对字典变量的调用获取想要的方块并实现方块的旋转，代码如下所示。

```
1. PIECES = {'S': S_SHAPE_TEMPLATE,
2.           'Z': Z_SHAPE_TEMPLATE,
3.           'J': J_SHAPE_TEMPLATE,
4.           'L': L_SHAPE_TEMPLATE,
5.           'I': I_SHAPE_TEMPLATE,
6.           'O': O_SHAPE_TEMPLATE,
7.           'T': T_SHAPE_TEMPLATE}
8. # 实现方块的旋转
9. def getNewPiece():
10.     # 得到随机颜色的方块
11.     shape = random.choice(list(PIECES.keys()))
12.     newPiece = {'shape': shape,
13.                 'rotation': random.randint(0, len(PIECES[shape]) - 1),
14.                 'x': int(BOARDWIDTH / 2) - int(TEMPLATEWIDTH / 2),
15.                 'y': -2, # 方块在游戏界面初始位置
16.                 'color': random.randint(0, len(COLORS) - 1)}
```

```
17.    return newPiece
```

Step4：编写main( )主函数，重建一些全局变量和在游戏开始之前显示的画面，代码如下所示。

```
1. def main( ):
2.    global FPSCLOCK, DISPLAYSURF, BASICFONT, BIGFONT
3.    pygame.init( )  # 初始化游戏设置
4.    FPSCLOCK = pygame.time.Clock( )    # 刷新画面
5.    # 游戏窗口大小
6.    DISPLAYSURF = pygame.display.set_mode((WINDOWWIDTH, WINDOWHEIGHT))
7.    BASICFONT = pygame.font.Font('freesansbold.ttf', 18)
8.    BIGFONT = pygame.font.Font('freesansbold.ttf', 100)    # 游戏字体
9.    pygame.display.set_caption('Tetromino')    # 游戏标题
10.    while True:  # 游戏循环
11.        runGame( )    # 游戏运行，内容循环
12.        showTextScreen('Game Over')    # 游戏结束
```

Step5：编写主循环runGame( )函数，运行游戏，代码如下所示。

```
1. def runGame( ):
2. # 游戏失败时返回 main( ) 主函数，这时候会调用 showTextSceen( ) 函数显示
3. # 游戏失败画面，按任意键开始游戏循环，进行下一次游戏
4.    # 游戏开始时的设置变量
5.    board = getBlankBoard( )
6.    lastMoveDownTime = time.time( )
7.    lastMoveSidewaysTime = time.time( )
8.    lastFallTime = time.time( )
9.    movingDown = False  # 移动变量
10.    movingLeft = False
11.    movingRight = False
12.    score = 0
13.    level, fallFreq = calculateLevelAndFallFreq(score)
14.
15.    fallingPiece = getNewPiece( )
16.    nextPiece = getNewPiece( )
```

Step6：设置初始化游戏，fallingPiece赋值成当前掉落变量，nextPiece接收下一个方块变量。isValidPositon( )函数用来检测游戏界面是否还能填充新方块，不能则返回主函数，结束游戏，代码如下所示。

```
1. while True:  # 游戏循环
2.    if fallingPiece == None:
3.        # 没有下落的方块，所以在顶部绘制新方块
4.        fallingPiece = nextPiece
5.        nextPiece = getNewPiece( )
6.        lastFallTime = time.time( )  # 重置上一次下落时间
7.        if not isValidPosition(board, fallingPiece):
8.            return  # 不能填充新方块在屏幕上，游戏终止
```

Step7：实现在游戏中按下相应键后，对应的方块进行变化，按【P】键暂停，覆盖游戏画面，防止玩家作弊，代码如下所示。

```
1. checkForQuit( )
2. for event in pygame.event.get( ):  # 事件响应循环
3.     if event.type == KEYUP:
4.         if (event.key == K_p):
5.             # 暂停游戏
6.             DISPLAYSURF.fill(BGCOLOR)
7.             showTextScreen('Paused')  # 暂停后按任意键开始游戏
8.             lastFallTime = time.time( )
9.             lastMoveDownTime = time.time( )
10.            lastMoveSidewaysTime = time.time( )
11.        elif (event.key == K_LEFT or event.key == K_a):
12.            movingLeft = False
13.        elif (event.key == K_RIGHT or event.key == K_d):
14.            movingRight = False
15.        elif (event.key == K_DOWN or event.key == K_s):
16.            movingDown = False
```

Step8：向左移动方块，代码如下所示。

```
1.         elif event.type == KEYDOWN:
2.             # 移动方块到左边
3.             if (event.key == K_LEFT or event.key == K_a) and isValidPosition(
4. board, fallingPiece, adjX=-1):
5.                 fallingPiece['x'] -= 1
6.                 movingLeft = True
7.                 movingRight = False
8.                 lastMoveSidewaysTime = time.time( )
```

Step9：向右移动方块，代码如下所示。

```
1.         # 移动方块到右边
2.         elif (event.key == K_RIGHT or event.key == K_d) and isValidPosition(board,
3. fallingPiece, adjX=1):
4.             fallingPiece['x'] += 1
5.             movingRight = True
6.             movingLeft = False
7.             lastMoveSidewaysTime = time.time( )
```

Step10：旋转方块，代码如下所示。

```
1.         elif (event.key == K_UP or event.key == K_w):
2.             fallingPiece['rotation'] = (fallingPiece['rotation'] + 1) %
3.                 len(PIECES[fallingPiece['shape']])
4.             if not isValidPosition(board, fallingPiece):
5.                 fallingPiece['rotation'] = (fallingPiece['rotation'] - 1) %
6.                     len(PIECES [fallingPiece['shape']])
```

Step11：加速方块下落，代码如下所示。

```
1.      elif (event.key == K_DOWN or event.key == K_s):
2.          movingDown = True
3.          if isValidPosition(board, fallingPiece, adjY=1):
4.              fallingPiece['y'] += 1
5.          lastMoveDownTime = time.time( )
```

Step12：方块迅速下落并着陆，代码如下所示。

```
1.      elif event.key == K_SPACE:
2.          movingDown = False
3.          movingLeft = False
4.          movingRight = False
5.          for i in range(1, BOARDHEIGHT):
6.              if not isValidPosition(board, fallingPiece, adjY=i):
7.                  break
8.          fallingPiece['y'] += i - 1
```

Step13：玩家按键超过0.15秒，一直按住方向键可以保持移动，直到松开键为止，代码如下所示。

```
1. if (movingLeft or movingRight) and time.time( ) - lastMoveSidewaysTime >
2. MOVESIDEWAYSFREQ:
3.      if movingLeft and isValidPosition(board, fallingPiece, adjX=-1):
4.          fallingPiece['x'] -= 1
5.      elif movingRight and isValidPosition(board, fallingPiece, adjX=1):
6.          fallingPiece['x'] += 1
7.      lastMoveSidewaysTime = time.time( )
8. if movingDown and time.time( ) - lastMoveDownTime > MOVEDOWNFREQ and is
9. ValidPosition(board, fallingPiece, adjY=1):
10.     fallingPiece['y'] += 1
11.     lastMoveDownTime = time.time( )
12.# 是时候掉落时，让方块掉下
13.if time.time( ) - lastFallTime > fallFreq:
14.     # 看方块是否着陆
15.     if not isValidPosition(board, fallingPiece, adjY=1):
16.         # 在游戏界面内绘制落下的方块
17.         addToBoard(board, fallingPiece)
18.         score += removeCompleteLines(board)
19.         level, fallFreq = calculateLevelAndFallFreq(score)
20.         fallingPiece = None
21.     else:
22.         # 方块没有着陆，仅仅向下移动
23.         fallingPiece['y'] += 1
24.         lastFallTime = time.time( )
```

Step14：在屏幕中绘制前面所有定义的图形，代码如下所示。

```
1. DISPLAYSURF.fill(BGCOLOR)
```

```
2.      drawBoard(board)    # 绘制
3.      drawStatus(score, level)
4.      drawNextPiece(nextPiece)
5.      if fallingPiece != None:
6.          drawPiece(fallingPiece)
7.      pygame.display.update()    # 屏幕刷新
8.      FPSCLOCK.tick(FPS)
```

Step15：编写执行代码，运行主函数，启动游戏。

```
1. if __name__ == '__main__':
2.      main()
```

巩固·练习

修改本案例代码，添加自己喜欢的背景音乐、背景图片、不同的方块样式等。

小 贴 士

Pygame适合做小游戏开发，可以用来制作2D游戏。在掌握了Pygame的用法后，可以利用外部的图片、音乐、视频等素材按自己的需求设计出期望的效果。

实战技能 61 会聊天的小机器人

实战·说明

聊天机器人（Chatterbot）是由对话或文字进行交谈的计算机程序，能够模拟人类对话，通过图灵测试。Eliza和Parry是早期非常著名的聊天机器人。本案例利用Python实现一个简单的自动聊天小机器人。运行程序得到的结果如图3-63所示。

图3-63　会聊天的小机器人的实现结果

技能·详解

1.技术要点

本实战技能主要利用itchat模块和图灵机器人来实现一个简单的聊天小机器人，其技术关键在于对itchat模块的使用和图灵机器人API的调用。要实现本案例，需要掌握以下几个知识点。

1）图灵机器人

图灵机器人是一个智能聊天机器人的开放平台，通过调用图灵机器人的API，可以构建自己的专属聊天机器人。目前图灵机器人对中文语义理解的准确率已达90%，并且具备准确、流畅、自然的中文对话能力，因此可以满足自然语言对话的要求。完成自动聊天机器人需要了解图灵机器人的知识与原理。

（1）获取图灵机器人API。

想要获取图灵机器人的API需要去图灵机器人的官网进行注册，注册成功后可以获得一个机器人API。

（2）自动回复实现原理。

要实现自动回复需要大量的文本数据来训练机器人。提供大量的问答对话训练，让机器人学习其中的规律，训练的过程也是在构建和丰富机器人的词库。本案例仅教大家如何快速构建一个专属聊天机器人。当我们收到微信好友发来的消息时，我们将这个消息传给图灵机器人的API，它会根据消息做出答复，我们再将答复返回给微信好友。

2）itchat模块

itchat模块是Python实现微信的接口，itcaht.content中包含所有的消息类型参数，如表3-8所示。

表 3-8　itcaht.content 消息类型参数

参数	键值
TEXT	文本内容（文字消息）
MAP	位置文本（位置分享）
CARD	推荐人字典
SHARING	分享名称（音乐或文章）
RECORDING	语音下载的方法
VIDEO	小视频的下载方法
ATTACHMENT	附件的下载方法
NOTE	通知文本
SYSTEM	更新内容的用户

2.主体设计

会聊天的小机器人实现流程如图3-64所示。

会聊天的小机器人具体通过以下4个步骤实现。

Step1：导入itchat和requests模块。

Step2：利用requests模块爬取图灵机器人官网，发送请求（朋友的信息），得到文本内容。

Step3：将得到的文本内容发送给朋友。

Step4：扫描二维码客户端登录，便能自动回复消息。

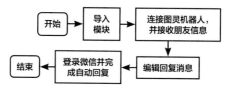

图3-64　会聊天的小机器人实现流程图

3.编程实现

该实战技能建议使用PyCharm来实现。创建源文件【案例61：会聊天的小机器人.py】，在界面输入代码。参考下面的详细步骤，编写具体代码，具体步骤及代码如下所示。

Step1：导入需要的requests和itchat模块。

```
1. import requests
2. import itchat
```

Step2：在接收朋友发来的消息后，通过API连接图灵机器人，并接收从图灵机器人官网传送过来的消息。下面代码中的KEY就是在图灵机器人官网注册成功之后获得的，将自己的KEY填入即可。

```
1. KEY = ' 自己注册的 KEY'
2. def get_response(message):
3.     apiUrl = 'http://www.tuling123.com/openapi/api'
4.     data = {
5.         'key': KEY, # Tuling Key, API 的值
6.         'info': message, # 发出去的消息
7.         'userid': 'wechat-robot',
8.     }
9.     try:
10.         r = requests.post(apiUrl, data=data).json( )  # post 请求
11.         return r.get('text')  # 返回得到的文本内容
12.     except:
13.         return
14.@itchat.msg_register(itchat.content.TEXT)  # 接受朋友传送过来的消息
```

Step3：设置图灵机器人回复信息的函数，将接收的信息进行编辑然后返回，发消息给朋友。

```
1. def tuling_reply(message):
2.     defaultReply = 'I received: ' + ['Text']
3.     reply = get_response(message['Text'])
4.     return reply or defaultReply
```

Step4：通过手机端的微信扫描屏幕上的二维码，在客户端（电脑上）进行登录，登录成功后

即可实现自动进行回复。

```
1. itchat.auto_login( )
2. itchat.run( )
```

巩固·练习

修改代码使其保留登录信息，首次登录后，不需要每次登录都重新扫码。

小贴士

itchat模块中的itchat.auto_login( )方法就是通过微信扫描二维码登录，但是这种登录的方式是短时间的登录，也就是下次登录时还需要扫描二维码。如果加上hotReload==True的话，那么就会保留登录的状态，至少在后面的几次登录过程中不会再次扫描二维码。

第4章
Python 数据分析的关键技能

　　数据分析是指用适当的统计方法对收集的大量数据进行分析，提取有用信息，从而对数据加以详细研究和概括总结的过程。数据分析对于各行各业都有积极的商业指导作用。Python在数据分析方面也发挥着强大的作用。本章将针对Python在数据分析方面的功能介绍一些实战技能，主要包括NumPy（矩阵运算库）、SciPy（科学计算库）、Matplotlib（绘图库）、Pandas（数据集操作）等Python库的使用，同时会介绍一些基础的数据分析方法与一般要求。本章知识点如下所示。

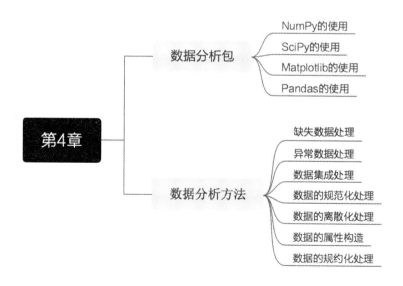

实战技能 62 NumPy的基本操作

实战·说明

本实战技能介绍了NumPy的基本操作，NumPy矩阵运算库是Python的一种开源的数值计算扩展。本案例将简单讲解几种常用的NumPy操作，最终以一次性模拟多次随机漫步为例子，简单应用NumPy。运行程序得到的结果如图4-1所示。

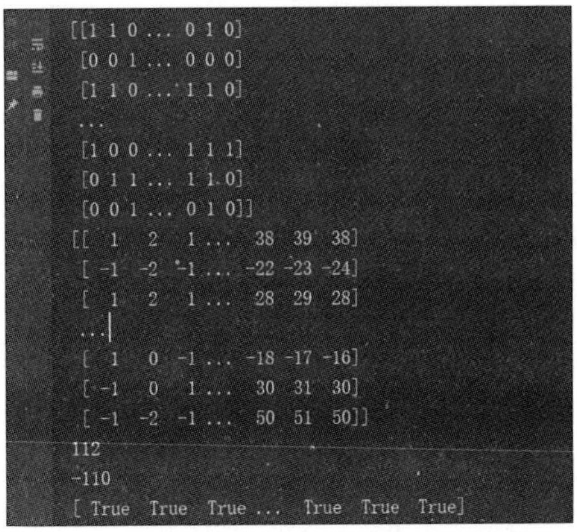

图4-1　一次性模拟多次随机漫步实现结果

技能·详解

1.技术要点

本实战技能主要利用NumPy工具库来存储和处理大型矩阵，比Python自身的嵌套列表结构要高效得多（该结构也可以用来表示矩阵）。NumPy矩阵运算库也提供了许多高级的数值编程工具，如矩阵数据类型、矢量处理和精密的运算库。它的存在可以让我们更加方便地进行一些科学计算。要实现本案例，需要掌握以下几个知识点。

1）创建矩阵

ndarray是NumPy库中的对象，它是一个通用的同构数据多维容器，其中所有元素必须是相同类型的。该对象是一个快速而灵活的大数据集容器，可以利用这种数组对整块数据执行一些数学运算。下面介绍一些常用的NumPy函数。

（1）array( )函数。

array( )函数是一个便捷的函数，可以用来创建一个ndarray对象。

（2）arange( )函数。

可以通过arange( )函数创建矩阵，如以下代码段。

```
1. import NumPy as np
2. a = np.arange(10) # 默认从 0 开始到 10（不包括 10），步长为 1
3. print(a) # 返回 [0 1 2 3 4 5 6 7 8 9]
4. a1 = np.arange(5, 10) # 从 5 开始到 10（不包括 10），步长为 1
5. print(a1) # 返回 [5 6 7 8 9]
6. a2 = np.arange(5, 20, 2) # 从 5 开始到 20（不包括 20），步长为 2
```

```
7. print(a2) # 返回 [ 5   7   9 11 13 15 17 19]
```

（3）linspace( )函数。

linspace( )函数用于创建序列，实际生成一个等差数列。

（4）logspace( )函数。

linspace( )函数用于生成等差数列，而logspace( )函数用于生成等比数列。下面的例子用于生成首位是100，末位是102，含5个数的等比数列。

```
1. import NumPy as np
2. a = np.logspace(0, 2, 5)
3. print(a)
```

（5）ones( )、zeros( )、eye( )、empty( )函数。

这几个函数非常类似，都是创建特殊矩阵的函数。其中，ones( )函数创建全1矩阵，zeros( )函数创建全0矩阵，eye( )函数创建单位矩阵，empty( )函数创建空矩阵。

```
1. import NumPy as np
2.
3. a_ones = np.ones((3, 4)) # 创建 3 * 4 的全 1 矩阵
4. print(a_ones)
5. # 结果
6. [[ 1.  1.  1.  1.]
7.  [ 1.  1.  1.  1.]
8.  [ 1.  1.  1.  1.]]
9.
10.a_zeros = np.zeros((3, 4)) # 创建 3 * 4 的全 0 矩阵
11.print(a_zeros)
12.# 结果
13.[[ 0.  0.  0.  0.]
14. [ 0.  0.  0.  0.]
15. [ 0.  0.  0.  0.]]
16.
17.a_eye = np.eye(3) # 创建 3 阶单位矩阵
18.print(a_eye)
19.# 结果
20.[[ 1.  0.  0.]
21. [ 0.  1.  0.]
22. [ 0.  0.  1.]]
23.
24.a_empty = np.empty((3, 4)) # 创建 3 * 4 的空矩阵
25.print(a_empty)
26.# 结果
27.[[  1.78006111e-306  -3.13259416e-294   4.71524461e-309   1.94927842e+289]
28. [  2.10230387e-309   5.42870216e+294   6.73606381e-310   3.82265219e-297]
29. [  6.24242356e-309   1.07034394e-296   2.12687797e+183   6.88703165e-315]]
```

（6）formstring( )函数。

使用fromstring( )函数可以将字符串转化成数值矩阵，该数值函数中包含的是对应字符串的
ASCII码。

```
1. a = "abcdef"
2. b = np.fromstring(a, dtype=np.int8) # 因为一个字符为 8 位，所以指定 dtype 为 np.int8
3. print(b) # 返回 [ 97  98  99 100 101 102]
```

（7）fromfunction( )函数。

fromfunction( )函数可以根据矩阵的行号、列号生成矩阵的元素。

```
1. import NumPy as np
2.
3. def func(i, j):
4.     return i + j
5.
6. a = np.fromfunction(func, (5, 6))
7. # 第一个参数为指定函数，第二个参数为列表 list 或元组 tuple，说明矩阵的大小
8. print(a)
9. # 返回
10.[[ 0.  1.  2.  3.  4.  5.]
11. [ 1.  2.  3.  4.  5.  6.]
12. [ 2.  3.  4.  5.  6.  7.]
13. [ 3.  4.  5.  6.  7.  8.]
14. [ 4.  5.  6.  7.  8.  9.]]
15.# 注意，这里的列号都是从 0 开始的
```

2）矩阵的操作

NumPy中的ndarray对象重载了许多运算符，使用这些运算符可以完成矩阵间对应元素的运算，
如+、−、*、/、%、**等。NumPy也针对矩阵运算提供大量的数学函数库，NumPy基本运算函数如
表4-1所示。

表4-1　NumPy 基本运算函数

函数	说明
np.sin(a)	对矩阵 a 中每个元素取正弦
np.cos(a)	对矩阵 a 中每个元素取余弦
np.tan(a)	对矩阵 a 中每个元素取正切
np.arcsin(a)	对矩阵 a 中每个元素取反正弦
np.arccos(a)	对矩阵 a 中每个元素取反余弦
np.arctan(a)	对矩阵 a 中每个元素取反正切
np.exp(a)	对矩阵 a 中每个元素取指数
np.sqrt(a)	对矩阵 a 中每个元素开根号

下面对相关NumPy中的矩阵处理方法进行一一介绍。

（1）矩阵乘法。

矩阵乘法必须满足矩阵乘法的条件，即第一个矩阵的列数等于第二个矩阵的行数。

```
1. import NumPy as np
2.
3. a1 = np.array([[1, 2, 3], [4, 5, 6]]) # a1 为 2 * 3 矩阵
4. a2 = np.array([[1, 2], [3, 4], [5, 6]]) # a2 为 3 * 2 矩阵
5.
6. print(a1.shape[1] == a2.shape[0]) # 满足矩阵乘法条件
7. print(a1.dot(a2))
8. # a1.dot(a2) 相当于 matlab 中的 a1 * a2
9. # 结果
10.[[22 28]
11. [49 64]]
```

（2）矩阵的转置。

将矩阵的行列互换，得到的新矩阵称为转置矩阵，转置矩阵的行、列不变。

```
1. import NumPy as np
2. array = np.array([[1, 2, 3],
3.                   [4, 5, 6]])
4. print(array.transpose( )) # 或 np.transpose(array)
5. print(array.T)
6. # 结果
7. # [[1 4]
8. #  [2 5]
9. #  [3 6]]
10.# transpose 与 T 效果一样
11.# [[1 4]
12.#  [2 5]
13.#  [3 6]]
```

（3）矩阵的逆。

求矩阵的逆需要先导入NumPy.linalg，用inv( )函数来求逆。矩阵求逆的前提条件是矩阵的行数和列数相同。

```
1. import NumPy as np
2. import NumPy.linalg as lg
3.
4. a = np.array([[1, 2, 3], [4, 5, 6], [7, 8, 9]])
5.
6. print(lg.inv(a))
7. # 结果
8. [[ -4.50359963e+15   9.00719925e+15  -4.50359963e+15]
9.  [  9.00719925e+15  -1.80143985e+16   9.00719925e+15]
10. [ -4.50359963e+15   9.00719925e+15  -4.50359963e+15]]
11.
```

```
12.a = np.eye(3) # 3 阶单位矩阵
13.print(lg.inv(a)) # 单位矩阵的逆为矩阵本身
14.# 结果
15.[[ 1.  0.  0.]
16. [ 0.  1.  0.]
17. [ 0.  0.  1.]]
```

（4）矩阵的最大值、最小值元素。

获得矩阵中元素最大、最小值的函数分别是max( )和min( )。

（5）平均值、方差和标准差。

可以使用mean( )或average( )函数获得矩阵中元素的平均值。同样，可以获得整个矩阵、行或列的平均值。方差的函数为var( )，相当于函数mean(abs(x - x.mean( )) ** 2)。标准差的函数为std( )，相当于sqrt(mean(abs(x - x.mean( )) ** 2))，或相当于sqrt(x.var( ))。

（6）中值（中位数）。

中值指的是将序列按大小顺序排列后，排在中间的那个值，如果有偶数个数，则是排在中间两个数的平均值。例如，序列[5,2,6,4,2]，按大小顺序排成[2,2,4,5,6]，排在中间的数是4，所以这个序列的中值是4。又如，序列[5,2,6,4,3,2]，按大小顺序排成[2,2,3,4,5,6]，因为有偶数个数，排在中间两个数是3、4，所以这个序列的中值是3.5。中值的函数是median( )，调用方法为NumPy.median(x, [axis])，axis可指定轴方向，默认axis=None，对所有数取中值。

（7）矩阵的截取。

矩阵的截取是指从已有矩阵中选择一部分来形成新的矩阵，可以按行和列来截取矩阵，也可以根据指定的条件来截取矩阵。

① 按行和列截取：矩阵的截取和list相同，可以通过中括号"[ ]"来截取。

```
1. import NumPy as np
2. a = np.array([[1, 2, 3, 4, 5], [6, 7, 8, 9, 10]])
3.
4. print(a[0:1]) # 截取第一行，返回 [[1 2 3 4 5]]
5. print(a[1, 2:5]) # 截取第二行，第三、四、五列，返回 [8 9 10]
6.
7. print(a[1, :]) # 截取第二行，返回 [ 6  7  8  9 10]
```

② 按条件截取：将矩阵中满足一定条件的元素变成特定的值。例如，将矩阵中大于6的元素变成0。

```
1. import NumPy as np
2.
3. a = np.array([[1, 2, 3, 4, 5], [6, 7, 8, 9, 10]])
4. print(a)
5. # 开始矩阵为
6. [[ 1  2  3  4  5
```

```
7.  [ 6  7  8  9 10]]
8.
9.  a[a > 6] = 0
10. print(a)
11. # 将大于 6 的元素清零
12. [[1 2 3 4 5]
13.  [6 0 0 0 0]]
```

③ clip 截取：clip(矩阵, min, max)。返回值：所有小于min的值都等于min，所有大于max的值都等于max。

（8）矩阵的合并。

矩阵的合并可以通过NumPy( )中的hstack( )方法和vstack( )方法实现。

```
1.  import NumPy as np
2.
3.  a1 = np.array([[1, 2], [3, 4]])
4.  a2 = np.array([[5, 6], [7, 8]])
5.
6.  # 参数传入时要以列表 list 或元组 tuple 的形式传入
7.  print(np.hstack([a1, a2]))
8.  # 横向合并，返回结果如下
9.  [[1 2 5 6]
10.  [3 4 7 8]]
11.
12. print(np.vstack((a1, a2)))
13. # 纵向合并，返回结果如下
14. [[1 2]
15.  [3 4]
16.  [5 6]
17.  [7 8]]
```

温馨提示

矩阵的合并也可以通过 concatenate( ) 方法。np.concatenate((a1, a2), axis=0) 等价于 np.vstack((a1, a2))。np.concatenate((a1, a2), axis=1) 等价于 np.hstack((a1, a2))。

3）数组的索引与切片

这部分主要介绍NumPy中对于数组的索引与切片的常用方法。

（1）使用索引器np.ix_( )。

代码如下所示。

```
1.  a = np.arange(9).reshape(3, 3)
2.  print(a)
3.
4.  # 使用索引器 np.ix_( )
```

```
5. num = a[np.ix_([0, 1, 2], [0, 1])] # 获取第 0、1、2 行的第 0、1 列的元素
6. print(num)
```

（2）花式索引。

花式索引指的是利用整数数组进行索引的方式。

（3）布尔索引。

利用布尔类型的数组进行数据索引。

```
1. names = np.array(['james', 'lobe', 'tom'])
2. scores = np.array([
3.     [98, 86, 55, 90],
4.     [70, 86, 90, 99],
5.     [82, 55, 89, 86]
6. ])
7. classic = np.array(['语文', '数学', '英语', '科学'])
8. print('lobe 的成绩是 :')
9. # print(names == 'lobe')
10.print(scores[names == 'lobe'])
11.
12.print('lobe 的数学成绩 :')
13.# print(scores[names == 'lobe', classic == '数学'])
14.print(scores[names == 'lobe'].reshape(-1,)[classic == '数学'])
```

4）常用函数

下面介绍本案例中涉及的NumPy中的常用的函数。

（1）np.where( )函数。

np.where( )函数是三元表达式的矢量化版本，即如果满足condition条件，则返回x，否则返回y。

```
1. xarr = np.array([1, 2, 3, 4, 5])
2. yarr = np.array([6, 7, 8, 9, 10])
3. condition = xarr < yarr
4. # 传统的三元表达式
5. # zip( ) 函数接受一系列可迭代对象作为参数，将对象中对应的元素打包成一个个元组，
6. # 然后返回由这些元组组成 list（列表）
7. result1 = [x if c else y for (x, y, c) in zip(xarr, yarr, condition)]
8. print(result1)
9. result2 = np.where(condition, xarr, yarr)
10.print(result2)
```

（2）np.unique( )函数。

np.unique( )函数的主要作用是将数组中的元素进行去重操作（只保存不重复的数据）。

（3）np.sort( )排序函数

函数返回输入数组的排序副本。np.sort( )排序函数中包含四个参数，即a、axis、kind、order，详细解释如下。

① a：必要的参数，所需排序的数组。

② axis：数组排序时的基准。axis=0时按列排列，axis=1时按行排列。

③ kind：排序方式，默认为快速排序。

④ order：一个字符串或列表，可以设置按照某个属性进行排序。

2.主体设计

一次性模拟多次随机漫步实现流程如图4-2所示。

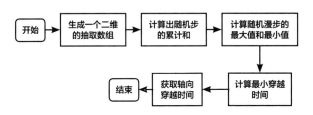

图4-2　一次性模拟多次随机漫步实现流程图

一次性模拟多次随机漫步具体通过以下4个步骤实现。

Step1：通过NumPy.random中的函数生成一个二维的抽取数组，并且可以一次性地跨行计算出随机漫步的累计和。

Step2：计算出这些随机漫步的最大值和最小值。

Step3：在这些随机漫步中计算出最小穿越时间，可以用any方法来检查。

Step4：使用布尔类型的数组来选出绝对步数超过30步所在的行，并用argmax获取轴向穿越时间。

3.编程实现

本实战技能使用PyCharm进行编写，创建源文件【案例62：Numpy的基本操作.py】，在界面输入代码。参考下面的详细步骤，编写具体代码，具体步骤及代码如下所示。

Step1：引入相关库，代码如下所示。

```
1. import NumPy as np
2. nwalks = 5000
3. nsteps = 1000
4. draws = np.random.randint(0, 2, size=(nwalks, nsteps))
5.                          # size 为 5000 行、1000 列，也就是 5000 次 1000 步的随机漫步
6. print(draws)  # draws 代表了一个 5000 行的列表，每个列表有 1000 个元素，
7.               # 这 1000 个元素由 0 和 1 随机构成
8.
9. steps = np.where(draws > 0, 1, -1) # 当元素为 1 时，step 为 1；当元素为 0 时，step 为 -1
10.walks = steps.cumsum(1) # 所有元素的累积和
11.print(walks)  # walks 为 5000 行的列表，列表中有 1000 个元素，
12.              # 每个元素是前面所有元素的累积和
13.print(walks.max( ))
14.print(walks.min( ))
```

Step2：对一次性模拟多次随机漫步进行实际操作。

```
15.hits30 = (np.abs(walks) >= 30).any(1)   # 对每一行按指定条件进行判断，如果
16.                                         # 每一行中只要存在大于等于 30 的数，
17.                                         # 则返回 True；否则，返回 False
18.print(hits30)      # 可以看出是一个布尔类型的数组
19.print(hits30.sum( ))  # True 相当于 1，即对 1 的数量求和
20.print(walks[hits30])
21.print(np.abs(walks[hits30]))
22.
23.crossing_times = (np.abs(walks[hits30]) >= 30).argmax(1)
24.# 使用上面生成的布尔类型的数组选出绝对步数超过 30 步所在的行，使用 argmax 获得穿越时间
25.print(crossing_times)    # 返回一个列表，列表中的每一个元素由每行中首次出现绝对值
26.                         # 大于等于 30 的索引值构成
27.print(crossing_times.mean( ))
```

巩固·练习

根据所介绍的NumPy的使用方法与函数，求下列数组的最大、最小和中值。

[91，45，10，51，102，88，129，100，148，72，52，114，99，5，67，26]

> **小 贴 士**
>
> NumPy可以直接用max( )、min( )、median( )函数求出矩阵、行或列的最大值、最小值和中值。

实战技能 63 SciPy的基本操作

实战·说明

本实战技能是对SciPy科学计算库基本操作的介绍，SciPy是一款方便、易于使用、专为科学和工程设计的Python工具包。本案例根据SciPy的基本用法和常规应用实现了数值积分、线性方程计算和快速傅里叶变换。

技能·详解

1.技术要点

SciPy一般通过操控NumPy数组来进行科学计算，包括插值运算、优化算法、图像处理、数学统计等模块，这些模块可应用于不同的领域。本案例主要会用到SciPy的一些常用方法和函数，先

介绍其使用方法。

1）SciPy常用方法

SciPy是一个高级的科学计算库，具有许多功能，SciPy的常用方法如表4-2所示。

表 4-2　SciPy 常用方法

模块	说明
scipy. constants	物理和数学常数
scipy.cluster	矢量量化／K 均值
scipy.integrate	积分程序
scipy.fftpack	快速傅里叶变换
scipy.interpolate	插值
scipy.io	数据输入和输出
scipy.linalg	线性代数程序
scipy.odr	正交距离回归
scipy.signal	信号处理
scipy.ndimage	n维图像包
scipy.optimize	优化
scipy.spatial	空间数据结构和算法
scipy.sparse	稀疏矩阵
scipy.stats	统计
scipy.special	特殊函数

2）LU分解

将系数矩阵A转变成两个矩阵L和U的乘积，其中L和U分别是下三角矩阵和上三角矩阵。当A的所有顺序主子式都不为0时，矩阵A可以分解为$A=LU$（所有顺序主子式不为0，矩阵可以进行LU分解）。

当需要求解$Ax=b$的时候，左边的矩阵A很多时候是不变的，而右边的b随着输入而变化。做LU分解时，只会用到矩阵A，所以可以预先准备好L与U，当有求解b的需求时，可以直接拿来使用。

3）Cholesky分解

Cholesky分解用于求解线性方程组$Ax=b$，其中A为对称正定矩阵，又叫作平方根法，是求解对称正定线性方程组最常用的方法之一。

4）SVD奇异分解

SVD是现在比较常见的算法之一，也是数据挖掘工程师、算法工程师必备的技能之一。假设A是一个$M \times N$的矩阵，那么通过分解将会得到U、Σ、V^{T}（V的转置）三个矩阵，其中U是一个$M \times M$的方阵，被称为左奇异向量，方阵里面的向量是正交的。

Σ是一个$M \times N$的对角矩阵，除了对角线的元素，其他都是0，对角线上的值称为奇异值。

V^{T}是一个$N \times N$的矩阵，被称为右奇异向量，方阵里面的向量也都是正交的。

5）特殊函数：scipy.special

scipy.special的文档对其功能介绍得非常清楚，常用的函数有以下几个。

贝塞尔函数：scipy.special.jn( )。

椭圆函数：scipy.special.ellipj( )。

伽玛函数：scipy.special.gamma( )。需要注意的是，scipy.special.gammaln( )函数是可以给出对数坐标的伽玛函数，因此有更高的数值精度。

6）统计：scipy.stats

scipy.stats用于统计工具和随机过程。各个随机过程的随机数生成器可以从NumPy.random中找到。给定一个随机过程的观察值，它们的直方图是随机过程的概率密度函数的估计器。

7）插值：scipy.interpolate

插值是进行数据处理和可视化分析的常见操作，基于Python的SciPy支持一维和二维的插值运算。scipy.interpolate是SciPy中用于插值的工具包，里面包含了封装好的函数和类、一维和多维（单变量和多元）插值类、泰勒多项式插值器、FITPACK 和DFITPACK函数的包装器等。

8）信号处理：scipy.signal

这是SciPy中用于信号处理的工具包，以下为主要函数的作用。

scipy.signal.detrend( )：移除信号的线性趋势。

scipy.signal.resample( )：使用FFT将信号重采样成n个点。

Signal中有许多窗函数，如scipy.signal.hamming( )、scipy.signal.bartlett( )和 scipy.signal.blackman( )。Signal中有滤波器（中值滤波scipy.signal.medfilt( )，维纳滤波scipy.signal.wiener( )）。

9）数据输入和输出：scipy.io

这是SciPy中用于导入和导出其他类型文件的工具包，主要功能包括以下两种。

（1）保存文件。

```
1. from scipy import io as spio
2. import NumPy as py
3. a = py.ones((3, 3))
4. spio.savemat('file.mat', {'a': a})
5. data = spio.loadmat('file.mat', struct_as_record=True)
6. print(data['a'])
```

（2）读取图片。

```
1. from scipy import misc
2. import matplotlib.pyplot as mat
3. print(misc.imread('scikit.png'))
4. print(mat.imread('scikit.png'))
```

10）快速傅里叶变换：scipy.fftpack

快速傅里叶变换是离散傅里叶变换的快速算法，它是根据离散傅里叶变换的奇、偶、虚、实等特性，对离散傅立叶变换的算法进行改进获得的。

在SciPy中，scipy.fftpack模块则用来计算快速傅里叶变换。

有关傅里叶变换的理论并没有新的发现，但是对于在计算机系统或者数字系统中应用离散傅立叶变换，可以说是进了一大步。

2.主体设计

下面将为读者介绍利用SciPy进行数值积分、线性方程组的计算和快速傅里叶变换的实现方法。

1）数值积分

数值积分的流程如图4-3所示。

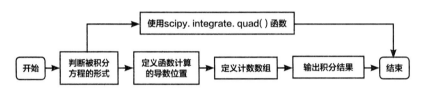

图4-3　数值积分流程图

数值积分具体通过以下7个步骤实现。

Step1：判断被积分方程是微分方程还是普通方程。

Step2：若为普通方程，则使用最通用的scipy.integrate.quad( )函数对相应数值进行积分。

Step3：若为微分方程，则要先定义函数计算的导数位置，即在Python编程中，语法格式为def 函数名(因变量,自变量,counter_arr)，其中参数counter_arr用来说明函数可能在单个时间步中被多次调用，直到解收敛。

Step4：使用zeros( )函数建立一个只有一个数字且初始值为零的计数数组。在Python编程中，语法格式为py.zeros(数据个数,该数据的类型)。

Step5：使用linspace( )函数构建一个从0到4并且含有40个数字的数组。在Python编程中，语法格式为py.linspace(0, 4, 40)。

Step6：用odeint( )进行弹道的计算。

Step7：输出结果。

2）线性方程的计算

解线性方程组的方法有4种，根据例题，分别为大家讲解线性方程的解法。

（1）LU分解法。

LU分解法的流程如图4-4所示。

图4-4　LU分解法流程图

LU分解法具体通过以下6个步骤实现。

Step1：将两方程组中各个参数的系数分为两个数组。在Python编程中，语法格式为py.array([方程一中x的系数, 方程一中y的系数][方程二中x的系数, 方程二中y的系数])。

Step2：将两方程组的结果分为一个数组。

Step3：使用scipy.linalg.lu( )函数将方程组进行LU分解。

Step4：scipy.linalg.lu( )函数的返回值为p、l、u三个矩阵，所以矩阵分解变为$(pl)u = a$。

Step5：得到p、l、u后，用p、l和b求y，用u和y求x。在Python编程中，语法格式为solve(p.dot(l), b)和solve(u,y)。

Step6：输出结果。

LU分解法以 $\begin{cases} 2x + 3y = 4 \\ 5x + 4y = 3 \end{cases}$ 为例。

LU分解法实现线性方程求解，将函数各方程系数和结果分为两个数组，并对两个数组进行LU分解，如图4-5所示。

（2）Cholesky分解法。

Cholesky分解法的流程如图4-6所示。

```
[[ 0.  1.]
 [ 1.  0.]] #p
[[ 1.  0. ]
 [ 0.4 1. ]] #l
[[ 5.  4. ]
 [ 0.  1.4]] #u
[ 3.  2.8] #y
[-1.  2.] #x
```

图4-5　LU分解法实现线性方程求解图

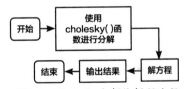

图4-6　Cholesky分解法解题流程

Cholesky分解法具体通过以下4个步骤实现。

Step1：使用array( )函数以相同的方法将系数和方程结果进行分组。

Step2：使用cholesky( )函数对上一步中分出的数组进行分解。在Python编程中，语法格式为cholesky(A, lower=True)。

Step3：使用LU分解法中解方程组的方式将答案解出。

Step4：输出结果。

Cholesky分解法以 $\begin{cases} 1x_1 + 2x_2 + 3x_3 = 1 \\ 2x_1 + 8x_2 + 8x_3 = 8 \\ 3x_1 + 8x_2 + 35x_3 = 20 \end{cases}$ 为例。

Cholesky分解法实现线性方程求解，求解线性方程组$Ax=b$，其中A为对称正定矩阵，先将A矩阵使用Cholesky分解得到矩阵L，再求得matmul矩阵，紧接着利用$Ly=b$求出y的值，得到y之后再得到x，输出结果如图4-7所示。

```
[[ 1.  0.  0.]
 [ 2.  2.  0.]
 [ 3.  1.  5.]] # L
[[ 1.  2.  3.]
 [ 2.  8.  8.]
 [ 3.  8.  35.]] # matmul
[[ 1.  2.  3.]
 [ 2.  8.  8.]
 [ 3.  8.  35.]] # dot
[ 1.  8.  20.] [ 1  8  20]
[-3.12  1.22  0.56]
[ 1.  3.  2.8] [ 1.  3.  2.8]
```

图4-7　Cholesky分解法实现线性方程求解图

（3）QR分解法。

QR分解法流程如图4-8所示。

图4-8　QR分解法流程图

QR分解法具体通过以5个步骤实现。

Step1：与Cholesky分解法相似，也是使用array( )函数将系数与结果进行分类。

Step2：使用qr( )函数将矩阵进行分解。

Step3：分解得到一个正交矩阵和一个上三角矩阵。

Step4：得到答案。

Step5：输出结果。

QR分解法与SVD分解法以 $\begin{cases} 3x_2 + 1x_3 = 0 \\ 4x_2 - 2x_3 = 0 \\ 2x_1 + x_2 + 25x_3 = 0 \end{cases}$ 为例。

QR分解法实现线性方程求解，是求解一般矩阵全部特征值的最有效的方法，这种方法把 $Ax=b$ 的系数矩阵 A 分解成一个正交矩阵 Q 与一个上三角矩阵 R 的积，从而得到 $QR=A$ 的结论，分解得到 Q、R。矩阵结果如图4-9所示。

```
[[ 0.  -0.6  -0.8]
 [-0.  -0.8  0.6]
 [-1.  0.  0.  ]] # Q
[[-2. -1. -2.]
 [ 0. -5.  1.]
 [ 0.  0. -2.]] # R
[[ 0  3  1]
 [ 0  4 -2]
 [ 2  1  2]] # A
[[ 0.  3.  1.]
 [ 0.  4.  2.]
 [ 2.  1.  2.]] # QR
```

图4-9　QR分解法实现线性方程求解图

（4）SVD分解法

SVD分解法流程如图4-10所示。

图4-10　SVD分解法流程图

SVD分解法具体通过以下4个步骤实现。

Step1：使用array( )函数将系数录入并分组。

Step2：使用svd( )函数将这个矩阵进行分解。

Step3：将返回的值赋给*u*、*e*、*v*新矩阵。

Step4：输出结果。

SVD分解法实现线性方程求解，*A*为系数矩阵，矩阵进行SVD分解将会得到*u*、*e*、*v*三个矩阵，其中*u*是一个$M \times M$的方阵，为左奇异向量且正交；*e*是一个$M \times N$的对角矩阵，对角线上的值称为奇异值；*v*是一个$N \times N$的矩阵，为右奇异向量且正交。最终有*A=uev*，结果如图4-11所示。

3）快速傅里叶变换

快速傅里叶变换是利用计算机计算离散傅里叶变换的快速计算方法的统称。图4-12为快速傅里叶变换的流程图。

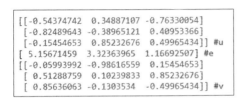

图4-11　SVD分解法实现线性方程求解图

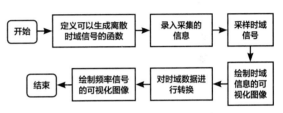

图4-12　快速傅里叶变换流程图

快速傅里叶变换具体通过以下6个步骤实现。

Step1：定义可以生成离散时域信号的函数signal_samples。在Python编程中，需要使用def来定义所需函数，即py.sin(1 * py.pi * t) + py.sin(2 * py.pi * t) + py.sin(4 * py.pi * t)。

Step2：使用int( )函数将采集的信息进行录入。

Step3：t表示从100秒内共1000个采样点（时间点），即连续信号经采样变成离散信号。在Python编程中，需要使用linspace( )函数对其进行处理。

Step4：使用axcs[].plot、axes[].set_xlabel和axes[].set_ylabel函数绘制时域信息的可视化图像。

Step5：SciPy的fftpack包里的fft( )函数可以将采样得到的离散信号从时域转换为频域的数据，而fftfreq( )函数可以求得各个采样点的频率值。在Python编程中，需要使用fftpack.fft( )和fftpack.fftfreq( )函数分别进行转换，求出各个采样点的频率值。

Step6：使用和Step4相同的方法，画出转换后频率信号的可视化图像。

快速傅里叶变换的时域信息可视化图像如图4-13所示。

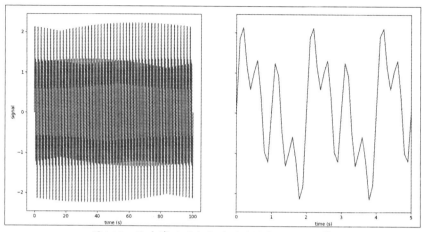

图4-13 快速傅里叶变换的时域信息可视化图像

快速傅里叶变换的频率信号可视化图像如图4-14所示。

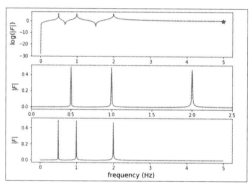

图4-14 快速傅里叶变换的频率信号可视化图像

3.编程实现

本实战技能使用PyCharm进行编写，创建源文件【案例63：SciPy的操作.py】，在界面输入代码。
参考下面的详细步骤，编写具体代码，具体步骤及代码如下所示。

Step1：引入相关的库和数值积分，对方程进行积分，代码如下所示。

```
1. from scipy.integrate import quad
2. import NumPy as py
3. from scipy import sc
4. res, err = quad(py.sin, 0, py.pi / 2)
5. # 使用最通用的 scipy.integrate.quad( )函数对相应数值进行积分
6. py.allclose(res, 1)
7. py.allclose(err, 1 - res)
```

Step2：微分方程进行积分，代码如下所示。

```
1. from scipy.integrate import quad
2. import NumPy as py
3. from scipy import sc
```

```
4. def calc_derivative(ypos, time, counter_arr):
5. counter_arr += 1
6. # counter_arr 用来说明函数可能在单个时间步中被多次调用，直到解收敛
7. return -2 * ypos
8. counter = py.zeros(1, dtype=py.uint16)
9. # 使用 zeros( ) 函数建立一个只有一个数字且初始值为零的计数数组
10.from scipy.integrate import odeint
11.time_vec = py.linspace(0, 4, 40)
12.# 使用 linspace( ) 函数构建一个从 0 到 4 并且含有 40 个数字的数组
13.yvec, info = odeint(calc_derivative, 1, time_vec, args=(counter,),
14.                        full_output=True)
15.# 再用 odeint( ) 函数进行弹道的计算
```

Step3：对方程组使用LU分解处理，代码如下所示。

```
1. from scipy.linalg import lu, solve
2. import NumPy as py
3. A = py.array([[2, 3], [5, 4]])
4. b = py.array([4, 3])
5. p, l, u = lu(A)  # 分解系数矩阵返回上三角和下三角矩阵及转置矩阵
6. print(p)  # 输出转置矩阵
7. print(l)  # 输出单位下三角矩阵
8. print(u)  # 输出单位上三角矩阵
9. y = solve(p.dot(l), b)  # 求 ply = b 的 y
10.print(y)
11.x = solve(u, y)  # 求 ux = y 的 x
12.print(x)
```

Step4：实现Cholesky分解法，代码如下所示。

```
1. from scipy.linalg import cholesky
2. import NumPy as py
3. A = py.array([[1, 2, 3], [2, 8, 8], [3, 8, 35]])  # 导入系数
4. b = py.array([1, 8, 20])  # 导入方程式结果
5. l = cholesky(A, lower=True)  # 对系数矩阵进行分解处理
6. print(l)
7. print(py.matmul(l, l.T)) # 计算的乘积
8. print(l.dot(l.T)) # 输出的乘积
9. y = solve(l, b)
10.print(l.dot(y), b)
11.x = solve(l.T, y)
12.print(x)
13.print(l.T.dot(x), y)
```

Step5：实现QR分解法，代码如下所示。

```
1. from scipy.linalg import qr
2. import NumPy as py
3. aa = py.array([[0, 3, 1], [0, 4, -2], [2, 1, 2]])
```

```
4. qq, rr = qr(aa)   # 使用 QR 分解法，将系数矩阵分为 q、r 两个矩阵
5. print(qq)
6. print(rr)
7. print(aa)   # 输出各个矩阵
8. print(qq.dot(rr))   # 输出计算结果
```

Step6：实现 SVD 分解法，代码如下所示。

```
1. from scipy.linalg import qr, svd
2. import NumPy as py
3. aa = py.array([[0, 3, 1], [0, 4, -2], [2, 1, 2]])
4. # 使用 array( ) 函数将系数进行录入并分组
5. u, e, v = svd(aa)
6. # 使用 svd( ) 函数分解矩阵并将值赋给 u、e、v 矩阵
7. print(u)
8. print(e)
9. print(v)   # 输出结果
```

Step7：实现快速傅里叶变换，代码如下所示。

```
1. import NumPy as py
2. import matplotlib.pyplot as mat
3. def signal_samples(t):   # 定义可以生成离散时域信号的函数
4.     return py.sin(1 * py.pi * t) + py.sin(2 * py.pi * t) + py.sin(4 * py.pi * t)
5.
6. B = 5.0
7. f_s = 2 * B
8. delta_f = 0.01
9. N = int(f_s / delta_f)   # 将采集的信息进行录入
10.T = N / f_s
11.t = py.linspace(0, T, N)   # 使用 linspace( ) 函数将连续信号转换为离散信号
12.f_t = signal_samples(t)
13.
14.fig, axes = mat.subplots(1, 2, figsize=(8, 3), sharey=True)
15.# 设置输出图片的大小
16.axes[0].plot(t, f_t)
17.axes[0].set_xlabel("time (s)")
18.axes[0].set_ylabel("signal")
19.axes[1].plot(t, f_t)
20.axes[1].set_xlim(0, 5)
21.axes[1].set_xlabel("time (s)")
22.mat.show( )   # 输出快速傅里叶变换的不同时域的信息图像
23.
24.from scipy import fftpack
25.F = fftpack.fft(f_t)
26.f = fftpack.fftfreq(N, 1.0 / f_s)
27.# 使用 fftpack.fft( ) 和 fftpack.fftfreq( ) 函数分别进行转换，求出各个采样点的频率值
28.mask = py.where(f >= 0)
```

```
29.fig, axes = mat.subplots(3, 1, figsize=(8, 6))
30.# 使用 axcs[].plot、axes[].set_xlabel 和 axes[].set_ylabel 函数绘制时域信息
31.# 的可视化图像
32.axes[0].plot(f[mask], py.log(abs(F[mask])), label="real")
33.axes[0].plot(B, 0, 'r*', markersize=10)
34.axes[0].set_ylabel("\log(|F|)", fontsize=14)
35.
36.axes[1].plot(f[mask], abs(F[mask]) / N, label="real")
37.axes[1].set_xlim(0, 2.5)
38.axes[1].set_ylabel("|F|", fontsize=14)
39.
40.axes[2].plot(f[mask], abs(F[mask]) / N, label="real")
41.axes[2].set_xlabel("frequency (Hz)", fontsize=14)
42.axes[2].set_ylabel("|F|", fontsize=14)
43.mat.show( )    # 输出快速傅里叶变换得到的频率信号结果
```

巩固·练习

已知函数 $y = f(x)$ 在给定互异点 x_0 和 x_1 上的值为 $y_0 = f(x_0)$，$y_1 = f(x_1)$，利用 SciPy 进行拉格朗日插值。

> **小贴士**
>
> 在节点上给出节点基函数，然后做基函数的线性组合，组合系数为节点函数值，这种插值多项式称为拉格朗日插值公式。
>
> 题中的线性插值就是构造一个一次多项式 $P_1(x) = ax + b$，使它满足条件 $P_1(x_0) = y_0$ 和 $P_1(x_1) = y_1$。

实战技能 64 常用图形的绘制

实战·说明

本实战技能将使用 Python 中的 Matplotlib 来绘制常用的图形（在过程中也会导入 NumPy 模块），如饼状图（图4-15）、柱状图（图4-16）、曲线图（图4-17）、散点图（图4-18）、离散点图（图4-19）、折线图（图4-20）等基本图形。

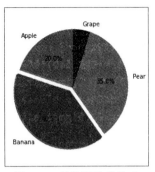

图4-15　饼状图结果展示

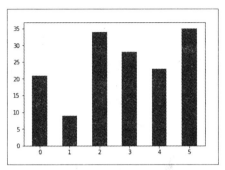

图4-16　柱状图结果展示

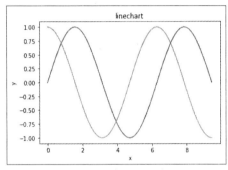

图4-17　曲线图结果展示

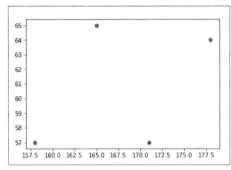

图4-18　散点图结果展示

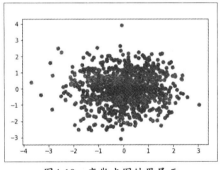

图4-19　离散点图结果展示

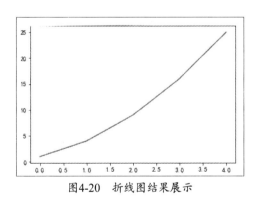

图4-20　折线图结果展示

技能·详解

1.技术要点

本实战技能主要利用Matplotlib实现Python的各种绘图工作，其技术关键在于使用Matplotlib中的各种函数。

Matplotlib是一个Python的2D绘图库，它以各种硬拷贝格式和跨平台的交互式环境生成高质量的图形。通过Matplotlib，开发者仅需要几行代码，便可以生成绘图。一般可绘制折线图、散点图、柱状图、饼状图等。Matplotlib库的常用函数如表4-3所示。

表 4-3　Matplotlib 库常用函数表

函数	说明
plt.plot	绘制折线图
plt.boxplot	绘制箱形图
plt.bar	绘制柱状图
plt.scatter	绘制散点图
plt.pie	绘制饼状图
plt.polar	绘制极坐标图
plt.hist	绘制直方图
plt.barth	绘制横向条形图

2.主体设计

绘图流程如图4-21所示。

图4-21　绘图流程图

常用图形的绘制具体通过以下3个步骤实现。

Step1：导入Matplotlib、NumPy和Pandas，参照如表4-3所示的函数表，绘制自己所需的图形。其中，NumPy作为Matplotlib的数组运算，而Matplotlib同时调用Pandas、Seaborn等模块，使数据可视化。

Step2：配置所需的参数。

Step3：输出所需求的图形。

3.编程实现

本实战技能使用PyCharm进行编写，创建源文件【案例64：常用图形的绘制.py】，在界面输入代码。参考下面的详细步骤，编写具体代码，具体步骤及代码如下所示。

Step1：本次用到plt.pie( )函数生成饼状图，其中可以配置自己所需的参数。本次将饼状图分离出来，并且将数据的精确度确定在了小数点后一位，代码如下所示。

```
1. import matplotlib.pyplot as plt
2. labels = 'Apple', 'Banana', 'Pear', 'Grape'
3. sizes = [20, 40, 35, 5]
4. colors = ['green', 'blue', 'red', 'black']
5. explode = (0, 0.1, 0, 0)
6. plt.pie(sizes, explode=explode, labels=labels, colors=colors,
7.         autopct='%1.1f%%', shadow=True, startangle=90)
8. plt.axis('equal')
9. plt.show( )
```

Step2：本次用到plt.bar( )函数生成柱状图。先导入NumPy和Matplotlib模块，接着配置所需的参数，如宽度、柱体颜色、柱体高度和柱体的个数，代码如下所示。

```
1. import matplotlib.pyplot as plt
2. import NumPy as np
3. N = 6
4. y = [21, 9, 34, 28, 23, 35]
5. index = np.arange(N)
6. plt.bar(left=index, height=y, color='blue', width=0.5,)
```

Step3：本次用到plt.plot( )函数生成曲线图。先导入NumPy和Matplotlib模块，接着配置所需的参数，如标题、坐标位置、三角函数等，代码如下所示。

```
1. import NumPy as np
2. import matplotlib.pyplot as plt
3. x = np.linspace(0, 3 * np.pi, 90)
4. y1, y2 = np.sin(x), np.cos(x)
5. plt.plot(x, y1)
6. plt.plot(x, y2)
7. plt.title('linechart')
8. plt.xlabel('x')
9. plt.ylabel('y')
10.plt.show( )
```

Step4：本次只需导入Matplotlib模块即可，通过plt.scatter( )函数生成散点图，接着配置所需的参数，如高度和宽度，代码如下所示。

```
1. import matplotlib.pyplot as plt
2. higth = [158, 178, 165, 171]
3. weight = [57, 64, 65, 57]
4. plt.scatter(higth, weight)
```

Step5：有了散点图当然也就少不了离散点图，离散点图的特征就在于随机性。本次需用到NumPy模块中的random.randn( )函数来输出随机数，导入Matplotlib和NumPy模块。离散点图也具有离散点性质，此次用到plt.scatter( )函数，设置参数为随机数的范围，代码如下所示。

```
1. import matplotlib.pyplot as plt
2. import NumPy as np
3. number = 1000
4. x = np.random.randn(number)
5. y = np.random.randn(number)
6. plt.scatter(x, y)
```

Step6：绘制一个最简单的折线图，本次只需导入Matplotlib模块即可。折线图可看作是多个坐标点连成的折线，本次用到plt.plot( )函数，而参数需设置每个点的数据，代码如下所示。

```
1. import matplotlib.pyplot as plt
2. squares = [1, 4, 9, 16, 25]
3. plt.plot(squares)
```

```
4. plt.show( )
```

巩固·练习

使用Seaborn模块来绘制常用图形。

小贴士

　　Seaborn是Matplotlib的增强版，因此我们可以用Seaborn模块来绘制常用图形，但是使用
Seaborn模块时必须先要安装Matplotlib模块。

　　Seaborn模块其实是在Matplotlib模块的基础上进行了更高级的API封装，在大多数情况下，使
用Seaborn模块就能做出具有吸引力的图。

实战技能 ⑥⑤ 显示海底地震的数据

实战·说明

　　本实战技能将使用Pandas库和Seaborn库的相关知识，将一组有关海底地震的数据以散点图
的方式展现出来。该案例的运行结果如图4-22所示，其横纵坐标为经纬度，显示海底地震发生的
区域。

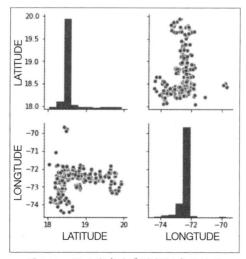

图4-22　显示海底地震的数据实现结果

技能·详解

1.技术要点

本实战技能主要利用Pandas库和Seaborn库，实现对于数据的分析及图片的绘制。要实现本案例，需要掌握以下几个知识点。

1）Pandas库及其基本操作

Pandas库是基于NumPy的一种工具，该工具很好地完成了数据分析的相关任务，纳入了大量的库和一些标准的数据模型，提供了能高效操作大型数据集所需的工具。除此之外，Pandas库提供了能使我们快速便捷地处理数据的函数和方法。通常，在编码中若发现有"pd."，则表明有对Pandas库的引用。

Pandas库中的数据结构主要有4种，即Series、Time-Series、DataFrame和Panel。比较常用的是Series与DataFrame，在这里就主要介绍一下这两种结构。

Series是一种一维的数组型对象，包含一个值序列和一个被称为索引的数据标签，其常用的函数如表4-4所示。

表 4-4　Series 常用函数

函数	意义
obj = pd.Series(value)	创建一个 Series 对象，value 可以为 list，也可以为 dist
obj.values( )	获取 Series 对象的值
obj.index( )	管理矩形区域
obj.dtype( )	获取 Series 对象的值的类型

DataFrame是矩阵的数据表，可以把它当作一个特殊的共享相同索引的Series字典，其常用的函数如表4-5所示。

表 4-5　DataFrame 常用函数

函数	意义
obj = pd.DataFrame( )	创建一个 DataFrame 对象
obj.head( )	显示出头部的前 5 行

2）Seaborn库及其基本操作

Seaborn是一种专门用来画图的库，十分方便与快捷。引用时一般输入"import seaborn as sns"，其常用的函数如表4-6所示。

表 4-6　Seaborn 常用函数

函数	意义
distplot( )	画出一个直方图
jointplot( )	画出一个散点图

续表

函数	意义
pairplot( )	画出 $N \times N$ 图，对角为直方图，其余为散点图
regplot( )	画出一个回归分析图

2.主体设计

显示海底地震的数据流程如图4-23所示。

显示海地地震的数据具体通过以下5个步骤实现。

Step1：导入之后会用到的Pandas库和Seaborn库。

Step2：使用Pandas库中的读取文件函数，读取储存海底地震数据的文件。

Step3：删除文件中明显偏差的项。

Step4：利用Seaborn库中的函数做出散点图。

Step5：输出图形。

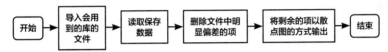

图4-23   显示海底地震的数据流程图

3.编程实现

本实战技能使用PyCharm进行编写，创建源文件【案例65：显示海底地震的数据.py】，在界面输入代码。参考下面的详细步骤，编写具体代码，具体步骤及代码如下所示。

Step1：导入Pandas库和Seaborn库。

```
1. import pandas as pd
2. import seaborn as sns
```

Step2：运用Pandas库中的read( )函数，将文件以csv的格式导入。

```
1. data = pd.read_csv('C:\\Users\\LEGION\\pydata-book-master\\ch08\\Haiti.csv')
```

温馨提示

该数据文件包含在随书附带的资源当中，读者需要根据自己存放的位置，修改上面代码中csv文件的路径。

Step3：删除文件中明显偏差的项。

```
1. data = data[(data.LATITUDE > 18) & (data.LATITUDE < 20) & (data.LONGITUDE >
2.          -75) & (data.LONGITUDE < 70) & data.CATEGORY.notnull( )]
```

Step4：运用Seaborn库中的pairplot( )函数做出散点图。

```
1. sns.pairplot(data, vars=['LATITUDE', 'LONGITUDE'])
```

巩固·练习

使用Matplotlip和Seaborn库中的jointplot( )函数实现本案例。

小贴士

要实现用Seaborn库中的jointplot( )函数，需要注意函数的使用。

（1）可使用Matplotlib库中的scatter( )函数画出一个散点图，其中x和y分别表示散点图的x轴与y轴对应的变量，具体步骤如下所示。

Step1： 将需要用到的数据以列表的形式存入变量中。

Step2： 用scatter( )函数画出散点图。

（2）可使用Seaborn库中的jointplot( )函数画出一个带有直方图的散点图，具体步骤如下所示。

Step1： 先定义需要用到的x和y。

Step2： 引用jointplot( )函数。

实战技能 66 岩石VS水雷数据集的统计与分析

实战·说明

本实战技能是通过预测分类算法对数据集属性进行可视化展示的一个例子。该案例将统计之后所得到的数据集导入Pandas数据框架中，对其进行了简单的统计分析和数据集属性的分析，并且对各个数据属性之间的相关性进行抽样分析，运用了数据可视化的方式，也综合运用了很多数据分析模块的知识。分析结果有数据库属性平行坐标图，如图4-24所示。数据中的第2属性与第3属性的交会，如图4-25所示。数据中的第2属性与第21属性的交会，如图4-26所示。统计学分析结果，如图4-27所示。

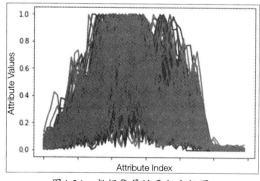

图4-24　数据集属性平行坐标图

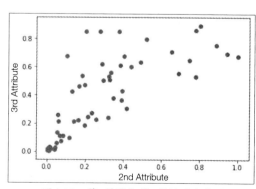

图4-25　第2属性与第3属性的交会图

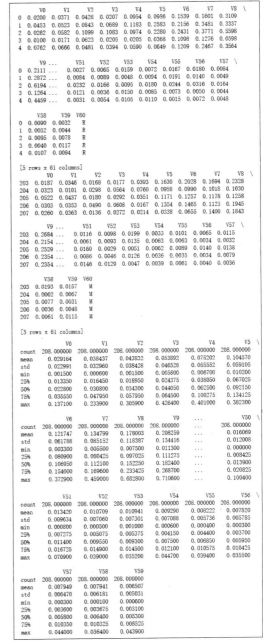

图4-27　统计学分析结果图

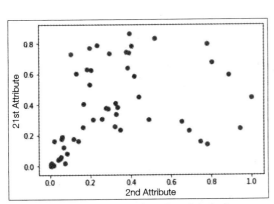

图4-26　第2属性与第21属性的交会图

技能 ▸ 详解

1.技术要点

本实战技能技术要点主要包括Pandas库的一些基本操作。

2.主体设计

岩石VS水雷数据集的统计与分析流程如图4-28所示。

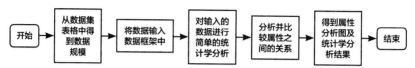

图4-28 岩石VS水雷数据集的统计与分析流程图

岩石VS水雷数据集的统计与分析流程具体通过以下9个步骤实现。

Step1：通过数据集表格，得到数据规模为208行、61列（实际数据值规模为208行、60列，第61列为数据的种类）。

Step2：target_url = (获取数据集的网址位置)。通过数据获取网页，将岩石与水雷的数据输入Pandas数据框架。

Step3：使用describe( )函数，对数据集进行统计学分析。

Step4：使用循环，将岩石与水雷区分开来。

Step5：使用pcolor( )函数，将岩石染成红色，将水雷染成蓝色。

Step6：绘制岩石VS水雷数据集属性平行坐标图。

Step7：使用mat.xlabel( )和mat.ylabe( )函数来定义横纵坐标所代表的数值名称，再使用mat.show( )函数输出已绘制的图像。

Step8：调出所需的第2个属性、第3个属性数据块，再绘制属性之间的散点图像。

Step9：输出两个散点图像。

3.编程实现

本实战技能使用PyCharm进行编写，创建源文件【案例71：岩石VS水雷案例.py】，在界面输入代码。参考下面的详细步骤，编写具体代码，具体步骤及代码如下所示。

Step1：编写岩石VS水雷的程序，代码如下所示。

```
1. import pandas as pand
2. from pandas import DataFrame
3. import matplotlib.pyplot as mat
4. target_url = ("https://archive.ics.uci.edu/ml/machine-learning-"
5.               "databases/undocumented/connectionist-bench/sonar/sonar.all-data")
6. rocksVSMines = pand.read_csv(target_url, header=None, prefix="V")
7. print(rocksVSMines.head( ))
8. print(rocksVSMines.tail( ))
9. summary = rocksVSMines.describe( )
10.print(summary)
11.for i in range(208):
12.    if rocksVSMines.iat[i, 60] == "M":
13.        pcolor = "red"
14.    else:
```

```
15.        pcolor = "blue"
16.    dataRow = rocksVSMines.iloc[i, 0:60]
17.    dataRow.plot(color=pcolor)
```

Step2：将数据输入Pandas数据框架中进行简单的统计学分析，并得出基础的岩石与水雷之间的图像，代码如下所示。

```
1. mat.xlabel("Attribute Index")
2. mat.ylabel(("Attribute Values"))
3. mat.show( )
```

Step3：比较第2个属性、第3个属性和第2个属性、第21个属性之间的关系，代码如下所示。

```
1. dataRow2 = rocksVSMines[1, 0:60]
2. dataRow3 = rocksVSMines.iloc[2, 0:60]
3. mat.scatter(dataRow2, dataRow3)
4. mat.xlabel("2nd Attribute")
5. mat.ylabel(("3rd Attribute"))
6. mat.show( )
7. dataRow21 = rocksVSMines.iloc[20, 0:60]
8. mat.scatter(dataRow2, dataRow21)
9. mat.xlabel("2nd Attribute")
10.mat.ylabel(("21st Attribute"))
11.mat.show( )
```

巩固·练习

本案例主要讲解分类问题的数据可视化，而回归问题的数据可视化又有所不同。请完成一个回归问题的数据可视化。

小贴士

在本案例中，不同颜色的平行坐标图体现了分类问题中的数据可视化，坐标图使用不同的颜色来对应标签值的高低，也就是实现标签的实数值到颜色值的映射。

在回归问题中，要将数据分为各种不同类型的数据，需要先将数据输入Pandas数据框架中，再对数据进行分类，并对具有不同属性的数据赋予不同的颜色，最后进行绘图。

实战技能 67 超市销售数据分析

实战·说明

近年来，随着新零售业的快速发展，超市的经营管理产生了大量数据。对这些数据进行分析，可以提升超市的竞争力，为超市的运营及经营策略的调整提供重要依据。

本实战技能将对某比赛数据集进行分析，对指定的数据进行分组统计，生成有利于我们分析的原数据格式，如图4-29所示。将大类名称进行分组，并对每个组的总销售金额进行统计，如图4-30所示。将中类名称和是否促销进行分组，并对每个组的销售金额进行总计，如图4-31所示。对一般商品每周的销量进行统计，如图4-32所示。对每个顾客每月的销售额和消费天数进行统计，如图4-33所示。

顾客编号	大类编码	大类名称	中类编码	中类名称	小类编码	小类名称	销售日期	销售月份	商品编码	规格型号	商品类型	单位	销售数量	销售金额	商品单价	是否促销
0	12	蔬菜	1201	蔬菜	120109	其它蔬菜	20150101	201501	DW-120109		生鲜			8	4	2	否
1	20	粮油	2014	酱菜类	201401	榨菜	20150101	201501	DW-20140160g		一般商品	袋	6	3	0.5	否
2	15	日配	1505	冷藏乳品	150502	冷藏加味酸	20150101	201501	DW-150502150g		一般商品	袋	1	2.4	2.4	否
3	15	日配	1503	冷藏料理	150305	冷藏面食类	20150101	201501	DW-150305500g		一般商品	袋	1	6.5	6.5	否
4	15	日配	1505	冷藏乳品	150502	冷藏加味酸	20150101	201501	DW-150502100g*8		一般商品	袋	1	11.9	11.9	否
5	30	洗化	3018	卫生巾	301802	夜用卫生巾	20150101	201501	DW-30180210片		一般商品	包	1	8.9	8.9	否
6	12	蔬果	1201	蔬菜	120104	花果	20150101	201501	DW-120104散称		生鲜	千克	0.964	8.07	5.6	否
7	20	粮油	2001	袋装速食面	200101	牛肉口味	20150101	201501	DW-200101120g		一般商品	袋	1	2.5	3	否
8	13	熟食	1308	现制中式面	130803	现制面类	20150101	201501	DW-130803个		生鲜	个	1	2	2	否
9	22	休闲	2203	膨化点心	220302	袋装薯片	20150101	201501	DW-220302 45g		一般商品	袋	1	4	4	否
10	22	休闲	2201	饼干	220111	趣味/果味	20150101	201501	DW-220111160g		一般商品		1	6.5	6.7	否
11	12	蔬果	1201	蔬菜	120104	花果	20150101	201501	DW-120104散称		生鲜	千克	0.784	1.25	1.6	否
11	12	蔬果	1201	蔬菜	120104	花果	20150101	201501	DW-120104散称		生鲜	千克	0.401	3.85	9.6	否
12	15	日配	1521	蛋类	152101	新鲜蛋品	20150101	201501	DW-152101散称		一般商品	千克	0.744	5.04	6.78	否
13	13	熟食	1301	凉拌熟食	130101	凉拌素食	20150101	201501	DW-130101散称		联营商品	kg	0.282	5.64	20	否
14	20	粮油	2011	液体调料	201111	料酒	20150101	201501	DW-201111500mL		一般商品	瓶	1	5.5	5.5	否

图4-29 原数据格式

中类名称	是否促销	销售金额
一次性用品	否	727.3
一次性用品	是	70.9
不锈钢餐具	否	37
个人卫生用品	否	47.2
中式熟菜	否	477.45
乳饮料	否	1972.4
乳饮料	是	673.5
五谷杂粮	否	9798.34
五谷杂粮	是	2935.72
保养用品	否	1753.4
保养用品	是	77.3
保温容器	否	28
保温容器	是	117.9
保鲜用品	否	429.9
保鲜用品	是	26.7
其他国产洗	否	586
其他加工	否	455.53
冰品	否	73.5
冰鲜水产	否	1528
冲调食品	否	3300.6
冲调食品	是	2462.5
冲饮品	否	640.9
冲饮品	是	46.4
冷冻包子馒	否	367.9
冷冻包子馒	是	75.6

图4-31 中类商品是否促销的销售额

大类名称	销售金额
休闲	74145.2
冲调	13957.6
家居	6311.1
家电	853.9
文体	1970.3
日配	81958.3
水产	2890.97
洗化	38013.8
烘焙	110.9
熟食	5938.5
粮油	60931.94
肉禽	25197.63
蔬菜	81375.78
酒饮	54790.9
针织	5765.9

图4-30 大类商品销售额

['一般商品 1]	
17369.98	
['一般商品 2]	
18245.82	
['一般商品 3]	
18645.07	
['一般商品 4]	
20423.89	
['一般商品 5]	
29391.6	
['一般商品 6]	
28997.67	
['一般商品 7]	
48354.79	
['一般商品 8]	
13733.04	
['一般商品 9]	
14366.11	
['一般商品 10]	
14595.45	

图4-32 一般商品每周的销售额

```
[0        201501]
本月消费天数为：1
销售金额： 11.05
[0        201504]
本月消费天数为：1
销售金额： 5.6
[1        201501]
本月消费天数为：1
销售金额为： 12.29999999999
[1        201502]
本月消费天数为：1
销售金额： 145.9
[2        201501]
本月消费天数为：2
销售金额为： 46.43000000000
[2        201502]
本月消费天数为：1
销售金额为： 90.00999999999
[3        201501]
本月消费天数为：3
销售金额为： 67.39
[3        201502]
本月消费天数为：4
销售金额为： 322.48
[3        201503]
```

图4-33 顾客每月销售额和消费天数

技能·详解

1.技术要点

本实战技能主要利用Pandas库来处理csv文件中的数据，筛选有价值的信息。

Pandas库提供了一个灵活高效的groupby( )函数，能以一种自然的方式对数据集进行切片、切块、摘要等操作。根据一个或多个键（可以是函数、数组或DataFrame列名）拆分Pandas对象，计算分组摘要统计，同时配合聚合函数，如count( )计数、sum( )统计总值、max( )最大值、min( )最小值，通过用户自定义函数得出想要的结果，对DataFrame的列应用各种各样的函数。应用组内转换或其他运算，如规格化、线性回归、排名或选取子集等，计算透视表或交叉表，执行分位数分析和其他分组分析。

groupby( )函数的常见用法如下。

（1）对一个列进行分组。

```
1. for name, group in data.groupby(['key1']):  # 对 key1 进行分组
2.     print(name)
3.     print(group) # 输出每个列
```

（2）对多个列进行分组。

```
1. for name, group in data.groupby(['key1', 'key2']):  # 对 key1 和 key2 分组
2.     print(name)  # name = (k1, k2)
3.     print(group)
```

（3）对多个列进行分组并求平均值。

```
1. for name, group in data.groupby(['key1', 'key2']):
2.     print(name)
3.     print('key1 平均值: ', (group['key1'].mean( )))
```

2.主体设计

超市数据分析实现流程如图4-34所示。

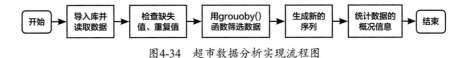

图4-34　超市数据分析实现流程图

超市数据分析具体通过以下5个步骤实现。

Step1：导入需要使用的库并读取数据。

Step2：查看是否有缺失值或者重复值。

Step3：用groupby( )函数对所需要的数据进行筛选。

Step4：对于原数据中的不便利用的日期数据进行转化，形成天数和周数的序列。

Step5：统计数据的概况信息。

3.编程实现

本实战技能使用PyCharm进行编写，创建源文件【案例67：超市销售数据分析.py】，在界面输入代码。参考下面的详细步骤，编写具体代码，具体步骤及代码如下所示。

Step1：先导入所需要的数据集，并查看数据集的格式。

```
1. import pandas as pd
2. import numpy as np
3.
4. flies = 'C:/Users/sky/Desktop/18181604/1.csv'
5. data = pd.read_csv(flies, encoding="gbk")
```

Step2：对大类名称进行分组，计算每个分组中销售金额的总和。

```
1. a = []    # 创建空 list 来保存数据
2. b = []
3. for name, group in data.groupby(['大类名称']):
4.     a.append(name)
5.     b.append((group['销售金额'].sum()))
6. print(a)  # 验证大类名称
7. print(b)  # 验证金额
8. data_21 = {'名称': a, '金额': b}  # 创建一个数据集来保存
9. data_21 = pd.DataFrame(data_21)
10.data_21.to_csv('C:/Users/sky/Desktop/18181604/32.csv')  # 输出为 csv
```

Step3：对中类名称和是否促销两个列表进行分组，计算每个分组中销售金额的总和。

```
1. a = []
2. b = []
3. for name, group in data.groupby(['中类名称', '是否促销']):  # 对两个列表进行分组
4.     a.append(name)
5.     b.append((group['销售金额'].sum()))
6. print(a)
7. print(b)
8. data_22 = {'名称': a, '金额': b}
9. data_22 = pd.DataFrame(data_22)
10.data_22.to_csv('C:/Users/sky/Desktop/18181604/33.csv')
```

Step4：把原表格中的销售日期转化为从1开始的序列，以便于统计周数。

```
1. b = data['销售日期']
2. print(b.count())
3.
4. b1 = 1
5. s = 1
6. tianshu = []
7.
8. for i in range(0, b.count() - 1):  # 如果两个序列前后不一样，则认为是新的一天
```

```
9.      if b[i] == b[i + 1]:
10.         tianshu.append(b1)
11.     else:
12.         b1 = b1 + 1
13.         tianshu.append(b1)
14.print(tianshu)
15.data['天数'] = tianshu  # 将新生成的天数序列加入 data 数据中
```

Step5：紧接着上一步，将序列转为自然数序列的天数，生成周的序列。

```
1. zhoushu = []
2. zhou = 1
3. for i in data['天数']:   # 每隔 7 天为新的一周
4.     if i <= 7 * zhou:
5.         zhoushu.append(zhou)
6.     else:
7.         zhou = zhou + 1
8.         zhoushu.append(zhou)
9. # print(zhoushu)
10.data['周数'] = zhoushu
```

Step6：统计一般商品的每周销售金额。

```
1. a = []
2. b = []
3. for name, group in data.groupby(['商品类型', '周数']):
4.     a.append(name)
5.     b.append((group['销售金额'].sum( )))
6. print(a)
7. print(b)
```

Step7：统计顾客每月销售额和消费天数。

```
1. jine = []
2. guke = []
3. for name, group in data.groupby(['顾客编号', '销售月份']):
4.                                      # 月份也可以用 2015-01 来表示
5.     guke.append(name)
6.     jine.append((group['销售金额'].sum( )))
7.     print(list(name))
8.     print('本月消费天数为: ', len((set((group['天数']).tolist( )))))
9.     print('销售金额为: ', (group['销售金额'].sum( )))
```

巩固·练习

结合本案例，绘制关于该数据的图形，如每个大类商品的销售额占总销售额比重的饼状图。

实战技能 **68** 数据挖掘与数据的抽样

实战 · 说明

本案例将对数据挖掘概念进行简单介绍，并通过一个简单的案例对数据抽样进行练习，实现对于数据的随机、分层和等距抽样。

技能 · 详解

1.技术要点

本实战技能主要利用NumPy和Pandas数据分析工具等，实现对于数据的抽样处理。这里将对数据挖掘的概念及相关内容进行介绍。

1）分析存在问题

在开始数据挖掘之前，最重要的就是了解数据和业务问题。必须要对目标和需要解决的问题有一个清晰明确的定义，即决定到底想干什么。

2）引入数据挖掘

从大量数据（包括文本）中挖掘出隐含的、未知的、对决策有潜在价值的关系、模式和趋势，并用这些知识和规则用于决策支持的模型，提供预测性决策支持的方法、工具和过程，这就是数据挖掘。数据挖掘可以避免企业管理仅依赖个人领导力的风险和不确定性，从而实现精细化营销与经营管理。

3）数据挖掘的基本任务

数据挖掘的基本任务包括利用分类与预测、聚类分析、关联规则、时序模式、偏差检测、智能推荐等方法，帮助企业提取数据中蕴含的商业价值，提高企业竞争力。

4）定义挖掘目标

要对任务的挖掘目标有清晰的认识，不同的挖掘目标需要不同的技术手段才能达到最好的挖掘效果。数据探索主要手段包括缺失数据处理、异常数据处理、数据集成处理、数据的规范化处理等。

5）数据抽样

数据抽样是为了避免模型出现过拟合、局部最优等结果。有时候数据量过大，使用抽样的算法可以压缩用于分析的数据量。

（1）抽取数据的标准。

抽取数据的标准为相关性、可靠性、有效性。衡量抽样数据质量的标准包括资料完整无缺，各类指标项齐全；数据准确无误，反映的都是正常状态下的水平。

（2）抽样方式。

常见抽样方式有如下几种。

① 随机抽样：数据集中的每一组观测值都有相同的被抽到的概率。例如，按10%的比例对一个数据集进行随机抽样，则每一组观测值都有10%的机会被抽到。

② 等距抽样：按5%的比例对一个有100组观测值的数据集进行等距抽样，即抽取第20、40、60、80和第100组观测值。

③ 分层抽样：先将样本总体分成若干层次（若干个子集），每个层次中的观测值都具有相同的被选用的概率，但对不同的层次可设定不同的概率。这样的抽样结果通常具有更好的代表性，进而使模型具有更好的拟合精度。

④ 从起始顺序抽样：抽样的数量可以给定一个百分比，或者直接选取观测值的组数。

⑤ 分类抽样：依据某种属性的取值来选择数据子集，如按客户名称分类、按地址区域分类等。分类抽样的选取方式就是前面所述的几种方式，只是抽样以类为单位。

2.主体设计

数据抽样流程如图4-35所示。

图4-35　数据抽样流程图

数据抽样具体通过以下4个步骤实现。

Step1：获取需要进行抽样的文本文件。

Step2：读取并且解析所提供的文本文件。

Step3：分析数据分布特征。

Step4：使用不同的抽样方法对数据进行抽样处理。

3.编程实现

本实战技能使用PyCharm进行编写，创建源文件【案例68：数据挖掘与数据抽样.py】，在界面输入代码。参考下面的详细步骤，编写具体代码，具体步骤及代码如下所示。

Step1：导入一个数据表，对随机抽样做一个简单练习，代码如下所示。

```
1. import random
2. import numpy as np
3. import pandas as pd
4. # 导入数据
5. df = pd.read_csv('https://raw.githubusercontent.com/ffzs/dataset/master/glass.csv')
6. df.index.size
7. # 随机抽样
8. df_0 = df.sample(n=20, replace=True)
```

```
9. df_0.index.size
10.# 20
11.# 数据准备
12.data = df.values
13.# 使用 random
14.data_sample = random.sample(list(data), 20)
15.len(data_sample)
```

Step2：通过上文的数据表，对等距抽样做一个简单练习，代码如下所示。

```
1. # 指定抽样数量
2. sample_count = 50
3. # 获取最大样本量
4. record_count = data.shape[0]
5. # 抽样间距
6. width = record_count // sample_count
7. data_sample = []
8. i = 0
9. # 样本量小于等于指定抽样数量并且矩阵索引在有效范围内
10.while len(data_sample) <= sample_count and i * width <= record_count - 1:
11.    data_sample.append(data[i * width])
12.    i += 1
13.len(data_sample)
```

高手点拨

DataFrame.sample(n=None, frac=None, replace=False, weights=None, random_state=None, axis=None)
的参数说明如下。

（1）n是要抽取的行数。

（2）frac是抽取的比例（有时候，我们对具体抽取的行数并不关心，只是想抽取其中占多少百分比的数据，这个时候就可以选择使用frac，如frac=0.8就是抽取其中80%）。

（3）判断replace是否为有放回抽样，取replace=True时，为有放回抽样。

（4）weights是每个样本的权重，具体可以看官方文档说明。

（5）判断axis是选择抽取数据的行还是列。axis=0时是抽取行，axis=1时是抽取列。

Step3：通过上文的数据表，对分层抽样做一个简单练习，代码如下所示。

```
1. # 定义每个分层的抽样数量
2. each_sample_count = 6
3. # 定义分层值域
4. label_data_unique = np.unique(data[:, -1])
5. # 定义一些数据
6. sample_list, sample_data, sample_dict = [], [], {}
7. # 遍历每个分层标签
8. for label_data in label_data_unique:
9.     for data_tmp in data:  # 读取数据
```

```
10.            if data_tmp[-1] == label_data:
11.                sample_list.append(data_tmp)
12.        # 对每层数据都进行抽样
13.        each_sample_data = random.sample(sample_list, each_sample_count)
14.        sample_data.extend(each_sample_data)
15.        sample_dict[label_data] = len(each_sample_data)
16.sample_dict
17.# {1.0:6, 2.0:6, 3.0:6, 5.0:6, 6.0:6, 7.0:6}
```

巩固 · 练习

利用数据抽样来对其他的数据进行练习，被抽样数据可以为任何数据，包括自己制造的随机数据。

> ### 小贴士
>
> 针对现实数据的复杂性，建议读者可以对同一个数据通过不同的抽样方法得到结果，然后对比分析，讨论哪一个抽样方法针对哪种情况更好。

实战技能 69 缺失数据分析

实战 · 说明

数据的缺失一般是指记录的缺失和记录中某个字段信息的缺失，两者的缺失会导致分析结果不准确。本实战技能将通过缺失值产生的原因及影响等方面展开分析，并通过对于某餐饮行业的缺失数据进行分析，掌握数据缺失的处理方法。运行程序得到的结果如图4-36所示。

2015-02-21 00:00:00	4275.255
2015-02-20 00:00:00	4060.3
2015-02-19 00:00:00	3614.7
2015-02-18 00:00:00	3295.5
2015-02-16 00:00:00	2332.1
2015-02-15 00:00:00	2699.3
2015-02-14 00:00:00	4156.86

图4-36　餐饮行业的缺失数据的处理运行结果

技能 · 详解

1.技术要点

本实战技能主要利用拉格朗日插值法和牛顿插值法，实现对于缺失值的插值。要实现本案例，需要掌握以下几个知识点。

1）数据缺失概述

缺失值产生的原因很多，如一些无法得到的信息，或者获取信息的代价太大等。在某些情况下，数据有缺失并不代表着数据一定有错误，如一个未婚者的配偶姓名、一个儿童的固定收入等。数据的缺失是否会对数据分析造成影响，需要根据具体的数据含义进行分析。

如果数据中有缺失值，那么数据挖掘可能会失去某些有价值的信息，挖掘过程也可能表现出不稳定性。输入包含空值的数据可能会使数据分析过程产生错误，或者产生某些不可知的影响。

针对缺失值的问题，可以删除存在缺失值的记录，也可以在不影响结果的前提下不进行处理。

2）常用的插补方法

数据挖掘处理中常用的插补方法一般都很简单，也有复杂的插值法，如表4-7所示。

表 4-7   常用的插补方法

插补方法	方法描述
均值 / 中位数 / 众数插补	根据属性值的类型，用该属性值的平均数 / 中位数 / 众数进行插补
使用固定值	将缺失的属性用一个常量替换
最近临插补	在记录中找到与缺失样本最接近的样本的属性值进行插补
回归方法	对带有缺失值的变量，根据已有数据和与其有关的变量的数据建立拟合模型来预测缺失的属性值
插值法	利用已知点建立合适的插值函数，未知点由函数求出的函数值近似代替

3）拉格朗日插值法

根据数学知识可知，对于平面上已知坐标为$(x_1,y_1),(x_2,y_2),\cdots,(x_n,y_n)$的$n$个点互不相同，则有且仅有一个$n-1$次或者更低的多项式

$$y = a_0 + a_1x + a_2x^2 + \cdots + a_{n-1}x^{n-1}, i = 1,2,\cdots,n \tag{公式4-1}$$

（1）求已知过n个点的$n-1$次多项式：

$$y = a_0 + a_1x + a_2x^2 + \cdots + a_{n-1}x^{n-1} \tag{公式4-2}$$

将n个点的坐标$(x_1,y_1),(x_2,y_2),\cdots,(x_n,y_n)$代入多项式，得：

$$y_1 = a_0 + a_1x_1 + a_2x_1^2 + \cdots + a_{n-1}x_1^{n-1} \tag{公式4-3}$$

$$y_1 = a_0 + a_1x_1 + a_2x_2^2 + \cdots + a_{n-1}x_2^{n-1} \tag{公式4-4}$$

$$\cdots$$

$$y_1 = a_0 + a_1x_n + a_2x_n^2 + \cdots + a_{n-1}x_n^{n-1} \tag{公式4-5}$$

解出拉格朗日插值多项式为：

$$L(x) = y_1 \frac{(x-x_2)(x-x_3)\cdots(x-x_n)}{(x_1-x_2)(x_1-x_3)\cdots(x_1-x_n)} +$$

$$y_1 \frac{(x-x_1)(x-x_3)\cdots(x-x_n)}{(x_2-x_1)(x_2-x_3)\cdots(x_2-x_n)} + \cdots +$$

$$y_n \frac{(x-x_1)(x-x_2)\cdots(x-x_{n-1})}{(x_n-x_1)(x_n-x_2)\cdots(x_n-x_{n-1})}$$ （公式4-6）

$$= \sum_{i=0}^{n} y_i \prod_{j=0, j\neq 0}^{n} \frac{x-x_j}{x_i-x_j}$$

（2）将缺失的函数值对应的x代入插值多项式，得到缺失值的近似值L(x)。

拉格朗日插值公式结构紧凑，在理论分析中很方便，但是当插值节点变化时，插值多项式就会随之变化，这在实际计算中是很不方便的，为了克服这一缺点，可以使用牛顿插值法。

4）牛顿插值法

以下是关于牛顿插值法的公式的简单介绍。

（1）求已知的n个点对$(x_1,y_1),(x_2,y_2),\cdots,(x_n,y_n)$的所有阶差商公式。

$$f[x_1,x] = \frac{f[x]-f[x_1]}{x-x_1} = \frac{f(x)-f(x_1)}{x-x_1}$$ （公式4-7）

$$f[x_2,x_1,x] = \frac{f[x_1,x]-f[x_2,x_1]}{x-x_2}$$ （公式4-8）

$$f[x_3,x_2,x_1,x] = \frac{f[x_2,x_1,x]-f[x_2,x_1,x]}{x-x_3}$$ （公式4-9）

$$\cdots$$

$$f[x_n,x_{n-1},\cdots,x_1,x] = \frac{f[x_{n-1},\cdots,x_1,x]-f[x_n,x_{n-1},\cdots,x_1]}{x-x_n}$$ （公式4-10）

（2）联立以上差商公式，建立如下插值多项式$f(x)$。

$$f(x) = f(x_1) + (x-x_1)f[x_2,x_1] + (x-x_1)(x-x_2)f[x_3,x_2,x_1] +$$
$$(x-x_1)(x-x_2)(x-x_3)f[x_4,x_3,x_2,x_1] + \cdots +$$
$$(x-x_1)(x-x_2)\cdots(x-x_{n-1})f[x_n,x_{n-1},\cdots,x_2,x_1] +$$ （公式4-11）
$$(x-x_1)(x-x_2)\cdots(x-x_n)f[x_n,x_{n-1},\cdots,x_1,x]$$
$$= P(x) + R(x)$$

其中，$P(x)$是牛顿插值逼近函数，$R(x)$是误差函数。

$$P(x) = f(x_1) + (x-x_1)f[x_2,x_1] + (x-x_1)(x-x_2)f[x_3,x_2,x_1] +$$
$$(x-x_1)(x-x_2)(x-x_3)f[x_4,x_3,x_2,x_1] + \cdots +$$ （公式4-12）
$$(x-x_1)(x-x_2)\cdots(x-x_{n-1})f[x_n,x_{n-1},\cdots,x_2,x_1]$$

$$R(x) = (x-x_1)(x-x_2)\cdots(x-x_n)f[x_n,x_{n-1},\cdots,x_1,x]$$ （公式4-13）

（3）将缺失的函数值对应的*x*代入插值多项式，得到缺失值的近似值 *f*(*x*)。

牛顿插值法也是多项式插值，但采用了另一种构造插值多项式的方法，与拉格朗日插值相比，具有承袭性和易于变动节点的特点。从本质上来说，两者给出的结果是一样的，只不过表示的形式不同。因此，在Python的SciPy库中，只提供了拉格朗日插值法的函数，如果需要牛顿插值法，则需要自行编写函数。

2.主体设计

数据插值流程如图4-37所示。

数据插值具体通过以下6个步骤实现。

Step1：收集某餐饮行业数据。

Step2：读取并且解析文本文件。

Step3：分析数据分布特征。

Step4：使用拉格朗日算法返回插值结果。

Step5：将部分数据作为测试样本。

Step6：使用简单的命令判断是否需要插值。

图4-37　数据插值流程图

3.编程实现

本实战技能使用PyCharm进行编写，创建源文件【案例69：缺失数据分析.py】，在界面输入代码。参考下面的详细步骤，编写具体代码，具体步骤及代码如下所示。

Step1：分析数据内容，过滤出异常数据值，将其变为空值。

```
1. import pandas as pd
2. from scipy.interpolate import lagrange # 导入拉格朗日插值函数
3. # 读取数据集
4. infile = '..\\ 案例 69: 缺失数据分析 \\ 数据集 \\catering_sale.xls' # 销售数据路径
5. outfile = 'sales.xls' # 输出数据路径
6. data = pd.read_excel(infile) # 读入数据
7. # 数据处理
8. data[u' 销量 '][(data[u' 销量 '] < 400) | (data[u' 销量 '] > 5000)] = None
9. # 过滤异常值，将其变为空值
```

Step2：使用SciPy库中的拉格朗日函数对缺失值进行处理。

```
1. # 自定义列向量插值函数
2. # r 为列向量，m 为被插值的位置，n 为数据个数
3. def insert_column(r, m, n=5):
4.     y = r[list(range(m - n, m)) + list(range(m + 1, m + 1 + n))] # 取数
5.     y = y[y.notnull()] # 去除空值
6.     return lagrange(y.index, list(y))(m) # 返回插值结果
```

```
7.  # 依次判断元素是否需要插值
8.  for i in data.columns:
9.      for j in range(len(data)):
10.         if (data[i].isnull( ))[j]:
11.             data[i][j] = insert_column(data[i], j)
12. data.to_excel(outfile) # 输出结果，写入文件
```

在进行插值之前会对数据进行异常值检测，通常采用箱形图检测过大或者过小的异常值。分析后发现2015/2/21的数据是异常的，所以也把此数据定义为空缺值，进行补数。利用拉格朗日插值对2015/2/21和2015/2/14的数据进行插补，结果是4275.255和4156.86，这两天都是周末，周末的销售额一般比周一到周五多，所以插值结果比较符合实际结果。

巩固·练习

利用牛顿插值法进行数据插值，被插值数据可以为任何数据，包括自己制造的随机数据。

> **小贴士**
>
> 插值是常用的缺失数据处理方法，Python中有直接可调用的用于插值的函数，可以直接使用封装好的函数进行插值操作。

实战技能 70 异常数据处理

实战·说明

异常数据分析通常是指检验数据是否有录入错误或者包含不正常的数据。本实战技能以如图4-38所示的某餐饮行业的数据情况为例，介绍数据处理的步骤与方法，并学习对于异常数据的处理办法。运行程序得到的结果如图4-39所示。

从图4-39中可以看出，超过上下界的销售额数据可能为异常值。结合数据，可以把865、4060.2归为正常值，将22、51、60、6607.4、9106.44归为异常值。最后确定过滤规则为400以下，5000以上属于异常数据，编写过滤程序，进行后续处理。

```
数据基本情况
                销量
count    200.000000
mean    2755.214700
std      751.029772
min       22.000000
25%     2451.975000
50%     2655.850000
75%     3026.125000
max     9106.440000
总数据量： 201
```

图4-38 餐饮行业的数据情况

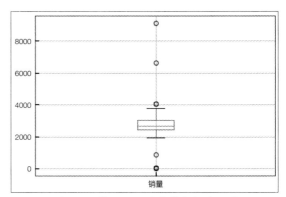

图4-39 餐饮行业的异常数据箱形图

技能·详解

1.技术要点

本实战技能主要利用几种统计方法，实现对于异常值的识别，其重点在于对箱形图分析的理解。要实现本案例，需要掌握以下几个知识点。

忽视异常值的存在对数据分析的准确性有重大的影响，如果让带有异常值的数据进入数据计算分析的过程中，会对结果会产生诸多影响。因此在数据分析时，应重视异常值的处理，分析其产生的原因，从而发现问题本质，改善数据分析决策。

异常值是指数据样本中的个别值，其数值明显偏离其余的观测值。异常值也被称为离群点，所以异常值的分析也称为离群点分析。

在进行数据预处理时，异常值是否需要被剔除，要视具体数据分析的背景来决定，因为有些异常值可能包含潜在的有价值的信息。异常值处理常用的方法如表4-8所示。

表 4-8 异常值处理常用方法

方法	描述
删除含有异常值的记录	直接将含有异常值的记录删除
视为缺失值	将异常值视为缺失值，利用缺失值处理的方法进行处理
平均值修改	可用前后两个观测值的平均值修正该异常值
不处理	直接在具有异常值的数据集上进行挖掘建模

（1）简单统计量分析。

一般分析程序的过程是先对变量做一个描述性统计，再查看数据主要存在的区域。最常用的统计量是最大值和最小值，用来判断这个变量的取值是否超出了合理的范围，如某人的年龄的最大值为300岁，则该变量的值存在异常。

（2）3σ原则。

如果数据服从正态分布，在3σ原则下，异常值被定义为一组测定值与平均值的偏差超过3倍标

准差的值。如果数据处于正态分布，出现3σ之外的值的概率为$P(|x-\mu|>3)\leqslant0.003$，属于极个别的小概率事件。

如果数据不处于正态分布，也可以用远离平均值的多少倍标准差来描述。

（3）箱形图分析。

箱形图提供了识别异常值的一个标准，即异常值通常被定义为小于$Q\_L-1.5IQR$或大于$Q\_U+1.5IQR$的值。Q_L称为下四分位数，表示全部观察值中有四分之一的数据比它小；Q_U称为上四分位数，表示全部观察值中有四分之一的数据比它大；IQR称为四分位数间距，是上四分位数Q_U与下四分位数Q_L之差，包含了全部观察值的一半。

箱形图依据实际数据绘制，没有对数据的组成做任何限制性要求。箱形图判断异常值的标准以四分位数和四分位间距为基础，四分位数具有一定的鲁棒性，多达25%的数据可以变得任意远，不会扰动四分位数。箱形图识别异常值的结果比较客观，在识别异常值方面有一定的优越性，缺点是在观测值很少的情况下，这种删除会造成样本量不足，可能会改变变量的原有分布。

2.主体设计

异常值处理流程如图4-40所示。

图4-40　异常值处理流程图

异常数据处理的一般步骤如下。

Step1：收集某餐饮行业数据。

Step2：读取文本文件，指定索引。

Step3：建立图像，画出箱形图。

Step4：寻找异常值，改变原对象。

Step5：添加注释。

Step6：通过箱形图判断异常值。

3.编程实现

本实战技能使用PyCharm进行编写，创建源文件【案例70：异常数据处理.py】，在界面输入代码。参考下面的详细步骤，编写具体代码，具体步骤及代码如下所示。

分析餐饮行业日销量额数据可以发现，其中有部分数据是缺失的。因为数据记录和属性较多，所以这里需要编写程序来检测出含有缺失值的记录、属性，以及缺失率个数、缺失率等。

Step1：使用describe( )函数查看数据的基本情况并输出结果。

```
1. # -*- coding: utf-8 -*-
2. import pandas as pd
3. catering_sale = 'catering_sale.xls' # 餐饮数据
4. data = pd.read_excel(catering_sale, index_col=u'日期') # 读取数据，指定"日期"为
```

```
5.                                                              # 索引列
6. sums = data.describe() # 查看数据的基本情况
7. print(" 数据基本情况 \n", sums)
8. print(" 总数据量：", len(data))
```

Step2：导入图像库，建立图像，画出箱形图。

```
1. import matplotlib.pyplot as plt # 导入图像库
2. plt.rcParams['font.sans-serif'] = ['SimHei'] # 用来显示中文标签
3. plt.rcParams['axes.unicode_minus'] = False # 用来显示负号
4. plt.figure() # 建立图像
5. p = data.boxplot(return_type='dict') # 画箱形图
6. x = p['fliers'][0].get_xdata() # 异常值的标签
7. y = p['fliers'][0].get_ydata()
8. y.sort() # 从小到大排序，该方法直接改变原对象
```

Step3：使用annotate添加注释。

```
1. # 用 annotate 添加注释
2. for i in range(len(x)):
3.     if i > 0:
4.         plt.annotate(y[i], xy=(x[i], y[i]), xytext=(x[i] + 0.05 - 0.8 / (y[i] -
5.                      y[i-1]), y[i]))
6.     else:
7.         plt.annotate(y[i], xy=(x[i], y[i]), xytext=(x[i] + 0.08, y[i]))
8. plt.show() # 展示箱形图
```

巩固·练习

尝试利用上述介绍的异常值处理方法，处理案例中的数据，完成异常值的处理。

小贴士

Python可以使用许多封装好的库与函数进行数据处理，读者可以自行查询相关资料，完成题目，养成自主学习的习惯。

实战技能 71 数据集成处理

实战·说明

数据挖掘需要的数据往往没有存储在同一个地方，数据集成就是将多个数据源合并存放在一

个数据存储（如数据仓库）中的过程。本实战技能以数据集成处理为例，介绍集成数据的相关知识，实现对于数据集成处理的学习。本实战技能整合两张表格的信息，对数据进行集成处理。原始表单df1数据如图4-41所示，原始表单df2数据如图4-42所示，集成结果-默认连接结果如图4-43所示，集成结果-内连接结果如图4-44所示，集成结果-外连接结果如图4-45所示。

	key	datal1
0	b	0
1	b	1
2	a	2
3	c	3
4	a	4
5	a	5
6	b	6

图4-41　原始表单df1数据

	key	datal2
0	a	0
1	b	1
2	d	2

图4-42　原始表单df2数据

	key	datal1	datal2
0	b	0	1
1	b	1	1
2	b	6	1
3	a	2	0
4	a	4	0
5	a	5	0

图4-43　集成结果-默认连接结果

	key	datal1	datal2
0	b	0	1
1	b	1	1
2	b	6	1
3	a	2	0
4	a	4	0
5	a	5	0

图4-44　集成结果-内连接结果

	key	datal1	datal2
0	b	0.0	1.0
1	b	1.0	1.0
2	b	6.0	1.0
3	a	2.0	0.0
4	a	4.0	0.0
5	a	5.0	0.0
6	c	3.0	NaN
7	d	NaN	2.0

图4-45　集成结果-外连接结果

技能·详解

1.技术要点

本实战技能主要利用merge( )函数来实现对于数据的集成。要实现本案例，需要掌握基础概念和merge( )函数的一些常见参数。

1）数据集成

数据源与现实中的数据的表现形式可能是不同的，数据的形式可能不匹配，出现实体识别问题和属性冗余问题。常见的问题主要有以下几个。

（1）同名异义。

数据源A中的属性ID和数据源B中的属性ID分别描述菜品编号和订单编号，即描述的是不同的实体。

（2）异名同义。

数据源A中的sale_dt和数据源B中的sales_date都是描述日期的。

（3）单位不统一。

描述同一个实体分别用的是国际单位和中国传统的计量单位。

2）merge( )函数

merge( )函数的常见参数如表4-9所示。

表 4-9　merge( ) 函数的常见参数

参数	说明
left	参与合并的左侧 DataFrame
right	参与合并的右侧 DataFrame
how	连接方式有 inner（默认），还有 outer、left、right
on	用于连接的列名，必须同时存在于左、右两个 DataFrame 中，如果未指定，则以 left 和 right 列名的交集作为连接键
left_on	左侧 DataFarme 中用作连接键的列
right_on	右侧 DataFarme 中用作连接键的列
left_index	将左侧的行索引用作其连接键
right_index	将右侧的行索引用作其连接键
sort	根据连接键对合并后的数据进行排序，默认为 True。在处理大数据集时，禁用该选项可获得更好的性能
copy	设置为 False，可以在某些特殊情况下避免将数据复制到结果数据结构中

2.主体设计

数据集成流程如图4-46所示。

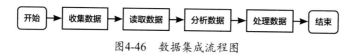

图4-46　数据集成流程图

数据集成具体通过以下4个步骤实现。

Step1：收集待处理的数据。

Step2：读取数据，得到对应的数据。

Step3：分析数据，观察数据特点。

Step4：处理数据，使用对应的集成方法。

3.编程实现

本实战技能使用PyCharm进行编写，创建源文件【案例71：数据集成.py】，在界面输入代码。参考下面的详细步骤，编写具体代码，具体步骤及代码如下所示。

Step1：对数据多对一地合并，表的连接键列有重复值，代码如下所示。

```
1. import pandas as pd
2. df1 = pd.DataFrame({'key': ['b', 'b', 'a', 'c', 'a', 'a', 'b'],
3.                     'datal1':range(7)})
4. df1
```

Step2：对数据多对一地合并，表中的连接键列没有重复值，代码如下所示。

```
1. df2 = pd.DataFrame({'key': ['a', 'b', 'd'], 'data2': range(3)})
2. df2
```

Step3：对数据多对一地合并，代码如下所示。

```
1. pd.merge(df1, df2) # 默认情况
```

巩固·练习

尝试使用merge( )函数对其他数据进行数据集成，数据可为任何数据。

小贴士

本案例介绍了merge( )函数的参数及数据集成的基本方法，可以修改部分参数信息，完成数据的集成。

实战技能 72　数据的规范化处理

实战·说明

针对可能接收到的数据的不规范性，一般需要对数据进行规范化处理，进一步分析数据。本实战技能将实现对于数据的规范化处理，原始数据格式如图4-47所示，最大值为2863，最小值为−1283，数据之间相差较大。最小-最大规范法处理结果如图4-48所示，零-均值规范化处理结果如图4-49所示，小数定标规范化处理结果如图4-50所示。

78	521	602	2863
144	−600	−521	2245
95	−457	468	−1283
69	596	695	1054
190	527	691	2051
101	403	470	2487
146	413	435	2571

图4-47　原始数据格式

	0	1	2	3
0	0.074380	0.937291	0.923520	1.000000
1	0.619835	0.000000	0.000000	0.850941
2	0.214876	0.119565	0.813322	0.000000
3	0.000000	1.000000	1.000000	0.563676
4	1.000000	0.942308	0.996711	0.804149
5	0.264463	0.838629	0.814967	0.909310
6	0.636364	0.846990	0.786184	0.929571

图4-48　最小-最大规范法处理结果

	0	1	2	3
0	-0.905383	0.635863	0.464531	0.798149
1	0.604678	-1.587675	-2.193167	0.369390
2	-0.516428	-1.304030	0.147406	-2.078279
3	-1.111301	0.784628	0.684625	-0.456906
4	1.657146	0.647765	0.675159	0.234796
5	-0.379150	0.401807	0.152139	0.537286
6	0.650438	0.421642	0.069308	0.595564

图4-49　零-均值规范化处理结果

	0	1	2	3
0	0.078	0.521	0.602	0.2863
1	0.144	-0.600	-0.521	0.2245
2	0.095	-0.457	0.468	-0.1283
3	0.069	0.596	0.695	0.1054
4	0.190	0.527	0.691	0.2051
5	0.101	0.403	0.470	0.2487
6	0.146	0.413	0.435	0.2571

图4-50　小数定标规范化处理结果

技能·详解

1.技术要点

本实战技能主要利用最小-最大规范化、零-均值规范化、小数定标规范化等方法实现对数据的规范化处理。要实现本案例，需要掌握以下几个知识点。

1）最小-最大规范化

最小-最大规范化也称为离散标准化，是对原始数据的线性变换，将数据值映射到[0,1]之间。转换公式为：

$$x^* = \frac{x - \min}{\max - \min}$$

（公式4-14）

其中，max为样本数据的最大值，min为样本数据的最小值，max−min为极差。

2）零-均值规范化

零-均值规范化也称为标准差标准化，经过处理的数据的均值为0，标准差为1。转换公式为：

$$x^* = \frac{x - \bar{x}}{\sigma}$$

（公式4-15）

其中，$\bar{x}$为原始数据的均值，σ为原始数据的标准差，是当前用得最多的数据标准化方式。标准差分数可以回答这样一个问题："给定数据距离其均值有多少个标准差？"在均值之上的数据会得到一个正的标准化分数，反之会得到一个负的标准化分数。

3）小数定标规范化

通过移动属性值的小数位数，将属性值映射到[-1,1]之间，移动的小数位数取决于属性值的绝对值的最大值。转换公式为：

$$x^* = \frac{x}{10^k}$$

（公式4-16）

2.主体设计

规范化处理流程如图4-51所示。

规范化处理具体通过以下4个步骤实现。

Step1：收集数据，提供文本文件。

Step2：准备数据，读取并且解析所提供的文本文件。

Step3：分析数据分布特征。

Step4：处理数据。

图4-51　规范化处理流程图

3.编程实现

本实战技能使用PyCharm进行编写，创建源文件【案例71：规范化处理.py】，在界面输入代码。参考下面的详细步骤，编写具体代码，具体步骤及代码如下所示。

Step1：导入Pandas和NumPy库并读取数据，分别对每一个属性的取值进行规范化处理。

```
1. # -*- coding: utf-8 -*-
2. import pandas as pd
3. import NumPy as np
4. datafile = 'normalization_data.xls' # 参数初始化
5. data = pd.read_excel(datafile, header=None) # 读取数据
```

Step2：对原始的数据矩阵分别用最小-最大规范化、零-均值规范化、小数定标规范化进行规范化处理。

```
1. (data - data.min()) / (data.max() - data.min()) # 最小 - 最大规范化
2. (data - data.mean()) / (data.std()) # 零 - 均值规范化
3. data / 10 ** np.ceil(np.log10(data.abs().max())) # 小数定标规范化
```

巩固·练习

练习上述规范化方法。

小贴士

本案例介绍了数据规范化的基本方法，掌握数据规范化的方法需要练习编程，通过案例给出的编程思路和步骤，自行完成练习即可。

实战技能 73 数据的离散化处理

实战·说明

本实战技能通过一个中医证型数据对数据离散化处理进行练习。通过使用K均值聚类算法实现数据离散化，实现对中医证型的数据的聚类处理，其原始数据如图4-52所示。运行程序得到的结果如图4-53所示。通过聚类得到四种类型的中医证型，单数行为证型的聚类中心，而双数行就是证型的个数。

肝气郁结证	热毒蕴结证	冲任失调证	气血两虚证	脾胃虚弱证	肝肾阴虚证	病程阶段	TNM分期	转移部位	确诊后几年发现转移
0.056	0.460	0.281	0.352	0.119	0.350	S4	H4	R1	J1
0.488	0.099	0.283	0.333	0.116	0.293	S4	H4	R1	J1
0.107	0.008	0.204	0.150	0.032	0.159	S4	H4	R2	J2
0.322	0.208	0.305	0.130	0.184	0.317	S4	H4	R2	J1
0.242	0.280	0.131	0.210	0.191	0.351	S4	H4	R2R5	J1
0.389	0.112	0.456	0.277	0.185	0.396	S4	H4	R3	J1
0.246	0.202	0.277	0.178	0.237	0.483	S4	H4	R1R3	J3
0.330	0.125	0.356	0.268	0.366	0.397	S4	H4	R1R2R3R5	J1
0.257	0.314	0.328	0.140	0.128	0.335	S4	H4	R2	J2
0.205	0.330	0.253	0.295	0.115	0.224	S4	H4	R2	J1
0.330	0.161	0.232	0.122	0.133	0.394	S4	H4	R1	J3
0.235	0.170	0.176	0.197	0.185	0.329	S4	H4	R1	J3
0.267	0.355	0.328	0.136	0.299	0.444	S4	H4	R1R2R3R5	J1
0.281	0.174	0.331	0.190	0.146	0.390	S4	H4	R1	J2
0.184	0.258	0.384	0.140	0.227	0.332	S4	H4	R5	J3

图4-52　中医证型原始数据

	1	2	3	4
A	0	0.178698	0.257724	0.351843
An	240	356	281	53
B	0	0.150766	0.296631	0.489705
Bn	325	396	180	29
C	0	0.20191	0.288684	0.423325
Cn	296	393	206	35
D	0	0.1744	0.253486	0.360007
Dn	298	367	221	44
E	0	0.152698	0.257873	0.376062
En	273	319	245	93
F	0	0.179143	0.261386	0.354643
Fn	200	237	265	228

图4-53　中医证型连续性数据离
散化处理结果

技能·详解

1.技术要点

本实战技能主要利用K均值聚类算法实现对于数据离散化的处理，其要点在于对K均值聚类算法原理的掌握。

K均值聚类算法是一种无监督学习，对未标记的数据（即没有定义类别或组的数据）进行分类。该算法的目标是在数据中找到由变量标记的组。

K均值聚类算法通过迭代细化来产生最终结果，输入簇的数量和数据集。算法从质心的初始估计开始，可以随机生成或从数据集中随机选择。算法在以下两个步骤之间迭代。

（1）数据分配步骤。

每个质心定义一个簇。在此步骤中，将每个数据点分配到其最近的质心。换言之，如果c_i是质心集合，那么每个数据点都被分配给一个集群。

$$\arg\min_{c_i \in c} \text{dist}(c_i, x)^2 \qquad （公式4-17）$$

（2）质心更新步骤。

在此步骤中，重新计算质心。这是通过获取分配给该质心簇的所有数据点的平均值来完成的。

$$c_i = \frac{1}{|s_i|} \sum_{x_i \in s_i} x_i \qquad （公式4-18）$$

该算法在步骤1和步骤2之间迭代，直到满足停止标准（即没有数据点改变，或簇距离的总和最小化）。

该算法找到特定的K个簇和数据集标签。为了找到数据中的簇数，需要针对一系列K值运行K均值聚类算法，并比较运行结果。通常，没有用于确定K的精确值的方法，但是可以比较不同K值的结果，其度量方法是计算数据点与其聚类质心之间的平均距离。由于增加簇的数量将减少数据点之间的距离，当K与数据点的数量相同时，增加K将总是减小该度量。该指标虽然不是唯一目标，但是可以通过数据点到质心的平均距离与K的函数图像，使用减小率急剧变化的"肘点"来粗略地确定*K*。

2.主体设计

数据离散化的流程如图4-54所示。

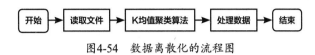

图4-54　数据离散化的流程图

数据离散化通过以下5个步骤实现。

Step1：选择待处理的Excel文件，建立一个空文件，存放处理后的文件。

Step2：设置需要进行的聚类类别数，读取数据并进行聚类分析，将其转化为矩阵形式。

Step3：调用算法，进行聚类离散化，设置聚类中心，选取初始类簇中心，遍历所有的点，计算到聚类中心点的距离，哪个最近就分配到相应的类簇。重复此过程，直到类簇中心变化很小或达到迭代次数。

Step4：分类统计有多少个数据点，依然将其转化为矩阵形式，然后与聚类中心相匹配，并且按某列的顺序排序。

Step5：设置边界点，以Index的方式将数据排序。

3.编程实现

本实战技能使用PyCharm进行编写，创建源文件【案例73：数据的离散化处理.py】，在界面输入代码。参考下面的详细步骤，编写具体代码，具体步骤及代码如下所示。

Step1：导入本次编程的Pandas模块，然后选择待处理的数据文件，并且建立一个空白文件，存放处理后的文件。设置需要进行的聚类类别数，代码如下所示。

```
1. import pandas as pd
2. import numpy
3. datafile = 'F:/../data/data.xls'
4. typelabel = {u'肝气郁结证型系数': 'A', u'热毒蕴结证型系数': 'B',
5.             u'冲任失调证型系数': 'C', u'气血两虚证型系数': 'D',
6.             u'脾胃虚弱证型系数': 'E', u'肝肾阴虚证型系数': 'F'}
7. k = 4
```

Step2：读取文件并进行聚类分析，同时创建一个空的DataFrame( )矩阵，代码如下所示。

```
1. data = pd.read_excel(datafile)
2. keys = list(typelabel.keys( ))
3.
4. result = pd.DataFrame( )
```

Step3：调用算法，进行聚类离散化，设置聚类中心。训练模型，将数据转化为NumPy数组，返回指定数列。分类统计聚类各有多少个数据点，记录各个类别数目，代码如下所示。

```
1. if __name__ == '__main__':
2.     for i in range(len(keys)):
```

```
3.          print(u' 正在进行 "%s" 的聚类 ...' % keys[i])
4.          kmodel = KMeans(n_clusters=k, n_jobs=4)
5.          kmodel.fit(data[[keys[i]]].as_matrix( ))
6.          # print(data[[keys[i]]]); exit( );
7.          r1 = pd.DataFrame(kmodel.cluster_centers_, columns=[typelabel[keys[i]]])
8.          r2 = pd.Series(kmodel.labels_).value_counts( )
9.          r2 = pd.DataFrame(r2, columns=[typelabel[keys[i]] + 'n'])
```

Step4：将类别数目与聚类中心匹配，按某列的顺序排序。计算相邻两列的均值，以此作为边界点，并且将原来的聚类中心也作为边界点，代码如下所示。

```
1.          r = pd.concat([r1, r2], axis=1).sort_values(typelabel[keys[i]])
2.          r.index = [1, 2, 3, 4]
3.          r[typelabel[keys[i]]] = pd.Series.rolling(r[typelabel[keys[i]]], 2).mean( )
4.          r[typelabel[keys[i]]][1] = 0.0
5.          result = result.append(r.T)
6.  result = result.sort_index( )
7.  result.to_excel(processedfile)
```

巩固·练习

使用等宽和等频的方法将数据离散化。

小贴士

　　常用的离散化方法有三种，因此我们可以用另外两种方法进行离散化。等宽离散：将属性的值域从最小值到最大值分成具有相同宽度的n个区间（n由数据特点决定）。等频离散：将相同数量的记录放在每个区间，保证每个区间的数量基本一致。

实战技能 **74** 属性构造

实战·说明

　　本实战技能将实现对于电力网络中的属性构造。本文将利用电力网络数据并结合属性构造的知识，通过Pandas库计算出线损率，然后返回原有的文件中，实现对于属性的构造。在图4-55中，供入电量和供出电量是原始数据，线损率是由前两个数据通过公式计算得到的。运行程序得到的结果如图4-55所示。

供入电量	供出电量	线损率
986	912	0.075051
1208	1083	0.103477
1108	975	0.120036
1082	934	0.136784
1285	1102	0.142412

图4-55　线损率属性构造实现结果

高手点拨

线损率是指电力网络中损耗的电能（线路损失电荷）占电力网络供应电能（供电负荷）的百分比，也用来考核电力系统运行的经济性。

线损率的计算公式：线损率 = (线损电量 / 供入电量) * 100% = (供入电量 – 供出电量) / 供出电量 * 100% = (1 – 供出电量 / 供入电量）* 100%。

技能·详解

1.技术要点

本实战技能主要利用Pandas库，实现属性构造，要实现本案例，需要掌握以下几个知识点。

1）属性构造

在进行数据挖掘的过程中，为了提升挖掘的深度，提取到更加有用的信息，通常会利用已有的属性集构造出新的属性，并将这个新的属性加入原来的属性集合中，这就是属性构造的定义。

在电力公司检查是否有用户存在窃电、漏电行为时，通常会用线损率来测量，而我们则需要在已有的供入电量与供出电量的基础上加入一个新的属性，即线损率。

2）利用Pandas进行文件读写

Pandas是一个Python的数据分析包，其中读写文件常用函数如表4-10所示。

表 4-10　读写文件常用函数

函数	意义
read_csv	从文件、URL、文件型对象中加载带有分隔符的数据，默认分隔符为逗号 ","
read_table( )	从文件、URL、文件型对象中加载带有分隔符的数据，默认分隔符为制表符 "\t"
read_excal( )	以 excal 格式读取文件

2.主体设计

线损率属性构造的流程如图4-56所示。

图4-56　线损率属性构造实现流程图

线损率属性的构造具体通过以下4个步骤实现。

Step1：定义两个变量，保存文件读取和输出的地址。

Step2：读取数据。

Step3：对读取到的数据进行修改，计算出线损率。

Step4：保存文件。

3.编程实现

本实战技能使用PyCharm进行编写，创建源文件【案例74：属性构造.py 】，在界面输入代码。参考下面的详细步骤，编写具体代码，具体步骤及代码如下所示。

Step1：导入Pandas。

```
1. import pandas as pd
```

Step2：定义两个存放地址的变量，相同地址则用修改后的文件覆盖原文件，即直接对原文件进行修改并保存。

```
1. inputfile = 'C:\\..\\electricity_data.xls'
2. outputfile = 'C:\\..\\electricity_data.xls'
```

Step3：利用pandas读取文件中的内容并进行修改，即添加新的属性——线损率。

```
1. data = pd.read_excel(inputfile)
2. data[u' 线损率 '] = (data[u' 供入电量 '] - data[u' 供出电量 ']) / data[u' 供入电量 ']
```

Step4：将更改后的文件保存在指定目录中。

```
1. data.to_excel(outputfile, index=False)
```

┃巩固┃·练习

修改代码，尝试添加更多属性。

┃实战技能┃**75** 属性数据进行规约化处理

┃实战┃·说明

本实战技能将实现对于属性数据的规约化处理，这里将介绍数据规约化的方法和示例，原始数据如图4-57所示。运行程序得到的结果如图4-58所示，每个维度信息的特征值表示包含的信息量。方差越大，说明所包含的信息量越大，方差百分比如图4-59所示，前3维的数据已经占了95%以上的信息，所以最终结果只保留前3列数据，如图4-60所示。

```
[[ 0.56788461  0.2280431   0.23281436  0.22427336  0.3358618   0.43679539
   0.03861081  0.46466998]
 [ 0.64801531  0.24732373 -0.17085432 -0.2089819  -0.36050922 -0.55908747
   0.00186891  0.05910423]
 [-0.45139763  0.23802089 -0.17685792 -0.11843804 -0.05173347 -0.20091919
  -0.00124421  0.80699041]
 [-0.19404741  0.9021939  -0.00730164 -0.01424541  0.03106289  0.12563004
   0.11152105 -0.3448924 ]
 [-0.06133747 -0.03383817  0.12652433  0.64325682 -0.3896425  -0.10681901
   0.63223277  0.04720838]
 [ 0.02579655 -0.06678747  0.12816343 -0.57023937 -0.52642373  0.52280144
   0.31167833  0.0754221 ]
 [-0.03800378  0.09520111  0.15593386  0.34300352 -0.56640021  0.18985251
  -0.69902952  0.04505823]
 [-0.10147399  0.03937889  0.91023327 -0.18760016  0.06193777 -0.34598258
  -0.02090066  0.02137393]]
```

图4-57　规约化处理的原始数据

```
40.4  24.7   7.2   6.1   8.3   8.7  2.442    20
  25  12.7  11.2    11  12.9  20.2  3.542   9.1
13.2   3.3   3.9   4.3   4.4   5.5  0.578   3.6
22.3   6.7   5.6   3.7     6   7.4  0.176   7.3
34.3  11.8   7.1   7.1     8   8.9  1.726  27.5
35.6  12.5  16.4  16.7  22.8  29.3  3.017  26.6
  22   7.8   9.9  10.2  12.6  17.6  0.847  10.6
48.4  13.4  10.9   9.9  10.9  13.9  1.772  17.8
40.6  19.1  19.8    19  29.7  39.6  2.449  35.8
24.8     8   8.9   8.9  11.9  16.2  0.789  13.7
12.5   9.7   4.2   4.2   4.6   6.5  0.874   3.9
 1.8   0.6   0.7   0.7   0.8   1.1  0.056     1
32.3  13.9   9.4   8.3   9.8  13.3  2.126  17.1
38.5   9.1  11.3   8.1  11.8  16.4  1.327  11.6
```

图4-58　主成分分析降维

```
[7.74011263e-01 1.56949443e-01 4.27594216e-02 2.40659228e-02
 1.50278048e-03 4.10990447e-04 2.07718405e-04 9.24594471e-05]

Process finished with exit code 0
```

图4-59　方差百分比

```
[[  8.19133694  16.90402785   3.90991029]
 [  0.28527403  -6.48074989  -4.62870368]
 [-23.70739074  -2.85245701  -0.4965231 ]
 [-14.43202637   2.29917325  -1.50272151]
 [  5.4304568   10.00704077   9.52086923]
 [ 24.15955898  -9.36428589   0.72657857]
 [ -3.66134607  -7.60198615  -2.36439873]
 [ 13.96761214  13.89123979  -6.44917778]
 [ 40.88093588 -13.25685287   4.16539368]
 [ -1.74887665  -4.23112299  -0.58980995]
 [-21.94321959  -2.36645883   1.33203832]
 [-36.70868069  -6.00536554   3.97183515]
 [  3.28750663   4.86380886   1.00424688]
 [  5.99885871   4.19398863  -8.59953736]]

Process finished with exit code 0
```

图4-60　降维后的结果

技能·详解

1.技术要点

属性规约通过属性合并来减少数据维数，或直接删除不相关的属性（维）来减少数据维数，从而提高数据挖掘的效率、降低计算成本。属性规约的目标是寻找最小的属性子集，确保新数据子集的概率尽可能地接近原数据的概率分布。

属性规约的常用方法有如下几种。

（1）合并属性。

将一些旧属性合为新属性，如初始属性集为{$A_1, A_2, A_3, A_4, B_1, B_2, B_3, C$}，{$A_1, A_2, A_3, A_4$}→$A$，{$B_1, B_2, B_3$}→$B$，规约后属性集为{$A, B, C$}。

（2）逐步向前选择。

从一个空属性集开始，每次从原来属性集合中选择一个当前最优的属性，添加到当前属性子集中，直到无法选择出最优属性或满足一定阈值约束为止。例如，初始属性集为{$A_1, A_2, A_3, A_4, A_5, A_6$}，{}→{$A_1$}→{$A_1, A_4$}，规约后属性集为{$A_1, A_4, A_6$}。

（3）逐步向后删除。

从一个全属性集开始，每次从当前属性子集中选择一个当前最差的属性消除，直到无法选择出最差属性或满足一定阈值约束为止。例如，初始属性集为 $\{A_1, A_2, A_3, A_4, A_5, A_6\}$，$\{A_1, A_2, A_3, A_4, A_5, A_6\} \rightarrow \{A_1, A_4, A_5, A_6\}$，规约后属性集为 $\{A_1, A_4, A_6\}$。

（4）决策树归纳。

利用决策树的归纳方法对初始数据进行分类归纳学习，获得一个初始决策树，没有出现在这个决策树上的属性均可认为是无关属性，因此将这些属性从初始集合中删除，就可以获得一个较优的属性子集。例如，初始属性集为 $\{A_1, A_2, A_3, A_4, A_5, A_6\}$，经过如图4-61所示的决策过程，规约后属性集为 $\{A_1, A_4, A_6\}$。

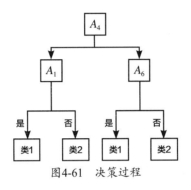

图4-61　决策过程

（5）主成分分析。

用较少的变量去解释原始数据中的大部分变量，即将许多相关性很高的变量转化为彼此相关或不相关的变量。主成分分析的具体计算步骤如下。

Step1：设原始变量 $X_1, X_2, \cdots, X_p$ 的观测数据矩阵为

$$\boldsymbol{X} = \begin{bmatrix} x_{11} & x_{12} & \cdots & x_{1p} \\ x_{21} & x_{22} & \cdots & x_{2p} \\ \vdots & \vdots & \ddots & \vdots \\ x_{n1} & x_{n2} & \cdots & x_{np} \end{bmatrix} = \left(X_1, X_2, \cdots, X_p \right) \qquad （公式4-19）$$

Step2：将数据矩阵按列进行中心标准化。

Step3：求相关数据矩阵 $\boldsymbol{R}$，$\boldsymbol{R} = (r_{ij})_{p \times p}$，$r_{ij}$ 的定义为

$$r_{ij} = \frac{\sum_{k=1}^{n} \left(x_{ki} \bar{x} \right) \left(x_{ki} - \bar{x}_j \right)}{\sqrt{\sum_{k=1}^{n} \left(x_{ki} - \bar{x}_i \right)^2 \sum_{k=1}^{n} \left(x_{kj} - \bar{x}_j \right)^2}} \qquad （公式4-20）$$

其中，$r_{ij} = r_{ji}$，$r_{ii} = 1$。

Step4：求 $\boldsymbol{R}$ 的特征方程 $\det(\boldsymbol{R} - t\boldsymbol{E}) = 0$ 的特征根 $t_1 \geqslant t_2 \geqslant t_p > 0$。

Step5：确定主成分个数 $\dfrac{\sum_{i=1}^{m} \lambda_i}{\sum_{t=1}^{p} \lambda_i} \geqslant a$，$a$ 根据实际情况确定，一般取80%。

Step6：计算m个相应的单位特征向量$\boldsymbol{\beta}$

$$\boldsymbol{\beta}_1 = \begin{bmatrix} \beta_{11} \\ \beta_{21} \\ \vdots \\ \beta_{p1} \end{bmatrix}, \boldsymbol{\beta}_2 = \begin{bmatrix} \beta_{12} \\ \beta_{22} \\ \vdots \\ \beta_{p2} \end{bmatrix}, \cdots, \boldsymbol{\beta}_m = \begin{bmatrix} \beta_{1m} \\ \beta_{2m} \\ \vdots \\ \beta_{nm} \end{bmatrix} \qquad （公式4-21）$$

Step7：计算主要成分

$$Z_i = \beta_{1i}X_1 + \beta_{2i}X_2 + \cdots + \beta_{pi}X_p , \ i = 1, 2, \cdots, m \qquad （公式4-22）$$

在Python中，主成分分析的函数位于Scikit-Learn下：Sklearn.decomposition.PCA(n_component= None, copy=True, whiten=False)。

高手点拨

逐步向前选择、逐步向后删除和决策树归纳都是属于直接删除不相关属性（维）的方法，而主成分分析则是用于连续属性的一种数据降维方法。它构造了一个原始数据的正交变换，新空间的基底去除了原始空间基底下数据的相关性，只需少量新变量就能够解释原始数据中的大部分变异。

2.主体设计

数据规约化实现的流程如图4-62所示。

数据规约化具体通过以下4个步骤实现。

Step1：利用主成分分析法将原始数据降维。

Step2：选取数据主成分。

Step3：利用主成分重新建立降维模型。

Step4：得到降维数据。

图4-62　数据规约化实现流程图

3.编程实现

本实战技能使用PyCharm进行编写，创建源文件【案例75：属性数据进行规约化处理.py】，在界面输入代码。参考下面的详细步骤，编写具体代码，具体步骤及代码如下所示。

Step1：主成分分析降维。

```
1. import pandas as pd
2. # 数据初始化
3. inputfile = 'C:/Users/剩言 /PycharmProjects/untitled2/ 餐厅销售额 /demo/data/
4.           principal_component.xls'
```

```
5. outputfile = 'C:/Users/剩言/PycharmProjects/untitled2/餐厅销售额/demo/tmp/
6.             sales.xls' # 降维后的数据
7. data = pd.read_excel(inputfile, header=None) # 读入数据
8. from sklearn.decomposition import PCA
9. pca=PCA()
10.pca.fit(data)
11.print(pca.components_) # 返回模型的各个特征值
```

Step2：计算方差百分比。

```
1. print(pca.explained_variance_ratio_) # 返回各个成分的方差百分比
```

Step3：方差百分比越大，说明向量的权重越大。当选取前4个主成分时，累计贡献率已经达到 97.37%，说明选取前3个主成分进行分析就可以了，因此可以重新建立降维模型，计算出成分结果。

```
1. pca = PCA(3)
2. pca.fit(data)
3. low_d = pca.transform(data) # 降低维度
4. pd.DataFrame(low_d).to_excel(outputfile) # 保存结果
5. pca.inverse_transform(low_d) # 必要的时候可以用 inverse_transform() 函数来复原数据
6. print(low_d)
```

原始数据从8维降到了3维，同时这3维数据占据了原始数据95%以上的信息。

巩固·练习

使用决策树方法对数据进行规约化处理。

实战技能 76 数值数据进行规约化处理

实战·说明

数据归约技术可以用来得到数据集的归约表示，但仍大致保持原数据的完整性。本实战技能将实现餐饮行业数据集中的数值数据的清洗任务，并且绘制直方图来进行数据展示，最终实现对数值数据的规约化处理。运行程序得到的结果如图4-63所示。

技能·详解

1.案例说明

数据归约是在尽可能保持数据原貌的前提下，最大限度地精简数据量（完成该任务的必要前

提是理解挖掘任务和熟悉数据内容）。数据归约主要有三个途径，即特征规约、样本规约、特征值规约。

1）特征规约

特征规约是从原有的特征中删除不重要或不相关的特征，通过对特征进行重组来减少特征的个数，其原则是在保留甚至提高原有判别能力的同时减少特征向量的维度。

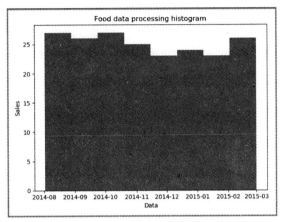

图4-63　对数值数据规约化处理的直方图

特征归约算法的输入是一组特征，输出是它的一个子集。在领域知识缺乏的情况下进行特征归约时一般包括以下3个步骤。

Step1：搜索过程，在特征空间中搜索特征子集，每个子集称为一个状态，由选中的特征构成。

Step2：评估过程，输入一个状态，通过评估函数或预先设定的阈值输出一个评估值，搜索算法的目的是使评估值达到最优。

Step3：分类过程，使用最终的特征集完成最后的算法。

特征归约处理有以下效果。

（1）通过更少的数据来提高挖掘效率。

（2）更高的数据挖掘处理精度。

（3）简单的数据挖掘处理结果。

（4）更少的特征。

2）样本规约

初始数据集中最大和最关键的维度数就是样本的数目。数据挖掘处理的初始数据集描述了一个总体，对数据的分析只基于样本的一个子集。获得数据的子集后，用它来提供整个数据集的一些信息，这个子集通常叫作估计量，它的质量依赖于所选子集中的元素。取样过程会造成取样误差，取样误差对所有方法和策略来讲都是固有的、不可避免的，当子集的规模变大时，取样误差一般会降低。一个完整的数据集在理论上是不存在取样误差的。与针对整个数据集的数据挖掘比较起来，样本归约具有成本更低、速度更快、范围更广等优点，有时甚至能获得更高的精度。

3）特征值规约

特征值归约是特征值离散化的一种技术，它可以将连续型特征的值离散化，变成少量的区间，每个区间映射一个离散符号。这种处理方法的好处在于简化数据描述，从而使数据和最终挖掘结果的表达更加简洁。

特征值归约可以是有参的，也可以是无参的。有参方法使用一个模型来评估数据，只需存放参数，而不需要存放实际数据。

（1）有参的特征值归约有以下两种方式。

① 回归：线性回归和多元回归。

② 对数线性模型：近似离散多维概率分布。

（2）无参的特征值归约有以下3种方式。

① 直方图：采用分箱近似数据分布，其中V-最优和MaxDiff直方图是最精确和最实用的。

② 聚类：将数据元组视为对象，将对象划分为群或聚类，使其与一个聚类中的对象"类似"，而与其他聚类中的对象"不类似"。在数据归约时，用数据的聚类代替实际数据。

③ 抽样：用数据的较小随机样本表示大的数据集，如简单选择n个样本（类似样本归约）、聚类选样和分层选样等。

2.主体设计

对数值数据规约化处理的直方图编程流程与数据抽样流程分别如图4-64和图4-65所示。

图4-64　对数值数据规约化处理的直方图编程流程图

数值数据进行规约化处理的直方图具体通过以下4个步骤实现。

Step1：将模块与数据集进行导入。

Step2：使用fig.add_subplot对所绘制的直方图画布大小进行设置。

Step3：将数据集中"日期"这一列数据筛选出来，并设定直方图的柱体个数为8。

Step4：使用相关函数，对输出的直方图进行标识设置，最后将直方图进行展示。

图4-65　数据抽样流程图

数据抽样具体通过以下5个步骤实现。

Step1：与绘制直方图的初始步骤相同，先导入数据集与所需模块。

Step2：使用index.size( )函数获取数据集规模并输出查看。

Step3：使用sample( )函数设置随机抽取的数据规模，使用random对整个数据集进行随机抽取，从而得出随机抽样结果。

Step4：等距抽样则需设置间距，并使用while循环设置本量，且需要矩阵索引在有效范围内，得出等距取样所取的数据规模。

Step5：最好的整群抽样则是要先将数据随机抽取出两组，然后再使用for循环遍历每个整群标签值域，得出所获取的数据结果。

3.编程实现

本实战技能使用PyCharm进行编写，创建源文件【案例76：数值数据进行规约化处理.py】，在界面输入代码。参考下面的详细步骤，编写具体代码，具体步骤及代码如下所示。

Step1：数据集绘制直方图。

```
1. import NumPy as py
2. import pandas as pand
3. import matplotlib.pyplot as plt
4. import seaborn as sns
```

Step2：导入数据集并绘制画布大小。

```
1. RepastData = pand.read_excel(r'D:\catering_sale.xls', 'Sheet1')
2. fig = plt.figure( )
3. ax = fig.add_subplot(111)
```

Step3：筛选出数据集中"日期"这一列数据并对所绘制的直方图图像的*x*轴、*y*轴和本图命名，然后输出直方图。

```
1. ax.hist(RepastData['日期'], bins=8)
2. plt.title('Food data processing histogram')
3. plt.xlabel('Data')
4. plt.ylabel('Sales')
5. plt.show( )
```

Step4：导入数据集。

```
1. import random
2. import NumPy as py
3. import pandas as pand
```

Step5：获取该数据集规模。

```
1. RepastData = pand.read_excel(r'D:\catering_sale.xls', 'Sheet1') # 导入数据
2. RepastData.index.size
```

Step6：使用sample( )函数规定抽取的数据规模，使用random对数据集进行随机抽取，最后得出随机抽样结果。

```
1. # 随机抽样
2. RepastData_0 = RepastData.sample(n=20, replace=True)
3. RepastData_0.index.size
```

```
4. # 数据准备
5. data = RepastData.values
6. data_sample = random.sample(list(data), 20)   # 使用 random 进行随机抽取
7.
8. len(data_sample)
```

Step7：等距抽样时，使用shape( )函数获取最大样本量，使用while循环设置本量，矩阵索引在有效范围内。

```
1. # 等距抽样
2. sample_count = 50
3. record_count = data.shape[0]   # 获取最大样本量
4.
5. width = record_count // sample_count   # 抽样间距
6.
7. data_sample = []   # 建立空列表
8. i = 0
9. # 限制本量小于等于指定抽样数量，矩阵索引在有效范围内
10.while len(data_sample) <= sample_count and i * width <= record_count - 1:
11.    data_sample.append(data[i * width])
12.    i += 1
13.len(data_sample)
```

Step8：将数据随机抽取出两组，然后再使用for循环遍历每个整群标签值域，得出所获取的数据结果。

```
1. # 整群抽样
2. label_data_unique = py.unique(data[:, -1])
3. # 随机抽取两组
4. sample_label = random.sample(list(label_data_unique), 2)
5. # 定义空列表
6. sample_data = []
7. # for 循环遍历每个整群标签值域
8. for each_label in sample_label:
9.     for data_tmp in data:
10.        if data_tmp[-1] == each_label:
11.            sample_data.append(data_tmp)
38.len(sample_data)
```

巩固·练习

尝试在kaggle中寻找可用的数据集绘制直方图，对该数据进行清洗处理。

小贴士

数据清洗是数据分析的基础，结合前文可以完成基本的数据清洗操作。

5

第 5 章
Python 数据挖掘的关键技能

数据挖掘又称为数据库中的知识发现，是目前人工智能和数据库领域研究的热点问题。数据挖掘就是从大量数据中挖掘出隐含的、未知的、对决策有潜在价值的关系、模式和趋势，并用这些知识和规则用于决策支持的模型。数据挖掘是一种决策支持过程，它主要基于人工智能、模式识别、统计学、数据库、可视化等技术，高度自动化地分析企业的数据，做出归纳性的推理，从中挖掘出潜在的模式，帮助决策者调整市场策略、减少风险、做出正确的决策。数据挖掘也是Python的应用方向之一。本章知识点如下所示。

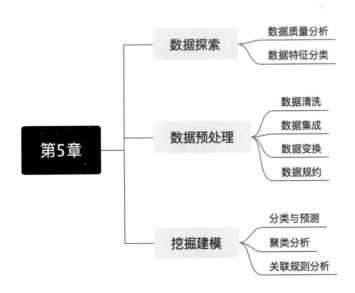

实战技能 77 "黑色星期五" 顾客信息分析

实战·说明

本实战技能将针对"黑色星期五"销售记录数据集中的顾客信息进行分析，并通过数据可视化的方式进行结果展示，进一步指导商家后期的营销活动方案的制定。

顾客有许多特征值，本案例将分别按其中某个特征值（如年龄）进行分类，通过绘图了解其购买力，分析不同产品的受众范围、销售情况等，并进行合理推测。通过此案例，读者可掌握分析数据和绘制各种图表的基本方法。

不同年龄的顾客分类如图5-1所示。

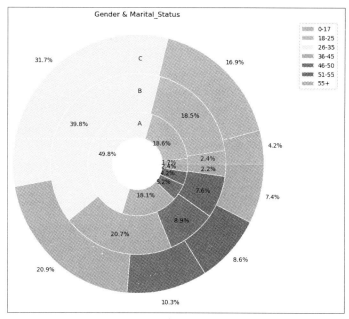

图5-1　不同年龄的顾客分类

技能·详解

1.技术要点

本实战技能主要使用到Pandas数据分析包，在实战技能65中对其使用有详细描述，在此不再赘述，读者如有疑问，请参考实战技能65。

2.主体设计

顾客分类的流程如图5-2所示。

图5-2　顾客分类流程图

实现顾客分类具体通过以下6个步骤实现。

Step1：将所需的各种模块进行导入，并对绘图模块进行设置。

Step2：将数据集进行导入。

Step3：使用head( )函数来检查前几行的数据，使用tail( )函数来检查后几行的数据。

Step4：使用isna( )函数和any( )函数对所获取的数据集进行检查，观察其是否有缺失值。检查缺失率，用fillna( )函数进行填充，将空位用0填充。

Step5：用自定义data.type( )函数来检测各项数据的取值范围。

Step6：使用Matplotlib库中不同的函数绘制折线图、扇形图。

3.编程实现

本实战技能使用PyCharm工具进行编写，建立相关的源文件【案例77：“黑色星期五”顾客信息分析.py】，在界面输入代码。参考下面的详细步骤，编写具体代码，具体步骤及代码如下所示。

Step1：载入数据并进行简单预处理，代码如下所示。

```
1.import pandas as pd
2.import matplotlib.pyplot as plt
3.import seaborn as sns
4.import csv
5.# 导入数据
6.
7.bf = pd.read_csv(r"BlackFriday.csv", header='infer')
8.bf.info()
9.
10.# 数据预处理
11.# 处理缺失值
12.bf.isna().any()
13.
14.# 计算缺失值的比率
15.missing_percentage = (bf.isnull().sum() / bf.shape[0] * 100).sort_values(ascending=False)
16.missing_percentage = missing_percentage[missing_percentage != 0].round(2)
17.print(missing_percentage)
18.
19.# 缺失值使用 0 填充
20.bf.fillna(0, inplace=True)
21.bf.isna().any().sum()
```

Step2：通过自定义取值函数，去除数据集中同类数据的重复值并求唯一值，代码如下所示。

```
1. # type(bf)
2. def data_type(bf):
```

```
3.      for i in bf.columns:
4.          print(i, "------>>", bf[i].unique( ))
```

Step3：输出数据，代码如下所示。

```
1. data_type(bf)
```

各数据项的取值（部分）如图5-3所示。

```
User_ID ------>> [1000001 1000002 1000003 ... 1004113 1005391 1001529]

Product_ID ------>> ['P00069042' 'P00248942' 'P00087842' ... 'P00038842' 'P00295642'
 'P00091742']

Gender ------>> ['F' 'M']

Age ------>> ['0-17' '55+' '26-35' '46-50' '51-55' '36-45' '18-25']

Occupation ------>> [10 16 15 7 20 9 1 12 17 0 3 4 11 8 19 2 18 5 14 13 6]

City_Category ------>> ['A' 'C' 'B']

Stay_In_Current_City_Years ------>> ['2' '4+' '3' '1' '0']

Marital_Status ------>> [0 1]

Product_Category_1 ------>> [ 3  1 12  8  5  4  2  6 14 11 13 15  7 16 18 10 17  9]

Product_Category_2 ------>> [ 0.  6. 14.  2.  8. 15. 16. 11.  5.  3.  4. 12.  9. 10. 17. 13.  7. 18.]

Product_Category_3 ------>> [ 0. 14. 17.  5.  4. 16. 15.  8.  9. 13.  6. 12.  3. 18. 11. 10.]

Purchase ------>> [ 8370 15200  1422 ... 14539 11120 18426]
```

图5-3　各数据项的取值

数据集中的年龄段共分为7段，职业分为21类，城市类型分为3类，居住时间分为5段。产品类别取值都在0~18之间，视为属于该类别的程度，越接近18，说明越可能属于某个类别。

Step4：通过上述操作确定合适的横纵坐标的取值，绘制折线图，代码如下所示。

```
1. # 将顾客按不同年龄段进行分类，通过折线图分析不同年龄段的人群对不同产品的购买情况
2. bf_P1 = bf.groupby(['Age'])['Purchase'].sum( )
3. bf_P2 = bf[bf["Product_Category_2"] > 0]
4. bf_P2 = bf_P2.groupby(['Age'])['Purchase'].sum( )
5. bf_P3 = bf[bf["Product_Category_3"] > 0]
6. bf_P3 = bf_P3.groupby(['Age'])['Purchase'].sum( )
7. fig = plt.figure(figsize=(9, 6));
8. ax = fig.add_subplot(1, 1, 1)
9. ticks = ax.set_xticklabels(['0-17', '18-25', '26-35', '36-45', '46-50',
10.                            '51-55', '55+'])
11.ax.set_title("Purchase Vs Age in Different Product_Categories")
12.ax.set_xlabel('Age')
13.ax.legend(loc='best')
14.ax.plot(bf_P1, marker='o')
15.ax.plot(bf_P2, marker='*')
16.ax.plot(bf_P3, marker='.')
17.ax.legend(['Product_Category_1', 'Product_Category_2', 'Product_Category_3'])
18.plt.show( )
```

```
19.plt.close( )
```

代码运行结果如图5-4所示。

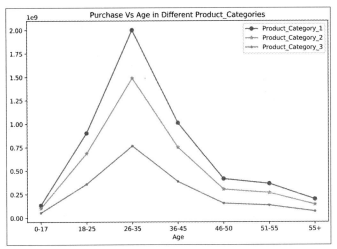

图5-4　不同人群对不同产品的购买情况

在26岁前，随着年龄的上升，人群对三种产品类型的需求上升；在35岁后，随着年龄的上升，人群对三种产品类型的需求下降。说明这三种类型产品的销售对象是青年人群。

Step5：整理数据，得到性别、婚姻状况与产品购买力的表格。其中，Female_0表示未婚女性，Female_1表示已婚女性，Male_0表示未婚男性，Male_1表示已婚男性，代码如下所示。

```
1. # 将顾客按照性别和是否已婚进行分类，通过绘制条形图来了解男性和女性对哪种类型的产品
2. # 需求量更大
3. bf_gen_mar_sum1 = bf.groupby(['Gender', 'Marital_Status'])['Purchase'].sum( ).
4.    reset_index('Marital_Status')
5. bf_gen_mar_sum2 = bf[bf["Product_Category_2"] > 0]
6. bf_gen_mar_sum2 = bf_gen_mar_sum2.groupby(['Gender', 'Marital_Status'])
7.    ['Purchase'].sum( ).reset_index('Marital_Status')
8. bf_gen_mar_sum3 = bf[bf["Product_Category_3"] > 0]
9. bf_gen_mar_sum3 = bf_gen_mar_sum3.groupby(['Gender', 'Marital_Status'])
10.    ['Purchase'].sum( ).reset_index('Marital_Status')
11.# 拼接数据框
12.bf_gen_mar_sum = pd.concat([bf_gen_mar_sum1, bf_gen_mar_sum2,
13.                            bf_gen_mar_sum3], axis=1)
14.bf_gen_mar_sum = bf_gen_mar_sum.drop(['Marital_Status'], axis=1)
15.bf_gen_mar_sum.index = ['Female_0', 'Female_1', 'Male_0', 'Male_1']
16.bf_gen_mar_sum.columns = ['Product_Category_1', 'Product_Category_2',
17.                          'Product_Category_3']
18.print(bf_gen_mar_sum)
```

代码运行结果如图5-5所示。

Step6：通过图5-5中的数据，绘制出条形图，代码如下所示。

```
1. bf_gen_mar_sum.plot(kind='bar', title="Pur Vs Gen&Mar in Different Product_
2.                     Categories")
```

代码运行结果如图5-6所示。

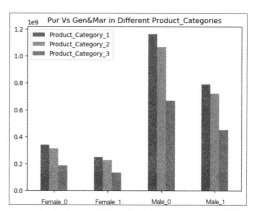

	Product_Category_1	Product_Category_2	Product_Category_3
Female_0	673815717	490531140	239137309
Female_1	490808304	351631803	170432466
Male_0	2292473783	1729333948	903950203
Male_1	1560570574	1161071553	602126057

图5-5　性别、婚姻状况与产品购买力表格　　　　　图5-6　性别、婚姻状况与产品购买力条形图

由图5-6可见，按性别和婚姻状况分类的各群体，对三种产品的偏好为Product_Category_1 > Product_Category_2 > Product_Category_3。

由此可推测出，Product_Category_1应为必需品或拥有接近于必需品的属性，而Product_Category_3则是奢侈品或非必需品。

Step7：将顾客按城市进行分类，通过扇形图得出不同城市的顾客对不同产品的需求，代码如下所示。

```
1. bf1_city_sum1 = bf.groupby(['City_Category'])['Product_Category_1'].sum( )
2. bf1_city_sum2 = bf.groupby(['City_Category'])['Product_Category_2'].sum( )
3. bf1_city_sum3 = bf.groupby(['City_Category'])['Product_Category_3'].sum( )
4. fig = plt.figure(figsize=(12, 6));
5. # 图形位置与标题
6. ax1 = fig.add_subplot(1, 3, 1)
7. ax2 = fig.add_subplot(1, 3, 2)
8. ax3 = fig.add_subplot(1, 3, 3)
9. ax1.set_title('Product_Category_1')
10.ax2.set_title('Product_Category_2')
11.ax3.set_title('Product_Category_3')
12.# 绘图
13.ax1.pie(bf1_city_sum1, radius=0.7, wedgeprops=dict(width=0.3, edgecolor='w'),
14.        colors=['cyan', 'lightskyblue', 'linen', 'yellow'], labels=
15.        ['A', 'B', 'C'], labeldistance=0.8, autopct='%1.1f%%', pctdistance=0.5)
16.ax2.pie(bf1_city_sum2, radius=0.7, wedgeprops=dict(width=0.3, edgecolor='w'),
17.        colors=['cyan', 'lightskyblue', 'linen', 'yellow'], labels=
18.        ['A', 'B', 'C'], labeldistance=0.8, autopct='%1.1f%%', pctdistance=0.5)
19.ax3.pie(bf1_city_sum3, radius=0.7, wedgeprops=dict(width=0.3, edgecolor='w'),
20.        colors=['cyan', 'lightskyblue', 'linen', 'yellow'], labels=
```

```
21.            ['A', 'B', 'C'], labeldistance=0.8, autopct='%1.1f%%', pctdistance=0.5)
22.# 正圆与图例
23.ax1.axis('equal')
24.ax2.axis('equal')
25.ax3.axis('equal')
26.ax3.legend(['A', 'B', 'C'])
27.plt.show( )
28.plt.close( )
```

代码运行结果如图5-7所示。

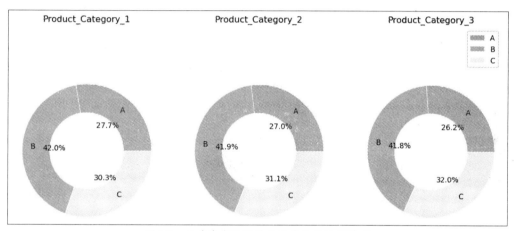

图5-7　三座城市分别对三种产品的购买情况

由图5-7可知，三座城市分别对三种产品的需求大致相同，B城的购买力较强。

Step8：将各城的顾客按年龄段进行分类，通过绘制扇形图来分析各城的人口年龄，代码如下所示。

```
1. bf_C = bf.groupby(['City_Category', 'Age']).count( ).reset_index('Age')
2. # 设置绘图个数和位置
3. fig = plt.figure(figsize=(14, 8));
4. ax1 = fig.add_subplot(1, 3, 1)
5. ax2 = fig.add_subplot(1, 3, 2)
6. ax3 = fig.add_subplot(1, 3, 3)
7. ax1.set_title('A')
8. ax2.set_title('B')
9. ax3.set_title('C')
10.# 创建圆环，填值
11.ax1.pie(bf_C.iloc[0:7, 2], radius=0.5, wedgeprops=dict(width=0.3, edgecolor='w'),
12.           colors=['cyan', 'lightskyblue', 'linen', 'y', 'grey', 'olive', 'orange'],
13.           autopct='%1.1f%%', pctdistance=0.7)
14.ax2.pie(bf_C.iloc[7:14, 2], radius=0.5, wedgeprops=dict(width=0.3, edgecolor='w'),
15.           colors=['cyan', 'lightskyblue', 'linen', 'y', 'grey', 'olive', 'orange'],
16.           autopct='%1.1f%%', pctdistance=0.7)
17.ax3.pie(bf_C.iloc[14:23, 2], radius=0.5, wedgeprops=dict(width=0.3, edgecolor='w'),
```

```
18.        colors=['cyan', 'lightskyblue', 'linen', 'y', 'grey', 'olive', 'orange'],
19.        autopct='%1.1f%%', pctdistance=0.7)
20.# 图例
21.ax1.axis('equal')
22.ax2.axis('equal')
23.ax3.axis('equal')
24.ax3.legend(['0-17', '18-25', '26-35', '36-45', '46-50', '51-55', '55+'],
25.            loc="best")
26.plt.show( )
27.plt.close( )
```

代码运行结果如图5-8所示。

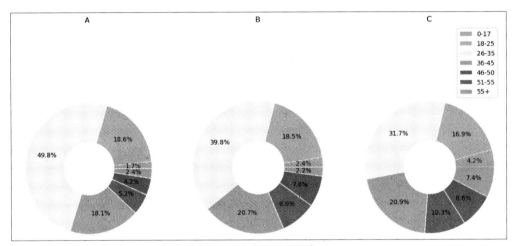

图5-8　三座城市的人口年龄

由图5-8可见，A城人口接近50%是26—35岁的群体，18—45岁的群体达86.6%，但是A城的购买力却是最低的，说明A城是一个年轻化的城市，经济实力不是很强，但具有消费潜力。

B城购买力较强，主要人口是青壮年。

C城则是接近老龄化的城市，46岁以上的人口占26.2%，考虑到其0—17岁群体占4.2%，在三者中最高，婴幼儿用品及少年书籍等需求较高，所以购买力位居第二。

该扇形图更清晰地向我们展示了三座城市间的人口构成。

Step9：根据以上两个图表，绘制一个扇形图，显示关于不同城市、不同年龄段的顾客的购买比例，代码如下所示。

```
1. plt.figure(figsize=(10, 7))
2. plt.pie(bf_C.iloc[0:7, 2], radius=0.5, wedgeprops=dict(width=0.3, edgecolor='w'),
3.        colors=['cyan', 'lightskyblue', 'linen', 'y', 'grey', 'olive', 'orange'],
4.        autopct='%1.1f%%', pctdistance=0.5)
5. plt.pie(bf_C.iloc[7:14, 2], radius=0.7, wedgeprops=dict(width=0.3, edgecolor='w'),
6.        colors=['cyan', 'lightskyblue', 'linen', 'y', 'grey', 'olive', 'orange'],
7.        autopct='%1.1f%%', pctdistance=0.8)
```

```
8. plt.pie(bf_C.iloc[14:23, 2], radius=1, wedgeprops=dict(width=0.3, edgecolor='w'),
9.         colors=['cyan', 'lightskyblue', 'linen', 'y', 'grey', 'olive', 'orange'],
10.        autopct='%1.1f%%', pctdistance=1.1)
11.plt.text(0, 0.8, "C")
12.plt.text(0, 0.55, "B")
13.plt.text(0, 0.3, "A")
14.plt.tight_layout( )
15.plt.legend(['0-17', '18-25', '26-35', '36-45', '46-50', '51-55', '55+'],
16.             loc="best")
17.plt.axis('equal')
18.plt.title('Gender & Marital_Status')
19.plt.show( )
20.plt.close( )
```

代码运行结果如图5-1所示。

巩固·练习

修改本案例代码，尝试对"实战技能78"的共享单车调度数据的骑车人群信息进行分类统计。

小贴士

在对骑车人群进行分类的时候，需要注意对人群的特征值进行提取。

实战技能 78 确定共享单车的调度中心

实战·说明

本实战技能是通过归纳共享单车数据集，使用Pandas等模块对数据集进行可视化处理，并对得到的图像集进行统计分析，结合各项分析结果得到共享单车在各种情况下的密集程度，最后确立共享单车的调度中心。

技能·详解

1.技术要点

本实战技能将主要使用Seaborn模块进行绘图，另外，在对数据的处理过程中用到了数据的相关分析。关于Seaborn模块的使用，在之前的案例中已经介绍过了，此处不再赘述，下面介绍一下相关系数的概念。

本实战技能在数据分析过程中，在对不同属性之间的关系进行分析时用到了相关系数的知识，相关系数具有以下特性。

（1）它反映两个变量之间的相关性及其相关方向，最值范围为[-1,1]。

（2）相关系数的绝对值大小决定了这种线性相关性的强弱。

（3）0表示没有线性相关性。

（4）负数表示负相关，一个值变大则另一个值有变小的趋势，-1表示完全不相关。

（5）正数表示正相关，一个值变大则另一个值有变大的趋势，1表示两个属性一样。

2.主体设计

共享单车数据分析流程如图5-9所示。

图5-9　共享单车数据分析流程图

分析共享单车数据具体通过以下8个步骤实现。

Step1：将所需的各种模块进行导入，并对绘图模块进行设置，再将数据集进行导入。

Step2：计算得到该数据集的规模，抽样检查数据集是否有缺失值。

Step3：对所获取的数据中的日期信息、租车时间和月份信息进行处理。

Step4：生成租车日期对应的星期数，定义一个转换函数对数据进行批量转化。

Step5：对此时的数据进行可视化处理，绘制各个属性的相关系数的图像和地热图。

Step6：计算不同变量之间的相关性，并对humidity和count，以及windspeed和count两对属性绘制相关系数的直方图。

Step7：分隔连续温度和湿度，再对holiday数据进行映射，判断在哪种温度和湿度下，租车的人数最多。

Step8：与上一步骤相同，将季节、天气和星期数进行映射，再对不同季节、天气、星期数的平均租车人数的变化进行绘图。绘制出不同季节、不同星期数每小时平均租车人数变化的图像，以及不同天气情况每个月的平均租车人数变化的图像。

3.编程实现

本实战技能使用PyCharm进行编写，创建源文件【案例78：确定共享单车的调度中心.py】，在界面输入代码。参考下面的详细步骤，编写具体代码，具体步骤及代码如下所示。

Step1：将所需的第三方模块进行导入，并完成数据集的导入。

```
1. import numpy as py
```

```
2. import pandas as pand
3. import matplotlib.pyplot as mat
4. import seaborn as sns    # 导入绘制图像的模块
5. import calendar    # 导入日历函数
6. from datetime import datetime
7. %matplotlib inline
8. %config InlineBackend.figure_format = 'retina'
9. SharingBikeData = pand.read_csv(r'D:\bike.csv')    # 导入数据集
```

Step2：列出前10行数据，使用info( )函数对所获取的数据集进行检查，判断是否需要进行数据清理，结果如图5-10和图5-11所示。

	datetime	season	holiday	workingday	weather	temp	atemp	humidity	windspeed	casual	registered	count
0	2011-01-01 00:00:00	1	0	0	1	9.84	14.395	81	0.0000	3	13	16
1	2011-01-01 01:00:00	1	0	0	1	9.02	13.635	80	0.0000	8	32	40
2	2011-01-01 02:00:00	1	0	0	1	9.02	13.635	80	0.0000	5	27	32
3	2011-01-01 03:00:00	1	0	0	1	9.84	14.395	75	0.0000	3	10	13
4	2011-01-01 04:00:00	1	0	0	1	9.84	14.395	75	0.0000	0	1	1
5	2011-01-01 05:00:00	1	0	0	2	9.84	12.880	75	6.0032	0	1	1
6	2011-01-01 06:00:00	1	0	0	1	9.02	13.635	80	0.0000	2	0	2
7	2011-01-01 07:00:00	1	0	0	1	8.20	12.880	86	0.0000	1	2	3
8	2011-01-01 08:00:00	1	0	0	1	9.84	14.395	75	0.0000	1	7	8
9	2011-01-01 09:00:00	1	0	0	1	13.12	17.425	76	0.0000	8	6	14

图5-10　前10行数据

```
<class 'pandas.core.frame.DataFrame'>
RangeIndex: 10886 entries, 0 to 10885
Data columns (total 12 columns):
datetime      10886 non-null object
season        10886 non-null int64
holiday       10886 non-null int64
workingday    10886 non-null int64
weather       10886 non-null int64
temp          10886 non-null float64
atemp         10886 non-null float64
humidity      10886 non-null int64
windspeed     10886 non-null float64
casual        10886 non-null int64
registered    10886 non-null int64
count         10886 non-null int64
dtypes: float64(3), int64(8), object(1)
memory usage: 1020.6+ KB
```

图5-11　查看缺失值

Step3：从数据集中分离出不同属性的数据。

```
1. SharingBikeData.head(10)
2. SharingBikeData.info( ) # 检查数据缺失值
3. ex = SharingBikeData.datetime[1]
4. ex.split( ) # 对数据进行精准化处理
5. ex.split( )[0]  # 提取日期部分
6. def get_date(x):   # 定义日期数据，拆分函数
7.     return(x.split( )[0])
9. SharingBikeData['date'] = SharingBikeData.datetime.apply(get_date)
10.# 对 datetime 的数据进行拆分
11.SharingBikeData.head( )
12.
13.ex.split( )[1]
14.ex.split( )[1].split(':')
15.ex.split( )[1].split(':')[0]
16.# 处理时间属性数据，同上
17.def get_hour(x):
18.    return(x.split( )[1].split(':')[0])
19.
20.SharingBikeData['Hour'] = SharingBikeData.datetime.apply(get_hour)
21.
22.SharingBikeData.head( )
```

代码运行结果如图5-12和图5-13所示。

	datetime	season	holiday	workingday	weather	temp	atemp	humidity	windspeed	casual	registered	count	date
0	2011-01-01 00:00:00	1	0	0	1	9.84	14.395	81	0.0	3	13	16	2011-01-01
1	2011-01-01 01:00:00	1	0	0	1	9.02	13.635	80	0.0	8	32	40	2011-01-01
2	2011-01-01 02:00:00	1	0	0	1	9.02	13.635	80	0.0	5	27	32	2011-01-01
3	2011-01-01 03:00:00	1	0	0	1	9.84	14.395	75	0.0	3	10	13	2011-01-01
4	2011-01-01 04:00:00	1	0	0	1	9.84	14.395	75	0.0	0	1	1	2011-01-01

图5-12 日期信息进行处理后的结果

	datetime	season	holiday	workingday	weather	temp	atemp	humidity	windspeed	casual	registered	count	date	Hour
0	2011-01-01 00:00:00	1	0	0	1	9.84	14.395	81	0.0	3	13	16	2011-01-01	00
1	2011-01-01 01:00:00	1	0	0	1	9.02	13.635	80	0.0	8	32	40	2011-01-01	01
2	2011-01-01 02:00:00	1	0	0	1	9.02	13.635	80	0.0	5	27	32	2011-01-01	02
3	2011-01-01 03:00:00	1	0	0	1	9.84	14.395	75	0.0	3	10	13	2011-01-01	03
4	2011-01-01 04:00:00	1	0	0	1	9.84	14.395	75	0.0	0	1	1	2011-01-01	04

图5-13 租车时间信息进行处理后的结果

Step4：生成租车时间对应的星期数。

```
1. ex.split( )[1]
2. ex.split( )[1].split(':')
3. ex.split( )[1].split(':')[0]
4. calendar.day_name[:] # 引入 day_name
5. datestring = ex.split( )[0]  # 分离数据
6. dateDT = datetime.strptime(datestring, '%Y-%m-%d')
7. # 获取字符串形式的日期并将数据转换为 datatime
8. type(dateDT)
9. week_day = dateDT.weekday( )
10. week_day
11.
12. calendar.day_name[week_day]  # 将星期数映射到对应的名字上
13. def get_weekday(datestring): # 定义函数，批量映射
14.     week_day = datetime.strptime(datestring, '%Y-%m-%d').weekday( )
15.     return(calendar.day_name[week_day])
16. SharingBikeData['weekday'] = SharingBikeData['date'].apply(get_weekday)
17. SharingBikeData.head( )
18.
19. dateDT.month
20. def get_month(datestring):
21.     return(datetime.strptime(datestring, '%Y-%m-%d').month)
22. SharingBikeData['month'] = SharingBikeData.date.apply(get_month)
23. SharingBikeData.head(2)
```

代码运行结果如图5-14所示。

	datetime	season	holiday	workingday	weather	temp	atemp	humidity	windspeed	casual	registered	count	date	Hour	weekday	month
0	2011-01-01 00:00:00	1	0	0	1	9.84	14.395	81	0.0	3	13	16	2011-01-01	00	Saturday	1
1	2011-01-01 01:00:00	1	0	0	1	9.02	13.635	80	0.0	8	32	40	2011-01-01	01	Saturday	1

图5-14　前两行数据

Step5：绘制出各个属性的相关性图像，使用函数对各个属性进行处理，根据该图像观察上面的相关矩阵。

```
1. fig = mat.figure(figsize=(18, 10))  # 调节图片大小
2. ax1 = fig.add_subplot(121)
3. sns.boxplot(data=SharingBikeData, y='count')
4. ax1.set(ylabel='count', title="Box Plot on Count")
5. # 绘制 count 与 Hour 的变化箱式图
6.
7. ax2 = fig.add_subplot(122)
8. sns.boxplot(data=SharingBikeData, x='Hour', y='count')
9. ax2.set(xlabel='Hour', title='Box Plot on Cour and Hour')
10.
11.ax3 = fig.add_subplot(223)
12.sns.boxplot(data=SharingBikeData, y='count', x='holiday')
13.ax3.set(ylabel='count', xlabel='holiday', title='Holiday Count')
14.# 绘制 count 与 month 的变化箱式图
15.
16.ax4 = fig.add_subplot(224)
17.sns.boxplot(data=SharingBikeData, x='month', y='count')
18.ax4.set(xlabel='month', title='Month Count')
19.mat.show( )
20.correlation = SharingBikeData[['casual', 'registered', 'temp', 'atemp',
21.                               'humidity', 'windspeed', 'count']].corr( )
```

运行结果如图5-15、图5-16和图5-17所示。

高手点拨

由上面三幅图可得出下面这些结论。

（1）count和registered、casual高度正相关（关联性大于0.5）。

（2）count和temp、atemp、windspeed相关性数值比较小，说明和温度、体感温度、风速相关性比较小。

（3）count和humidity是负相关的。

Step6：对三对属性绘制相关系数的图像和地热图。

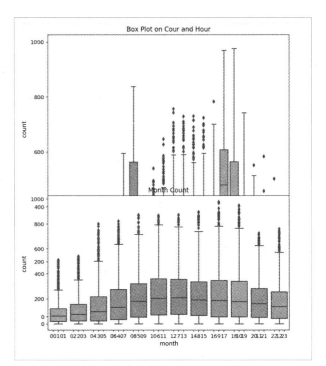

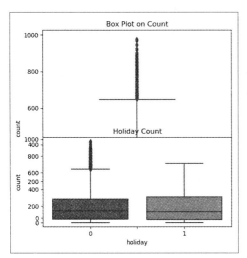

图5-15　租车人数与时间的变化箱式图　　　　图5-16　租车人数与时间的变化箱式图

	casual	registered	temp	atemp	humidity	windspeed	count
casual	1.000000	0.497250	0.467097	0.462067	-0.348187	0.092276	0.690414
registered	0.497250	1.000000	0.318571	0.314635	-0.265458	0.091052	0.970948
temp	0.467097	0.318571	1.000000	0.984948	-0.064949	-0.017852	0.394454
atemp	0.462067	0.314635	0.984948	1.000000	-0.043536	-0.057473	0.389784
humidity	-0.348187	-0.265458	-0.064949	-0.043536	1.000000	-0.318607	-0.317371
windspeed	0.092276	0.091052	-0.017852	-0.057473	-0.318607	1.000000	0.101369
count	0.690414	0.970948	0.394454	0.389784	-0.317371	0.101369	1.000000

图5-17　数据集各个属性的相关性图像

```
1. fig = mat.figure(figsize=(10, 10))
2. sns.heatmap(correlation, vmax=0.8, square=True, annot=True)  # 绘制地热图
3. sns.regplot(x='casual', y='count', data=SharingBikeData)
4. # count 与 casual 的相关系数图
5. fig = mat.figure(figsize=(18, 10))
6.
7. ax1 = fig.add_subplot(121)
8. sns.regplot(x='humidity', y='count', data=SharingBikeData)
9. ax1.set(ylabel='count', xlabel='humidity', title="Correlation of count and
10.     humidity")  # count 与 humidity 的相关系数图
11.
12.ax2 = fig.add_subplot(122)
13.sns.regplot(x='windspeed', y='count', data=SharingBikeData)
14.ax2.set(xlabel='windspeed', title='Correlation of count and windspeed')
```

15.# count 与 windspeed 的相关系数图

代码运行结果如图5-18、图5-19、图5-20和图5-21所示。

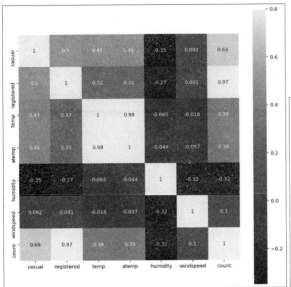

图5-18　各个属性相关性的地热图

图5-19　count与casual属性的相关系数图

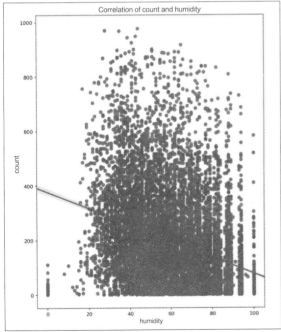

图5-20　count与humidity的相关系数图

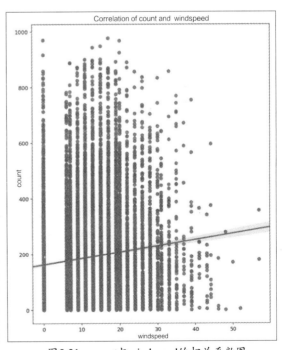

图5-21　count与windspeed的相关系数图

Step7：分隔连续温度和湿度，从而判断在哪种温度和湿度下租车的人数最多。

```
1. SharingBikeData['humidity_band'] = pand.cut(SharingBikeData['humidity'], 5)
```

```
2. SharingBikeData['temp_band'] = pand.cut(SharingBikeData['temp'], 5)
3. # 分隔连续温度与湿度
4. SharingBikeData['holiday_cat'] = SharingBikeData['holiday'].map({
5.    0:'non-holiday', 1:'holiday'})  # 绘制直方图
6. SharingBikeData.head( )
7. sns.FacetGrid(data=SharingBikeData, row='humidity_band', size=3, aspect=2).\
8.    map(sns.barplot, 'temp_band', 'count', palette='deep', ci=None)
9. mat.show()
```

代码运行结果如图5-22和图5-23所示。

	datetime	season	holiday	workingday	weather	temp	atemp	humidity	windspeed	casual	registered	count	date	Hour	weekday	month	humidity_band	temp_band	holiday_cat
0	2011-01-01 00:00:00	1	0	0	1	9.84	14.395	81	0.0	3	13	16	2011-01-01	00	Saturday	1	(80.0, 100.0]	(8.856, 16.892]	non-holiday
1	2011-01-01 01:00:00	1	0	0	1	9.02	13.635	80	0.0	8	32	40	2011-01-01	01	Saturday	1	(60.0, 80.0]	(8.856, 16.892]	non-holiday
2	2011-01-01 02:00:00	1	0	0	1	9.02	13.635	80	0.0	5	27	32	2011-01-01	02	Saturday	1	(60.0, 80.0]	(8.856, 16.892]	non-holiday
3	2011-01-01 03:00:00	1	0	0	1	9.84	14.395	75	0.0	3	10	13	2011-01-01	03	Saturday	1	(60.0, 80.0]	(8.856, 16.892]	non-holiday
4	2011-01-01 04:00:00	1	0	0	1	9.84	14.395	75	0.0	0	1	1	2011-01-01	04	Saturday	1	(60.0, 80.0]	(8.856, 16.892]	non-holiday

图5-22　使用cut( )与map( )函数处理后的数据图

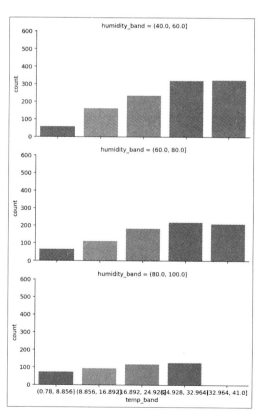

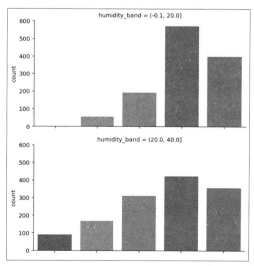

图5-23　数据图像直方图

Step8：将季节数据进行映射，并对不同季节每小时平均租车人数的变化进行绘图。天气和星期数也使用相同的办法对数据进行处理并绘制图像。

```
1. SharingBikeData['season_label'] = SharingBikeData.season.map({1:'spring',
2.    2:'summer', 3:'fall', 4:'winter'})  # 季节部分
3.
4. sns.FacetGrid(data=SharingBikeData, size=8, aspect=1.5)
5. # 绘制不同季节每小时平均租车人数的变化图
6.    map(sns.pointplot, 'Hour', 'count', 'season_label', palette='deep',ci=None)
7.    add_legend( )
8. SharingBikeData['weather_label'] = SharingBikeData.weather.map({1:'sunshine or
9.    cloudy', 2:'fog or cloudy ', 3:'flurry', 4:'extreme weather'}) # 天气部分
10.
11.sns.FacetGrid(data=SharingBikeData, size=8, aspect=1.5)
12.    map(sns.pointplot, 'month', 'count', 'weather_label', palette='deep', ci=None)
13.    add_legend( )
14.sns.FacetGrid(data=SharingBikeData, size=8, aspect=1.5)
15.    map(sns.pointplot, 'Hour', 'count', 'weekday', palette='deep', ci=None)
16.                                                    # 星期数部分
17.    add_legend( )
18.mat.show( )
```

代码运行结果如图5-24、图5-25和图5-26所示。

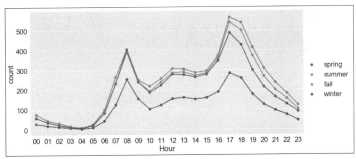

图5-24　不同季节每小时平均租车人数的变化图

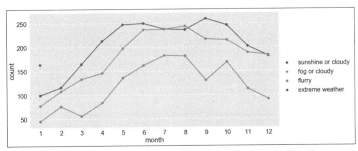

图5-25　不同天气情况下每月的平均租车人数变化图

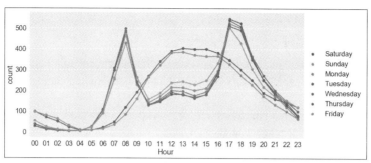

图5-26　不同星期数每小时的平均租车人数变化图

巩固·练习

根据本案例确定的共享单车调度中心，确定各个调度中心的车辆分配情况，并且对其进行可视化处理。

小贴士

Step1：分析各个调度中心周围的用车情况，确定各个调度中心的车辆分配情况。

Step2：可视化处理需要使用到Matplotlib库。

实战技能 **79** 发现毒蘑菇的相似特征

实战·说明

本实战技能将通过Apriori算法统计出数据中几种毒蘑菇的相似特征，如图5-27所示。每一行表示一个蘑菇，其中第一列"2"表示有毒，"1"表示无毒，后面的每一列表示蘑菇不同的特性，如第二列表示蘑菇的长度，第三列表示蘑菇的颜色。我们的目的是看哪些特性和"2"的关联最大。

```
1 9 12 22 29 33 35 39 42 52 57 64 68 76 85 87 91 94 121 124 116 123
2 9 19 22 22 33 35 38 42 52 55 64 68 76 85 87 91 94 121 125 115 119
2 9 18 22 23 33 35 38 41 52 55 64 68 76 85 87 91 94 121 125 115 121
1 8 18 22 29 33 35 39 41 52 57 64 68 76 85 87 91 94 121 124 116 123
2 9 13 21 28 33 36 38 42 53 57 64 68 76 85 87 91 94 97 125 113 119
1 9 19 22 22 33 35 38 42 52 55 64 68 76 85 87 91 94 121 124 115 119
2 9 18 22 22 33 35 38 44 52 55 64 68 76 85 87 91 94 121 124 115 121
1 8 18 22 29 33 35 39 47 52 57 64 68 76 85 87 91 94 121 124 117 119
2 9 19 22 22 33 35 38 42 52 55 64 68 76 85 87 91 94 121 126 116 121
2 8 19 22 23 33 35 38 44 52 55 64 68 76 85 87 91 94 121 125 115 119
2 8 19 22 22 33 35 38 41 52 55 64 68 76 85 87 91 94 121 124 116 121
2 9 19 22 22 33 35 38 52 52 55 64 68 76 85 87 91 94 121 125 116 119
2 6 12 21 28 33 38 41 53 57 64 65 76 85 87 91 94 97 124 113 119
2 6 13 21 28 33 35 39 42 52 57 64 65 76 85 87 91 94 121 125 118 123
2 6 18 21 28 33 36 38 42 53 57 64 68 76 85 87 91 94 97 125 113 119
```

图5-27　发现毒蘑菇的相似特征结果演示图

技能·详解

1.技术要点

本实战技能主要利用Apriori算法，统计出毒蘑菇的相似特征，其技术关键在于读者对Apriori算法的理解与灵活运用的程度。

首先对原始数据集进行分析，提取出数据中的一个样本，格式如下。

1 9 13 23 25 34 36 38 40 52 54 59 63 67 76 85 86 90 93 98 107 113

经过查阅数据集得知，第一个特征（第一列）表示有毒或者无毒。若值为"2"，则证明此样本有毒；若值为"1"，则证明此样本无毒。之后的特征（每一列表示一个特征）都是用数字表示蘑菇的外形等。本案例主要说明算法的使用，对于数据集的每一个特征的具体含义不做进一步解释。读者只需要知道在样本数据中，第一个数字表示分类结果，剩余数字表示特征即可。

Apriori算法是最有影响力的挖掘布尔关联规则频繁项集的算法，该算法以Apriori原理为基础。Apriori原理是说如果某个项集是频繁的，那么它的所有子集也是频繁的。

高手点拨

频繁模式是指数据集中频繁出现的项集、序列或子结构。频繁项集是指支持度大于等于最小支持度的集合，其中支持度是指某个集合在所有事务中出现的频率。频繁项集的经典应用是购物篮模型。

Apriori算法的两个输入参数分别是最小支持度和数据集，其算法步骤如下。

Step1：生成所有单个元素的项集列表。

Step2：扫描数据集来查看哪些项集满足最小支持度要求，不满足最小支持度要求的集合会被删除。

Step3：对剩下的集合进行组合，生成包含两个元素的项集。

Step4：重新扫描交易记录，去掉不满足最小支持度的项集。该过程重复进行，直到所有项集都被去掉。

Apriori算法常用来找出出现频繁项集的数据，通常我们会使用支持度、置信度和提升度三种评估标准，而其中最常用的便是支持度和置信度。

项集X、Y同时发生的概率称为关联规则的支持度，计算公式为：

$$Support(X \rightarrow Y) = P(X,Y) = \frac{number(X,Y)}{number(AllSamples)} \qquad （公式5-1）$$

其中，$Support(X \rightarrow Y)$表示支持度，$P(X,Y)$表示X和Y项集同时出现的概率。

置信度表示的是在条件项集X发生的条件下，根据关联规则推算出项集Y发生的概率，具体计算公式为：

$$Confidence(X \rightarrow Y) = P(Y|X) = \frac{P(X,Y)}{P(X)} = \frac{number(X,Y)}{number(X)} \qquad （公式5-2）$$

其中，$Confidence(X \rightarrow Y)$表示置信度，$P(X,Y)$表示项集$X$和$Y$同时出现的概率，$P(X)$表示$X$项集出现的概率。

下面用一个小例子来详细解读上述概念。

10000个超市订单，其中购买X牛奶的有6000个订单，购买Y牛奶的有7500个订单，同时购买了X牛奶和Y牛奶的有4000个订单，X牛奶所对应的支持度计算公式为：

$$Support(X,Y) = P(X,Y) = \frac{4000}{10000} = 0.4 \qquad （公式5-3）$$

X牛奶的置信度的计算公式为：

$$Confidence(X \rightarrow Y) = \frac{P(X,Y)}{P(X)} = \frac{4000}{6000} \approx 0.67 \qquad （公式5-4）$$

置信度告诉我们，当X发生时，Y是否一定会发生，如果发生，有多大的概率。

只要置信度或者支持度超过一开始设定的值，则称两者之间有关联，此项集则为频繁项集。

2.主体设计

利用Apriori算法发现毒蘑菇的相似特征的流程如图5-28所示。

图5-28　发现毒蘑菇的相似特征流程图

发现毒蘑菇相似特征具体通过以下4个步骤实现。

Step1：建立createC1( )函数，此函数的功能是将数据集中大小为1的项集整合到一个列表中。

Step2：建立scanD( )函数，此函数的功能是计算出各个项集的支持度并把大于最小支持度的项集放入一个新的列表中。

Step3：建立apriori( )函数，此函数是此程序的主体函数。在此函数调用前建立的createC1( )函数和scanD( )函数实现对项集的筛选，并且将结果以字典的方式输出。

Step4：导入数据，设定最小支持度，调用apriori( )函数计算最频繁项集及其支持度。

3.编程实现

本实战技能使用PyCharm进行编写，创建源文件【案例79：发现毒蘑菇的相似特征.py】，在界面输入代码。参考下面的详细步骤，编写具体代码，具体步骤及代码如下所示。

Step1：在源代码文件中，创建一个createC1( )函数，代码如下所示。

```
1. def createC1(dataSet):  # 将文件中所有满足条件的项集填入列表，并对此列表进行排序
2.    C1 = []
3.    for transaction in dataSet:  # dataSet 为数据集
4.        for item in transaction:
```

```
5.              if not [item] in C1:
6.                  C1.append([item])
7.          C1.sort( )
8.          return list(map(frozenset, C1))    # 返回大小为 1 的所有候选项集的集合
```

Step2：创建一个scanD( )函数，代码如下所示。

```
1. def scanD(D, Ck, minSupport):     # 计算出文件中各个项集的支持度并把大于最小支持度的
2.                                    # 项集放入一个新的列表中
3.      ssCnt = {}
4.      for tid in D:
5.          for can in Ck:
6.              if can.issubset(tid):
7.                  if not can in ssCnt:ssCnt[can] = 1
8.                  else:
9.                      ssCnt[can] += 1
10.     numItems = float(len(D))
11.     retList = []
12.     supportData = {} # 最频繁项集的支持度
13.     for key in ssCnt:
14.         support = (ssCnt[key] / numItems)
15.         if support >= minSupport:    # 最小支持度
16.             retList.insert(0, key)
17.         supportData[key] = support
18.     return retList, supportData      # 返回值为 retList，即所有满足最小支持度要求的集合
```

Step3：创建主体函数，代码如下所示。

```
1. def apriori(dataSet, minSupport=0.5):
2.      C1 = createC1(dataSet)
3.      D = list(map(set, dataSet))
4.      L1, supportData = scanD(D, C1, minSupport)
5.      L = [L1]
6.      k = 2
7.      while (len(L[k-2]) > 0):
8.          Ck = aprioriGen(L[k-2], k)
9.          Lk, supK = scanD(D, Ck, minSupport)
10.         supportData.update(supK)
11.         L.append(Lk)
12.         k += 1
13.
14.     return L, supportData
```

Step4：定义一个aprioriGen( )函数，代码如下所示。

```
1. def aprioriGen(Lk, k):
2.      retList = []
3.      lenLk = len(Lk)
4.      for i in range(lenLk):
```

```
5.            for j in range(i + 1, lenLk):
6.                L1 = list(Lk[i])[:k-2]; L2 = list(Lk[j])[:k-2]
7.                L1.sort( ); L2.sort( )
8.                if L1 == L2:
9.                    retList.append(Lk[i] | Lk[j])
10.      return retList  # 返回值为 retList，即大小为 k 的所有候选项集的集合
```

Step5：导入数据，自定义最小支持度，输出满足条件的项集。

```
1. mushDatSet = [line.split( ) for line in open('C:\\Users\\LEGION\\mushrooms.
2.              data').readlines( )]
2. print("共 %d 条数据: " % len(mushDatset))
3. L, supportData = apriori(mushDatSet, minSupport=0.3)
4. for item in L[1]:
5.     if item.intersection('2'):
6.         print(item)
```

输出结果如图5-29所示，其中有76、54等特征的蘑菇可能是有毒的。

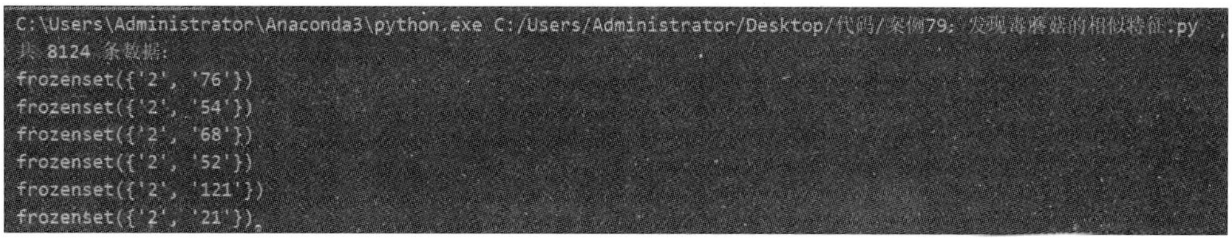

图5-29 蘑菇有毒的频繁项集

巩固·练习

使用Apriori算法实现发现美国国会中的投票模式。

在这个数据中，读者可以利用Apriori算法来发现投票记录中的有趣信息，如某个地区的人更偏向哪一位候选人。最后，读者可尝试预测选举官员会如何投票。

小贴士

Step1：在收集数据的步骤中需要使用votesmart模块访问投票记录。

Step2：需要创建一个函数，将投票记录转换成交易记录。

Step3：训练apriori( )函数，发现需要的信息。

Step4：使用apriori( )函数导入数据，发现关联关系，预测票数的变化情况。

实战技能 80 中医证型关联规则挖掘

实战·说明

本实战技能将使用Apriori算法来实现寻找数据关联性，从而发现诸多症状的规律性，并且依据规则分析病因、预测病情发展，为未来临床诊治提供帮助。数据集如图5-30所示，其中每一行不同的字母表示每个患者不同的特征，每一列不同的数字表示这一个特征不同的症状，如A表示肝气郁结证型系数，后面的数字表示程度。

A2	B1	C3	D3	E1	F1	H1
A2	B1	C3	D3	E1	F1	H1
A2	B1	C3	D3	E1	F1	H1
A2	B1	C3	D3	E1	F1	H1
A2	B2	C3	D3	E1	F1	H1
A1	B2	C1	D1	E1	F1	H1
A1	B1	C1	D1	E1	F1	H1
A1	B1	C1	D1	E1	F1	H1
A1	B2	C1	D1	E1	F1	H1
A1	B2	C1	D1	E1	F1	H1
A1	B1	C1	D3	E2	F1	H2
A3	B2	C1	D2	E3	F1	H2
A2	B2	C1	D1	E1	F1	H1
A2	B2	C1	D1	E1	F1	H1
A2	B1	C3	D1	E1	F1	H2
A1	B1	C2	D1	E3	F1	H1
A2	B2	C1	D3	E2	F1	H2
A1	B2	C1	D3	E2	F1	H2
A1	B1	C1	D3	E2	F1	H2
A3	B2	C1	D2	E3	F1	H2

图5-30 中医证型数据集展示

技能·详解

1.技术要点

本实战技能主要使用Apriori算法寻找数据关联性，发现中医症状间的关联性和诸多症状之间的规律性。

2.主体设计

利用Apriori算法实现中医证型关联规则的流程如图5-31所示。

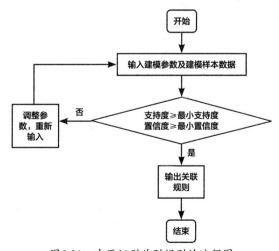

图5-31 中医证型关联规则的流程图

实现中医证型关联规则具体通过以下5个步骤实现。

Step1：输入事务集文件，将数据作为建模参数。

Step2：调用函数寻找关联规则（置信度和支持度）。

Step3：调用time模块，计算搜索关联规则所需的总时间。

Step4：若满足置信度≥最小置信度，支持度≥最小支持度，则输出关联规则；若不满足，则重新调整建模的参数，再判断新参数是否满足条件。如此循环，直至再无新参数。

Step5：返回满足条件的关联规则，结束程序。

3.编程实现

本实战技能使用PyCharm工具进行编写，建立相关的源文件【案例80：中医证型关联规则挖掘.py】，在界面输入代码。参考下面的详细步骤，编写具体代码，具体步骤及代码如下所示。

Step1：定义连接函数，代码如下所示。

```
1. from __future__ import print_function
2. import time
3. import pandas as pd   # 导入 Pandas 模块
4.
5. def connect_string(x, ms):   # 定义连接函数
6.     x = list(map(lambda i:sorted(i.split(ms)), x))
7.     l = len(x[0])
8.     r = []
9.     for i in range(len(x)):
10.         for j in range(i, len(x)):
11.             if x[i][:l-1] == x[j][:l-1] and x[i][l-1] != x[j][l-1]:
12.                 r.append(x[i][:l-1] + sorted([x[j][l-1], x[i][l-1]]))
13.     return r
```

Step2：寻找关联规则，代码如下所示。

```
1. def find_rule(d, support, confidence, ms=u'--'):   # 寻找关联规则
2.     result = pd.DataFrame(index=['support', 'confidence'])
3.
4.     support_series = 1.0 * d.sum() / len(d)
5.     column = list(support_series[support_series > support].index)
6.     k = 0
7.
8.     while len(column) > 1:
9.         k = k + 1
10.         print(u'\n 正在进行第 %s 次搜索 ...' %k)
11.         column = connect_string(column, ms)
12.         print(u' 数目：%s...' % len(column))
13.         sf = lambda i: d[i].prod(axis=1, numeric_only=True)
14.
15.         d_2 = pd.DataFrame(list(map(sf, column)), index=[ms.join(i) for i in
```

```
16.          column]).T
17.
18.          support_series_2 = 1.0 * d_2[[ms.join(i) for i in column]].sum( ) / len(d)
19.          column = list(support_series_2[support_series_2 > support].index)
20.          support_series = support_series.append(support_series_2)
21.          column2 = []
22.
23.          for i in column:
24.              i = i.split(ms)
25.              for j in range(len(i)):
26.                  column2.append(i[:j] + i[j+1:] + i[j:j+1])
27.
28.          cofidence_series = pd.Series(index=[ms.join(i) for i in column2])
29.
30.          for i in column2:
31.              cofidence_series[ms.join(i)] = support_series[ms.join(sorted(i))] /
32.                  support_series[ms.join(i[:len(i)-1])]
33.
34.          for i in cofidence_series[cofidence_series > confidence].index:
35.              result[i] = 0.0
36.              result[i]['confidence'] = cofidence_series[i]
37.              result[i]['support'] = support_series[ms.join(sorted(i.split(ms)))]
38.
39.      result = result.T.sort(['confidence', 'support'], ascending=False)
40.      print(u'\n 结果为: ')
41.      print(result)
42.
43.      return result
44.
```

Step3：导入需要的库，代码如下所示。

```
1. inputfile = r"C:\\Users\\Administrator\\Desktop\\ 数据集 \\ 案例 80：中医证型关联
2.            规则挖掘 .csv"
3. data = pd.read_csv(inputfile, header=None, dtype=object)
```

Step4：开始计时，代码如下所示。

```
1. start = time.clock( )
2. print(u'\n 转换原始数据至 0-1 矩阵 ...')
3. ct = lambda x : pd.Series(1, index=x[pd.notnull(x)])
4. b = map(ct, data.as_matrix( ))
5. c = list(b)
6. data = pd.DataFrame(c).fillna(0)    # 空值用 0 填充
7. end = time.clock( )
8. print(u'\n 转换完毕，用时：%0.2f 秒 ' % (end - start))
9. del b
```

Step5：选择最小支持度和最小置信度，代码如下所示。

```
1. support = 0.06
2. confidence = 0.75
3. ms = '---'  # 连接符
```

Step6：再次开始计时，完成关联规则的搜索，代码如下所示。

```
1. start = time.clock( )
2. print(u'\n 开始搜索关联规则 ...')
3. find_rule(data, support, confidence, ms)
4. end = time.clock( )
5. print(u'\n 搜索完成，用时: %0.2f 秒 ' % (end - start)) # 打印用时
```

代码运行结果如图5-32所示，表示支持度（同时发生的概率）和置信度（其中一个发生时，另外两个也发生的概率）。

```
结果为：

                 support    confidence
A3---F4---H4     0.078495   0.879518
C3---F4---H4     0.075269   0.875000
B2---F4---H4     0.062366   0.794521
C2---E3---D2     0.092473   0.754386
D2---F3---H4---A2  0.062366  0.753247

搜索完成，用时: 1.65秒
```

图5-32　关联探索结果图

巩固·练习

求表5-1中最终支持度计数为2的候选项集和频繁项集。

表 5-1　候选项集和频繁项集

事务	商铺 ID
T100	I_1, I_2, I_5
T200	I_2, I_4
T300	I_2, I_3
T400	I_1, I_2, I_4
T500	I_1, I_3
T600	I_2, I_3
T700	I_1, I_3
T800	I_1, I_2, I_3, I_5
T900	I_1, I_2, I_3

Step1：扫描全部数据，产生候选1-项集的集合。

Step2：根据最小支持度，由候选1-项集的集合产生频繁1-项集的集合。

Step3：若K > 1，重复执行步骤Step4、Step5、Step6。

Step4：产生候选(K+1)-项集合。

Step5：根据最小支持度，由候选(K+1)-项集的集合产生频繁(k+1)-项集的集合。

Step6：若仍然可以产生候选项集，则k = k + 1，跳往步骤Step4；否则，跳往步骤Step7。

Step7：根据最小置信度，由频繁项集产生强关联规则。

实战技能 81　使用K近邻分类算法实现约会网站的配对效果

实战·说明

小明一直通过在线约会网站寻找适合自己的约会对象，尽管约会网站会推荐不同的人选，但是他一直都没有找到自己喜欢的人，经过一番总结，他发现了曾经交往过以下3种类型的人。

（1）不喜欢的人（简称为1）。

（2）有好感的人（简称为2）。

（3）喜欢的人（简称为3）。

尽管发现了上述规律，但是小明依然无法将约会网站推荐的匹配对象归入恰当的分类。他觉得可以在周一到周五约会那些有好感的人，而周末则与那些喜欢的人为伴。小明希望有分类软件可以更好地帮他将匹配对象划分到确切的分类中。此外，小明还收集了一些数据信息，他认为这些数据更有助于匹配对象的分类。

本实战技能将实现对一些匹配对象的分类，要求用户通过数值极差归一化和K近邻分类算法对数据进行处理，通过输入特征值，实现对匹配对象喜欢程度的预测。运行程序得到的结果如图5-33所示。

```
每年坐飞机飞行公里数：56789
玩游戏所占时间百分比：56
吃冰淇淋　升数：7
你将有可能对这个人是：不喜欢
```

图5-33　K近邻分类算法实现约会网站配对效果

技能·详解

1.技术要点

本实战技能主要利用Jupyter Notebook工具，实现对数据的处理和匹配对象的归类，其技术重点在于数值极差归一化处理和K近邻分类算法。要实现本案例，需要掌握以下几个知识点。

1）数值极差归一化处理

数值极差归一化处理是为了消除计量单位差异，使结果值映射到[min,max]之间，其转换函数为：

$$x_{ij}^* = \frac{x_{ij} - \min\limits_{j=1} x_{ij}}{\max\limits_{j=1} x_{ij} - \min\limits_{j=1} x_{ij}} \qquad （公式5-5）$$

其中，$\max\limits_{j=1} x_{ij}$为原始样本数据的最大值，$\min\limits_{j=1} x_{ij}$为原始样本数据的最小值。这种方法有个缺点，当有新数据加入时，可能导致$\max\limits_{j=1} x_{ij}$和$\min\limits_{j=1} x_{ij}$发生变化，需要重新定义。

高手点拨

归一化与标准化的区别如下。

归一化：对不同特征维度的伸缩变换的目的是使各个特征维度对目标函数的影响权重一致，使扁平分步的数据伸缩变换成类圆形。

标准化：对于不同特征维度的伸缩变换的目的是使不同度量之间的特征具有可比性，同时不改变数据的分布。

本案例中的样本数据摘要如表5-2所示。

表 5-2　约会网站样本数据摘要

序号	飞行里程数	玩游戏的时间所占百分比	吃冰淇淋的升数	样本分类
1	7629	1.712639	1.086297	2
2	71992	10.117445	1.299319	1
3	13398	0.00000	1.104178	3
4	26241	9.834777	1.346821	4

计算样本1和样本4之间的距离，可以使用下面的方法进行计算：

$$s = \sqrt{(26241 - 7629)^2 + (9.834777 - 1.712639)^2 + (1.346821 - 1.086297)^2} \qquad （公式5-6）$$

由公式5-6可以得知，最大的属性对计算结果影响很大，相当于每年的飞行里程数对于计算的影响远远大于其他两个特征（玩游戏的时间所占百分比和吃冰淇淋的升数）。对于小明而言，三个特征值是同等重要的，所以应该对飞行里程数进行归一化处理。

2）K近邻分类算法（KNN算法）

K近邻分类算法是数据挖掘分类技术中最简单的方法之一，其通过测量不同特征值之间的距离进行分类，在特征空间中，如果K个最邻近样本中的大多数属于一个类别，则该样本也属于这个类别。该方法只依据最近的一个或者几个样本来决定待分类样本所属的类别。在KNN算法中，当训练集、最近邻值、距离度量、决策规则确定下来之后，整个算法实际上是利用训练集把特征空间划分成许多子空间，训练集中的每个样本占据一部分空间。对于最近邻而言，当测试样本落在某个训练样本的邻域内，就把这个测试样本标记为这一类。

KNN算法的一般流程如下。

Step1：使用各种途径收集数据 。

Step2：计算所需要的数值，最好是结构化的数据格式。

Step3：使用Python所带的工具包进行分析数据。

Step4：实现算法。

Step5：将数据集进行划分，计算错误率。

Step6：输入样本数据和结构化的结果。

Step7：运行KNN算法，判定输入的数据分别属于哪个分类。

Step8：对计算出的分类执行后续处理。

高手点拨

KNN算法优点：精度高、对异常值不敏感、无数据输入假定。

KNN算法缺点：计算复杂度高、空间复杂度高。

KNN算法使用数据范围要求：连续值、类别型变量需要进行one-hot编码，数值型数据需要归一化处理。

2.主体设计

实现配对效果的流程如图5-34所示。

图5-34　实现配对效果的流程图

实现配对效果的流程具体通过以下6个步骤实现。

Step1：收集数据，即小明提供的文本文件。

Step2：读取并且解析文本文件。

Step3：分析数据分布特征并对数值进行归一化处理。

Step4：使用KNN算法划分每组数据。

Step5：使用小明提供的部分数据作为测试样本。

Step6：使用简单的命令，根据小明输入的特征数据，判断对方是否为自己喜欢的类型。

3.编程实现

本实战技能使用Jupyter Notebook工具进行编写，建立相关的源文件【案例81：使用K近邻分类算法实现约会网站的配对效果.ipynb】，在相应的【cell】里面编写代码，具体步骤及代码如下所示。小明为我们提供了相关的数据信息，所以本案例直接使用小明提供的数据集datingTestSet.txt。

Step1：因为收集到的数据是以文本的形式存储的，所以需要从文本中读取数据，并转换成分类器可以接受的格式。在源文件中构建file2matrix( )函数，代码如下所示。

```
1.  def file2matrix(filename):
2.      fr = open(filename)
3.      arrayOLines = fr.readlines( )
4.      numberOfLines = len(arrayOLines)  # 读出数据行数
5.      returnMat = zeros((numberOfLines, 3))  # 创建返回矩阵
6.      classLabelVector = []
7.      index = 0
8.      for line in arrayOLines:
9.          line = line.strip( )  # 删除空白符
10.         listFromLine = line.split('\t')  # split 指定分隔符，对数据切片
11.         returnMat[index, :] = listFromLine[0:3]   # 选取前 3 个元素（特征），
12.                                                    # 存储在返回矩阵中
13.         classLabelVector.append(int(listFromLine[-1]))
14.         # -1 索引表示最后一列元素，信息存储在 classLabelVector
15.         index += 1
16.     return returnMat, classLabelVector
```

Step2：构建autoNorm( )函数。

```
1.  def autoNorm(dataSet):
2.      minVals = dataSet.min(0) # 存放每列最小值
3.      maxVals = dataSet.max(0)  # 存放每列最大值
4.      ranges = maxVals - minVals
5.      normDataSet = zeros(shape(dataSet))  # 初始化归一化矩阵为读取的 dataSet
6.      m = dataSet.shape[0]  # m 保存第一行
7.      # 特征矩阵是 3x1000, min max range 是 1x3, 因此采用 tile 将变量内容复制
8.      normDataSet = dataSet - tile(minVals, (m, 1))
9.      normDataSet = normDataSet / tile(ranges, (m, 1))
10.     return normDataSet, ranges, minVals
```

Step3：构建classify0( )函数。

```
1.  def classify0(inX, dataSet, labels, k):
2.      dataSetSize = dataSet.shape[0] # shape 读取数据矩阵第一维度的长度
3.      diffMat = tile(inX, (dataSetSize, 1)) - dataSet  # tile 重复数组 inX,
4.                                                       # 运用减法计算差值
5.      sqDiffMat = diffMat ** 2  # ** 是幂运算的意思，这里用欧式距离
6.      sqDisttances = sqDiffMat.sum(axis=1)         # 普通 sum 默认参数为 axis=0,
7.                                                   # axis=1 为行向量相加
```

```
8.        distances = sqDisttances ** 0.5
9.        sortedDistIndicies = distances.argsort( )  # argsort( ) 返回从小到大的索引值
10.       # 选择距离最小的 k 个点
11.       classCount = {}
12.       for i in range(k):
13.           voteIlabel = labels[sortedDistIndicies[i]] # 根据排序结果的索引值,
14.                                              # 返回靠近的前 k 个标签
15.           classCount[voteIlabel] = classCount.get(voteIlabel, 0) + 1
16.                                                  # 各个标签出现频率
17.       sortedClassCount = sorted(classCount.items( ), key=operator.itemgetter(1),
18.                             reverse=True)  # 排序频率
19.       return sortedClassCount[0][0]  # 找出频率最高的
```

温馨提示

为了评估算法的正确率，常常提供已有数据的 90% 作为训练样本来训练分类器，使用 10% 的数据去测试分类器，检测分类器的正确率。值得注意的一点是，10% 的数据应该是随机选择，不要按照特定顺序排序之后再进行选择。

Step4：构建 datingClassTest( ) 函数，代码如下所示。

```
1. def datingClassTest( ):
2.     hoRatio = 0.10  # hold out 10%
3.     datingDataMat, datingLabels = file2matrix('···\\datingTestSet.txt')
4.                              # 使用 file2matrix( ) 和 autoNorm( ) 函数从文件中
5.                              # 读取数据并且将其转换为归一化特征值
6.     normMat, ranges, minVals = autoNorm(datingDataMat)
7.                              # 计算测试向量的数量, 决定 normMat 向量中
8.                              # 哪些数据用于测试, 哪些数据用于分类器的训练样本
9.     m = normMat.shape[0]
10.    numTestVecs = int(m * hoRatio)
11.    errorCount = 0.0
12.    for i in range(numTestVecs):
13.        classifierResult = classify0(normMat[i, :], normMat[numTestVecs:m, :],
14.          datingLabels[numTestVecs:m], 3)  # 将两部分的数据输入到原始 KNN 分类器函数
15.                                     # classify0( )。函数计算错误率并输出结果
16.        print("分类器返回的值: %s, 正确的值: %s" % (classifierResult, datingLabels[i]))
17.        if (classifierResult != datingLabels[i]): errorCount += 1.0
18.    print(" 总的错误率是 : %f" % (errorCount / float(numTestVecs)))
19.    print(" 错误的个数: %f" % errorCount)
```

Step5：执行测试函数，代码如下所示。

```
1. datingClassTest( )
```

测试结果摘要如图 5-35 所示。

```
分类器返回的值：2，正确的值：2
分类器返回的值：1，正确的值：1
分类器返回的值：3，正确的值：1
总的错误率是：0.050000
错误的个数：5.000000
```
图5-35　KNN算法测试结果摘要

Step6：分类器处理数据集的错误率是5%，接下来便可以进行预测分类了。构建classifyPerson( )函数，代码如下所示。

```
1. def classifyPerson( ):
2.     resultList = [' 不喜欢 ', ' 一般喜欢 ', ' 特别喜欢 ']
3.     ffMiles = float(input(" 飞行里程: "))
4.     percentTats = float(input(" 玩游戏所占时间的百分比: "))
5.     iceCream = float(input(" 吃冰淇淋的升数: "))
6.     datingDataMat, datingLabels = file2matrix('datingTestSet.txt')
7.     normMat, ranges, minVals = autoNorm(datingDataMat)
8.     inArr = array([ffMiles, percentTats, iceCream])
9.     classifierResult = classify0((inArr - minVals) / ranges, normMat,
10.                         datingLabels, 3)
11.
12.     print(" 你将有可能对这个人是 :", resultList[int(classifierResult) - 1])
```

Step7：运行构建的整个系统，对给定的一个人判断是否是小明喜欢的人，代码如下所示。

```
1. classifyPerson( )
```

巩固·练习

使用KNN算法，对鸢尾花进行分类（原始数据集随书提供）。

小贴士

要实现对鸢尾花进行分类，首先需要计算给定测试对象与训练集中每个对象的距离，然后将距离最近的*K*个训练对象作为测试对象的近邻，最后根据*K*个近邻归属的主要类别对测试对象分类，具体的实现过程可以参考如下实现步骤。

Step1：加载load_iris读取数据集。

Step2：产生80%的训练样本，20%的测试样本。

Step3：标准化数据。

Step4：导入K近邻分类算法。

Step5：测试并进行性能评估，生成评估报告。

实战技能 82 手写识别系统

实战·说明

　　本实战技能将用训练数据，模拟人用手写入的数据，和测试数据利用KNN算法进行比对，并将比对后的错误率进行输出，实现对人用手写入的字的判断，达到手写识别系统的目的。

　　手写识别系统数据展示如图5-36所示，该矩阵是一个手写体数字图像的数字矩阵，其中"0"表示该像素位置没有笔迹，"1"表示该像素位置有笔迹，本案例的目的是识别其中写的数字是几。

```
00000000000010000000000000000000
00000000001111000000000000000000
00000000011111100000000000000000
00000000111111111000000000000000
00000001111111111000000000000000
00000011111111111110000000000000
00000011111111111110000000000000
00000011111110111111000000000000
00000011111100011110000000000000
00000011111000001111000000000000
00000011110000000111100000000000
00000011110000000111100000000000
00000111110000000111000000000000
00000111110000000111000000000000
00000111110000000111000000000000
00000011110000000111000000000000
00000011111000000111000000000000
00000011110000001111000000000000
00000011110000001110000000000000
00000011100000011111100000000000
00000011110000011111100000000000
00000001111000111111100000000000
00000001111111111111000000000000
00000000111111111110000000000000
00000000111111111110000000000000
00000000001111000000000000000000
```

图5-36　手写识别系统数据展示图

技能·详解

1.技术要点

　　本实战技能主要利用KNN算法识别写的数字。本实战技能使用到的KNN算法在实战技能81中有详细介绍，在此不再赘述，读者如有疑问，请参考实战技能81。

2.主体设计

　　手写识别系统的流程如图5-37所示。

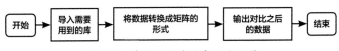

图5-37　手写识别系统实现流程图

　　实现手写识别系统具体通过以下7个步骤实现。

Step1：导入需要用到的库。

Step2：将写入的数据转换为矩阵的形式，存入字典。

Step3：将处理完的矩阵转换为向量。

Step4：设置比较矩阵。

Step5：利用KNN算法对数据进行比较。

Step6：输出每次比较的计算值与实际值。

Step7：比较结束后出现输出错误的次数和错误率。

3.编程实现

本实战技能使用PyCharm进行编写，创建源文件【案例82：手写识别系统.py】，在界面输入代码。参考下面的详细步骤，编写具体代码，具体步骤及代码如下所示。

Step1：导入数据库。

```
1. from numpy import *
2. import operator
3. from os import listdir
```

Step2：定义一个函数，将数据转换为矩阵的形式存入字典中。

```
1. def classify0(inX, dataSet, labels, k):
2.     dataSetSize = dataSet.shape[0]              # 计算有多少行
3.     # 生成对应 inX 维度的矩阵
4.     diffMat = tile(inX, (dataSetSize, 1)) - dataSet
5.     sqDiffMat = diffMat ** 2
6.     sqDistances = sqDiffMat.sum(axis=1)       # axis=0 表示列，axis=1 表示行
7.     distances = sqDistances ** 0.5
8.     sortedDistIndicies = distances.argsort()
9.     classCount = {}
10.    for i in range(k):
11.        voteIlabel = labels[sortedDistIndicies[i]]   # 通过下标索引分类
12.        # 构造字典，记录分类频数
13.        classCount[voteIlabel] = classCount.get(voteIlabel, 0) + 1
14.        # 对字段按值排序（从大到小）
15.        sortedClassCount = sorted(classCount.items(), key=lambda
16.                              classCount:classCount[1], reverse=True)
17.    return sortedClassCount[0][0]
```

Step3：利用KNN算法进行比较并输出相关信息，代码如下所示。

```
1. def handwritingClassTest():
2.     hwLabels = []
3.     trainingFileList = listdir(r'…\\trainingDigits')   # 指定文件夹
4.     m = len(trainingFileList)                          # 获取文件夹个数
5.     trainingMat = zeros((m, 1024))                     # 构造 m 个 1024 比较矩阵
6.     for i in range(m):
7.         fileNameStr = trainingFileList[i]              # 获取文件名
8.         fileStr = fileNameStr.split('.')[0]            # 按点把文件名字分割
9.         classNumStr = int(fileStr.split('_')[0])       # 按下画线把文件名字分割
```

```
10.        hwLabels.append(classNumStr)                    # 添加保存实际值
11.        trainingMat[i, :] = img2vector(r'…\\trainingDigits/%s' % fileNameStr)
12.        testFileList = listdir('…\\testDigits')          # 测试数据
13.        errorCount = 0.0
14.        mTest = len(testFileList)
15.    for i in range(mTest):                               # 同上，处理测试数据
16.        fileNameStr = testFileList[i]
17.        fileStr = fileNameStr.split('.')[0]              # take off .txt
18.        classNumStr = int(fileStr.split('_')[0])
19.        vectorUnderTest = img2vector(r'…\\testDigits/%s' % fileNameStr)
20.        classifierResult = classify0(vectorUnderTest, trainingMat, hwLabels, 3)
21.        print(" 计算值：%d, 实际值：%d" % (classifierResult, classNumStr))
22.        if (classifierResult != classNumStr):
23.            errorCount += 1.0
24.    print("\n 一共有 %d 条数据 " % mTest)
25.    print("\n 错误出现次数：%d" % errorCount)
26.    print("\n 错误率：%f" % (errorCount/float(mTest)))
27.handwritingClassTest( )
```

代码运行结果如图5-38所示。计算值是程序计算出的值，实际值是手写的值，在数据中有946条数据，算法预测的值出现了11次错误，错误率为1.1628%。

```
计算值：9，实际值：9
计算值：9，实际值：9
计算值：9，实际值：9
计算值：9，实际值：9
计算值：9，实际值：9
计算值：9，实际值：9
计算值：9，实际值：9
计算值：9，实际值：9

一共有946条数据

错误出现次数：11

错误率：0.011628
```

图5-38　调试结果图

巩固·练习

使用KNN算法改进约会网站的配对效果。

小贴士

使用KNN算法改进约会网站配对效果的具体步骤，参考如下。

Step1：导入文本数据并进行分析。

Step2：画出二维扩散图。

Step3：使用用户提供的数据作为测试样本，对算法进行测试。

Step4：创建简单的命令行，可以让用户输入简单的数据，判断对方是否是自己心仪的类型。

实战技能 **83** 使用朴素贝叶斯算法进行文档分类

实战·说明

在学习的过程中需要掌握一项很重要的技能——文档分类。随着时间的推移，文档会逐渐增加，此时需要对任意类型的文档进行分类，如发表的论文、期刊、书籍、新闻、报道等。

本实战技能将使用朴素贝叶斯算法实现对文档的分类，将给定的文档分为论文、新闻、邮件等类别，从文本中构建词条向量。运行程序得到的结果如图5-39所示。

```
['my', 'down', 'will', 'to', 'get', 'yourself', 'workers', 'work', 'deal', '
time', 'set', 'in', 'we',
 'take', 'have', 'fall', 'crisis', 'let', 'factories', 'of', 'issues', 'hcha
nce', 'the', 'with', 'never',
'many', 'war', 'lay', 'might', 'began', 'bog', 'can', 'find', 'no', 'if', 'i
mportant', 'really',
'economic', 'you', 'paper']
```

图5-39　样本文档中构建的词条向量

技能·详解

1.技术要点

本实战技能主要利用朴素贝叶斯算法实现文档分类，其技术关键在于对朴素贝叶斯算法的理解和应用。要实现本案例，需要掌握以下几个知识点。

1）朴素贝叶斯算法

这个在两百多年前发明的算法，在当今的信息领域内有着无比重要的地位。贝叶斯分类是一系列分类算法的总称，这类算法均以贝叶斯定理为基础，故统称为贝叶斯分类算法。朴素贝叶斯算法（Naive Bayesian）是其中应用最为广泛的分类算法之一，它通过分析每个对象的特征的概率，确定这一个对象属于某一类别的概率。该方法基于一个假设，即所有特征需要相互独立，任意特征的值和其他特征的值没有关联。这种简化的贝叶斯分类器在许多实际应用中得到了较好的分类精度。训练模型的过程可以看作是对相关条件概率的计算，它可以用统计对应某一类别的特征的频率来估计。

朴素贝叶斯算法最成功的一个应用是自然语言处理领域，自然语言处理的数据可以看作是在文本文档中标注数据，这些数据可以作为训练数据集使机器学习算法进行训练。在文档分类中，整个文档（如一封电子邮件）是实例，那么文档中的某些元素则定义为特征。这些特征可以看作是文档中出现的词，这样得到的特征数目就会跟词汇表中的一样多。

2）使用条件概率进行分类（条件概率公式）

条件概率的计算公式：

$$p\left(A|B\right)=\frac{P(AB)}{P(B)}\qquad（公式5-7）$$

假设这里要被分类的类别有两类，即类c_1和类c_2，那么需要计算概率$p(c_1|x,y)$和$p(c_2|x,y)$的大小并进行比较，(x,y)为给定实例点。

如果$p(c_1|x,y)>p(c_2|x,y)$，则(x,y)属于类c_1；如果$p(c_1|x,y)<p(c_2|x,y)$，则(x,y)属于类c_2。

显然，可以按照条件概率的方法来对概率含义进行描述，即在给定点(x,y)的条件下，求该点属于类c_i的概率值。可以利用贝叶斯准则进行变换计算：

$$p\left(c_i|x,y\right)=\frac{P\left(x,y|c_i\right)P\left(c_i\right)}{P(x,y)}\qquad（公式5-8）$$

利用公式5-8，可以在给定实例点的情况下，分类计算其属于各个类别的概率，然后比较概率值，选择具有最大概率的那个类作为实例点(x,y)的预测分类结果。

3）split()函数

split()函数通过指定分隔符对字符串进行切片，如果参数num有指定值，则分割num+1个字符。语法说明如下。

```
1. str.split(str="", num=string.count(str))
```

参数说明如下。

① str：分隔符，默认为所有的空字符，包括空格、换行符"\n"、制表符"\t"等。

② num：要分割的行数。

此方法返回的是字符串列表。

split()函数样例如下。

```
1. str = "Life is bright and everything is lovely!"
2. print(str.split( ))
3. print(str.split('i', 1))
4. print(str.split('i'))
```

运行结果如下。

```
1. ['Life', 'is', 'bright', 'and', 'everything', 'is', 'lovely!']
2. # 根据每一个空格进行划分
3. ['L', 'fe is bright and everything is lovely!']     # 根据第一个 i 进行划分
4. ['L', 'fe ', 's br', 'ght and everyth', 'ng ', 's lovely!']
5. # 根据每一个 i 进行划分
```

2.主体设计

使用朴素贝叶斯算法进行文档分类流程如图5-40所示。

图5-40　使用朴素贝叶斯算法进行文档分类流程图

使用朴素贝叶斯算法进行文档分类具体通过以下6个步骤实现。

Step1：收集数据，可以使用任意方法。

Step2：准备数据，需要符合条件的数据，即数值型数据或者布尔型数据。

Step3：分析数据，有大量特征时，绘制特征的作用不大，此时使用直方图效果更好。

Step4：训练算法，计算不同的独立特征的条件概率。

Step5：测试算法，计算错误率。

Step6：使用算法，输出结果。

3.编程实现

本实战技能使用Jupyter Notebook工具进行编写，建立相关的源文件【案例83：使用朴素贝叶斯算法进行文档分类.ipynb】，然后在相应的【cell】里面编写代码，具体步骤及代码如下所示。

Step1：从文本中构建词条向量，代码如下所示。

```
1. from numpy import *
2. def loadDataSet( ):
3.     # 词条切分后的文档集合，每一行代表一个文档
4.     postingList=[['if', 'the', 'economic', 'crisis', 'many', 'factories', 'have',
5.                   'began', 'to', 'lay'],
6.                  ['of', 'workers', 'if', 'have', 'work', 'my', 'if', 'you', 'let',
7.                   'yourself', 'get', 'bog', 'down'],
8.                  ['in', 'paper', 'work', 'you', 'will', 'never', 'find', 'time', 'to'],
9.                  ['deal', 'with', 'the', 'really', 'important', 'issues'],
10.                 ['we', 'can', 'take', 'my', 'no', 'chance', 'if', 'we', 'fall'],
11.                 ['in', 'the', 'war', 'might', 'with', 'set']]
12.    # 每篇文档的类标签
13.    classVec = [0, 1, 0, 1, 0, 1]
14.    return postingList, classVec
15.
16.# 统计所有文档中出现的词条列表
17.def createVocabList(dataSet):
18.    # 新建一个存放词条的集合
19.    vocabSet = set([])
20.    # 遍历文档集合中的每一篇文档
21.    for document in dataSet:
22.        # 将文档列表转为集合的形式，保证每个词条的唯一性
23.        # 与 vocabSet 取并集，向 vocabSet 中添加没有出现
24.        # 的新的词条
25.        vocabSet=vocabSet | set(document)
26.    # 再将集合转化为列表，便于接下来的处理
```

```
27.    return list(vocabSet)
28.
29.# 判断词条列表中的词条是否在文档中出现（出现1，未出现0），将文档转化为词条向量
30.def setOfWords2Vec(vocabSet, inputSet):
31.    # 新建一个长度为 vocabSet 的列表，并且各维度元素初始化为 0
32.    returnVec = [0] * len(vocabSet)
33.    # 遍历文档中的每一个词条
34.    for word in inputSet:
35.        # 如果词条在词条列表中出现
36.        if word in vocabSet:
37.            # 通过列表获取当前 word 的索引
38.            # 将词条向量中对应下标的项由 0 改为 1
39.            returnVec[vocabSet.index(word)] = 1
40.        else:
41.            print('the word: %s is not in my vocabulary! '%'word')
42.    # 返回转化后的词条向量
43.    return returnVec
```

Step2：调用函数，代码如下所示。

```
1. # 调用 loadDataSet() 函数，加载数据集
2. listOPosts, listClasses = loadDataSet()
3. # 调用 createVocabList() 函数，清理数据
4. myVocabList = createVocabList(listOPosts)
5. print(myVocabList)
```

调用函数，可以发现，结果中没有出现重复的单词，而且这些单词是随机排序的。代码运行结果如图5-41所示。

```
['issues', 'have', 'work', 'yourself ', 'find', 'down', 'we', 'in', 'fall',
'factories', 'no', 'of ', 'to', 'economic', 'my', 'bog', 'crisis',
'war', 'began', 'workers', 'will', 'lay', 'you', 'can', 'time', 'many',
'take', 'set', 'never', 'let', 'the', 'if ', 'paper', 'get', 'deal',
'really', 'hchance', 'important', 'might', 'with']
```

图5-41　创建单词列表运行结果

Step3：调用函数，查看执行效果，代码如下所示。

```
1. # 调用 setOfWords2Vec() 函数
2. print(setOfWords2Vec(myVocabList, listOPosts[0]))
3. print(setOfWords2Vec(myVocabList, listOPosts[2]))
```

查看词条列表中的词条是否在文档中出现（出现1，未出现0）。代码运行结果如图5-42所示。

```
[0, 1, 0, 0, 0, 0, 0, 0, 0, 0, 1, 0, 0, 1, 1, 0, 0, 1, 0, 1, 0, 0, 1, 0, 0, 0, 1, 0, 0, 0,
0, 1, 1, 0, 0, 0, 0, 0, 0, 0]
[0, 0, 1, 0, 1, 0, 0, 1, 0, 0, 0, 0, 0, 0, 0, 0, 0, 0, 0, 1, 0, 1, 0, 1, 0, 0, 0, 1,
0, 0, 0, 1, 0, 0, 0, 0, 0, 0, 0, 0]
```

图5-42　查看词条是否在文档中出现

高手点拨

如果该函数使用词汇表或者将想要检查的所有单词作为输入，然后为每一个单词构建一个特征，一旦给定一篇文档，该文档就会被转换成为词条向量，然后由词条向量计算概率值。

如果将之前的点(x, y)换成词条向量w，数值个数与词汇表中的词汇个数相同，其公式为：

$$p(c_i|w) = p(w|c_i) * p(c_i) | p(w) \qquad \text{（公式5-9）}$$

使用该公式计算文档词条向量属于各个类的概率，然后比较概率的大小，从而预测出分类结果。

可以通过统计各个类别的文档数目除以总的文档数目，计算出相应的$p(c_i)$，基于条件独立性假设，将w展开为一个个的独立特征，那么就可以将上述公式写为：

$$p(w|c_i) = p(w_0|c_i) p(w_1|c_i) \cdots p(w_n|c_i) \qquad \text{（公式5-10）}$$

这样就很容易计算，从而极大地简化了计算过程。

Step4：定义朴素贝叶斯分类函数，代码如下所示。

```
1. def trainNB0(trainMatrix, trainCategory):
2.       # 获取文档矩阵中文档的数目
3.       numTrainDocs = len(trainMatrix)
4.       # 获取词条向量的长度
5.       numWords = len(trainMatrix[0])
6.       # 所有文档中属于类 1 所占的比例
7.       pAbusive = sum(trainCategory) / float(numTrainDocs)
8.       # 创建一个长度和词条向量等长的列表
9.       p0Num = zeros(numWords); p1Num = zeros(numWords)
10.      p0Denom = 0.0; p1Denom = 0.0
11.      # 遍历每一篇文档的词条向量
12.      for i in range(numTrainDocs):
13.          # 如果该词条向量对应的标签为 1
14.          if trainCategory[i] == 1:
15.              # 统计类别为 1 的词条向量中，各个词条出现的次数
16.              p1Num += trainMatrix[i]
17.              # 统计类别为 1 的词条向量中，所有词条的总数
18.              # 统计类 1 所有文档中出现单词的数目
19.              p1Denom += sum(trainMatrix[i])
20.          else:
21.              # 统计类别为 0 的词条向量中，各个词条出现的次数
22.              p0Num += trainMatrix[i]
23.              # 统计类别为 0 的词条向量中，所有词条的总数
24.              # 统计类 0 所有文档中出现单词的数目
25.              p0Denom += sum(trainMatrix[i])
26.      # 利用 NumPy 数组计算 p(wi | c1)
27.      p1Vect = p1Num / p1Denom   # 为避免下溢出问题，后面会改为 log( )
28.      # 利用 NumPy 数组计算 p(wi | c0)
29.      p0Vect = p0Num / p0Denom   # 为避免下溢出问题，后面会改为 log( )
30.  return p0Vect, p1Vect, pAbusive
```

```
from numpy import *
listOPosts, listClasses = loadDataSet( )
myVocabList = createVocabList(listOPosts)
trainMat = []
for postinDoc in listOPosts:
    trainMat.append(setOfWords2Vec(myVocabList, postinDoc))
p0V, p1V, pAb = trainNB0(trainMat, listClasses)
# 打印结果
print(" 文档中属于类 1 所占的比例 :\n", pAb)
print(" 在类别 0 的词向量发生的条件下文档中词向量发生的概率: \n", p0V)
print(" 在类别 1 的词向量发生的条件下文档中词向量发生的概率: \n", p1V)
```

代码运行结果如图5-43所示。

```
文档中属于类1所占的比例:
 0.5
在类别0的词向量发生的条件下文档中词向量发生的概率:
 [0.03703704 0.         0.         0.03703704 0.03703704 0.03703704
  0.03703704 0.03703704 0.03703704 0.         0.         0.
  0.03703704 0.03703704 0.03703704 0.03703704 0.03703704 0.
  0.03703704 0.03703704 0.03703704 0.03703704 0.03703704 0.
  0.03703704 0.         0.03703704 0.         0.         0.03703704
  0.07407407 0.         0.         0.07407407 0.03703704 0.
  0.03703704 0.         0.         0.03703704]
在类别1的词向量发生的条件下文档中词向量发生的概率:
 [0.08333333 0.04166667 0.04166667 0.         0.04166667 0.
  0.04166667 0.         0.         0.04166667 0.04166667 0.08333333
  0.         0.         0.         0.         0.         0.04166667
  0.         0.         0.         0.         0.         0.04166667
  0.04166667 0.04166667 0.         0.04166667 0.04166667 0.
  0.         0.04166667 0.04166667 0.04166667 0.         0.04166667
  0.04166667 0.04166667 0.04166667 0.04166667]
```

图5-43　最终分类结果

高手点拨

有两种定义文档特征的方法，一种是词集模型（set-of-words model），另外一种是词袋模型（bag-of-words model）。顾名思义，词集模型就是对于一篇文档中出现的每个词，不考虑其出现的次数，而只考虑其在文档中是否出现，并将此作为特征。假设我们已经得到了所有文档中出现的词汇列表，那么根据每个词是否出现，就可以将文档转为一个与词汇列表等长的向量。词袋模型就是在词集模型的基础上，还要考虑单词在文档中出现的次数，从而考虑文档中某些单词包含的信息。

巩固 练习

小明常常去超市买苹果，通常情况下，红润而圆滑的果子都是好苹果，泛青且不规则的果子都比较一般。小明已经验证了10个苹果，主要根据大小，颜色和形状特征（见表5-3），请你使用朴素贝叶斯算法，帮助小明对苹果进行分类。

表 5-3　苹果分类

编号	大小	颜色	形状	是否完好
1	小	青色	非规则	否
2	大	红色	非规则	是
3	大	红色	圆形	是
4	大	青色	圆形	否
5	大	青色	非规则	否
6	小	红色	圆形	是
7	大	青色	非规则	否
8	小	红色	非规则	否
9	小	青色	圆形	否
10	大	红色	圆形	是

小贴士

要实现对苹果进行分类，需要使用朴素贝叶斯算法，具体步骤如下所示。

Step1：将数据集转换成频率表。

Step2：计算不同特征的苹果是好苹果的概率，创建似然表。

Step3：使用朴素贝叶斯公式计算每一类的后验概率。

Step4：对苹果进行正确预测。

实战技能 84 基于朴素贝叶斯算法的垃圾邮件分类

实战·说明

信息大爆炸的社会，我们每天都要接收很多垃圾邮件，如何将垃圾邮件过滤出来变得十分重要。本实战技能主要利用朴素贝叶斯算法，实现对垃圾邮件的分类。运行程序得到的结果如图5-44所示。

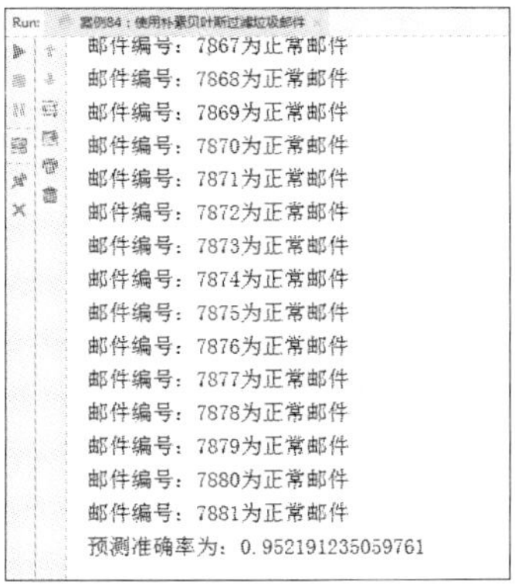

```
Run:   案例84：使用朴素贝叶斯过滤垃圾邮件
       邮件编号：7867为正常邮件
       邮件编号：7868为正常邮件
       邮件编号：7869为正常邮件
       邮件编号：7870为正常邮件
       邮件编号：7871为正常邮件
       邮件编号：7872为正常邮件
       邮件编号：7873为正常邮件
       邮件编号：7874为正常邮件
       邮件编号：7875为正常邮件
       邮件编号：7876为正常邮件
       邮件编号：7877为正常邮件
       邮件编号：7878为正常邮件
       邮件编号：7879为正常邮件
       邮件编号：7880为正常邮件
       邮件编号：7881为正常邮件
       预测准确率为：0.952191235059761
```

图5-44　基于朴素贝叶斯算法的垃圾邮件分类

技能·详解

1.技术要点

本实战技能主要利用PyCharm工具，实现对垃圾邮件的分类，其技术重点在于使用朴素贝叶斯公式。在本案例中有垃圾邮件、正常邮件和测试邮件三个数据集，利用垃圾邮件和正常邮件数据集，对模型进行训练。计算出测试集中对每个邮件分类影响最大的15个词。利用朴素贝叶斯公式，计算出它们属于垃圾邮件的概率，当概率大于90%时，判定为垃圾邮件。

使用朴素贝叶斯算法的优点和缺点如下。

1）使用朴素贝叶斯算法的优点

（1）朴素贝叶斯模型发源于古典数学理论，有稳定的分类效率。

（2）对小规模的数据表现很好，能够处理多分类任务，适合增量式训练。尤其是数据量超出内存时，我们可以一批批地增量训练。

（3）对缺失数据不太敏感，算法也比较简单。

2）使用朴素贝叶斯算法的缺点

（1）在属性个数比较多或者属性之间的相关性较大时，分类效果不好。

（2）需要知道先验概率，且先验概率在很多时候取决于假设。假设的模型可以有很多种，在某些时候，由于假设的模型导致预测效果不佳。

（3）因为我们是通过数据来决定后验概率，从而进行分类，所以分类决策存在一定的错误率。

（4）对输入数据的表达形式很敏感。

2.主体设计

基于朴素贝叶斯算法的垃圾邮件分类流程如图5-45所示。

图5-45　基于朴素贝叶斯算法的垃圾邮件分类流程图

基于朴素贝叶斯算法的垃圾邮件分类流程具体通过以下5个步骤实现。

Step1：准备数据，遍历语料目录，将所有语料文件存入列表。

Step2：分析数据，返回只有单词的列表。

Step3：训练算法，计算不同独立特征的条件概率。

Step4：测试算法，构建一个新的测试函数来计算邮件的错误率。

Step5：使用算法，构建一个完整的程序，对一组邮件进行分类，将邮件的分类结果进行展示。

3.编程实现

本实战技能使用PyCharm工具进行编写，建立相关的源文件【案例84：使用朴素贝叶斯过滤垃坂邮件.py 】，具体步骤及代码如下所示。

Step1：导入模块并获得文件和停用词表，代码如下所示。

```
1.  import jieba
2.  import os
3.  import re
4.  # 获取文件
5.  def get_File_List(filePath):
6.      filenames = os.listdir(filePath)
7.      return filenames
8.
9.  # 获得停用词表
10. def getStopWords( ):
11.     stopList = []
12.     for line in open(r" 中文停用词表 .txt"):
13.         stopList.append(line[:len(line) - 1])
14.     return stopList
```

Step2：对邮件内容进行分词，获得词典，代码如下所示。

```
1.  # 获得词典
2.  def get_word_list( content, wordsList, stopList):
3.      '''
4.      :param content: 邮件内容
5.      :param wordsList: 单词表
6.      :param stopList: 停用词表
7.      :return:
8.      '''
9.      # 分词结果放入 res_list
10.     res_list = list(jieba.cut(content))
11.     for i in res_list:
12.         if i not in stopList and i.strip( ) != '' and i != None:
13.             if i not in wordsList:
14.                 wordsList.append(i)
```

Step3：获得词语频数，代码如下所示。

```
1.  # 若列表中的词已在词典中，则加 1
2.  def addToDict( wordsList, wordsDict):
3.      '''
4.      :param wordsList: 单词列表
5.      :param wordsDict: 单词字典
6.      :return:
7.      '''
8.      for item in wordsList:
9.          if item in wordsDict.keys( ):
10.             wordsDict[item] += 1
11.         else:
```

```
12.              wordsDict.setdefault(item, 1)
```

Step4：计算每个文件中对分类影响最大的15个词，代码如下所示。

```
1.  # 得到对分类影响最大的 15 个词
2.  def getTestWords(testDict, spamDict, normDict, normFilelen, spamFilelen):
3.      '''
4.      :param testDict: 测试邮件词频的词典
5.      :param spamDict: 垃圾邮件词频的词典
6.      :param normDict: 正常邮件词频的词典
7.      :param normFilelen: 正常邮件的数量
8.      :param spamFilelen: 垃圾邮件的数量
9.      :return:
10.     '''
11.     wordProbList = {}
12.     for word, num in testDict.items():
13.         if word in spamDict.keys() and word in normDict.keys():
14.             # 该文件中包含词个数
15.             pw_s = spamDict[word] / spamFilelen
16.             pw_n = normDict[word] / normFilelen
17.             ps_w = pw_s / (pw_s + pw_n)
18.             wordProbList.setdefault(word, ps_w)
19.         # 词语在垃圾邮件中出现，在正常邮件中不出现，则设置 pw_n = 0.01
20.         if word in spamDict.keys() and word not in normDict.keys():
21.             pw_s = spamDict[word] / spamFilelen
22.             pw_n = 0.01
23.             ps_w = pw_s / (pw_s + pw_n)
24.             wordProbList.setdefault(word, ps_w)
25.         # 词语在正常邮件中出现，在垃圾邮件中不出现，则设置 pw_s = 0.01
26.         if word not in spamDict.keys() and word in normDict.keys():
27.             pw_s = 0.01
28.             pw_n = normDict[word] / normFilelen
29.             ps_w = pw_s / (pw_s + pw_n)
30.             wordProbList.setdefault(word, ps_w)
31.         if word not in spamDict.keys() and word not in normDict.keys():
32.             # 若该词不在词典中，设概率为 0.4
33.             wordProbList.setdefault(word, 0.4)
34.     sorted(wordProbList.items(), key=lambda d: d[1], reverse=True)[0:15]
35.     return (wordProbList)
```

Step5：计算贝叶斯概率，代码如下所示。

```
1.  # 计算贝叶斯概率
2.  def calBayes(wordList, spamdict, normdict):
3.      ps_w = 1
4.      ps_n = 1
5.      for word, prob in wordList.items():
6.          # print(word + "/" + str(prob))
```

```
7.        ps_w *= (prob)
8.        ps_n *= (1 - prob)
9.    p = ps_w / (ps_w + ps_n)
10.   # print(str(ps_w)+"////"+str(ps_n))
11.   return p
```

Step6：计算预测结果的正确率，代码如下所示。

```
1. # 计算预测结果的正确率
2. def calAccuracy(testResult):
3.     rightCount = 0
4.     errorCount = 0
5.     for name, catagory in testResult.items( ):
6.         # 邮件编号小于 1000 为正常邮件，大于 1000 为垃圾邮件
7.         if (int(name) < 1000 and catagory == 0) or (int(name) > 1000 and catagory == 1):
8.             rightCount += 1
9.         else:
10.            errorCount += 1
11.    return rightCount / (rightCount + errorCount)
```

Step7：定义各函数参数，代码如下所示。

```
1. # 保存词频的词典
2. spamDict = {}
3. normDict = {}
4. testDict = {}
5. # 保存每封邮件中出现的词
6. wordsList = []
7. wordsDict = {}
8. # 保存预测结果，key 为文件名，值为预测类别
9. testResult = {}
10.# 分别获得正常邮件、垃圾邮件及测试文件名称列表
11.normFileList = get_File_List(r"..\data\normal")
12.spamFileList = get_File_List(r"..\data\spam")
13.testFileList = get_File_List(r"..\data\test")
14.# 获取训练集中正常邮件与垃圾邮件的数量
15.normFilelen = len(normFileList)
16.spamFilelen = len(spamFileList)
17.# 获得停用词表，用于过滤停用词
18.stopList = getStopWords( )
```

Step8：获得正常邮件中的词频，代码如下所示。

```
1. for fileName in normFileList:
2.     wordsList.clear( )
3.     for line in open("../data/normal/" + fileName):
4.         # 过滤掉非中文字符
5.         rule = re.compile(r"[^\u4e00-\u9fa5]")
```

```
6.        line = rule.sub("", line)
7.        # 将每封邮件出现的词保存在 wordsList 中
8.        get_word_list(line, wordsList, stopList)
9.     # 统计每个词在所有邮件中出现的次数
10.     addToDict(wordsList, wordsDict)
11.normDict = wordsDict.copy( )
```

Step9：获得垃圾邮件中的词频，代码如下所示。

```
1. # 获得垃圾邮件中的词频
2. wordsDict.clear( )
3. for fileName in spamFileList:
4.     wordsList.clear( )
5.     for line in open("BayesSpam-master/data/6. spam/" + fileName):
6.         rule = re.compile(r"[^\u4e00-\u9fa5]")
7.         line = rule.sub("", line)
8.         get_word_list(line, wordsList, stopList)
9.     addToDict(wordsList, wordsDict)
10.spamDict = wordsDict.copy( )
```

Step10：对测试邮件进行预测，代码如下所示。

```
1. # 测试邮件
2. for fileName in testFileList:
3.     testDict.clear( )
4.     wordsDict.clear( )
5.     wordsList.clear( )
6.     for line in open("BayesSpam-master/data/7. test/" + fileName):
7.         rule = re.compile(r"[^\u4e00-\u9fa5]")
8.         line = rule.sub("", line)
9.         get_word_list(line, wordsList, stopList)
10.    addToDict(wordsList, wordsDict)
11.    testDict = wordsDict.copy( )
12.    # 得到对分类影响最大的 15 个词
13.    wordProbList = getTestWords(testDict, spamDict, normDict,
14.                               normFilelen, spamFilelen)
15.    # 通过每封邮件得到的 15 个词，计算贝叶斯概率
16.    p=calBayes(wordProbList, spamDict, normDict)
17.    # 将概率阈值设置为 0.9，大于 0.9 则判定为垃圾邮件
18.    if (p > 0.9):
19.        testResult.setdefault(fileName, 1)
20.    else:
21.        testResult.setdefault(fileName, 0)
```

Step11：计算分类准确率并将预测结果和准确率输出，代码如下所示。

```
1. # 计算分类准确率（编号小于 1000 的为正常邮件）
2. testAccuracy = calAccuracy(testResult)
```

```
3. for i, ic in testResult.items( ):
4.     if ic == 0:
5.         print(' 邮件编号: ' + i + " 为垃圾邮件 ")
6.     else:
7.         print(' 邮件编号: ' + i + " 为正常邮件 ")
8. print(' 预测准确率为: ' + str(testAccuracy))
```

代码编写结束，在PyCharm中运行上述代码。预测结果的准确率为95%，可以有效地实现垃圾邮件的过滤。

巩固·练习

使用朴素贝叶斯算法，实现SNS社区中不真实账号的检测。

小·贴·士

Step1：将数据集转换成频率表。

Step2：计算不同特征下是SNS社区真实账号的概率，创建似然表。

Step3：使用朴素贝叶斯公式计算每一类的后验概率。

Step4：对账号进行正确预测。

实战技能 85 从个人广告中获取区域趋向

实战·说明

本实战技能将使用朴素贝叶斯算法对个人广告进行分类，随机选取20个样本作为测试样本，并从训练样本中剔除。用训练样本对分类器进行训练，用测试样本对分类器的分类效果进行测试，得到分类的错误率。运行程序得到的结果如图5-46所示。

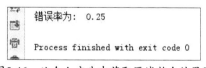

图5-46　从个人广告中获取区域趋向结果图

技能·详解

1.技术要点

本实战技能主要利用朴素贝叶斯分类算法，实现对个人广告的分类，其技术关键在于对朴素贝叶斯模型的运用和RSS的解析。RSS是用于分发Web站点上的内容摘要的一种简单的XML格式，它能够共享各种各样的信息。由于本案例主要利用feedparser库对RSS进行解析，这里介绍怎么使用feedparser库操作RSS。

（1）解析网页中的提要。

```
1. import feedparser
2. d = feedparser.parse('http://feedparser.org/docs/examples/atom10.xml')
```

（2）解析来自本地文件的提要。

```
1. import feedparser
2. d = feedparser.parse(r'c:\incoming\atom10.xml')
```

（3）解析字符串中的提要。

```
1. import feedparser
2. rawdata = """<rss version="2.0">
3. <channel>
4. <title>Sample Feed</title>
5. </channel>
6. </rss>"""
7. d = feedparser.parse(rawdata)
```

高手点拨

feedparser库可以直接通过pip install feedparser进行安装。

2.主体设计

从个人广告中获取区域趋向的流程如图5-47所示。

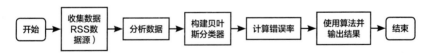

图5-47 从个人广告中获取区域趋向流程图

从个人广告中获取区域趋向具体通过以下6个步骤实现。

Step1：收集数据，需要创建一对RSS的接口。

Step2：准备数据，将文本文件解析成词条向量。

Step3：分析数据，检查词条，确保正确解析。

Step4：训练算法，建立贝叶斯分类器。

Step5：测试算法，计算错误率，确保分类器可用。可以修改切分程序，降低错误率，提高分类结果的正确率。

Step6：结果展示。

3.编程实现

本实战技能使用PyCharm工具进行编写，建立相关的源文件【案例85：从个人广告中获取区域趋向.py】，具体步骤及代码如下所示。

Step1：创建createVocabList( )函数，存放所有文档中出现的不重复词。

```
1. def createVocabList(dataSet):
2.     # 创建一个空集
3.     vocabSet = set([])
4.     # 将新词集合添加到创建的集合中
5.     for document in dataSet:
6.         # 操作符 "|" 用于求两个集合的并集
7.         vocabSet = vocabSet | set(document)
8.     # 返回一个包含所有文档中出现的不重复词的列表
9.     return list(vocabSet)
```

Step2：创建一个trainNB0( )函数，训练贝叶斯分类器。

```
1. def trainNB0(trainMatrix, trainCategory):
2.     # 获得训练集中文档个数
3.     numTrainDocs = len(trainMatrix)
4.     # 获得训练集中单词个数
5.     numWords = len(trainMatrix[0])
6.     # 计算文档属于侮辱性文档的概率
7.     pAbusive = sum(trainCategory) / float(numTrainDocs)
8.     # 初始化概率的分子变量和分母变量
9.     # p0Num = zeros(numWords); p1Num = zeros(numWords)
10.    # p0Denom = 0.0; p1Denom = 0.0
11.    # 为了避免概率为 0 的结果出现，将所有词初始化为 1，分母初始化为 2
12.    p0Num = ones(numWords);
13.    p1Num = ones(numWords)
14.    p0Denom = 2.0;
15.    p1Denom = 2.0
16.    # 遍历训练集 trainMatrix 中所有文档
17.    for i in range(numTrainDocs):
18.        # 如果侮辱性词汇出现，则侮辱词汇计数加 1，且文档的总词数加 1
19.        if trainCategory[i] == 1:
20.            p1Num += trainMatrix[i]
21.            p1Denom += sum(trainMatrix[i])
22.        # 如果非侮辱性词汇出现，则非侮辱词汇计数加 1，且文档的总词数加 1
23.        else:
24.            p0Num += trainMatrix[i]
25.            p0Denom += sum(trainMatrix[i])
26.    # 对每个元素做除法，求概率
27.    p1Vect = p1Num / p1Denom
28.    p0Vect = p0Num / p0Denom
29.    # 对计算结果取自然对数
```

```
30.    p1Vect = log(p1Num / p1Denom)
31.    p0Vect = log(p0Num / p0Denom)
32.    # 返回两个类别概率向量和一个概率
33.    return p0Vect, p1Vect, pAbusive
```

Step3：创建classifyNB( )函数，这个函数为朴素贝叶斯分类函数。

```
1. def classifyNB(vec2Classify, p0Vec, p1Vec, pClass1):
2.    # 向量元素相乘后求和，再加到类别的对数概率上，等价于概率相乘
3.    p1 = sum(vec2Classify * p1Vec) + log(pClass1)
4.    p0 = sum(vec2Classify * p0Vec) + log(1.0 - pClass1)
5.    # 分类结果
6.    if p1 > p0:
7.        return 1
8.    else:
9.        return 0
```

Step4：创建bagOfWords2VecMN( )函数，将词袋转换为向量。

```
1. def bagOfWords2VecMN(vocabList, inputSet):
2.    # 创建一个所含元素都为 0 的向量
3.    returnVec = [0] * len(vocabList)
4.    # 将新词集合添加到创建的集合中
5.    for word in inputSet:
6.        # 如果文档中的单词在词汇表中，则相应向量位置加 1
7.        if word in vocabList:
8.            returnVec[vocabList.index(word)] += 1
9.    # 返回一个包含所有文档中出现的词的列表
10.    return returnVec
```

Step5：创建textParse( )函数，将字符串解析为字符串列表。

```
1. def textParse(bigString):
2.    import re
3.    listOfTokens = re.split(r'\W*', bigString)
4.    # 函数去掉少于 2 个字符的字符串，并全部转为小写
5.    return [tok.lower( ) for tok in listOfTokens if len(tok) > 2]
```

Step6：创建RSS源分类器及高频词。

```
1. def calcMostFreq(vocabList, fullText):
2.    freqDict = {}
3.    for token in vocabList:
4.        freqDict[token] = fullText.count(token)
5.    sortedFreq = sorted(freqDict.items( ), key=operator.itemgetter(1),
6.                        reverse=True)
7.    return sortedFreq[:30] # 返回 30 个频率最高的词汇
```

Step7：创建localWords( )函数，将两个RSS源作为输入参数，对模型进行训练和测试，并输出结果。

```python
1.  # 进行模型训练和测试
2.  def localWords(feed1, feed0):
3.      # 初始化数据列表
4.      docList = []
5.      classList = []
6.      fullText = []
7.      minLen = min(len(feed1['entries']), len(feed0['entries']))
8.      # 导入文本文件
9.      for i in range(minLen):
10.         wordList = textParse(feed1['entries'][i]['summary']) # 切分文本
11.         docList.append(wordList) # 切分后的文本以原始列表形式加入文档列表
12.         fullText.extend(wordList) # 切分后的文本直接合并到词汇列表
13.         classList.append(1)  # 标签列表更新
14.         wordList = textParse(feed0['entries'][i]['summary']) # 切分文本
15.         docList.append(wordList) # 切分后的文本以原始列表形式加入文档列表
16.         fullText.extend(wordList) # 切分后的文本直接合并到词汇列表
17.         classList.append(0) # 标签列表更新
18.     vocabList = createVocabList(docList)  # 获得词汇表
19.     top30Words = calcMostFreq(vocabList, fullText) # 获得 30 个频率最高的词汇
20.     for pairW in top30Words: # 去掉出现次数最高的那些词
21.         if pairW[0] in vocabList:
22.             vocabList.remove(pairW[0])
23.     trainingSet = list(range(2 * minLen))
24.     testSet = []
25.     for i in range(20): # 随机构建测试集,随机选取 20 个样本作为测试样本,并从训练样本中剔除
26.         randIndex = int(random.uniform(0, len(trainingSet))) # 随机得到 Index
27.         testSet.append(trainingSet[randIndex]) # 将该样本加入测试集中
28.         del(trainingSet[randIndex]) # 同时将该样本从训练集中剔除
29.     # 初始化训练集数据列表和标签列表
30.     trainMat = []
31.     trainClasses = []
32.     for docIndex in trainingSet:    # 遍历训练集
33.         trainMat.append(bagOfWords2VecMN(vocabList, docList[docIndex]))
34.                                     # 词表转换到向量，并加入训练数据列表中
35.         trainClasses.append(classList[docIndex]) # 相应的标签也加入训练标签列表中
36.     # 朴素贝叶斯分类器训练函数
37.     p0V, p1V, pSpam = trainNB0(np.array(trainMat), np.array(trainClasses))
38.     errorCount = 0
39.     for docIndex in testSet:            # 遍历测试集并进行测试
40.         wordVector = bagOfWords2VecMN(vocabList, docList[docIndex])
41.                                             # 词表转换到向量
42.         if classifyNB(np.array(wordVector), p0V, p1V, pSpam) != classList[docIndex]:
43.             errorCount += 1
44.             # print(' 分类出错的文档：', docList [docIndex ]) # 输出分类出错的文档
45.     print(' 错误率为：', float(errorCount)/len(testSet))
46.     return vocabList, p0V, p1V # 返回词汇表和两个类别概率向量
```

Step8：传入RSS源参数并调用localWords( )函数进行分类。

```
1. ny = feedparser.parse('https://newyork.craigslist.org/search/pol?format=rss')
2. sf = feedparser.parse('https://sfbay.craigslist.org/search/pol?format=rss')
3. localWords(ny, sf)
```

本案例的编程部分全部结束，结果输出为分类错误率，若想查看分类特征的特征词语，可以在程序中输出vocabList。

巩固·练习

设计一个天气和响应目标变量"玩"的训练数据集（计算"玩"的可能性）。我们需要根据天气条件进行分类，判断这个人能不能出去玩。

> **小贴士**
>
> **Step1**：将数据集转换成频率表。
>
> **Step2**：计算不同天气特征下能出去玩的概率，创建似然表。
>
> **Step3**：使用朴素贝叶斯公式计算每一类的后验概率。
>
> **Step4**：对天气进行正确预测。

实战技能 86 使用决策树算法预测隐形眼镜类型

实战·说明

随着人工智能的飞速发展，各种机器学习算法的应用也越来越广泛。本实战技能利用决策树算法，预测患者需要佩戴的隐形眼镜类型，根据给出的隐形眼镜数据集的部分数据训练模型，绘制出隐形眼镜类别的决策树，再使用未参与训练的数据进行测试。案例的数据集如图5-48所示，案例绘制的决策树如图5-49所示，案例预测结果如图5-50所示。

```
 1   young  myope   no   reduced no lenses
 2   young  myope   no   normal  soft
 3   young  myope   yes  reduced no lenses
 4   young  myope   yes  normal  hard
 5   young  hyper   no   reduced no lenses
 6   young  hyper   no   normal  soft
 7   young  hyper   yes  reduced no lenses
 8   young  hyper   yes  normal  hard
 9   pre myope       no   reduced no lenses
10   pre myope       no   normal  soft
11   pre myope       yes  reduced no lenses
12   pre myope       yes  normal  hard
13   pre hyper       no   reduced no lenses
14   pre hyper       no   normal  soft
15   pre hyper       yes  reduced no lenses
16   pre hyper       yes  normal  no lenses
17   presbyopic myope  no   reduced no lenses
18   presbyopic myope  no   normal  no lenses
19   presbyopic myope  yes  reduced no lenses
20   presbyopic myope  yes  normal  hard
21   presbyopic hyper  no   reduced no lenses
22   presbyopic hyper  no   normal  soft
23   presbyopic hyper  yes  reduced no lenses
24   presbyopic hyper  yes  normal  no lenses
```

图5-48   隐形眼镜数据集

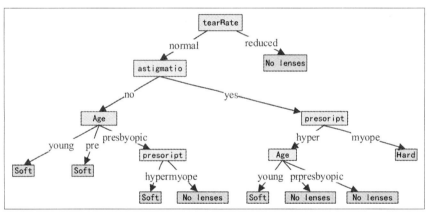

图5-49   隐形眼镜分类的决策树

图5-50   隐形眼镜分类预测结果

　　图5-49所示的数据集包含了患者的四个特征属性，最后一列为医生推荐的隐形眼镜类型。图5-49前展示了特征数据，即age（年龄）、prescript（症状）、astigmatic（是否散光）、tearRate（眼泪数量）。推荐的隐形眼镜类型可以分为Soft（软材质）、Hard（硬材质）和No lenses（不适合佩戴）三类。锯齿矩形框为决策树的根节点，矩形框为决策树的叶节点。箭头上为特征属性的类型或值。图5-50展示了对数据集中第一行数据进行预测的结果，预测结果与数据集所给的结果一致。

技能 · 详解

1.技术要点

本实战技能主要利用决策树算法预测隐形眼镜类型，其技术重点在于构建决策树，要实现本案例，需要掌握以下几个知识点。

1）决策树概述

决策树采用的是自顶向下的递归方法，其基本思想是以信息熵为度量，构造一棵熵值下降最快的树，到叶子节点处，熵值为0。最早提及决策树思想的是Quinlan，他在1986年提出ID3算法，1993年提出C4.5算法，Breiman等人提出了CART算法。关于决策树算法的应用领域及所使用的准则如图5-51所示。

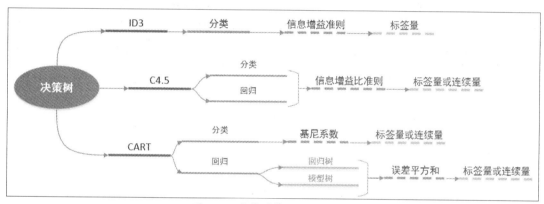

图5-51　决策树算法的知识图谱

决策树是树状结构，它的每一个叶节点对应着一个分类，非叶节点对应着在某个属性上的划分，根据样本在该属性上的不同取值，将其划分成若干个子集。对于非叶节点，多数类的标号给出到达这个点的样本所属的类。构造决策树的核心问题是如何选择适当的属性对样本做拆分。对于一个分类问题，从已知类标记的训练样本中学习，构造决策树是一个自上而下，分而治之的过程。

2）数学基础

通过对决策树的概述，相信大家已经对决策树有了一个初步了解，但是决策树算法的实现还需要一些数学知识作为基础。在实现决策树算法之前，我们需要了解这些数学概念与知识。在决策树算法中用到较多的几个数学量有信息熵、信息增益、信息增益比、基尼系数等。ID3算法便是以信息论为基础，以信息熵和信息增益为衡量标准，从而实现对数据归纳分类的决策树算法；C4.5算法是ID3算法的一种改进，用信息增益率来选择属性，克服了用信息增益选择属性时，偏向选择取值多的属性的不足；CART算法采用基尼指数最小化标准来选择特征并进行划分。

（1）信息熵。

信息论之父克劳德 • 香农给出信息熵的性质如下。

① 单调性，发生概率越高的事件，其携带的信息量越低。

② 非负性，信息熵可以看作为一种广度量，非负性是一种合理的必然。

③ 累加性，即多随机事件同时发生存在的总不确定性的量度，可以表示为各事件不确定性的量度的和，这也是广度量的一种体现。

香农从数学上严格证明了满足上述条件的随机变量不确定性度量函数具有唯一形式：

$$H(X) = -\sum_{x \in X} p(x)\log p(x) \tag{公式5-11}$$

其中，C为常数，我们将其归一化，令$C=1$，得到信息熵公式：

$$H(X) = -\sum_{x \in X} p(x)\log p(x) \tag{公式5-12}$$

并且规定0log(0)=0。

观察信息熵的公式，其中对概率取负的对数表示了一种可能事件发生时携带的信息量。$p(x)$表示发生的概率，$\log p(x)$表示信息量。把各种可能表示出的信息量乘以其发生的概率之后求和，就表示了整个系统所有信息量的一种期望值。从这个角度来说，信息熵还可以作为一个系统复杂程度的度量，如果系统越复杂，出现不同情况的种类越多，那么信息熵越大。

（2）条件熵。

条件熵表示在已知随机变量X的条件下，随机变量Y的不确定性，$H(Y|X)$为在给定条件X下，Y的条件概率分布的熵对X的数学期望：

$$H(Y|X) = \sum_{x \in X} p(x)H(Y|X) = -\sum_{x,y \in X,Y} p(y|x)\log p(y|x) \tag{公式5-13}$$

（3）信息增益。

划分数据集的大原则是将无序数据变得更加有序，但是各种方法都有各自的优缺点，信息论是量化处理信息的分支科学，在划分数据集前后信息时发生的变化称为信息增益。简单地说，信息增益就是熵和特征条件熵的差。

特征A对训练数据集D的信息增益$g(D,A)$，定义为集合D的经验熵$H(D)$与特征A在给定条件下D的经验条件熵$H(D|A)$之差：

$$g(D,A) = H(D) - H(D|A) \tag{公式5-14}$$

一般地，熵$H(D)$与条件熵$H(D|A)$之差成为互信息。决策树学习中的信息增益等价于训练数据集中类与特征的互信息。

信息增益值的大小相对于训练数据集而言并没有绝对意义，在训练数据集经验熵偏大的时候，信息增益值会偏大，反之信息增益值会偏小，使用信息增益比可以对这个问题进行校正，这是特征选择的另一个标准。

（4）信息增益比。

信息增益比又叫作信息增益率，信息增益比$I_R(D,A)$是信息增益和特征熵的比值，具体表达式为：

$$I_{R(D,A)} = \frac{I(A,D)}{H_A(D)} \qquad （公式5-15）$$

其中，D为样本特征输出的集合，A为样本特征，对于特征熵$H_A(D)$表达式如下：

$$H_A(D) = -\sum_{i=1}^{n} \frac{|D_i|}{|D|} \log_2 \frac{|D_i|}{|D|} \qquad （公式5-16）$$

其中，n为特征A的类别数，D_i为特征A的第i个取值对应的样本个数，D为样本个数。

（5）基尼系数。

基尼系数是一种与信息熵类似的做特征选择的方式，可以用来表示数据的不纯度。基尼系数的计算方式如下：

$$Gini(D) = 1 - \sum_{i=1}^{n} p_i^2 \qquad （公式5-17）$$

其中，D表示数据集全体样本，p_i表示每种类别出现的概率。如果数据集中所有的样本都为同一类，那么$p_0=1$，$Gini(D)=0$，显然此时数据的不纯度最低。

与信息增益类似，我们可以计算如下表达式：

$$\triangle Gini(X) = Gini(D) - Gini_x(D) \qquad （公式5-18）$$

公式5-18的意思就是，加入特征以后，数据不纯度减小的程度。很明显，在做特征选择的时候，我们可以取$\triangle Gini(X)$最大的那个。

3）ID3算法

本案例采用ID3算法构建隐形眼镜的决策树，因此在技术要点部分着重介绍ID3算法。ID3算法是决策树的一种，它基于奥卡姆剃刀原理，即尽量用较少的东西做更多的事。ID3算法即迭代二叉树3代，是一种决策树算法，这个算法的基础就是上面提到的奥卡姆剃刀原理，越是小型的决策树，越优于大的决策树。

在信息论中，期望信息越小，那么信息增益就越大，从而纯度就越高。ID3算法的核心是在决策树的各个节点上，对应信息增益准则选择特征，递归地构建决策树。该算法采用自顶向下的贪婪搜索遍历可能的决策空间。

（1）ID3算法的具体方法。

从根节点开始，对节点计算所有可能的特征的信息增益，选择信息增益最大的特征作为节点的特征。由该特征的不同取值建立子节点，再对子节点递归地调用以上方法，构建决策树，直到所有特征的信息增益均很小或没有特征可以选择为止。

（2）ID3算法步骤如下。

输入：训练数据集D，特征A，阈值。

输出：决策树T。

Step1：若D中所有实例属于同一类C_k，则T为单节点树，并将类C_k作为该节点的类标记，返回T。

Step2：若$A = \varnothing$，则T为单节点树，并将D中实例数最大的类C_k作为该节点的类标记，返回T。

Step3：若$A \neq \varnothing$，计算A中各个特征对D的信息增益，选择信息增益最大的特征A_k。

Step4：如果A_g的信息增益小于阈值，则T为单节点树，并将D中实例数最大的类C_k作为该节点的类标记，返回T。

Step5：如果A_g的信息增益不小于阈值，对于A_g的每一种可能值a_i，使$A_g = a_i$，将D分割为若干非空子集D_i，将D_i中实例数最大的类作为标记，构建子节点，返回T。

Step6：对第i个子节点，以D_i为训练集，以$A - \{A_g\}$为特征集合，递归调用Step1~Step5，得到子树T_i，返回T_i。

（3）ID3算法的优点。

① 算法结构简单。

② 算法清晰易懂。

③ 不存在无解的危险。

④ 可以利用全部训练示例的统计性质进行决策，从而抵抗噪音。

（4）ID3算法的缺点。

① 处理大型数据速度较慢，经常内存不足。

② 不能处理连续型数据，只能通过离散化将连续性数据转化为离散型数据。

③ 不可以并行，不可以处理数值型数据。

④ 只适用于非增量数据集，不适用于增量数据集，可能会收敛到局部最优解而非全局最优解，最佳分离属性容易选择属性值多一些的属性。

4）CART决策树

CART决策树是一种十分有效的非参数分类的回归方法，通过构建树、修剪树、评估树来构建一个二叉树。当终节点是连续变量时，该树为回归树；当终节点是分类变量，该树为分类树。

CART算法步骤如下。

Step1：基于训练数据集生成决策树，生成的决策树要尽量大。

Step2：用验证数据集对已生成的树进行剪枝并选择最优子树，这时损失函数作为剪枝的标准。

CART决策树的生成就是递归地构建二叉决策树的过程。CART决策树既可以用于分类，也可以用于回归。本文仅讨论用于分类的CART。对分类树而言，CART用基层系数最小化准则来进行特征选择，生成二叉树。CART生成算法如下。

输入：训练数据集DataSet，判断停止条件。

输出：CART决策树。

根据训练数据集，从根节点开始，递归地对每个节点进行以下操作，构建二叉决策树。

设节点的训练数据集为D，计算现有特征对该数据集的基层系数。此时，每一个特征A，其可能取的每个值*a*，根据样本点对*A*=*a*的测试为"是"或"否"，将*D*分割成*D*₁和*D*₂两部分，计算*A*=*a*时的基层系数。

在所有特征*A*和*a*中，选择基层系数最小的特征及其对应的切分点作为最优特征与最优切分点。依最优特征与最优切分点，从现节点生成两个子节点，将训练数据集依特征分配到两个子节点中去。对两个子节点递归地调用，直至满足停止条件，生成CART决策树。

2.主体设计

预测隐形眼镜类型实现流程如图5-52所示。

图5-52　预测隐形眼镜类型

预测隐形眼镜类型具体通过以下6个步骤实现。

Step1：读取数据。

Step2：分析数据，包括对原始数据集进行分割，选择最好的数据集划分方式并计算数据集的香农熵。

Step3：创建决策树。

Step4：绘制决策树。

Step5：将训练好的决策树保存到磁盘。

Step6：利用测试数据对决策树的分类效果进行测试。

3.编程实现

本实战技能使用PyCharm工具进行编写，建立相关的源文件【案例86：使用决策树算法预测隐形眼镜类型.py】，参考下面的详细步骤，再编写具体代码。读取数据的部分在主函数中编写，先编写各个功能函数，具体步骤及代码如下所示。

Step1：计算香农熵。

```
1.  def calShannonEntropy(dataset):
2.      """
3.      计算香农熵
4.      :param dataset: 输入数据集
5.      :return: 熵
6.      """
7.      num = len(dataset) # 返回数据集的行数
8.      label_liat = {} # 保存每个标签中统计次数的字典
9.      for x in dataset: # 对每组特征向量进行统计
10.         label = x[-1]  # 提取标签信息，每一行的最后一个数据表示标签
11.         if label not in label_liat.keys( ): # 如果标签中没有放入统计次数的字典，
12.                                         # 添加进去
13.             label_liat[label] = 0
14.         label_liat[label] += 1 # Label 计数
15.     shannonEnt = 0.0 # 经验熵（香农熵）
```

```
16.     for key in label_liat: # 计算香农熵
17.         prob = float(label_liat[key] / num) # 选择该标签的概率
18.         shannonEnt -= prob * log(prob, 2) # 计算香农熵，以 2 为底求对数，信息期望值
19.                                          # 返回经验熵（香农熵）
20.     return shannonEnt
```

Step2：根据特征划分数据集，选择最好的数据集划分方式。

```
1. def splitDate(dataset, axis, value):
2.     """
3.     根据某个特征划分数据集
4.     :param dataset: 输入数据集
5.     :param axis: 数据集的每一列表示一个特征，axis 取不同的值表示不同的特征
6.     :param value: 根据这个特征划分的类别标记
7.     :return: 返回去掉了某个特征并且值是 value 的数据
8.     """
9.     newdataset = []
10.    # 创建新列表，存储返回数据列表的对象
11.    for x in dataset:
12.        if x[axis] == value:
13.            reduceFeat = x[:axis]
14.            # 去掉 axis 特征
15.            reduceFeat.extend(x[axis+1:])
16.            # 将符合条件的添加到返回的数据列表中
17.            newdataset.append(reduceFeat)
18.    # 返回划分后的数据集
19.    return newdataset
20.
21.# 选择最好的数据集划分方式
22.def keyFeatureSelect(dataset):
23.    """
24.    通过信息增益判断哪个特征是关键特征并返回这个特征
25.    :param dataset: 输入数据集
26.    :return: 特征
27.    """
28.    num_feature = len(dataset[0]) - 1 # 求第一行有多少列的特征，label 在最后一列
29.    base_entropy = calShannonEntropy(dataset) # 计算整个数列集的原始香农熵
30.    bestInfogain = 0 # 最优的信息增益值
31.    bestfeature = -1 # 最优的特征索引值
32.    for i in range(num_feature): # 循环遍历所有特征
33.        # 创建新的列表
34.        # 获取数据集中所有的第 i 个特征值
35.        featlist = [example[i] for example in dataset]
36.        feat_value = set(featlist) # 创建 set 集合，set 类型中每个值互不相同
37.        feat_entropy = 0 # 创建一个临时的信息熵
38.        # 经验条件熵
39.        # 遍历某一列的 value 集合，计算该列的信息熵
```

```
40.        # 遍历当前特征中的所有唯一属性值，对每个唯一属性值划分一次数据集，
41.        # 计算数据集的新熵值，并对所有唯一特征值得到的熵求和
42.        for value in feat_value: # 计算信息增益
43.            subset = splitDate(dataset, i, value) # 划分后的子集
44.            prob = len(subset) / float(len(dataset)) # 计算子集的概率
45.            feat_entropy += prob * calShannonEntropy(subset) # 根据公式计算经验条件熵
46.        # 获取信息熵最大的值
47.        infoGain = base_entropy - feat_entropy
48.        # 比较所有特征中的信息增益，返回特征划分的索引值
49.        if (infoGain > bestInfogain): # 计算信息增益
50.            bestInfogain = infoGain # 更新信息增益，找到最大的信息增益
51.            bestfeature = i # 记录信息增益最大特征的索引值
52.
53.    # 返回信息增益最大特征的索引值
54.    return bestfeature
```

Step3：选择投票次数最多的类别。

```
1. def voteClass(classlist):
2.     """
3.     通过投票的方式决定类别
4.     :param classlist: 输入类别的集合
5.     :return: 大多数类别的标签
6.     """
7.     import operator
8.
9.     classcount = {}
10.    for x in classlist:
11.        # 统计 classList 中每个元素出现的次数
12.        if x not in classcount.keys():
13.            classcount[x] = 0
14.        classcount += 1
15.    sortclass = sorted(classcount.iteritems(), key=operator.itemgetter(1),
16.                       reverse=True)
17.    # 返回 classList 中出现次数最多的元素
18.    return sortclass[0][0]
```

Step4：创建决策树。

```
1. def createTree(dataset, labels):
2.     """
3.     递归构建树
4.     :param dataset: dataset
5.     :param labels: labels of feature
6.     :return: 树
7.     """
8.     labelsCopy = labels[:] # 防止第一次运行之后，第一个特征被删除
9.     # 创建一个列表，包含所有的类标签（数据集的最后一列是标签）
```

343

```
10.    classList = [example[-1] for example in dataset]
11.    # 所有的类标签完全相同，则直接返回该类标签
12.    # 列表中第一个值（标签）出现的次数等于整个集合的数量，也就是说，只有一个类别
13.    if classList.count(classList[0]) == len(classList): # 判断所有类标签是否相同
14.        return classList[0]
15.    # 使用完了所有特征，仍然不能将数据集划分为仅包含唯一类别的分组
16.    if len(dataset[0]) == 1: # 是否遍历了所有特征（是否剩下一个特征）
17.        return voteClass(classList) # 挑选出现次数最多的类别作为返回值
18.
19.    # 选择最优的列，得到最优列对应的 label 的含义
20.    bestFeat = keyFeatureSelect(dataset)
21.    # 获取 label 的名称
22.    bestFeatLabel = labelsCopy[bestFeat]
23.    # 初始化 tree
24.    tree = {bestFeatLabel:{}} # 使用字典实现树
25.    # 在标签列表中删除当前最优的标签
26.    del labelsCopy[bestFeat]
27.    # 得到最优特征包含的所有属性值
28.    featValues = [example[bestFeat] for example in dataset]
29.    # 去除重复的特征值
30.    uniqueValue = set(featValues)
31.    for value in uniqueValue:
32.        # 求出剩余的标签
33.        subLabels = labelsCopy[:] # 复制类标签到新的列表中，保证每次递归调用时，
34.                                  # 不改变原始列表
35.        tree[bestFeatLabel][value] = createTree(splitDate(dataset, bestFeat,
36.                                                 value), subLabels)
37.    return tree
```

Step5：使用决策树模型进行分类。

```
1. def decTreeClassify(inputTree, featLables, testVec):
2.    """
3.    使用决策树模型进行分类
4.    :param inputTree: 训练好的决策树
5.    :param featLables: 构建树的类别标签向量
6.    :param testVec: 测试数据
7.    :return: 属于哪个类别
8.    """
9.    firstStr = list(inputTree.keys())[0]       # 根节点
10.    secondDict = inputTree[firstStr]            # 节点下的值
11.    featIndex = featLables.index(firstStr)      # 获得第一个特征的 label 对应数据的位置
12.    for key in secondDict.keys():               # secondDict.keys() 表示一个特征的取值
13.        if testVec[featIndex] == key:           # 比较测试向量中的值和树的节点值
14.            if type(secondDict[key]).__name__ == 'dict':
15.                classLabel = decTreeClassify(secondDict[key], featLables, testVec)
16.            else:
```

```
17.          classLabel = secondDict[key]
18.     return classLabel
```

Step6：储存决策树。

```
1. def storeTree(inputTree, filename):
2.     """
3.     储存决策树
4.     pickle 序列化对象，可以在磁盘上保存对象
5.     :param inputTree: the the trained Tree
6.     :param filename: 储存的决策树名称
7.     :return: None
8.     """
9.     import pickle
10.    fw = open(filename, 'wb')
11.    pickle.dump(inputTree, fw)
12.    fw.close( )
13.    print("tree save as", filename)
```

Step7：读取储存的决策树。

```
1. def grabTree(filename):
2.     """
3.     读取储存的决策树
4.     :param filename: 目标文件的名字
5.     :return: 决策树
6.     """
7.     print("load tree from disk...")
8.     import pickle
9.     fr = open(filename, "rb")
10.    return pickle.load(fr)
```

Step8：绘制带箭头的注解。

```
1. def plotNode(nodeTxt, centerPt, parentPt, nodeType):
2.     arrow_args = dict(arrowstyle="<-")
3.     createPlot.ax1.annotate(nodeTxt, xy=parentPt, xycoords='axes fraction',
4.             xytext=centerPt, textcoords='axes fraction', va="center",
5.             ha="center", bbox=nodeType, arrowprops=arrow_args)
```

Step9：创建绘图区，计算树形图的全局尺寸。

```
1. def createPlot(inTree):
2.     fig = plt.figure(1, facecolor='white')
3.     # 清空当前图像窗口
4.     fig.clf( )
5.     axprops = dict(xticks=[], yticks=[])
6.     createPlot.ax1 = plt.subplot(111, frameon=False, **axprops)
7.     # 存储树的宽度
8.     plotTree.totalW = float(getNumLeafs(inTree))
```

```
9.      # 存储树的深度
10.     plotTree.totalD = float(getTreeDepth(inTree))
11.     # 追踪已经绘制的节点位置，以及放置下个节点的恰当位置
12.     plotTree.xOff = -0.5 / plotTree.totalW;
13.     plotTree.yOff = 1.0
14.     plotTree(inTree, (0.5, 1.0), '')
15.     plt.show( )
```

Step10：获取叶子节点的数目。

```
1. def getNumLeafs(myTree):
2.     numLeafs = 0  # 初始化叶子
3.     firstStr = list(myTree.keys( ))[0] # 获取节点属性，第一次划分数据集的类别标签
4.     secondDict = myTree[firstStr] # 获取下一组字典
5.     # 从根节点开始遍历
6.     for key in secondDict.keys( ):
7.         if type(secondDict[key]).__name__ == 'dict':
8.             # 测试该节点是否为字典，如果不是字典，代表此节点为叶子节点
9.             numLeafs += getNumLeafs(secondDict[key]) # 递归调用
10.        else:
11.            numLeafs += 1
12.    return numLeafs
```

Step11：获取树的层数。

```
1. # 获取树的层数
2. def getTreeDepth(myTree):
3.     maxDepth = 0 # 初始化决策树深度
4.     firstStr = list(myTree.keys( ))[0] # 获取节点属性
5.     secondDict = myTree[firstStr] # 获取下一组字典
6.     # 根节点开始遍历
7.     for key in secondDict.keys( ):
8.         # 判断节点的个数，终止条件是叶子节点
9.         if type(secondDict[key]).__name__ == 'dict':
10.            # 测试该节点是否为字典，如果不是字典，代表此节点为叶子节点
11.            thisDepth = 1 + getTreeDepth(secondDict[key])
12.        else:
13.            thisDepth = 1
14.        if thisDepth > maxDepth:
15.            maxDepth = thisDepth
16.        # 更新层数
17.    return maxDepth
```

Step12：标注有向边属性。

```
1. def plotMidText(cntrPt, parentPt, txtString):
2.     # 在父子节点间填充文本信息
3.     xMid = (parentPt[0] - cntrPt[0]) / 2.0 + cntrPt[0]
```

```
4.        yMid = (parentPt[1] - cntrPt[1]) / 2.0 + cntrPt[1]
5.        createPlot.ax1.text(xMid, yMid, txtString, va="center",
6.                            ha="center", rotation=30)
```

Step13：绘制决策树。

```
1.  def plotTree(myTree, parentPt, nodeTxt):
2.      decisionNode = dict(boxstyle="sawtooth", fc="yellow") # 设置绘制根节点的形状和颜色
3.      leafNode = dict(boxstyle="round4", fc="green") # 设置绘制叶子节点的形状和颜色
4.      # 计算宽与高
5.      numLeafs = getNumLeafs(myTree)
6.      defth = getTreeDepth(myTree)
7.      firstStr = list(myTree.keys( ))[0]
8.      # 找到第一个中心位置
9.      cntrPt = (plotTree.xOff + (1.0 + float(numLeafs)) / 2.0 /
10.              plotTree.totalW, plotTree.yOff) # 中心位置
11.     # 打印输入对应的文字
12.     plotMidText(cntrPt, parentPt, nodeTxt)
13.     # 可视化 Node 分支点
14.     plotNode(firstStr, cntrPt, parentPt, decisionNode)
15.     secondeDict = myTree[firstStr]
16.     # 减少 y 的偏移
17.     plotTree.yOff = plotTree.yOff - 1.0 / plotTree.totalD
18.     for key in secondeDict.keys( ):
19.         # 这些节点既可以是叶子节点也可以判断节点
20.         # 判断该节点是否是 Node 节点
21.         if type(secondeDict[key]) is dict:
22.             # 如果是，就递归调用
23.             plotTree(secondeDict[key], cntrPt, str(key))
24.         else:
25.             # 如果不是，就在原来节点一半的地方找到节点的坐标
26.             plotTree.xOff = plotTree.xOff + 1.0 / plotTree.totalW
27.             # 可视化该节点的位置
28.             plotNode(secondeDict[key], (plotTree.xOff, plotTree.yOff),
29.                     cntrPt, leafNode)
30.             # 输入对应的文字
31.             plotMidText((plotTree.xOff, plotTree.yOff), cntrPt, str(key))
32.     plotTree.yOff = plotTree.yOff + 1.0 / plotTree.totalD
```

Step14：编写主函数。

```
1.  if __name__ == '__main__':
2.
3.      fr = open('lenses.txt')
4.      lense = [inst.strip( ).split('\t') for inst in fr.readlines( )]
5.      train_set = lense[1:] # 将数据集中除了第一行的数据作为训练数据集
6.      test_set = lense[0] # 将数据集中的第一行数据作为测试数据
```

```
7.    lenseLabels = ['age', 'prescript', 'astigmatic', 'tearRate']
8.    lenseTree = createTree(train_set, lenseLabels)
9.    createPlot(lenseTree)
10.   storeTree(lenseTree, 'lenseTree.txt')
11.   restoreTree = grabTree('lenseTree.txt')
12.   # print(restoreTree)
13.   predict = decTreeClassify(restoreTree, lenseLabels, test_set)
14.   print('第一行数据的特征属性为: ' + str(test_set [:4]))
15.   print('第一行数据的预测结果为: ' + predict)
```

巩固·练习

利用ID3算法对表5-4的数据进行分类。

表 5-4　判断是否为鱼

ID	不浮出水面是否可以生存	是否有脚蹼	是否是鱼
1	是	是	是
2	是	是	是
3	是	否	否
4	否	是	否
5	否	是	否

小贴士

此问题是一个典型的二分类问题，其中每一个特征也都可以简单定义为满足和不满足两种状态，所以非常适合用决策树方法来进行分类。解决方法与本案例类似，只是数据集不同，求解思路和步骤基本一样，读者可根据编程实现的步骤编写代码。

实战技能 87 判断银行是否放贷

实战·说明

随着互联网的发展，网络贷款成为人们常用的一种借贷方式。在发放贷款之前，银行需要核实贷款人是否有能力进行贷款。在发放贷款之前，对贷款人能力的审查是至关重要的一步，如果不进行严格审查，银行可能面临大量贷款无法收回的风险，导致银行受到不可挽回的经济损失。因此，本实战技能将实现通过决策树算法，对贷款人是否有能力贷款、银行是否放贷进行评估，要求用户使用决策树算法，得到银行是否应该放贷的结果。运行程序得到的结果如图5-53所示。

图5-53　判断银行是否应该放贷结果展示图

技能·详解

1.技术要点

本实战技能主要利用决策树算法，实现对银行是否应该放贷进行预测。本实战技能使用到的决策树算法在实战技能86中有详细介绍，在此不再赘述，读者如有疑问，请参考实战技能86。

2.主体设计

判断银行是否放贷决流程如图5-54所示，实现步骤如下。

Step1：收集银行贷款数据集，并且根据规则转换为特征标签。

Step2：分析数据集。

Step3：选择创建决策树的特征。

Step4：计算给定数据集的香农熵和信息增益，构建决策树。

Step5：优化Step4构建的决策树，对决策树进行修剪。

Step6：使用算法，对结果进行预测。

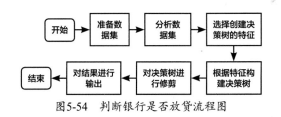

图5-54　判断银行是否放贷流程图

3.编程实现

本实战技能使用PyCharm工具进行编写，建立相关的源文件【案例87：基于决策树的用户复投预判.py】，具体编写过程如下所示。

Step1：获取某银行提供的贷款人信息数据集，本案例获取的数据集如图5-55所示。

Step2：分析数据集，并且将数据集进行属性标注，标注规则如下。

（1）年龄：0代表青年，1代表中年，2代表老年。

（2）是否有工作：0代表否，1代表是。

（3）是否有自己的房子：0代表否，1代表是。

（4）信贷情况：0代表一般，1代表好，2代表非常好。

（5）类别（是否给贷款）：no代表否，yes代表是。

ID	年龄	有工作	有自己的房子	信贷情况	类别(是否个给贷款)
1	青年	否	否	一般	否
2	青年	否	否	好	否
3	青年	是	否	好	是
4	青年	是	是	一般	是
5	青年	否	否	一般	否
6	中年	否	否	一般	否
7	中年	否	否	好	否
8	中年	是	是	好	是
9	中年	否	是	非常好	是
10	中年	否	是	非常好	是
11	老年	否	是	非常好	是
12	老年	否	是	好	是
13	老年	是	否	好	是
14	老年	是	否	非常好	是
15	老年	否	否	一般	否

图5-55　银行贷款人信息

根据规则转换为特征标签，代码如下所示。

```
1. def createDataSet():
2.     dataSet = [[0, 0, 0, 0, 'no'],  # 数据集
3.                [0, 0, 0, 1, 'no'],
4.                [0, 1, 0, 1, 'yes'],
5.                [0, 1, 1, 0, 'yes'],
6.                [0, 0, 0, 0, 'no'],
7.                [1, 0, 0, 0, 'no'],
8.                [1, 0, 0, 1, 'no'],
9.                [1, 1, 1, 1, 'yes'],
10.               [1, 0, 1, 2, 'yes'],
11.               [1, 0, 1, 2, 'yes'],
12.               [2, 0, 1, 2, 'yes'],
13.               [2, 0, 1, 1, 'yes'],
14.               [2, 1, 0, 1, 'yes'],
15.               [2, 1, 0, 2, 'yes'],
16.               [2, 0, 0, 0, 'no']]
17.     labels = ['年龄', '有工作', '有自己的房子', '信贷情况']  # 特征标签
18.     return dataSet, labels  # 返回数据集和分类属性
19.
20. """
21. 函数说明：选择最优特征
22.
23. Parameters:
```

```
24.      dataSet - 数据集
25. Returns:
26.      bestFeature - 信息增益最大的（最优）特征索引值
27. """
28. def splitDataSet(dataSet, axis, value):
29.      retDataSet = []                                    # 创建返回的数据集列表
30.      for featVec in dataSet:                            # 遍历数据集
31.          if featVec[axis] == value:
32.              reducedFeatVec = featVec[:axis]            # 去掉 axis 特征
33.              reducedFeatVec.extend(featVec[axis+1:])    # 添加到返回的数据集
34.              retDataSet.append(reducedFeatVec)
35.      return retDataSet
```

Step3：计算经验熵，代码如下所示。

```
1. def calcShannonEnt(dataSet):
2.      numEntires = len(dataSet)   # 返回数据集的行数
3.      labelCounts = {}   # 保存每个标签（Label）出现次数的字典
4.      for featVec in dataSet:   # 对每组特征向量进行统计
5.          currentLabel = featVec[-1]   # 提取标签（Label）信息
6.          if currentLabel not in labelCounts.keys():   # 如果标签（Label）没有放入
7.                                                        # 统计次数的字典，添加进去
8.              labelCounts[currentLabel] = 0
9.          labelCounts[currentLabel] += 1   # 计数
10.     shannonEnt = 0.0   # 经验熵（香农熵）
11.     for key in labelCounts:   # 计算香农熵
12.         prob = float(labelCounts[key]) / numEntires   # 选择该标签（Label）的概率
13.         shannonEnt -= prob * log(prob, 2)   # 利用公式计算
14.     return shannonEnt   # 返回经验熵（香农熵）
```

计算结果如图5-56所示。

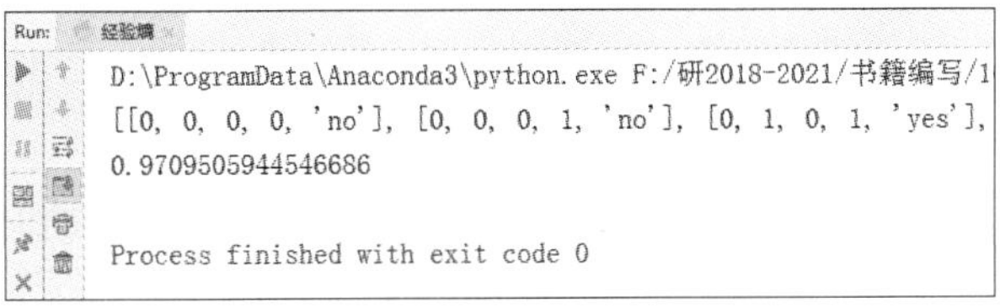

图5-56　经验熵计算结果

Step4：创建函数，计算数据之间的信息增益，代码如下所示。

```
1. def chooseBestFeatureToSplit(dataSet):
2.      """
3.      函数说明：选择最优特征
4.
5.      Parameters:
6.          dataSet - 数据集
7.      Returns:
```

```
8.         bestFeature - 信息增益最大的（最优）特征索引值
9.
10.        """
11.    numFeatures = len(dataSet[0]) - 1   # 特征数量
12.    baseEntropy = calcShannonEnt(dataSet)   # 计算数据集的香农熵
13.    bestInfoGain = 0.0   # 信息增益
14.    bestFeature = -1   # 最优特征的索引值
15.    for i in range(numFeatures):   # 遍历所有特征
16.        # 获取 dataSet 的第 i 个特征
17.        featList = [example[i] for example in dataSet]
18.        uniqueVals = set(featList)   # 创建 set 集合，元素不可重复
19.        newEntropy = 0.0   # 经验条件熵
20.        for value in uniqueVals:   # 计算信息增益
21.            subDataSet = splitDataSet(dataSet, i, value)   # subDataSet 划分后的子集
22.            prob = len(subDataSet) / float(len(dataSet))   # 计算子集的概率
23.            newEntropy += prob * calcShannonEnt(subDataSet)   # 根据公式计算经验条件熵
24.        infoGain = baseEntropy - newEntropy   # 信息增益
25.        print("第 %d 个特征的增益为 %.3f" % (i, infoGain))   # 打印每个特征的信息增益
26.        if (infoGain > bestInfoGain):   # 计算信息增益
27.            bestInfoGain = infoGain   # 更新信息增益，找到最大的信息增益
28.            bestFeature = i   # 记录信息增益最大的（最优）特征索引值
29.    return bestFeature   # 返回信息增益最大的（最优）特征索引值
```

计算结果如图5-57所示。

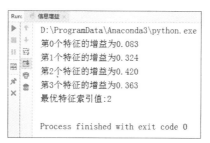

图5-57　信息增益的计算结果

Step5：构建决策树。本案例使用字典来存储决策树的结构，字典可以表示为{'有自己的房子':
{0: {'有工作': {0: 'no', 1: 'yes'}}, 1: 'yes'}}，代码如下所示。

```
1. def createTree(dataSet, labels, featLabels):
2.     classList = [example[-1] for example in dataSet] # 取分类标签
3.     if classList.count(classList[0]) == len(classList):
4.                                         # 如果类别完全相同，则停止继续划分
5.         return classList[0]
6.     if len(dataSet[0]) == 1:            # 遍历完所有特征时，返回出现次数最多的类标签
7.         return majorityCnt(classList)
8.     bestFeat = chooseBestFeatureToSplit(dataSet)        # 选择最优特征
9.     bestFeatLabel = labels[bestFeat                     # 最优特征的标签
```

```
10.       featLabels.append(bestFeatLabel)
11.       myTree = {bestFeatLabel:{}}          # 根据最优特征的标签生成树
12.       del(labels[bestFeat])                 # 删除已经使用的特征标签
13.       featValues = [example[bestFeat] for example in dataSet]
14.                                             # 得到训练集中所有最优特征的属性值
15.       uniqueVals = set(featValues)        # 去掉重复的属性值
16.       for value in uniqueVals:             # 遍历特征，创建决策树
17.           myTree[bestFeatLabel][value] = createTree(splitDataSet(dataSet, bestFeat,
18.                                            value), labels, featLabels)
19.       return myTree
```

Step6：使用决策树算法进行分类，对已经生成的决策树选择最优特征标签。使用测试数据进行分类，得到分类结果，代码如下所示。

```
1. def classify(inputTree, featLabels, testVec):
2.     firstStr = next(iter(inputTree))    # 获取决策树节点
3.     secondDict = inputTree[firstStr]    # 下一个字典
4.     featIndex = featLabels.index(firstStr)
5.     for key in secondDict.keys( ):
6.         if testVec[featIndex] == key:
7.             if type(secondDict[key]).__name__ == 'dict':
8.                 classLabel = classify(secondDict[key], featLabels, testVec)
9.             else:
10.                classLabel = secondDict[key]
11.    return classLabel
12.
13.
14.if __name__ == '__main__':
15.    dataSet, labels = createDataSet( )
16.    featLabels = []
17.    myTree = createTree(dataSet, labels, featLabels)
18.    testVec = [0, 1]  # 测试数据
19.    result = classify(myTree, featLabels, testVec)
20.    if result == 'yes':
21.        print(' 放贷 ')
22.    if result == 'no':
23.        print(' 不放贷 ')
```

巩固·练习

使用前述案例所介绍的可视化方式，将本案例的决策树进行可视化处理。

小 贴 士

拓展的案例与本案例极为相似，实现时应注意以下几点。

（1）本巩固练习将会使用到的库是Matplotlib库。

（2）可视化需要用到的函数如下。

① getNumLeafs：获取决策树叶子节点的数目。

② getTreeDepth：获取决策树的层数。

③ plotNode：绘制节点。

④ plotMidText：标注有向边属性值。

⑤ plotTree：绘制决策树。

⑥ createPlot：创建绘制面板。

实战技能 88 基于SVM的股票预测

实战·说明

股票市场瞬息万变，风险很高，对股票指数的预测可以帮我们从整体上把握股市的变动并提供有效的信息。本实战技能基于支持向量机的优良性能，实现股市指数的预测。

技能·详解

1.技术要点

本实战技能主要利用机器学习的方法，实现对于股票走势的预测，本实战技能的技术难点在于支持向量机。要实现本案例，需要掌握以下几个知识点。

1）支持向量机

支持向量机（support vector machine，SVM）是一种监督式机器学习的算法，主要用于分类（classification）和回归（regression）类型的问题。SVM是将原始数据特征转换到另一个高度，并构建一个或者多个超平面，使不同类别的数据尽可能地分开。股票预测问题更多是非线性回归的问题，即训练数据集合是线性不可分割的，不能将所有数据都正确地分开。在这种情况下，SVM的目的是尽可能地找到误差最小，且间隔最大化的超平面。超平面与支持向量的关系如图5-58所示。

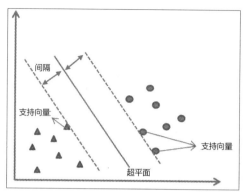

图5-58　超平面与支持向量

2）获得股票信息

可以通过Python的pandas_datareader包来远程获取金融数据，以及Yahoo! Finance（雅虎金融）、Google Finance（谷歌金融）、World Bank（世界银行）等公司和机构的数据，其安装方法是在cmd下使用pip。根据雅虎金融获得2019年1月1号到2号的股票数据，代码如下所示。

```
1. import pandas_datareader as pdr
2. print(pdr.get_data_yahoo('AAPL', '2019-1-1', '2019-1-2'))
```

结果如图5-59所示。因为1号没有股票交易，所以会往前查询一天。从输出结果可以看到返回的信息有当天交易的最高价格（High）、最低价格（Low）、开盘价格（Open）、收盘价格（Close）、交易量（Volume）和调整收盘价格（Adj Close）。

```
                   High        Low       Open      Close     Volume  \
Date
2018-12-31  159.360001  156.479996  158.529999  157.740005  35003500
2019-01-02  158.850006  154.229996  154.889999  157.919998  37039700

             Adj Close
Date
2018-12-31  157.066376
2019-01-02  157.245605
```

图5-59　使用 pandas_datareader获取AAPL股票的信息

3）支持向量机回归（SVR）

通过sklearn模块引入SVM，再使用SVM中的SVR来做回归预测，代码如下所示。

```
1. from sklearn import svm
2. x = [[0, 0], [2, 2]]
3. y = [0.5, 2.5]
4. clf = svm.SVR( )
5. clf.fit(x, y)
6. print(clf.predict([[1, 1]]))
7. # 输出结果为：[1.5]
```

需要配置的参数如下。

（1）C：float参数，默认值为1.0。

C越大，对分错样本的惩罚程度越大，训练样本中准确率越高，泛化能力越弱，也就是对测试数据的分类准确率降低。相反，减小C的话，容许训练样本中有一些错误样本，泛化能力越强。对于训练样本带有噪声的情况，一般采用后者，把训练样本集中错误分类的样本作为噪声。

（2）kernel：str参数，默认为'rbf'。算法中采用核函数类型，可选参数如下。

① 'linear'：线性核函数。

② 'poly'：多项式核函数。

③ 'rbf'：径像核函数（高斯核函数）。

④ 'sigmod'：核函数。

⑤ 'precomputed'：核矩阵。

除了上面限定的核函数外，还可以给出自定义的核函数，其实内部就是用自定义的核函数来计算核矩阵。

（3）gamma：属于float参数，默认为auto。

核函数系数只对'rbf' 'poly' 'sigmod'有效。

如果gamma为auto，其值则为样本特征数的倒数，即1/n_features。在本案例中，C和gamma是通过Python的超参数网格搜索方式确定的，使用sklearn的GridSearchCV模块，系统地遍历多种参数组合，通过交叉验证确定最佳效果参数。

2.主体设计

SVM预测股票涨跌的流程如图5-60所示，实现步骤如下。

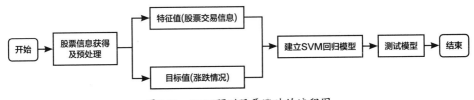

图5-60　SVM预测股票涨跌的流程图

Step1：获得指定时间段内的股票信息。

Step2：对股票信息进行处理，利用开盘价格和收盘价格得到当日的涨跌情况，并把涨记为"1"，跌记为"0"。

Step3：以涨跌情况作为目标值，股票交易信息（最高价格、最低价格、开盘价格、收盘价格、交易量和调整收盘价格）作为特征值，建立SVM回归模型。以700个交易日作为训练数据，预测下一个交易日的涨跌。

Step4：对模型进行测试，验证其准确率。

3.编程实现

本实战技能使用PyCharm工具进行编写，建立相关的源文件【案例88：基于SVM的股票预测.py】，具体步骤及代码如下所示。

Step1：建立"基于SVM的股票预测.py文件"，引入所需要的Python模块，定义选择的时间段、训练样本的个数和选择的股票，代码如下所示。

```
1. from sklearn import svm
2. import pandas as pd
3. from pandas import DataFrame
4. import matplotlib.pyplot as plt
5. import pandas_datareader.data as pdr
6. from sklearn.model_selection import GridSearchCV
7. startday = '2016-1-7' # 选择开始日期
8. endday = '2019-1-7' # 选择结束日期
9. train = 700 # 多少数据用于训练
10.tickers = ['AAPL', 'IBM', 'MSFT', 'GOOGL']  # 选择股票：苹果、IBM、微软、谷歌
```

Step2：建立数据处理的data_processing( )方法，代码如下所示。

```
1. def data_processing (r, train, startday, endday):
2.     StockDate = DataFrame(pdr.get_data_yahoo(r, startday, endday))
3.     StockDate = DataFrame.sort_index(StockDate) # 排序
4.     L = len(StockDate)
5.     # 使用开盘价格减去收盘价格，得到涨跌情况。
6.     value = pd.Series(Data['Open'].shift(-1) - Data['Close'].shift(-1),
7.             index=Data.index)
8.     # DataFrame 需要使用 drop( ) 方法，而且采用标签的形式删除，
9.     # 并不采用简单传统意义上的数值索引。删除最后一项数据，
10.    # 使 Data 与 value 的值相对应，value 最后一项的值为 Nan
11.    Data.drop(Data.index[-1], inplace=True)
12.    value.drop(value.index[-1], inplace=True)
13.    value[value >= 0] = 0 # 0 意味着跌
14.    value[value < 0] = 1  # 1 意味着涨
15.    predict_stock(r, train, L, Data, value)  # 调用预测的方法
```

AAPL预测结果如图5-61所示，其中Volume表示预测的涨跌情况。

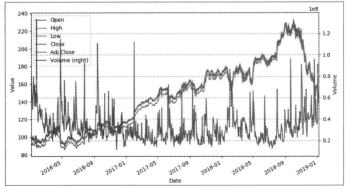

图5-61　AAPL预测结果

Step3：定义predict_stock( )方法，建立模型，进行预测和结果准确性的判断，代码如下所示。

```
1. def  predict_stock(r, train, L, Data, value):
2.     total_predict_data = L - train # 确定所需预测的数据个数
3.     correct = 0
4.     train_original = train
5.     while train < L - 1:
6.         Data_train = Data[train-train_original:train]
7.         value_train = value[train-train_original:train]
8.         Data_predict = Data[train:train+1]
9.         value_real = value[train:train+1]
10.        param_grid = {'C': [1e3, 5e3, 1e4, 5e4, 1e5],
11.                      'gamma': [0.0001, 0.0005, 0.001, 0.005, 0.01, 0.1], }
12.                                                       # 设置网格搜索范围
13.        classifier = GridSearchCV(svm.SVR(kernel='rbf'), param_grid)
14.                                                    # 采用了高斯核函数
15.        classifier.fit(Data_train, value_train)
16.        value_predict = classifier.predict(Data_predict)
17.        if (value_real[0] == int(value_predict)): # 与实际情况比较，计算准确率
18.            correct = correct + 1
19.        train = train + 1
20.    correct = correct / total_predict_data * 100
21.    print(" 股票 " + r + " 预测正确率 = ", correct, "%")
```

Step4：运行代码。

```
1. for l in tickers :
2.     data_processing(l, train, startday, endday)
```

运行代码的结果如图5-62所示。

根据最终的结果，发现模型是有效的。

图5-62　SVM预测股票最终结果

巩固·练习

（1）向模型中添加一些新的特征。

（2）结合股票投资的经济学知识，优化已有的特征。

小 贴 士

采用爬虫获得近期的新闻，判断行业现状和经济形势。

本案例只是采用历史数据，简单介绍了SVM中回归算法的应用，如果有更多的想法可以进一步去扩展。

实战技能 **89** 学生成绩预测

实战·说明

本实战技能将使用SVM预测学生的成绩。

学生的成绩可能与父母的学历和家庭的经济情况等多种因素相关。本案例采用了1000个学生的个人成绩和信息，训练SVM的分类模型，其个人信息数据类型如图5-63所示。可以看到，其中包含了学生性别、种族、父母的学历、午餐的情况和考试前的准备情况。考试的成绩包括数学、阅读、写作。本实战技能试图通过学生的个人信息，对其取得的成绩进行预测。

gender	race/ethnicity	parental level of education	lunch	test preparation course
male	group A	bachelor's degree	standard	none
female	group B	some college	free/reduced	completed
	group C	master's degree		
	group D	associate's degree		
	group E	some high school		
		high school		

图5-63　个人信息数据类型

技能·详解

1.技术要点

本实战技能主要利用SVM，实现对学生成绩的预测，其技术关键在于训练数据。要实现本案例，需要掌握以下几个知识点。

1）SVM分类模型

SVM本身是一个二值分类器，SVM算法最初是为二值分类问题设计的，当处理多类问题时，就需要构造合适的多类分类器，在此介绍sklearn中常用的两种多类分类器。

（1）一对多法（one-versus-rest，OVR）。

训练时，把某个类别的样本归为一类，其他剩余的样本归为另一类，这样k个类别的样本就构造出了k个SVM分类器。分类时，将未知样本分类为具有最大分类函数值的那类。这种方法只需要训练k个两类分类支持向量机，所得到的分类函数的个数（k个）较少，其分类速度相对较快。

（2）一对一法（one-versus-one，OVO）。

该方法是在任意两类样本之间设计一个SVM分类器，因此k个类别的样本就需要设计k(k-1)/2个SVM分类器，当对一个未知样本进行分类时，最后得票最多的类别即为该未知样本的类别。决策阶段采用投票法，可能存在多个类的票数相同的情况，从而使未知样本同时属于多个类别，影响分类精度。

这两种方法的测试代码如下，通过代码可以明确看出两种方法的分类器数量。其中，SVM的
参数解释可以参考上一案例。

```
1. from sklearn import svm
2. X = [[0], [1], [2], [3]]
3. Y = [0, 1, 2, 3]
4. clf = svm.SVC(gamma='auto', decision_function_shape='ovo') # 选择一对一法
5. clf.fit(X, Y)
6. dec = clf.decision_function([[1]])
7. print(dec.shape[1])   # 分类器数量为 6
8. clf.decision_function_shape = "ovr"   # 选择一对多法
9. dec = clf.decision_function([[1]])
10.print(dec.shape[1])   # 分类器数量为 4
```

2.主体设计

学生成绩预测的流程如图5-64所示。

图5-64　学生成绩预测流程图

学生成绩预测流程具体通过以下4个步骤实现。

Step1：编写格式转换方法。

Step2：个人信息向量化，使用数值表示不同类别。

Step3：对学生的成绩划分阶段，本案例将成绩划分为5段，即0~20分、21~40分、41~60分、
61~80分、81~100分。

Step4：对模型进行测试，验证其准确率。

3.编程实现

本实战技能使用PyCharm工具进行编写，建立相关的源文件【案例89：学生成绩预测.py】，
在界面输入代码。参考下面的详细步骤，编写具体代码，具体步骤及代码如下所示。

Step1：建立文件，引入所需要的Python模块，代码如下所示。

```
1. from sklearn import svm
2. import csv
3. import xlwt
4. r = "C:\\Users\\Adiministrator\\Desktop\\ 数据集 \\ 案例89：学生成绩预测 .csv"
5.                                                  # r 表示 csv 的存放路径
6. with open(r, 'r', encoding='utf-8') as f: # 把 csv 文件转换为 .xls 文件
7.     read = csv.reader(f)
8.     workbook = xlwt.Workbook( )
9.     sheet = workbook.add_sheet('data')   # 创建一个 sheet 表格
10.    l = 0
11.    for line in read:
```

```
12.        j = 0
13.        for i in line:
14.            sheet.write(l, j, i)    # 写入单元格数据
15.            j = j + 1
16.        l = l + 1
17.workbook.save("….\\XXX.xls")    # 保存
```

Step2：编写readxls( )函数，代码如下所示。

```
1. def readxls( ):
2.     workbook = xlrd.open_workbook("….\\XXX.xls")
3.     sheet = workbook.sheet_by_index(0)    # 读取 .xls 文件
4.     nrow = sheet.nrows
5.     ncol = sheet.ncols
6.     T = []
7.     ALL = []
8.     for i in range(ncol - 3):    # 提取出分类个数
9.         row = sheet.col_values(i, 1, nrow)
10.        l = list(set(row))  # 使用 set() 方法获得各特征的所有类别
11.        T.append(l)
12.        print(l)
13.    for i in range(len(T)):    # 根据各类别的索引进行量化
14.        M = sheet.col_values(i, 1, nrow)
15.        for n, element in enumerate(M):
16.            for j in range (len(T[i])):
17.                if element == T[i][j] :
18.                    M[n] = j
19.                    Break
20.        ALL.append(M)     # 将量化后的特征添加到 ALL 中
21.        print(M)
22.    for i in range(3):    # 对成绩进行标记，贴上标签
23.        scores = sheet.col_values(5 + i, 1, nrow)
24.        for n, score in enumerate(scores):
25.            if 100 >= int(score) >= 81:
26.                scores[n] = 'A'
27.            If 80 >= int(score) >= 61:
28.                scores[n] = 'B'
29.            if 60 >= int(score) >= 41:
30.                scores[n] = 'C'
31.            if 40 >= int(score) >= 21:
32.                scores[n] = 'D'
33.            if 20 >= int(score) >= 0:
34.                scores[n] = 'D'
35.        ALL.append(scores)    # 将贴上标签的成绩添加到 ALL 中
36.        print(scores)
37.    return ALL    # 返回 ALL
```

图5-65为代码运行结果之一，表示各个特征。

['male', 'female']
['group C' , 'group D' , 'group E' , 'group B' , 'group A']
['some high school','some college' , " bachelor's degree", 'high school',
'associate's degree' , "master's degree"]
['standard', 'free/reduced']
['completed', none']

图5-65　个人信息提取的特征类别

经过处理的学生数据如图5-66所示，前5行特征分别为学生的性别、种族、父母的学历、午餐的情况和考试前的准备情况，后3行分别是学生的数学、阅读、写作考试成绩标签。

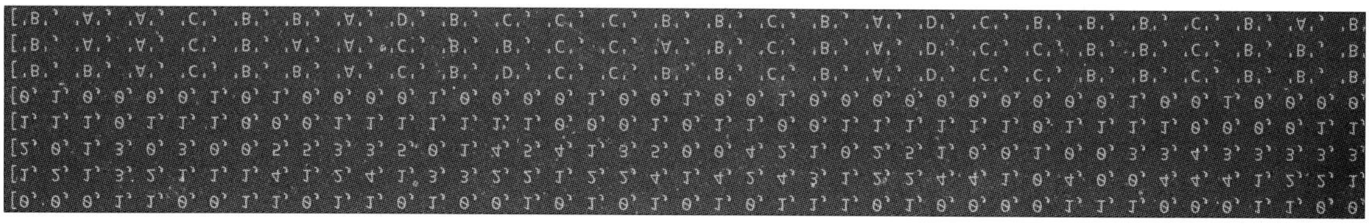

图5-66　经过处理的学生数据

Step3：根据已处理的数据建立模型并测试。

```
1.  data = readxls( )
2.  data = np.array(data) # 转化为矩阵格式
3.  data = data.T # 求矩阵的转置
4.  L = len(StockDate)
5.  x, y = np.split(data, (5,), axis=1)
6.  y = np.array(y)
7.  for n in range (3):  # 针对不同的学科建立模型，分别预测
8.      y1 = y[:, n]
9.      x_train, x_test, y_train, y_test = sklearn.model_selection.train_test_
10.         split(x, y1, train_size=0.8) # 设置训练集大小
11.     clf = svm.SVC(C=1, kernel='rbf', gamma=20, decision_function_shape='ovr')
12.                                                 # 采用一对多的分类方式
13.     clf.fit(x_train, y_train.ravel( ))  # 把多维的数组降为1维
14.     y_hat = clf.predict(x_train)
15.     print("学科 " + str(n + 1) + ' 训练集 ACC:%.4f' % accuracy_score(y_hat, y_train,
16.         ' 训练集 '), end="    ") # 模型对训练集的准确度，end 参数确定输出的最后一位
17.     y_hat = clf.predict(x_test)
18.     print("学科 " + str(n + 1) + ' 训练集 ACC:%.4f' % accuracy_score(y_hat, y_test,
19.         ' 测试集 '), end="\n") # 模型的准确度
```

运行代码的结果如图5-67所示，其中小数表示准确率。

学科1训练集ACC:0.6088　学科1测试集ACC:0.4950
学科2训练集ACC:0.6238　学科2测试集ACC:0.4700
学科3训练集ACC:0.6388　学科3测试集ACC:0.4600

图5-67　学生成绩预测结果

根据最终的结果，发现模型是有效的。

巩固·练习

请尝试使用SVM进行文本分类。

小贴士

SVM不需要太多的训练数据就可以得到不错的结果。由于SVM引入了核函数，对于高维的样本，也能轻松应对。

当面对线性不可分的情况时，SVM通过松弛变量（惩罚变量）和核函数技术来处理，也具有良好的准确性。此外，由于少数支持向量决定了最终结果，有利于抓住关键样本剔除大量冗余样本，使分析结果具有较好的鲁棒性。

目前，SVM在各领域的模式识别问题中有广泛应用，包括人像识别、文本分类、笔迹识别、生物信息学等。当前研究的热点方向主要是对支持向量机中算法的优化，包括解决二次规划求解问题等，同时对SVM做了改进，如正则项支持向量机（RTSVM）、孪生支持向量机（T-WSVM）等。

实战技能 90 检测未爆炸的水雷

实战·说明

本实战技能将实现检测未爆炸的水雷，要求用户使用惩罚线性回归方法对数据进行处理，部分数据集示例如图5-68所示。此数据集的测量值代表声纳接收器在不同地点接收到的返回信号，其中大约有一半返回的声纳信号反映的是岩石的形状，而另一半是金属圆筒的形状（水雷）。该数据集包含从岩石和形状类似金属圆筒的水雷返回的数字信号，目标是构建一个预测系统，该系统可以对数字信号进行处理，以便正确识别对象是岩石还是水雷。数据集包含208次实验结果，其中111次实验对应的结果是水雷,97次实验对应的结果是岩石。从图中可以看出，每一段表示一个样本数据，其中最后一个字母表示该样本对应的是水雷还是岩石，R表示岩石，M表示水雷，前面所有的数据都是特征数值，本案例使用惩罚线性回归方法，实现检测未爆炸的水雷。

```
0.0181,0.0146,0.0026,0.0141,0.0421,0.0473,0.0361,0.0741,0.1398,0.1045,0.090
4,0.0671,0.0997,0.1056,0.0346,0.1231,0.1626,0.3652,0.3262,0.2995,0.2109,0.2
104,0.2085,0.2282,0.0747,0.1969,0.4086,0.6385,0.7970,0.7508,0.5517,0.2214,0
.4672,0.4479,0.2297,0.3235,0.4480,0.5581,0.6520,0.5354,0.2478,0.2268,0.1788
,0.0898,0.0536,0.0374,0.0990,0.0956,0.0317,0.0142,0.0076,0.0223,0.0255,0.01
45,0.0233,0.0041,0.0018,0.0048,0.0089,0.0085,R
0.0491,0.0279,0.0592,0.1270,0.1772,0.1908,0.2217,0.0768,0.1246,0.2028,0.094
7,0.2497,0.2209,0.3195,0.3340,0.3323,0.2780,0.2975,0.2948,0.1729,0.3264,0.3
834,0.3523,0.5410,0.5228,0.4475,0.5340,0.5323,0.3907,0.3456,0.4091,0.4639,0
.5580,0.5727,0.6355,0.7563,0.6903,0.6176,0.5379,0.5622,0.6508,0.4797,0.3736
,0.2804,0.1982,0.2438,0.1789,0.1706,0.0762,0.0238,0.0268,0.0081,0.0129,0.01
61,0.0063,0.0119,0.0194,0.0140,0.0332,0.0439,M
```

图5-68 部分数据集示例图

技能·详解

1.技术要点

本实战技能主要利用惩罚线性回归方法，实现检测未爆炸的水雷，其技术关键在于数据处理和训练模型。要实现本案例，需要掌握以下几个知识点。

1）惩罚线性回归方法

惩罚线性回归方法是由普通最小二乘法（ordinary least squares，OLS）衍生出来的，而普通最小二乘法是由高斯和阿德里安·马里·勒让德提出的。惩罚线性回归方法在设计之初的想法就是克服最小二乘法的根本缺陷。最小二乘法的一个根本问题就是有时会过拟合。

惩罚线性回归有以下优点。

（1）模型训练足够快速。

（2）部署时的预测足够快速。

（3）性能可靠。

（4）问题通过线性模型来解决。

2）拟合

线性回归可以理解为拟合，一般采用普通最小二乘法，而最小二乘法就是寻找某一参数，一般采用均方差MSE：

$$\beta_0^*,\beta^* = \arg\min\left\|\frac{1}{n}\sum_{i=1}^{n}\left(y_i-(x_i*\boldsymbol{\beta}+\beta_0)\right)^2\right\|$$ （公式5-19）

此处选择用欧氏距离L2（也有曼哈德距离L1）的平方和结果表示。

应用于系数的惩罚项（基于欧氏距离L2的岭惩罚）：

$$\frac{\lambda\boldsymbol{\beta}^T\boldsymbol{\beta}}{2}=\frac{\lambda\left(\beta_1^2+\beta_2^2+\beta_3^2+\cdots+\beta_n^2\right)}{2}$$ （公式5-20）

应用于系数的惩罚项（基于曼哈德距离L1的套索惩罚）：

$$\lambda\|\boldsymbol{\beta}\|=\lambda\left(|\beta_1|+|\beta_2|+\cdots+|\beta_n|\right)$$ （公式5-21）

岭回归作为惩罚线性回归的一种，其特点在于修改OLS的目标为：

$$\beta_0^*, \beta^* = \arg\min \left\| \frac{1}{m}\sum_{i=1}^{n}\left(y_i - (x_i * \boldsymbol{\beta} + \beta_0)\right)^2 + \alpha\boldsymbol{\beta}^{\mathrm{T}}\boldsymbol{\beta} \right\|$$ （公式5-22）

岭回归的代价函数：

$$J(\boldsymbol{\theta}) = MSE(\boldsymbol{\theta}) + \frac{1}{2}\alpha\sum_{i=1}^{n}\theta_i^2$$ （公式5-23）

封闭解为：

$$\hat{\boldsymbol{\theta}} = \left(\boldsymbol{X}^{\mathrm{T}}\boldsymbol{X} + \alpha A\right)^{-1}\boldsymbol{X}^{\mathrm{T}}y$$ （公式5-24）

通过设置不同大小的alpha，获得最终的预测结果和ROC曲线。通过比较ROC曲线下的面积（AUC）获得optimal alpha。AUC越大越好，另外一般就取alpha=1。

2.主体设计

惩罚线性回归检测实现流程如图5-69所示，实现步骤如下。

图5-69　惩罚线性回归检测实现流程图

Step1：读取数据，将二分类问题转换为回归问题。

Step2：构建一个包含实数标签的向量，将其中一个类别的输出设为0，另一个类别的输出设为1。

Step3：执行交叉验证。

Step4：使用回归版本的惩罚线性回归方法，获得模型在样本外数据上的性能估计，并找到最佳的惩罚项参数。

Step5：在训练数据上完成训练。

3.编程实现

本实战技能使用PyCharm工具进行编写，建立相关的源文件【案例90：检测未爆炸的水雷.py】，在界面输入代码。参考下面的详细步骤，编写具体代码，具体步骤及代码如下所示。

Step1：导入本案例需要使用的库和相关函数，代码如下所示。

```
1. # 惩罚线性回归水雷 vs 石头
2. import urllib.request
3. from math import sqrt, fabs, exp
4. import matplotlib.pyplot as plot
5. from sklearn.linear_model import enet_path
6. from sklearn.metrics import roc_auc_score, roc_curve
7. import numpy
8.
```

Step2：读取数据集，代码如下所示。

```
1. target_url = "https://archive.ics.uci.edu/ml/machine-learning-databases/
```

```
2.                    undocumented/connectionist-bench/sonar/sonar.all-data"
3. data = urllib.request.urlopen(target_url)
4.
```

Step3：将数据排列到标签列表和属性列表中，代码如下所示。

```
1. xList = []
2.
3. for line in data:
4.     # split on comma
5.     line1 = str(line, encoding="utf-8")
6.     row = line1.strip( ).split(", ") # 分隔每一行的逗号
7.     xList.append(row)
8.     # print(row)
9.
```

Step4：从属性中分离标签，将属性从字符串转换为数字，并将M转换为1，将R转换为0，代码如下所示。

```
1.
2. xNum = []
3. labels = []
4.
5. for row in xList:
6.     lastCol = row.pop( ) # 移除最后一个标签并返回该值
7.     if lastCol == "M":
8.         labels.append(1.0)
9.     else:
10.         labels.append(0.0)
11.    attrRow = [float(elt) for elt in row] # 将每列的数字转化为浮点值
12.    xNum.append(attrRow) # 将数字添加进矩阵
13.# 矩阵中的行数和列数
14.nrow = len(xNum) # 208
15.ncol = len(xNum[0]) # 60
16.
17.alpha = 1.0
18.
```

Step5：计算平均值和方差，代码如下所示。

```
1. xMeans = []
2. xSD = []
3. for i in range(ncol):
4.     col = [xNum[j][i] for j in range(nrow)]
5.     mean = sum(col) / nrow # 求平均值
6.     xMeans.append(mean)
7.     colDiff = [(xNum[j][i] - mean) for j in range(nrow)]
8.     sumSq = sum([colDiff[i] * colDiff[i] for i in range(nrow)])
```

```
9.    stdDev = sqrt(sumSq / nrow)        # 求方差
10.   xSD.append(stdDev)
```

Step6：使用计算均值和标准差来标准化xNum，代码如下所示。

```
1. xNormalized = []
2. for i in range(nrow):
3.     rowNormalized = [(xNum[i][j] - xMeans[j]) / xSD[j] for j in range(ncol)]
4.     xNormalized.append(rowNormalized)
```

Step7：将标签值进行标准化，代码如下所示。

```
1. meanLabel = sum(labels) / nrow
2. sdLabel = sqrt(sum([(labels[i] - meanLabel) * (labels[i] - meanLabel) for i in
3.              range(nrow)]) / nrow)
4.
5. labelNormalized = [(labels[i] - meanLabel) / sdLabel for i in range(nrow)]
6.
```

Step8：将规范化属性转换为numpy数组，代码如下所示。

```
1. Y = numpy.array(labelNormalized)
2.
3. # 将规范化属性转换为 numpy 数组
4. X = numpy.array(xNormalized)
5.
6. alphas, coefs, _ = enet_path(X, Y, l1_ratio=0.8, fit_intercept=False,
7.                          return_models=False)
8. plot.plot(alphas, coefs.T)
9. plot.xlabel('alpha')
10.plot.ylabel('Coefficients')
11.plot.axis('tight')
12.plot.semilogx( )
13.ax = plot.gca( )
14.ax.invert_xaxis( )
15.plot.show( )
16.
17.nattr, nalpha = coefs.shape
18.
```

Step9：把找到的系数排序，代码如下所示。

```
1. nzList = []
2. for iAlpha in range(1, nalpha):
3.     coefList = list(coefs[: , iAlpha])
4.     nzCoef = [index for index in range(nattr) if coefList[index] != 0.0]
5.     for q in nzCoef:
6.         if not(q in nzList):
7.             nzList.append(q)
8.
```

```
9. # 组成名称
10.names = ['V' + str(i) for i in range(ncol)]
11.nameList = [names[nzList[i]] for i in range(len(nzList))]
12.print(" 早期程序排序的属性 ")
13.print(nameList)
14.print('')
```

Step10：找到对应最佳α值的系数。对应归一化X和归一化Y的α值是0.020334883589342503，代码如下所示。

```
1.
2.
3. alphaStar = 0.020334883589342503
4. indexLTalphaStar = [index for index in range(100) if alphas[index] > alphaStar]
5. indexStar = max(indexLTalphaStar)
6.
7. # 这是要部署的系数集
8. coefStar = list(coefs[:, indexStar])
9. print(" 最佳系数值 ")
10.print(coefStar)
11.print('')
12.
13.
```

Step11：标准化属性的系数给出了另一个略微不同的排序，代码如下所示。

```
1. absCoef = [abs(a) for a in coefStar]
2.
3. # 按大小排序
4. coefSorted = sorted(absCoef, reverse=True)
5.
6. idxCoefSize = [absCoef.index(a) for a in coefSorted if not(a == 0.0)]
7.
8. namesList2 = [names[idxCoefSize[i]] for i in range(len(idxCoefSize))]
9.
10.print(" 在最佳 alpha 处以系数尺寸排序的属性 ")
11.print(namesList2)
```

输出结果如图5-70所示。"V+数字"表示每个属性的系数（权重）的排序（由大到小），最佳的系数值是使用该预测方法得到的每个属性的系数（权重）。

惩罚项的系数alpha和预测各个属性系数之间的关系如图5-71所示，该图还表明了模型的复杂程度。

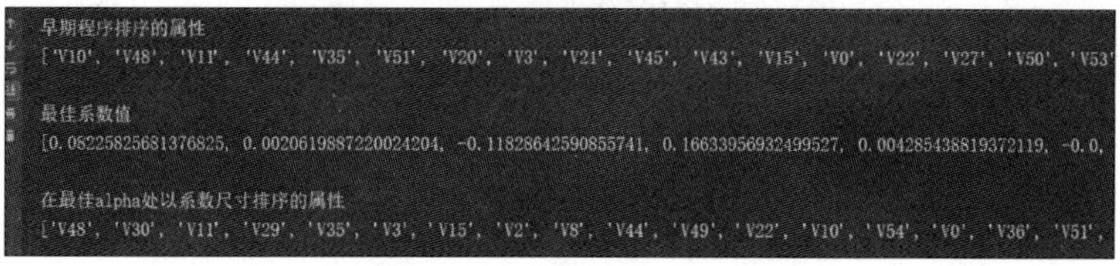

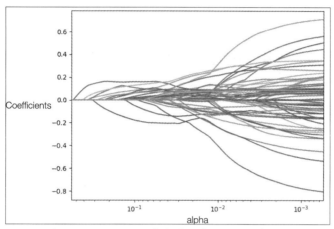

```
早期程序排序的属性
['V10', 'V48', 'V11', 'V44', 'V35', 'V51', 'V20', 'V3', 'V21', 'V45', 'V43', 'V15', 'V0', 'V22', 'V27', 'V50', 'V53']

最佳系数值
[0.082258256813776825, 0.0020619887220024204, -0.11828642590855741, 0.16633956932499527, 0.0042854388193372119, -0.0,

在最佳alpha处以系数尺寸排序的属性
['V48', 'V30', 'V11', 'V29', 'V35', 'V3', 'V15', 'V2', 'V8', 'V44', 'V49', 'V22', 'V10', 'V54', 'V0', 'V36', 'V51',
```

图5-70　惩罚线性回归输出结果

图5-71　alpha和预测各个属性系数之间的关系图

巩固·练习

使用random模块，随机生成数据，然后再使用惩罚线性回归，得到回归方程。

小贴士

使用惩罚线性回归得到回归方程的具体步骤，参考如下。

Step1：使用random模块随机生成数据，得到待训练的数据。

Step2：随机初始化模型的权重。

Step3：传入数据，得到预测值。

Step4：根据目标函数来比较预测值与实际值之间的差距，确定损失函数。

Step5：计算损失函数的梯度。

Step6：根据后向传播来更新权重。

Step7：重复Step3~Step6，得到比较好的模型训练效果。

实战技能 91 分类犯罪现场的玻璃样本

实战·说明

本实战技能将实现分类犯罪现场的玻璃样本，要求用户使用惩罚线性回归来解决问题，分类犯罪现场的玻璃样本部分数据集如图5-72所示。玻璃样本包含9个物理和化学指标，以及6种类型玻璃，共214个样本，使用物理和化学指标来确定给定样本属于6种类型中的哪一种。数据集中，前9列为指标，最后为类型。

```
1.51905,13.60,3.62,1.11,72.64,0.14,8.76,0.00,0.00,1
1.51977,13.81,3.58,1.32,71.72,0.12,8.67,0.69,0.00,1
1.52172,13.51,3.86,0.88,71.79,0.23,9.54,0.00,0.11,1
1.52227,14.17,3.81,0.78,71.35,0.00,9.69,0.00,0.00,1
1.52172,13.48,3.74,0.90,72.01,0.18,9.61,0.00,0.07,1
1.52099,13.69,3.59,1.12,71.96,0.09,9.40,0.00,0.00,1
1.52152,13.05,3.65,0.87,72.22,0.19,9.85,0.00,0.17,1
1.52152,13.05,3.65,0.87,72.32,0.19,9.85,0.00,0.17,1
1.52152,13.12,3.58,0.90,72.20,0.23,9.82,0.00,0.16,1
1.52300,13.31,3.58,0.82,71.99,0.12,10.17,0.00,0.03,1
1.51574,14.86,3.67,1.74,71.87,0.16,7.36,0.00,0.12,2
1.51848,13.64,3.87,1.27,71.96,0.54,8.32,0.00,0.32,2
1.51593,13.09,3.59,1.52,73.10,0.67,7.83,0.00,0.00,2
1.51631,13.34,3.57,1.57,72.87,0.61,7.89,0.00,0.00,2
1.51596,13.02,3.56,1.54,73.11,0.72,7.90,0.00,0.00,2
1.51590,13.02,3.58,1.51,73.12,0.69,7.96,0.00,0.00,2
1.51645,13.44,3.61,1.54,72.39,0.66,8.03,0.00,0.00,2
1.51627,13.00,3.58,1.54,72.83,0.61,8.04,0.00,0.00,2
1.51613,13.92,3.52,1.25,72.88,0.37,7.94,0.00,0.14,2
1.51590,12.82,3.52,1.90,72.86,0.69,7.97,0.00,0.00,2
1.51592,12.86,3.52,2.12,72.66,0.69,7.97,0.00,0.00,2
1.51593,13.25,3.45,1.43,73.17,0.61,7.86,0.00,0.00,2
1.51646,13.41,3.55,1.25,72.81,0.68,8.10,0.00,0.00,2
1.51594,13.09,3.52,1.55,72.87,0.68,8.05,0.00,0.09,2
```

图5-72　分类犯罪现场的玻璃样本部分数据集

技能·详解

1.技术要点

本实战技能主要利用惩罚线性回归算法，实现分类犯罪现场的玻璃样本。本实战技能使用到的惩罚线性回归算法在实战技能90中有详细介绍，在此不再赘述，读者如有疑问，请参考实战技能90。

2.主体设计

分类犯罪现场的玻璃样本流程如图5-73所示。

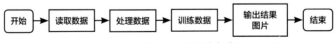

图5-73　分类犯罪现场的玻璃样本实现流程图

分类犯罪现场的玻璃样本具体通过以下5个步骤实现。

Step1：读取数据。

Step2：对数据进行处理，将属性与标签分离开。

Step3：交叉验证折叠的数量，将数据切分为训练集和测试集。

Step4：建立数学模型，通过训练集数据对建立的数学模型进行训练，并且使用测试数据集的模型进行测试。

Step5：输出结果图片。

3.编程实现

本实战技能使用PyCharm工具进行编写，建立相关的源文件【案例91：分类犯罪现场的玻璃样本.py】，在界面输入代码。参考下面的详细步骤，编写具体代码，具体步骤及代码如下所示。

Step1：导入需要使用的库和函数，代码如下所示。

```
1. import urllib.request
2. from math import sqrt, fabs, exp
3. import matplotlib.pyplot as plot
4. from sklearn.linear_model import enet_path
5. from sklearn.metrics import roc_auc_score, roc_curve
6. import numpy
7. import matplotlib
8. matplotlib.rcParams['font.sans-serif'] = ['SimHei']
```

Step2：加载数据集，代码如下所示。

```
1. target_url = "https://archive.ics.uci.edu/ml/machine-learning-databases/glass/
2.               glass.data"
3. data = urllib.request.urlopen(target_url)
4.
```

Step3：排列数据到标签列表和属性列表，代码如下所示。

```
1. xList = []
2. for line in data:
3. # split on comma
4.     line1 = str(line, encoding="utf-8")
5.     row = line1.strip().split(", ")
6.     xList.append(row)
7. names = ['RI', 'Na', 'Mg', 'Al', 'Si', 'K', 'Ca', 'Ba', 'Fe', 'Type']
8. # 分离属性和标签
9. xNum = []
10.labels = []
11.
12.for row in xList:
13.    labels.append(row.pop())
14.    l = len(row)
15.    # eliminate ID
16.    attrRow = [float(row[i]) for i in range(1, l)]
17.    xNum.append(attrRow)
18.# 矩阵中的行数和列数
19.nrow = len(xNum)
20.ncol = len(xNum[1])
21.# 创建一个向量
```

Step4：获得不同的玻璃类型并为每个类型分配索引，代码如下所示。

```
1. yOneVAll = []
```

```
2. labelSet = set(labels)
3. labelList = list(labelSet)
4. labelList.sort()
5. nlabels = len(labelList)
6. for i in range(nrow):
7.      yRow = [0.0] * nlabels
8.      index = labelList.index(labels[i])
9.      yRow[index] = 1.0
10.     yOneVAll.append(yRow)
```

Step5：使用计算均值和标准差来标准化 xNum，代码如下所示。

```
1. xMeans = []
2. xSD = []
3. for i in range(ncol):
4.      col = [xNum[j][i] for j in range(nrow)]
5.      mean = sum(col) / nrow
6.      xMeans.append(mean)
7.      colDiff = [(xNum[j][i] - mean) for j in range(nrow)]
8.      sumSq = sum([colDiff[i] * colDiff[i] for i in range(nrow)])
9.      stdDev = sqrt(sumSq / nrow)
10.     xSD.append(stdDev)
11.xNormalized = []
12.for i in range(nrow):
13.     rowNormalized = [(xNum[i][j] - xMeans[j]) / xSD[j] for j in range(ncol)]
14.     xNormalized.append(rowNormalized)
15.
```

Step6：将标签标准化，代码如下所示。

```
1. yMeans = []
2. ySD = []
3. for i in range(nlabels):
4.      col = [yOneVAll[j][i] for j in range(nrow)]
5.      mean = sum(col) / nrow
6.      yMeans.append(mean)
7.      colDiff = [(yOneVAll[j][i] - mean) for j in range(nrow)]
8.      sumSq = sum([colDiff[i] * colDiff[i] for i in range(nrow)])
9.      stdDev = sqrt(sumSq / nrow)
10.     ySD.append(stdDev)
11.yNormalized = []
12.for i in range(nrow):
13.     rowNormalized = [(yOneVAll[i][j] - yMeans[j]) / ySD[j] for j in range (nlabels)]
14.     yNormalized.append(rowNormalized)
```

Step7：交叉验证折叠的数量，代码如下所示。

```
1. nxval = 10
2. nAlphas = 100
```

```
3. misClass = [0.0] * nAlphas
4. for ixval in range(nxval):
5.       # 定义测试、培训属性和索引集
6.       idxTest = [a for a in range(nrow) if a % nxval == ixval % nxval]
7.       idxTrain = [a for a in range(nrow) if a % nxval != ixval % nxval]
8.       # 定义测试、培训属性和标签集
9.       xTrain = numpy.array([xNormalized[r] for r in idxTrain])
10.      xTest = numpy.array([xNormalized[r] for r in idxTest])
11.      yTrain = [yNormalized[r] for r in idxTrain]
12.      yTest = [yNormalized[r] for r in idxTest]
13.      labelsTest = [labels[r] for r in idxTest]
14.      # 为 Train 中的每一列构建模型
15.      models = []
16.      lenTrain = len(yTrain)
17.      lenTest = nrow - lenTrain
18.for iModel in range(nlabels):
19.      yTemp = numpy.array([yTrain[j][iModel] for j in range(lenTrain)])
20.      models.append(enet_path(xTrain, yTemp, l1_ratio=1.0, fit_intercept=False,
21.                    eps=0.5e-3, n_alphas=nAlphas, return_models=False))
22.for iStep in range(1, nAlphas):
```

Step8：汇总所有模型的预测，找出最大的预测和计算误差，代码如下所示。

```
1.       allPredictions = []
2.       for iModel in range(nlabels):
3.           _, coefs, _ = models[iModel]
4.           predTemp = list(numpy.dot(xTest, coefs[:, iStep]))
```

Step9：对预测进行非标准化。

```
1.           predUnNorm = [(predTemp[j] * ySD[iModel] + yMeans[iModel]) for j in
2.                       range(len(predTemp))]
3.           allPredictions.append(predUnNorm)
4.
5.       predictions = []
6.       for i in range(lenTest):
7.           listOfPredictions = [allPredictions[j][i] for j in range(nlabels)]
8.           idxMax = listOfPredictions.index(max(listOfPredictions))
9.           if labelList[idxMax] != labelsTest[i]:
10.              misClass[iStep] += 1.0
11.
12.misClassPlot = [misClass[i] / nrow for i in range(1, nAlphas)]
13.
14.plot.plot(misClassPlot)
15.
16.plot.xlabel(" 惩罚参数步数 ")
17.plot.ylabel((" 错误分类错误率 "))
18.plot.show( )
```

训练得到的6个模型用于生成6个预测结果。运行代码，然后检测6个预测结果，比较哪个结果有最大值，最终选择输出最大的预测。比较预测值和实际值，对错误进行累加。

代码运行结果如图5-74所示，该图展示了错误分类错误率随惩罚参数步数减少的变化情况。从左边的最简单模型开始，向右推进，错误最小值显著下降，错误分类错误率的最小值大约为35%。

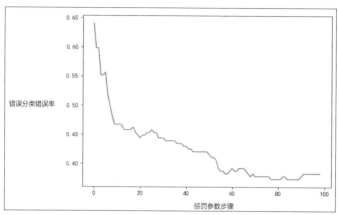

图5-74　分类犯罪现场的玻璃样本的误分类错误率

巩固 · 练习

根据数据集提供的鲍鱼的性别数据、长度数据、直径数据、高度数据、总重量数据、剥壳重量数据、内脏重量数据、壳重数据、环的数量数据，实现对鲍鱼的环数的预测，从而实现预测鲍鱼的年龄。

小 贴 士

鲍鱼年幼的时候分辨不出属性，因此性别有三个属性。

实现对鲍鱼的环数和年龄的预测的具体步骤，参考如下。

Step1：导入需要使用的库和函数。

Step2：加载数据集。

Step3：排列数据到标签列表和属性列表。

Step4：获得不同的鲍鱼类别属性，并且为每个类别分配相应的索引。

Step5：使用计算均值和标准差来标准化。

Step6：归一化属性，将其设定为回归中心。

Step7：交叉验证折叠的种类数量，并且实现对鲍鱼年龄的预测分类。

Step8：汇总预测结果，找出最大的预测和计算误差。

Step9：对预测进行比较。

实战技能 92 从疝气病症预测马的死亡率

实战·说明

本实战技能将预测患有疝气病的马的死亡率，要求用户使用逻辑回归（Logistic Regression）算法。这里使用的数据来自圭尔夫大学，其中包括368个样本（300个训练样本和68个测试样本）和28个特征。疝气病是描述马胃肠病的术语，但是这种病并不一定由马的胃肠问题引发，其他问题也可能引发疝气病。该数据集中包含了医院检测马疝气病的一些指标，有的指标比较客观，如总蛋白含量；有的指标比较主观，如马的疼痛级别。该数据集有30%的缺失值，其中缺失值使用"?"来表示。数据集的下载地址见本书赠送资源。

技能·详解

1.技术要点

本实战技能主要利用逻辑回归算法，实现对马的死亡率的预测，其技术关键在于对回归算法的理解。要实现本案例，需要掌握以下几个知识点。

回归通常与拟合相关，如线性回归，通过已经给出的数据，求一个线性的映射。逻辑回归算法并不是回归算法，而是一种分类算法，可以把它看作是一个线性回归。逻辑回归是常见的模型，训练速度很快。

1）逻辑回归算法原理

在逻辑回归算法中，最核心的概念就是sigmoid( )函数了，其图像如图5-75所示。首先来观察一下它的自变量取值范围及值域，自变量可以是任何实数，但是值域的范围是[0,1]，也就是输入一个任意值，都会映射到[0,1]上，即输入属于某一个类别的概率值，这个概率就在[0,1]上。

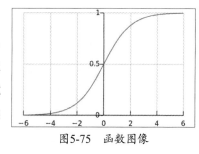

图5-75 函数图像

sigmoid( )函数表达式为：

$$g(z) = \frac{1}{1 + e^{-z}}$$
（公式5-25）

逻辑回归也是在线性回归的基础上发展过来的，线性回归的公式为：

$$z = \theta_1 x_1 + \theta_2 x_2 + \theta_3 x_3 + \cdots + \theta_n x_n = \boldsymbol{\theta}^{\mathrm{T}} x$$
（公式5-26）

根据sigmoid( )函数构建的逻辑回归模型为：

$$h_\theta(x) = g(\boldsymbol{\theta}^{\mathrm{T}} x) = \frac{1}{1 + e^{\theta^{\mathrm{T}} x}}$$
（公式5-27）

在模型的数学形式确定后，剩下的就是求解模型中的参数θ。在已知模型和一定样本的情况下，估计模型的参数通常采用极大似然估计方法，即找到一组参数θ，使在这组参数下，样本数据的似然度（概率）最大。参数θ的求解涉及大量的统计学知识和公式的推导，包括最大似然估计和梯度下降算法，需要了解的读者可以自行搜索。

2）数据处理

当数据丢失时，有以下方法来解决这个问题。

（1）使用可用特征的均值填补缺失值。

（2）使用特殊值来填补缺失值。

（3）忽略有缺失值的样本。

（4）使用相似样本的均值填补缺失值。

（5）使用另外的机器学习算法预测缺失值。

在预处理阶段做两件事。

（1）所有的缺失值必须用一个实数值来替代，因为Numpy数据类型不允许包含缺失值。这里选择实数0来替换所有缺失值，恰好能适用于逻辑回归算法，它在更新时不会影响系数的值。

（2）如果在测试数据集中发现了一条数据的类别标签已经缺失，那么就将该条数据丢弃。这是因为类别标签与特征不同，很难采用某个合适的值来替换。我们根据实际的情况，将无效的特征丢弃掉，如本案例中的医院号码、是否手术、病变的类型、是否存在此病例的病理数据。

逻辑回归算法的参数设置如下。

（1）正则化选择参数penalty。

参数penalty会影响损失函数优化算法的选择。当参数penalty是L1正则化的话，就只能选择'liblinear'。而'newton-cg' 'sag'和'lbfgs'的解决方案仅支持L2正则化。

（2）优化算法选择参数solver。

参数solver决定了我们对逻辑回归损失函数的优化方法，有以下4种算法可以选择。

① liblinear：使用了开源的liblinear库实现，内部使用了坐标轴下降法来迭代优化损失函数。

② lbfgs：拟牛顿法的一种，利用损失函数二阶导数矩阵，即海森矩阵来迭代优化损失函数。

③ newton-cg：牛顿法家族的一种，利用损失函数二阶导数矩阵，即海森矩阵来迭代优化损失函数。

④ sag：随机平均梯度下降，是梯度下降法的变种，也是一种线性收敛算法，和普通梯度下降法的区别是每次迭代仅仅用一部分样本来计算梯度，适合样本数据多的时候。

（3）分类方式选择参数multi_class。

参数multi_class决定了分类方式的选择，有ovr和multinomial两个值可以选择，默认是ovr。

（4）类型权重参数class_weight。

参数class_weight用于标识分类模型中各种类型的权重，可以不输入，即不考虑权重，或者说所有类型的权重一样。

（5）样本权重参数 sample_weight。

调节样本权重的方法有两种，第一种是在class_weight使用balanced；第二种是在调用fit( )函数时，通过sample_weight来调节每个样本权重。

2.主体设计

预测马的死亡率的流程如图5-76所示。

图5-76　病马的死亡率预测流程图

预测马的死亡率具体通过以下4个步骤实现。

Step1：下载数据。

Step2：处理数据，丢弃不合适的数据特征（医院号码、是否手术病变、病变的类型、是否存在此病例的病理数据）。

Step3：引入sklearn模块，建立逻辑回归模型。

Step4：对模型进行测试，验证其准确率。

3.编程实现

本实战技能使用Juputer Notebook工具进行编写，建立相关的源文件【案例92：从疝气病症预测马的死亡率.ipynb】，然后在相应的【cell】里面编写代码，具体步骤及代码如下所示。

Step1：建立"从疝气病症预测马的死亡率.ipynb"文件，引入所需要的Python模块。编写数据处理的dataprocessing( )方法。

```
1. def dataprocessing(r):
2.     file = open(r)  # r 为文件的路径，读取 txt 文件
3.     feature_Set = []  # 特征数据
4.     Labels = []       # 目标标签
5.     for line in file.readlines( ):
6.         currLine = line.strip( ).split(' ')  # 剔除前后空格字符，并按空格字符划分
7.         lineArr = []
8.         for j in range(len(currLine)):
9.             if j == 2 or j == 23 or j == 24 or j == 25 or j == 26 or j == 27 or
10. j == 22: # 剔除无效的特征
11.                 continue
12.             else:
13.                 if currLine[j] == '?': # 处理缺失值
14.                     currLine[j] = 0  # 使用 0 代替缺失值
15.                 lineArr.append(float(currLine[j]))
16.         feature_Set.append(lineArr)
17.     if currLine[22] != '1':  # 将目标标签处理为死亡和存活两种类型
18.         currLine[22] = 1
```

```
19.          else:
20.              currLine[22] = 2
21.          Labels.append(float(currLine[22]))
22.      return feature_Set, Labels
```

以训练集为例，处理后的部分数据特征如图5-77所示。

Step2：接下来使用sklearn中的逻辑回归来建立模型，这个模块可以非常方便地处理最大似然估计和梯度下降的一系列运算。

由于样本不平衡，导致样本不是总体样本的无偏估计，从而可能导致模型预测能力下降。遇到这种情况，可以通过调节样本权重来尝试解决这个问题，代码如下所示。

```
1. from sklearn.linear_model import LogisticRegression
2. def logisticR( )
3.     # 解析训练数据集中的数据特征和标签，trainingSet 存储训练数据集的特征，
4.     # trainingLabels 存储训练数据集的样本对应的分类标签
5.     trainingSet, trainingLabels = dataprocessing('HorseColicTraining.txt')
6.     testSet, testLables = dataprocessing('HorseColicTest.txt')
7.     lr_model = LogisticRegression( )    # 调用模型，使用默认值
8.     lr_model.fit(trainingSet, trainingLabels)    # 训练模型
9.     print(" 预测准确率为 %f"%lr_model.score(testSet, testLables))    # 获取测试集的
10.                                                                  # 评分
```

运行代码的结果如图5-78所示。

图5-77 处理后的部分数据特征   图5-78 逻辑回归模型预测结果

从结果可以看出，通过逻辑回归模型预测的准确率达到72%，这说明逻辑回归模型具有不错的分类预测效果。本案例并没有进行参数的调整，读者可以自行调整参数对比效果。

巩固·练习

使用逻辑回归算法，找到学习时间与是否通过考试之间的关系。

小贴士

使用逻辑回归算法，找到学习时间与是否通过考试之间的关系的具体步骤，参考如下。

Step1：创建学习时间与是否通过考试之间的关系（通过考试使用1表示，未通过则使用0表示）。

Step2：通过散点图提取特征和标签。

Step3：确定逻辑回归模型，建立训练数据集与测试数据集。

Step4：使用训练数据集对模型进行训练。

Step5：对模型进行评估。

实战技能 93 红酒品质预测

实战·说明

红酒口感数据集包括一千多种红酒的数据，每种红酒都有化学成分的测量指标，包括酒精含量、挥发性酸、亚硝酸盐。每种红酒都由三位专业评酒员评分，得出口感评分值。

本实战技能将该数据集分为测试数据集和训练数据集，使用随机森林算法和梯度提升算法，分别对数据集进行训练和预测。模型训练好后，将红酒的各化学成分作为特征输入，对模型结果进行测试，对比两种集成学习方法的相同和不同之处。运行代码得到的结果分别如图5-79和图5-80所示。

图5-79 使用随机森林算法得到的红酒品质预测结果　图5-80 使用梯度提升算法得到的红酒品质预测结果

技能·详解

1.技术要点

本实战技能主要利用Python的Scikit-learn库实现梯度提升算法与随机森林算法，分别利用两种算法对红酒品质进行预测，其技术难点在于对集成学习方法的理解和使用。要实现本案例，需要掌握以下几个知识点。

1）梯度提升算法与随机森林算法

梯度提升算法与随机森林算法都是对弱分类器进行策略组合，形成强分类器的集成学习算法。两种算法的主要区别在于，随机森林是一种Bagging算法，将多棵决策树的结果进行投票后，得到最终的结果，对不同的树的训练结果也没有做进一步的优化提升。梯度提升是一种Boosting算法，在迭代的每一步构建弱学习器，弥补原有模型的不足。下面将介绍两种算法的主要优点和缺点，了解算法特点可以在处理不同数据时选择合适的算法。

梯度提升算法的优点如下。

（1）可以灵活处理各种类型的数据，包括连续值和离散值。

（2）相对SVM，在较少的调参时间的情况下，预测的准备率也可以比较高。

（3）对异常值的鲁棒性非常强。

梯度提升算法的缺点如下。

弱学习器之间存在依赖关系，难以并行训练数据。

随机森林算法的优点如下。

（1）能处理高维度数据，并且不用做特征选择。

（2）训练完，能够给出哪些特征比较重要。

（3）训练速度快，容易并行化计算。

随机森林算法的缺点如下。

（1）在噪声较大的分类或回归问题上会出现过拟合现象。

（2）取值划分比较多的特征容易对随机森林算法决策产生更大的影响，从而影响拟合模型效果。

2）Scikit-learn库的随机森林算法

在Scikit-learn库中，随机森林算法的分类器是RandomForestClassifier，回归器是RandomForestRegr-essor。随机森林算法需要调参的参数也包括两部分，第一部分是Bagging框架的参数，第二部分是CART决策树的参数。随机森林算法Bagging框架的参数和CART决策树参数如下。

（1）n_estimators：弱学习器的最大迭代次数，即最大的弱学习器的个数。一般来说，n_estimators太小，容易过拟合；n_estimators太大，又容易欠拟合。一般选择一个适中的数值，默认是100。在实际调参的过程中，常常将n_estimators和learning_rate参数一起考虑。

（2）oob_score：判断是否采用袋外样本来评估模型的好坏。默认是False，推荐设置为True，因为袋外分数反映了一个模型拟合后的泛化能力。

（3）criterion：CART决策树做划分时，对特征的评价标准。分类模型和回归模型的损失函数是不一样的。分类RF对应的CART分类树默认是基尼系数，另一个是信息增益。回归RF对应的CART回归树默认是均方差MSE，另一个可以选择的标准是绝对值差MAE。一般来说，选择默认的标准就已经很好了。

（4）splitter：特征划分点选择标准，可选参数，默认是best，可以设置为random。best是根据算法选择最佳的切分特征，如Gini、entropy。random随机在部分划分点中找局部最优的划分点。默认的best适合样本量不大的时候，如果样本数据量非常大，此时决策树构建推荐random。

（5）max_features：划分时考虑的最大特征数，可选参数，默认是None。寻找最佳切分时考虑的最大特征数（n_features为总共的特征数）有如下6种情况。

① 如果max_features是整型的数，则考虑max_features个特征。

② 如果max_features是浮点型的数，则考虑int(max_features * n_features)个特征。

③ 如果max_features设为auto，那么max_features = sqrt(n_features)。

④ 如果max_features设为sqrt，那么max_featrues = sqrt(n_features)，与auto一样。

⑤ 如果max_features设为log2，那么max_features = log2(n_features)。

⑥ 如果max_features设为None，那么max_features = n_features，也就是所有特征都用。

一般来说，如果样本特征数不多，用默认的None就可以了，如果特征数非常多，我们可以灵活使用刚才描述的其他取值来控制划分时考虑的最大特征数，以控制决策树的生成时间。

（6）max_depth：决策树最大深度，可选参数，默认是None。这个参数是决策树的层数，如在贷款的例子中，决策树的层数是2。如果这个参数设置为None，那么决策树在建立子树的时候不会限制子树的深度。一般来说，数据少或者特征少的时候，可以不管这个值。如果模型样本量多，特征也多的情况下，推荐限制这个最大深度，具体的取值取决于数据的分布。

（7）min_samples_split：内部节点再划分所需最小样本数，可选参数，默认是2。这个值限制了子树继续划分的条件。如果min_samples_split为整数，那么在切分内部节点的时候，min_samples_split作为最小的样本数，也就是说，如果样本数少于min_samples_split，则停止切分。如果min_samples_split为浮点数，那么min_samples_split就是一个百分比，ceil(min_samples_split * n_samples)是向上取整的。如果样本量不大，不需要管这个值；如果样本量大，则推荐增大这个值。

（8）min_weight_fraction_leaf：叶子节点最小的样本权重和，可选参数，默认是0。这个值限制了叶子节点所有样本权重和的最小值，如果小于这个值，则会和兄弟节点一起被剪枝。一般来说，如果较多样本有缺失值，或者分类树样本的分布类别偏差很大，就会引入样本权重，这时就要注意这个值了。

（9）max_leaf_nodes：最大叶子节点数，可选参数，默认是None。通过限制最大叶子节点数，可以防止过拟合。如果加了限制，算法会建立在最大叶子节点数内最优的决策树。如果特征不多，可以不考虑这个值；如果特征多，可以加以限制，具体的值可以通过交叉验证得到。

（10）class_weight：类别权重，可选参数，默认是None，也可以是字典、字典列表、balanced。指定样本各类别的的权重，主要是为了防止训练集某些类别的样本过多，导致训练的决策树过于偏向这些类别。类别的权重可以通过{class_label：weight}格式给出，这里可以自己指定各个样本的权重，或者用balanced。如果使用balanced，则算法会计算权重，样本量少的类别所对应的样本权重会高。当然，如果你的样本类别分布没有明显的偏倚，则可以不管这个参数，选择默认的None。

（11）random_state：可选参数，默认是None。如果是整数，那么random_state会作为随机数生成器的随机数种子。如果没有设置随机数，随机出来的数与当前系统时间有关，每个时刻都是不同的。如果设置了随机数种子，那么相同随机数种子在不同时刻产生的随机数也是相同的。如果是RandomState instance，那么random_state是随机数生成器。如果为None，则随机数生成器使用np.random。

（12）min_impurity_split：节点划分最小不纯度，可选参数，默认是1e-7。这个值限制了决策树的增长，如果某节点的不纯度（基尼系数、均方差）小于这个值，则该节点不再生成子节点，即为叶子节点。

（13）presort：数据是否预排序，可选参数，默认是False，这个值是布尔值，默认False时不排序。一般来说，如果样本量少或者限制了一个深度很小的决策树，设置为True可以让划分点选择得更加快，决策树建立得更加快。

3）梯度提升函数

在Scikit-learn库中，Gradient Boosting Classifier为梯度提升的分类，而Gradient Boosting Regressor为GBDT的回归类。两者的参数类型完全相同，当然有些参数的可选择项并不相同，如损失函数loss。我们把重要参数分为两类，第一类是Boosting框架的重要参数，第二类是弱学习器，即CART决策树的重要参数。下面将介绍GBDT的Boosting框架相关的重要参数，CART决策树的参数可参见随机森林部分的参数介绍。

（1）learning_rate：每个弱学习器的权重缩减系数，也称为步长，其取值范围为0~1。对于同样的训练集拟合效果，较小的步长意味着我们需要更多弱学习器的迭代次数。

（2）subsample：子采样，其取值范围为0~1，一般推荐在区间[0.5,0.8]中。如果取值为1，则全部样本都使用，等于没有使用子采样。

（3）loss：损失函数。分类模型和回归模型的损失函数是不一样的，本案例只介绍回归模型的损失函数。对于回归模型的损失函数，有均方差"ls"、绝对损失"lad"、Huber损失"huber"和分位数损失"quantile"，默认是均方差"ls"。一般来说，如果数据的噪音点不多，用默认的均方差"ls"比较好。

（4）alpha：参数，只有Gradient Boosting Regressor有，默认是0.9。当我们使用Huber损失"huber"和分位数损失"quantile"时，需要指定分位数的值。如果噪音点较多，可以适当降低分位数的值。

2.主体设计

红酒品质预测实现流程如图5-81所示。

图5-81　红酒品质预测实现流程图

红酒品质预测流程具体通过以下5个步骤实现。

Step1：读取红酒数据。

Step2：进行预处理，获得属性、标签、属性名，存入列表，将列表转换为numpy数组形式。

Step3：随机选取70%的数据作为训练数据，分别训练随机森林模型和梯度提升模型。

Step4：利用30%的数据作为测试数据，对两种模型进行测试。

Step5：输出误差图与属性的重要性图。

3.编程实现

本实战技能使用PyCharm工具进行编写，建立相关的源文件【案例93：红酒品质预测RF.py】和【案例93：红酒品质预测GBDT.py】。下面将先介绍随机森林算法（RF）预测红酒品质的编程步骤，再介绍梯度提升算法（GBDT）预测红酒品质的编程步骤，代码如下所示。

Step1：导入相关模块并从网页中获取红酒品质数据，代码如下所示。

```
1.  # 随机森林算法预测红酒品质
2.  import urllib.request
3.  import numpy
4.  from sklearn.model_selection import train_test_split
5.  from sklearn import ensemble
6.  from sklearn.metrics import mean_squared_error
7.  import pylab as plot
8.
9.  # 从网页中读取数据
10. target_url = "http://archive.ics.uci.edu/ml/machine-learning-databases/
11.              wine-quality/winequality-red.csv"
12. data = urllib.request.urlopen(target_url)
```

Step2：读取数据并存入列表，代码如下所示。

```
1.  # 将数据中第一行的属性读取出来放在 names 列表中，将其他行的数组存入 row 中，
2.  # 并将 row 中最后一列提取出来放在 labels 中作为标签，并使用 pop 将该列从 row
3.  # 去除掉，最后将剩下的属性值转化为 float 类型，存入 xList 中
4.  xList = []
5.  labels = []
6.  names = []
7.  firstLine = True
8.  for line in data:
9.      if firstLine:
10.         line1 = str(line, encoding="utf-8")
11.         names = line1.strip( ).split(";")
12.         firstLine = False
13.     else:
14.         # split on semi-colon
15.         line1 = str(line, encoding="utf-8")
16.         row = line1.strip( ).split(";")
```

```
17.        # put labels in separate array
18.        labels.append(float(row[-1]))
19.        # remove label from row
20.        row.pop( )
21.        # convert row to floats
22.        floatRow = [float(num) for num in row]
23.        xList.append(floatRow)
24.
25.# 计算几行几列
26.nrows = len(xList)
27.ncols = len(xList[0])
28.
29.# 转化为 numpy 格式
30.X = numpy.array(xList)
31.y = numpy.array(labels)
32.wineNames = numpy.array(names)
```

Step3：训练模型并测试模型，代码如下所示。

```
1. # 随机抽 30% 的数据用于测试，随机种子为 531，确保多次运行结果相同，便于优化算法
2. xTrain, xTest, yTrain, yTest = train_test_split(X, y, test_size=0.30,
3.                                             random_state=531)
4. # 训练随机森林，了解 mse 如何变化
5. mseOos = []
6. # 测试 50~500 棵决策树的方差
7. nTreeList = range(50, 500, 10)
8. for iTrees in nTreeList:
9.     depth = None
10.    maxFeat  = 4 # try tweaking
11.    # 随机森林算法生成训练
12.    wineRFModel = ensemble.RandomForestRegressor(n_estimators=iTrees, max_
13.        depth=depth, max_features=maxFeat, oob_score=False, random_state=531)
14.
15.    wineRFModel.fit(xTrain, yTrain)
16.
17.    # 测试误差放入列表
18.    prediction = wineRFModel.predict(xTest)
19.    mseOos.append(mean_squared_error(yTest, prediction))
```

Step4：输出测试结果，代码如下所示。

```
1. print(' 使用随机森林算法时: ')
2. print(" 最小误差为: " + str(min(mseOos) ))
3. i = mseOos.index(min(mseOos))
4. print(' 误差最小时的决策树为: ' + str(nTreeList[i]) + ' 棵 ')
```

Step5：绘制决策树的数量与误差大小的曲线图，代码如下所示。

```
1. # 绘制决策树的数量与误差大小的曲线图
2. plot.plot(nTreeList, mseOos)
3. plot.xlabel('Number of Trees in Ensemble')
4. plot.ylabel('Mean Squared Error')
5. plot.title('RF')
6. # plot.ylim([0.0, 1.1 * max(mseOob)])
7. plot.show()
```

绘图的横坐标为决策树的数量，纵坐标为误差大小，绘图结果如图5-82所示。

Step6：绘制数据各个属性的重要性，代码如下所示。

```
1. # 提取属性的重要性
2. featureImportance = wineRFModel.feature_importances_
3.
4. # 按最大重要性标准化
5. featureImportance = featureImportance / featureImportance.max()
6. # argsort() 方法返回类型的索引
7. sorted_idx = numpy.argsort(featureImportance)
8. # arange([start, ] stop[, Step, ], dtype=None), 即根据 start 与 stop 指定的范围,
9. # 以及 Step 设定的步长, 生成一个 ndarray
10. barPos = numpy.arange(sorted_idx.shape[0]) + .5
11. plot.barh(barPos, featureImportance[sorted_idx], align='center')
12. plot.yticks(barPos, wineNames[sorted_idx])
13. plot.xlabel('Variable Importance')
14. plot.subplots_adjust(left=0.2, right=0.9, top=0.9, bottom=0.1)
15. plot.title('RF')
16. plot.show()
```

绘制图中横坐标为属性的重要性，纵坐标为属性名称，结果如图5-83所示。

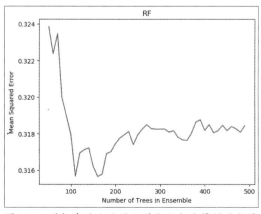

图5-82 随机森林方法的误差大小与决策树的数量

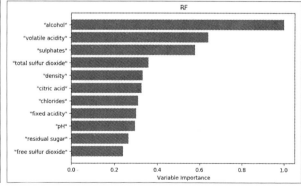

图5-83 随机森林方法的属性重要性与属性名称

梯度提升算法对红酒品质的具体预测步骤如下。

Step1：导入相关模块并从网页中获取红酒品质数据，代码与随机森林算法预测红酒品质的

Step1一致。

　　Step2：读取数据并存入列表，代码与随机森算法林预测红酒品质的Step2一致。

　　Step3：训练模型，并测试模型，代码如下所示。

```
1. # 采用保持设置 30% 的数据行
2. xTrain, xTest, yTrain, yTest = train_test_split(X, y, test_size=0.30,
3.                                                 random_state=531)
4. # 最小化均方误差
5. nEst = 2000
6. depth = 7
7. learnRate = 0.01
8. subSamp = 0.5
9. wineGBMModel = ensemble.GradientBoostingRegressor(n_estimators=nEst,
10.                                                 max_depth=depth,
11.                                                 learning_rate=learnRate,
12.                                                 subsample=subSamp,
13.                                                 loss='ls')
14.
15.wineGBMModel.fit(xTrain, yTrain)
16.
17.# 在测试集上计算
18.msError = []
19.predictions = wineGBMModel.staged_predict(xTest)
20.for p in predictions:
21.    msError.append(mean_squared_error(yTest, p))
```

　　Step4：输出测试结果。

```
1. print(' 使用梯度提升方法时：')
2. print(" 最小误差为：" + str(min(msError)))
3. i = msError.index(min(msError))
4. print(' 误差最小时的决策树为：' + str(i) + ' 棵 ')
```

　　Step5：绘制决策树数量与误差大小的曲线图。

```
1. # 绘制决策树数量与误差大小的曲线图
2. plot.plot(range(1, nEst + 1), msError)
3. plot.xlabel('Number of Trees in Ensemble')
4. plot.ylabel('Mean Squared Error')
5. plot.title('GBDT')
6. plot.show( )
```

绘图的横坐标为决策树的数量，纵坐标为误差大小，绘图结果如图5-84所示。

　　Step6：绘制数据属性对分类结果的影响力大小。

```
1. # Plot feature importance
2. featureImportance = wineGBMModel.feature_importances_
3.
```

```
4. # 按最大重要性标准化
5. featureImportance = featureImportance / featureImportance.max( )
6. idxSorted = numpy.argsort(featureImportance)
7. barPos = numpy.arange(idxSorted.shape[0]) + .5
8. plot.barh(barPos, featureImportance[idxSorted], align='center')
9. plot.yticks(barPos, wineNames[idxSorted])
10.plot.xlabel('Variable Importance')
11.plot.subplots_adjust(left=0.2, right=0.9, top=0.9, bottom=0.1)
12.plot.title('GBDT')
13.plot.show( )
```

绘制图中横坐标为属性的重要性，纵坐标为属性名称，运行代码结果如图5-85所示。

至此，案例全部结束。对比预测的误差大小与决策树数量可以发现，随机森林与梯度提升方法的最小误差相差不大，但是达到最小误差所需要的决策树数量相差较大，随机森林方法在160棵决策树时达到误差最小，梯度提升方法则需要843棵决策树。对比图5-83与图5-85发现，在随机森林方法进行预测时，"alcohol"属性占主要地位，其次是"volatile acidity"和"sulphates"属性，剩余属性的重要性相差不大。在图5-85中，所有属性的重要程度相差不大，其中"volatile acidity"属性最为重要，"free sulfur dioxide"属性最不重要。

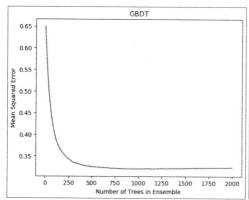
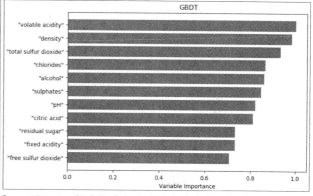

图5-84　梯度提升方法的误差大小与决策树的数量　　图5-85　梯度提升方法的属性的重要性与属性名称

巩固·练习

据世界卫生组织和美国心脏协会（AHA）对心脏病统计的数据，在全球范围内，31%的死亡是由心血管疾病引起。在中国，每年大约有260万人死于心脑血管疾病，死亡人数位列世界第二。到2020年，中国每年因心血管疾病死亡的人数将可能达到400万人。骇人听闻的数字背后，是提高对心血管疾病的重视、加强疾病预防工作的迫切需要。研究发现，通过某些容易测量的生理值划分心血管病高发人群，有助于我们有效地针对心血管疾病进行预防，减少发病造成的死亡。

请通过随机森林这一机器学习领域中经典的分类和回归算法，演示随机森林算法在心血管疾病数据分析和疾病预防中的应用。

小贴士

使用随机森林算法，实现在心血管疾病数据分析和疾病预防中应用的具体步骤，参考如下。

Step1：对数据集进行预处理，处理缺失值、异常值等。

Step2：划分训练数据集和测试数据集。

Step3：确定参数和每棵树的深度使用到的特征数量，以及终止条件。

Step4：使用训练数据集对模型进行训练。

Step5：使用测试数据集对所训练的模型进行测试。

Step6：对模型进行评估。

实战技能 94 新闻关键词提取

实战·说明

　　随着互联网的蓬勃发展，信息传递也变得十分方便，以前通过电视和报纸了解新闻，而现在手机、电脑都变成了信息传递的载体。随着新闻传播门槛的降低，每天的新闻数不胜数，在大量的新闻文本中提取出关键信息变得越来越重要。本实战技能将使用Python实现新闻关键词的提取。以美国"佛罗伦斯"飓风新闻为例，提取关键词结果，如图5-86所示。

　　新闻关键短语提取结果如图5-87所示。

| 飓风 0.023364091047779787 <class 'str'> |
| 佛罗伦 0.017260971881420093 <class 'str'> |
| 科学家 0.012519490047580335 <class 'str'> |
| 气候 0.010111937682732762 <class 'str'> |
| 洪水 0.009408021234158742 <class 'str'> |
| 增加 0.009331272820032967 <class 'str'> |
| 全球 0.009317548886516374 <class 'str'> |
| 人们 0.008597341044110365 <class 'str'> |
| 认为 0.008454948815510597 <class 'str'> |
| 美国 0.008335616688510857 <class 'str'> |
| 降雨 0.008000891596129284 <class 'str'> |
| 气候变化 0.0077325882992196355 <class 'str'> |
| 报道 0.0073725855411373328 <class 'str'> |
| 媒体 0.0071646444418180636 <class 'str'> |
| 变暖 0.006825316883003708 <class 'str'> |

| 变暖 0.006825316883003708 <class 'str'> |
| 事件 0.0067417123833101271 <class 'str'> |
| 天气 0.006668429293091458 <class 'str'> |
| 表示 0.0065724882750884448 <class 'str'> |
| 造成 0.006531449756706854 <class 'str'> |
| 中心 0.0065194122907937324 <class 'str'> |
| 数据 0.0063506775966872299 <class 'str'> |
| 显示 0.006343529369322726 <class 'str'> |
| 政府 0.0062416523272225747 <class 'str'> |
| 极端 0.006168940360797208 <class 'str'> |
| 北卡 0.0061018388073968075 <class 'str'> |
| 升温 0.0060319856874741255 <class 'str'> |
| 海洋 0.0059781009665741425 <class 'str'> |
| 菲律宾 0.005910132841851686 <class 'str'> |
| 进行 0.0058823863451922829 <class 'str'> |
| 灾难 0.0058544475192726245 <class 'str'> |

| --phrase-- |
| 佛罗伦斯 <class 'str'> |
| 天气事件 <class 'str'> |
| 全球变暖 <class 'str'> |
| 气候变化增加 <class 'str'> |
| 降雨事件 <class 'str'> |
| 美国人 <class 'str'> |
| 气候科学家 <class 'str'> |
| 科学家表示 <class 'str'> |
| 气候变暖 <class 'str'> |

图5-86　新闻关键词提取结果　　　　　图5-87　新闻关键短语提取结果

技能·详解

1.技术要点

本实战技能主要利用TextRank算法实现新闻关键词提取，其技术关键在于了解TextRank算法如何提取文本关键词。要实现本案例，需要掌握以下几个知识点。

1）PageRank算法

PageRank算法在设计之初是用于Google的网页排名的，以该公司创办人拉里·佩奇（Larry Page）之姓来命名。Google用它来体现网页的相关性和重要性，在搜索引擎优化操作中是经常被用来评估网页优化的成效因素之一。PageRank算法通过互联网中的超链接关系来确定一个网页的排名，其公式是通过一种投票的思想来设计的。如果要计算网页A的PageRank值（以下简称PR值），那么首先要得到网页A的入链，然后通过入链给网页A的投票来计算网页A的PR值，入链越多，投票就越多，PR值就越高。这样设计还可以保证当某些高质量的网页指向网页A的时候，那么网页A的PR值会因为这些高质量的投票而变大，反之则变小，这样可以合理地反映一个网页的质量水平。根据以上思想，拉里·佩奇设计了公式：

$$S(V_i) = (1-d) + d \times \sum_{j \in I_n(V_i)} \frac{1}{\left| out(V_j) \right|} S(V_j) \qquad （公式5-28）$$

式中，V_i表示某个网页，V_j表示V_i的入链，$S(V_i)$表示网页V_i的PR值，$I_n(V_i)$表示网页V_i的所有入链的集合，$out(V_j)$表示网页，d表示阻尼系数（用来克服这个公式中的固有缺陷。如果仅仅有求和的部分，那么这个公式将无法处理没有入链的网页的PR值，因为这些网页的PR值为0，但实际情况却不是这样，所以加入了一个阻尼系数来确保每个网页都有一个大于0的PR值）。根据实验的结果，在0.85的阻尼系数下，经过一百多次迭代，PR值就能收敛到一个稳定的值，而当阻尼系数接近1时，需要的迭代次数会增加很多，且排序不稳定。公式5-28中，$S(V_j)$前面的分数指的是V_j所有出链指向的网页应该平分V_j的PR值，这样才算是把自己的票分给了入链的网页。

2）TextRank算法提取关键词

TextRank算法主要用于文档的关键词提取和摘要的提取，TextRank算法主要借鉴了PageRank算法的思想来实现。TextRank算法提取关键词的流程是将文章先进行分词，然后将每个词语作为一个无向图的节点，进而通过单词之间的投票计算出权重，最后把词语的等级划分出来，得到重要的关键词。

TextRank算法由PageRank算法改进而来，其公式有颇多相似之处，TextRank算法的公式为：

$$WS(V_i) = (1-d) + d \times \sum_{V_j \in I_n(V_i)} \frac{w_{ji}}{\sum_{V_k \in out(V_j)} w_{jk}} WS(V_j) \qquad （公式5-29）$$

其中，权重项w_{ji}表示两个节点之间的边连接有不同的重要程度。

关键词抽取的任务就是从一段给定的文本中自动抽取出若干个有意义的词语或词组。TextRank

算法是利用局部词汇之间的关系（共现窗口）对后续关键词进行排序，直接从文本本身抽取，主要步骤如下。

Step1：把给定的文本 T 按照完整句子进行分割，即 $T=[S_1,S_2,\cdots,S_m]$。

Step2：对于每个句子 $S_i \in T$，进行分词和词性标注处理，并过滤掉停用词，只保留指定词性的单词，如名词、动词、形容词，即 $S_i=[t_{i,1},t_{i,2},\cdots,t_{i,n}]$，其中 $t_{i,j} \in S_j$ 是保留的候选关键词。

Step3：构建候选关键词图 $G = (V,E)$，其中 V 为节点集，由 Step2 生成的候选关键词组成，然后采用共现关系（co-occurrence）构造任两个节点之间的边。两个节点之间的边仅当它们对应的词汇在长度为 K 的窗口中共现，K 表示窗口大小，即最多共现 K 个单词。

Step4：根据上面公式，迭代传播各节点的权重，直至收敛。

Step5：对节点权重进行倒序排序，从而得到最重要的 T 个单词，作为候选关键词。

Step6：由 Step5 到最重要的 T 个单词，在原始文本中进行标记，若形成相邻词组，则组合成多词关键词。例如，文本中有句子"Python code for plotting ambiguity function"，如果"Python"和"code"均属于候选关键词，则组合成"Python code"加入关键词序列。

TextRank 算法提取关键词短语的方法基于关键词提取，可以简单认为，如果提取出的若干个关键词在文本中相邻，那么会构成一个被提取的关键短语。

2.主体设计

新闻关键词提取流程如图 5-88 所示。

图 5-88　新闻关键词提取实现流程

提取新闻关键词具体通过以下 4 个步骤实现。

Step1：对每一篇文章进行分词，本案例采用 jieba 分词。

Step2：对分词结果进行数据清洗，主要包括去除停用词、符号、字母、数字等。

Step3：构建候选关键词图，根据设定的词语选择窗口截取文本的分词结果，将每个词语作为候选关键词图的节点，截取每一段文本中的词语作为相邻的边，以此构建候选关键词图。

Step4：提取关键词。

3.编程实现

本实战技能使用 PyCharm 工具进行编写，建立相关的源文件【案例 94：新闻关键词提取.py】，在界面输入代码。参考下面的详细步骤，编写具体代码，具体步骤及代码如下所示。

Step1：准备需要提取关键词的新闻数据，保存为 test.txt。安装需要用到的 Python 库，jieba 可以利用 pip install jieba 安装。

Step2：参考之前的案例，新建项目并建立 util.py 文件，在 util.py 文件创建 combine( ) 函数，构造单词组合。

```
1. def combine(word_list, window=2):
2.     """ 构造在 window 下的单词组合，用来构造单词之间的边
3.
4.     Keyword arguments:
5.     word_list  --  list of str, 由单词组成的列表
6.     windows    --  int, 窗口大小
7.     """
8.     if window < 2:
9.         window = 2
10.    for x in xrange(1, window):
11.        if x >= len(word_list):
12.            break
13.        word_list2 = word_list[x:]
14.        res = zip(word_list, word_list2)
15.        for r in res:
16.            yield r
```

Step3：在util.py文件创建get_similarity( )函数，用来计算两个句子的相似度。

```
1. def get_similarity(word_list1, word_list2):
2.     """ 用于计算两个句子相似度的函数
3.     Keyword arguments:
4.     word_list1, word_list2  --  分别代表两个句子，都是由单词组成的列表
5.     """
6.     words = list(set(word_list1 + word_list2))
7.     vector1 = [float(word_list1.count(word)) for word in words]
8.     vector2 = [float(word_list2.count(word)) for word in words]
9.     vector3 = [vector1[x] * vector2[x] for x in xrange(len(vector1))]
10.    vector4 = [1 for num in vector3 if num > 0.]
11.    co_occur_num = sum(vector4)
12.    if abs(co_occur_num) <= 1e - 12:
13.        return 0.
14.    denominator = math.log(float(len(word_list1))) + math.log(float(len(
15.        word_list2)))  # 分母
16.    if abs(denominator) < 1e - 12:
17.        return 0.
18.    return co_occur_num / denominator
```

Step4：在util.py文件创建sort_words( )函数，将单词按照关键程度从大到小排序。

```
1. def sort_words(vertex_source, edge_source, window=2,
2.                pagerank_config={'alpha': 0.85, }):
3.     """ 将单词按关键程度从大到小排序
4.     Keyword arguments:
5.     vertex_source  --  二维列表，子列表代表句子，子列表的元素是单词，这些单词用来
6. 构造 pagerank 中的节点
7.     edge_source    --  二维列表，子列表代表句子，子列表的元素是单词，根据单词位置
8. 关系构造 pagerank 中的边
```

```
9.      window          -- 一个句子中相邻的 window 个单词
10.     pagerank_config  --  pagerank 的设置
11.     """
12.     sorted_words = []
13.     word_index = {}
14.     index_word = {}
15.     _vertex_source = vertex_source
16.     _edge_source = edge_source
17.     words_number = 0
18.     for word_list in _vertex_source:
19.         for word in word_list:
20.             if not word in word_index:
21.                 word_index[word] = words_number
22.                 index_word[words_number] = word
23.                 words_number += 1
24.     graph = np.zeros((words_number, words_number))
25.     for word_list in _edge_source:
26.         for w1, w2 in combine(word_list, window):
27.             if w1 in word_index and w2 in word_index:
28.                 index1 = word_index[w1]
29.                 index2 = word_index[w2]
30.                 graph[index1][index2] = 1.0
31.                 graph[index2][index1] = 1.0
32.     debug('graph:\n', graph)
33.     nx_graph = nx.from_numpy_matrix(graph)
34.     scores = nx.pagerank(nx_graph, **pagerank_config)  # this is a dict
35.     sorted_scores = sorted(scores.items( ), key=lambda item: item[1],
36.                             reverse=True)
37.     for index, score in sorted_scores:
38.         item = AttrDict(word=index_word[index], weight=score)
39.         sorted_words.append(item)
40.     return sorted_words
```

Step5：在util.py文件创建sort_sentences( )函数，将句子按照关键程度从大到小排序。

```
1. def sort_sentences(sentences, words, sim_func=get_similarity,
2.                   pagerank_config={'alpha': 0.85, }):
3.     """ 将句子按照关键程度从大到小排序
4.     Keyword arguments:
5.     sentences        -- 列表，元素是句子
6.     words            -- 二维列表，子列表和 sentences 中的句子对应，子列表由单词组成
7.     sim_func         -- 计算两个句子的相似性，参数是两个由单词组成的列表
8.     pagerank_config  -- pagerank 的设置
9.     """
10.    sorted_sentences = []
11.    _source = words
12.    sentences_num = len(_source)
```

```
13.      graph = np.zeros((sentences_num, sentences_num))
14.      for x in xrange(sentences_num):
15.          for y in xrange(x, sentences_num):
16.              similarity = sim_func(_source[x], _source[y])
17.              graph[x, y] = similarity
18.              graph[y, x] = similarity
19.      nx_graph = nx.from_numpy_matrix(graph)
20.      scores = nx.pagerank(nx_graph, **pagerank_config)  # this is a dict
21.      sorted_scores = sorted(scores.items( ), key=lambda item: item[1],
22.                             reverse=True)
23.      for index, score in sorted_scores:
24.          item = AttrDict(index=index, sentence=sentences[index], weight=score)
25.          sorted_sentences.append(item)
26.      return sorted_sentences
```

Step6：创建 segmentation.py 文件，用来存放文章分词、分句等数据清洗的函数。在 segmentation.py 文件中创建 WordSegmentation 类，在该类下创建分词的初始化函数和分词函数 segment( )。

```
1. def segment(self, text, lower=True, use_stop_words=True,
2.             use_speech_tags_filter=False):
3.         """ 对一段文本进行分词，返回 list 类型的分词结果
4.         Keyword arguments:
5.         lower                  -- 是否将单词小写（针对英文）
6.         use_stop_words         -- 若为 True，则利用停止词集合来过滤（去掉停止词）
7.         use_speech_tags_filter -- 判断是否基于词性进行过滤，若为 True，则使用 self.
8. default_speech_tag_filter 过滤；否则，不过滤
9.         """
10.        text = util.as_text(text)
11.        jieba_result = pseg.cut(text)
12.        if use_speech_tags_filter == True:
13.            jieba_result = [w for w in jieba_result if w.flag in self.default_
14.                            speech_tag_filter]
15.        else:
16.            jieba_result = [w for w in jieba_result]
17.        # 去除特殊符号
18.        word_list = [w.word.strip( ) for w in jieba_result if w.flag != 'x']
19.        word_list = [word for word in word_list if len(word) > 0]
20.        if lower:
21.            word_list = [word.lower( ) for word in word_list]
22.        if use_stop_words:
23.            word_list = [word.strip( ) for word in word_list if word.strip( )
24.                         not in self.stop_words]
25.        return word_list
```

Step7：在 segmentation.py 文件中创建 SentenceSegmentation 类，在该类下创建分句的初始化函数和分句函数 segment( )。

```
1.  def segment_sentences(self, sentences, lower=True, use_stop_words=True,
2.                         use_speech_tags_filter=False):
3.      """ 将列表中的每个元素和句子转换为由单词构成的列表
4.      sequences -- 列表，每个元素是一个句子（字符串类型）
5.      """
6.      res = []
7.      for sentence in sentences:
8.          res.append(self.segment(text=sentence,
9.                                  lower=lower,
10.                                 use_stop_words=use_stop_words,
11.                                 use_speech_tags_filter=use_speech_tags_filter))
12.     return res
```

Step8：整合分词、分句的部分，在segmentation.py文件中创建Segmentation类，依然在该类下创建分句函数segment( )。

```
1.  def segment(self, text, lower=False):
2.      text = util.as_text(text)
3.      sentences = self.ss.segment(text)
4.      words_no_filter = self.ws.segment_sentences(sentences=sentences,
5.                                                  lower=lower,
6.                                                  use_stop_words=False,
7.                                                  use_speech_tags_filter=False)
8.      words_no_stop_words = self.ws.segment_sentences(sentences=sentences,
9.                                                      lower=lower,
10.                                                     use_stop_words=True,
11.                                                     use_speech_tags_filter=False)
12.     words_all_filters = self.ws.segment_sentences(sentences=sentences,
13.                                                   lower=lower,
14.                                                   use_stop_words=True,
15.                                                   use_speech_tags_filter=True)
16.     return util.AttrDict(
17.         sentences=sentences,
18.         words_no_filter=words_no_filter,
19.         words_no_stop_words=words_no_stop_words,
20.         words_all_filters=words_all_filters
21.     )
```

Step9：进行关键词提取，创建Keywords.py文件，在该文件下创建初始化函数，将参数初始化。创建analyze( )函数，分析待提取关键词的文本。

```
1.  def analyze(self, text, window=2, lower=False, vertex_source='all_filters',
2.              edge_source='no_stop_words', pagerank_config={'alpha': 0.85, }):
3.      """ 分析文本
4.      Keyword arguments:
5.      text       -- 文本内容，字符串
6.      window     -- 窗口大小，用来构造单词之间的边
```

```
7.      lower      -- 判断是否将文本转换为小写，默认为 False
8.      vertex_source   -- 选择使用 words_no_filter、words_no_stop_words、words_all_
9. filters 中的一个来构造 pagerank 对应的图中的节点。默认值为 all_filters，可选值为 no_filter、
10.no_stop_words、all_filters，关键词也来自 vertex_source
11.     edge_source     -- 选择使用 words_no_filter、words_no_stop_words、words_all_
12.filters 中的一个来构造 pagerank 对应的图中的节点之间的边。默认值为 no_stop_words，可选值为
13.no_filter、no_stop_words、all_filters，边的构造要结合 window 参数
14.     """
15.     # self.text = util.as_text(text)
16.     self.text = text
17.     self.word_index = {}
18.     self.index_word = {}
19.     self.keywords = []
20.     self.graph = None
21.     result = self.seg.segment(text=text, lower=lower)
22.     self.sentences = result.sentences
23.     self.words_no_filter = result.words_no_filter
24.     self.words_no_stop_words = result.words_no_stop_words
25.     self.words_all_filters = result.words_all_filters
26.     util.debug(20 * '*')
27.     util.debug('self.sentences in Keywords:\n', '||'.join(self.sentences))
28.     util.debug('self.words_no_filter in Keywords:\n', self.words_no_filter)
29.     util.debug('self.words_no_stop_words in Keywords:\n',
30.               self.words_no_stop_words)
31.     util.debug('self.words_all_filters in Keywords:\n', self.words_all_filters)
32.     options = ['no_filter', 'no_stop_words', 'all_filters']
33.     if vertex_source in options:
34.         _vertex_source = result['words_' + vertex_source]
35.     else:
36.         _vertex_source = result['words_all_filters']
37.     if edge_source in options:
38.         _edge_source = result['words_' + edge_source]
39.     else:
40.         _edge_source = result['words_no_stop_words']
41.     self.keywords = util.sort_words(_vertex_source, _edge_source, window=window,
42.                             pagerank_config=pagerank_config)
```

Step10：在 Keywords.py 文件下创建 get_keywords( ) 函数，获取最重要的 num 个长度大于等于 word_min_len 的关键词，返回关键词列表。

```
1. def get_keywords(self, num=6, word_min_len=1):
2.     """ 获取最重要的 num 个长度大于等于 word_min_len 的关键词
3.     Return:
4.     关键词列表
5.     """
6.     result = []
```

```
7.      count = 0
8.      for item in self.keywords:
9.          if count >= num:
10.             break
11.         if len(item.word) >= word_min_len:
12.             result.append(item)
13.             count += 1
14.     return result
```

Step11：在Keywords.py文件下创建get_keyphrases( )函数，获取keywords_num个关键词构造的可能出现的短语，要求这个短语在原文本中至少出现min_occur_num次，返回关键短语的列表。

```
1. def get_keyphrases(self, keywords_num=12, min_occur_num=2):
2.      """ 获取关键短语
3.      获取 keywords_num 个关键词构造的可能出现的短语，要求这个短语在原文本中至少出现
4. min_occur_num 次
5.      Return:
6.      关键短语的列表
7.      """
8.      keywords_set = set([item.word for item in self.get_keywords(
9.                      num=keywords_num, word_min_len=1)])
10.     keyphrases = set( )
11.     for sentence in self.words_no_filter:
12.         one = []
13.         for word in sentence:
14.             if word in keywords_set:
15.                 one.append(word)
16.             else:
17.                 if len(one) > 1:
18.                     keyphrases.add(''.join(one))
19.                 if len(one) == 0:
20.                     continue
21.                 else:
22.                     one = []
23.         # 兜底
24.         if len(one) > 1:
25.             keyphrases.add(''.join(one))
26.     return [phrase for phrase in keyphrases
27.             if self.text.count(phrase) >= min_occur_num]
```

巩固 · 练习

利用TextRank算法对论文进行关键词提取。

小贴士

使用TextRank算法对论文进行关键词提取的具体步骤，参考如下。

Step1：把给定的文本*T*按照完整句子进行分割。

Step2：对于每个句子，进行分词和词性标注处理，并过滤掉停用词，只保留指定词性的单词，如名词、动词、形容词等。这些词形成候选关键词。

Step3：构建候选关键词图$G = (V,E)$，其中*V*为节点集，由Step2生成的候选关键词组成，然后采用共现关系（co-occurrence）构造任意两点之间的边。

Step4：根据PageRank算法中衡量重要性的公式，初始化各节点的权重，然后迭代计算各节点的权重，直至收敛。

Step5：对节点权重进行倒序排序，从而得到最重要的*T*个单词，作为候选关键词。

Step6：由Step5得到最重要的*T*个单词，在原始文本中进行标记，若形成相邻词组，则组合成多词关键词。

实战技能 95 新闻摘要抽取

实战·说明

在大数据背景下，新闻事业也蓬勃发展，每天都有海量的新闻出现，在有限时间获取更多的新闻信息变得十分重要，因此我们需要对新闻进行抽取并生成摘要。这样可以大大缩短新闻的篇幅，使阅读者更高效率地阅读新闻。本实战技能通过TextRank算法实现新闻摘要抽取。

技能·详解

1.技术要点

本实战技能的技术关键在于使用TextRank算法生成摘要，TextRank算法将文本中的每个句子分别看作一个节点，如果两个句子有相似性，那么认为这两个句子对应的节点之间存在一条无向有权边。考察句子相似度的方法是通过下面这个公式：

$$Similarty\left(S_i, S_j\right) = \frac{\left|\left\{w_k \mid w_k \in S_i \,\&\, w_k \in S_j\right\}\right|}{\log\left(|S_i|\right) + \log\left(|S_j|\right)} \quad \text{（公式5-30）}$$

式中，分子的意思是同时出现在两个句子中的同一个词的个数，分母是对句子中的词的个数分别求对数之和。

我们可以根据以上相似度公式来循环计算任意两个节点之间的相似度，根据阈值去掉两个节点之间相似度较低的边，构建出节点连接图，然后计算TextRank值，最后对所有TextRank值排序，选出TextRank值最高的几个节点对应的句子作为摘要。

自动摘要实现的具体步骤如下。

Step1：将输入的文本或文本集的内容分割成句子，得到$T=[S_1,S_2,\cdots,S_m]$，构建图$G=(V,E)$，其中V为句子集。对句子进行分词，得到$S_i=[t_{i,1},t_{i,2},\cdots,t_{i,n}]$，其中$t_{i,j}\in S_j$是保留的候选关键词。

Step2：计算句子相似度，构建图G中的边E，基于句子间的内容覆盖率，给定两个句子S_i和S_j，采用公式5-30进行计算。若两个句子之间的相似度大于给定的阈值，就认为这两个句子语义相关，并将它们连接起来，即边的权值$w_{ji}=Similarity(S_i,S_j)$。

Step3：计算句子权重。根据公式迭代传播权重，计算各句子的得分。

Step4：抽取文摘句。将Step3得到的句子得分进行倒序排序，抽取是重要的T个句子作为候选文摘句。

Step5：形成文摘。根据字数或句子数要求，从候选文摘句中抽取句子组成文摘。

2.主体设计

此实战技能主要使用TextRank算法来实现新闻摘要抽取，算法流程如图5-89所示。

图5-89　新闻摘要抽取实现流程

实现新闻摘要抽取具体通过以下4个步骤实现。

Step1：对每一篇文章进行分句。

Step2：对分句结果进行分词。数据清洗主要包括去除停用词、符号、字母、数字等。

Step3：计算句子相似度，根据公式迭代传播权重，计算句子得分。

Step4：抽取摘要，对句子权重进行倒序排序，从而得到最重要的num个句子，作为候选摘要句。

3.编程实现

本实战技能使用PyCharm工具进行编写，建立相关的源文件【案例95：新闻摘要抽取.py】，步骤如下所示。

Step1：在新闻网站下载新闻，保存为text.txt文件。

Step2：参考之前的案例，新建项目并建立util.py文件，用util.py文件来存放一些公用函数。建立segmentation.py文件，用来存放文章分词和分句等数据清洗的函数。

Step3：在分词和分句都完成后，便可以进行摘要句提取。创建create_sentences.py文件，在这个文件下创建初始化函数，将参数初始化。

Step4：在create_sentences.py文件下创建analyze()函数，分析待提取摘要的文本。

```
1. def analyze(self, text, lower=False,
2.         source='no_stop_words',
```

```
3.                    sim_func=util.get_similarity,
4.                    pagerank_config={'alpha': 0.85, }):
5.        """
6.        Keyword arguments:
7.        text                    -- 文本内容，字符串
8.        lower                   -- 判断是否将文本转换为小写，默认为 False
9.        source                  -- 选择使用 words_no_filter、words_no_stop_words、words_
10.    all_filters 中的一个来生成句子之间的相似度。默认值为 all_filters、可选值为 no_filter、
11.    no_stop_words 和 all_filters
12.        sim_func                -- 指定计算句子相似度的函数
13.        """
14.        self.key_sentences = []
15.        result = self.seg.segment(text=text, lower=lower)
16.        self.sentences = result.sentences
17.        self.words_no_filter = result.words_no_filter
18.        self.words_no_stop_words = result.words_no_stop_words
19.        self.words_all_filters = result.words_all_filters
20.        options = ['no_filter', 'no_stop_words', 'all_filters']
21.        if source in options:
22.            _source = result['words_' + source]
23.        else:
24.            _source = result['words_no_stop_words']
25.        self.key_sentences = util.sort_sentences(sentences=self.sentences,
26.                                                 words=_source,
27.                                                 sim_func=sim_func,
28.                                                 pagerank_config=pagerank_config)
```

Step5：在sentences.py文件下创建get_key_sentences( )函数，获取最重要的num个大于等于sentence_min_len的句子来生成摘要，返回多个句子组成的列表。

```
1. def get_key_sentences(self, num=6, sentence_min_len=6):
2.     """ 获取最重要的 num 个长度大于等于 sentence_min_len 的句子来生成摘要
3.     Return:
4.     多个句子组成的列表
5.     """
6.     result = []
7.     count = 0
8.     for item in self.key_sentences:
9.         if count >= num:
10.            break
11.        if len(item['sentence']) >= sentence_min_len:
12.            result.append(item)
13.            count += 1
14.     return result
```

Step6：至此，我们的文档摘要便可成功提取，接下来测试程序是否可行。建立sentences_test.py

文件，提取目标文档的摘要。

Step7：导入各种需要的模块。

```
import codecs # 导入 codecs 模块解决编码问题
from sentences  import  Sentence # 导入我们之前编写好的摘要，提取模块
```

Step8：选择需要提取摘要的文档进行摘要提取，并设置摘要句子数量。

```
import codecs
from create_sentences  import Sentence
text = codecs.open('./doc/05.txt', 'r', 'utf-8').read( )
tr4s = Sentence( )
tr4s.analyze(text=text, lower=True, source = 'all_filters')
for st in tr4s.sentences:
    print(type(st), st)
print(20 * '*')
for item in tr4s.get_key_sentences(num=4):
    print(item.weight, item.sentence, type(item.sentence))
```

代码运行的结果如图5-90所示（不完全截图）。

```
<class 'str'> 支持向量机（英语：Support Vector Machine，常简称为SVM）是一种监督式学习的方法，可广泛地应用于统计分类以及回归分析
<class 'str'> 支持向量机属于一般化线性分类器，也可以被认为是提克洛夫规范化（Tikhonov Regularization）方法的一个特例
<class 'str'> 这族分类器的特点是他们能够同时最小化经验误差与最大化几何边缘区，因此支持向量机也被称为最大边缘区分类器
<class 'str'> 支持向量机构造一个超平面或者多个超平面，这些超平面可能是高维的，甚至可能是无限多维的
<class 'str'> 在分类任务中，它的原理是，将决策面（超平面）放置在这样的一个位置，两类中接近这个位置的点距离的都最远
<class 'str'> 我们来考虑两类线性可分问题，如果要在两个类之间画一条线，那么按照支持向量机的原理，我们会先找两类之间最大的空白间隔，然后在空白间隔的中点画一条
<class 'str'> 通过核函数，可以使得支持向量机对非线性可分的任务进行分类
<class 'str'> 一个极好的指南是C.J.C Burges的《模式识别支持向量机指南》
<class 'str'> van der Walt和Barnard将支持向量机和其他分类器进行了比较
********************
0.12999629991493106 支持向量机（英语：Support Vector Machine，常简称为SVM）是一种监督式学习的方法，可广泛地应用于统计分类以及回归分析 <class 'str'>
0.12905843583483564 支持向量机属于一般化线性分类器，也可以被认为是提克洛夫规范化（Tikhonov Regularization）方法的一个特例 <class 'str'>
0.12020510435580814 通过核函数，可以使得支持向量机对非线性可分的任务进行分类 <class 'str'>
0.11490365042486163 我们来考虑两类线性可分问题，如果要在两个类之间画一条线，那么按照支持向量机的原理，我们会先找两类之间最大的空白间隔，然后在空白间隔的中点
```

图5-90　摘要抽取运行结果图

巩固 · 练习

利用TextRank算法对学术文献进行摘要抽取。

小 贴 士

使用TextRank算法对学术文献进行摘要抽取的具体步骤，参考如下。

Step1：把给定的文本T按照完整句子进行分割。

Step2：对于每个句子，进行分词和词性标注处理，并过滤掉停用词，只保留指定词性的单词，如名词、动词、形容词等，这些词形成候选关键词。

Step3：构建候选关键词图$G = (V,E)$，其中V为节点集，由Step2生成的候选关键词组成，然后采用共现关系（co-occurrence）构造任两点之间的边。

Step4：根据PageRank算法中衡量重要性的公式，初始化各节点的权重，然后迭代计算各节点的权重，直至收敛。

Step5：对节点权重进行倒序排序，从而得到最重要的T个单词，作为候选关键词。

Step6：由Step5得到最重要的T个单词，在原始文本中进行标记，若形成相邻词组，则组合成多词关键词。

实战技能 96 电商产品评论数据情感分析

实战·说明

随着互联网的快速发展，越来越多的用户开始网上购物，由此产生了大量的商品评论数据，这些数据也为用户提供了参考价值。但是，评论数据的数量庞大，用户很难高效地从中浏览出有用的信息。要提高用户的浏览效率，就必须要对海量的数据进行一定的分析。如何高效地对商品评论数据进行情感提取和分析是关键。本实战技能通过对某平台某品牌电脑的评论进行文本数据挖掘分析，并分析出该品牌电脑的用户情感倾向，挖掘出该产品的优点与不足等，提供给用户做出决策。

技能·详解

1.技术要点

本实战技能主要利用SnowNLP库和LDA模型实现电商产品评论数据的情感分析，其技术关键在于SnowNLP库的使用及LDA模型的实现，要实现本案例，需要掌握以下几个知识点。

1）SnowNLP库及其应用

SnowNLP是一个Python写的类库，是受TextBlob的启发而写的，可以方便地处理中文文本数据。和TextBlob不同的是，SnowNLP库没有用NLTK，所有的算法都是自己实现的，并且自带了一些训练好的字典。简单地说，SnowNLP是一个中文的自然语言处理的Python库，支持的中文自然语言操作包括中文分词、词性标注、情感分析、文本分类、转换成拼音、繁体转简体、提取文本关键词、提取文本摘要、文本相似度等。

SnowNLP的安装方法如下。

```
pip install snownlp
```

本案例主要用到情感分析功能，库中已经训练好的模型是基于商品的评论数据，正好与我们的期望相同，因此不需要重新训练模型。在实际使用过程中，可以根据自己应用的不同，重新训练模型。分析情感的方法介绍如下。

```
1. from snownlp import SnowNLP # 从 snownlp 模块导入 SnowNLP
2. s = SnowNLP(u" 这个东西真的很好用，非常不错，值得推荐！ ") # s 为需要被分析的句子
3. print(s.sentiments) # 打印对 s 分析的情感，概率值越高，表明情感越积极
```

训练自己的情感分析模型，大致分为以下几个步骤。

Step1：准备正、负情感词并保存，正样本保存到pos.txt中，样本保存到neg.txt中。

Step2：利用SnowNLP训练新的模型。

Step3：保存好新的模型。

重新训练情感分析模型的代码如下。

```
1. from snownlp import SnowNLP # 从 snownlp 模块导入 SnowNLP
2. if __name__ == "__main__":
3. sentiment .train('./neg.txt', './pos.txt') # 重新训练模型
4. sentiment .save('sentiment.marshal') # 保存好新训练的模型
```

若是想要利用新训练的模型进行情感分析，需要修改代码中调用模型的位置。

```
1. data_path = os.path.join(os.path.dirname(os.path.abspath(__file__)),
2.                    'sentiment.marshal')
```

2）LDA主题模型

LDA是一个贝叶斯模型，也是一种可以从文档中提炼主题的模型。下面将从以下两点来介绍这个模型。

（1）LDA模型整体介绍。

如果一篇文章有一个中心思想或主题，那么一些特定词语会更频繁地出现。一篇文章通常可以包含多种主题，每个主题所占比例各不相同。例如，如果一篇文章是讲狗的，那狗和骨头之类的词出现的频率会高些；讲猫，那猫和鱼之类的词出现的频率会高些。在这里，狗就是一个主题，猫也是一个主题。主题模型是一个词袋模型，它只考虑频数，不考虑词序。在应用LDA模型进行问题求解时，需要给定一个文档，并且设置主题个数，通过LDA模型，可以求出每个主题。

高手点拨

LDA模型优点如下。

（1）无监督：不用对训练数据打标签。

（2）预处理简单：分词，去除停用词。

（3）参数少：一般只需要设定主题个数。

（2）LDA模型整体流程。

LDA模型以文档集合 D 作为输入（会有切词，去停用词，取词干等常见的预处理），以主题集合 T 为输出。LDA算法流程如图5-91所示。

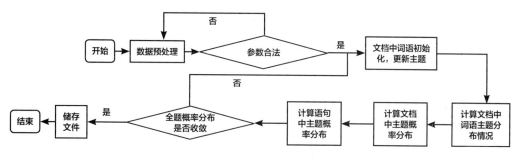

图5-91　LDA算法流程图

LDA算法的实现步骤如下。

Step1：对获取的数据进行预处理，并且判断获取的参数是否合法。若不合法，则对数据再次进行预处理；若合法，则进入下一步。

Step2：随机给各个文档中所有词语分配一个主题。

Step3：计算各个文档中每个词在不同情况下的主题分布情况。

Step4：计算每个文档中的主题分布。

Step5：计算文档中主题和词语中主题的概率分布，判断其是否收敛，若收敛，则执行Step6；若未收敛，则返回到Step2。

Step6：存储输出主题概率分布及词语概率分布。

2.主体设计

电商评论情感分析实现流程如图5-92所示。

图5-92　电商评论情感分析实现流程

分析电商产品评论感情具体通过以下6个步骤实现。

Step1：由于爬取的评论信息包括评论时间、评分、用户名称、品牌名称和评论等，所以在进行分析之前需要提取评论信息。

Step2：去除信息的重复部分。

Step3：删除字符长度小于4个字符的评论。字数越少，提供的信息就越少，价值就越低，对于这样的评论，可以直接删除。

Step4：利用SnowNLP分析评论的情感，将处理过的评论分为正向情感和负向情感。

Step5：将分类后的文本利用jieba进行分词。

Step6：利用LDA主题模型输出正面和负面主题。

3.编程实现

本实战技能使用PyCharm进行编写，创建源文件【案例96：电商产品评论感情分析.py】，在界面输入代码。参考下面的详细步骤，编写具体代码，具体步骤及代码如下所示。

Step1：新建一个C_annalysis文件夹，在C_analysis文件夹下创建csv2txt.py文件，将csv文件转化为txt文件，从爬取的数据中提取对应的评论信息。

```
1. import pandas as pd # 导入 pandas 模块
2. inputfile = '. ./data/all.csv' # 评论汇总文件
3. outputfile ='. ./data/dell_jd.txt' # 评论提取后保存路径
4. data = pd.read_csv(inputfile, encoding='utf-8')
5. data = data[[u' 评论 ']][data[u' 品牌 '] == ' 戴尔 ']
6. data.to_csv(outputfile, index=False, header=False, encoding='utf-8')
```

Step2：在C_analysis文件夹下创建clean_same.py文件，删除评论信息中重复的评论。

```
1. import pandas as pd
2. inputfile = '. ./data/dell_jd.txt'
3. outputfile ='. ./data/dell_jd_process_1.txt'
4. data = pd.read_csv(inputfile, encoding='utf-8', header=None)
5. s = len(data) # 开始时的数据条数
6. data = pd.DataFrame(data[0].unique( )) # 删除一样的数据
7. e = len(data) # 删除重复数据后的数据条数
8. data.to_csv(outputfile, index=False, header=False, encoding='utf-8')
9. print(u' 删除了 %s 条评论。' %(s - e)) # 打印删除部分数据的条数
```

Step3：在C_analysis文件夹下创建clean_sw.py文件，删除评论信息前缀中相同的词。

```
1. import codecs
2. inputfile = '. ./data/dell_jd_process_1.txt' # 评论文件
3. outputfile = '. ./data/dell_jd_process_2.txt' # 评论处理后保存路径
4. f = codecs.open(inputfile, 'r', 'utf-8')
5. f1 = codecs.open(outputfile, 'w', 'utf-8')
6. fileList = f.readlines( ) # 逐行读取，放入列表
7. f.close( )
8. for A_string in fileList: # 遍历列表中所有元素（一条评论为一个元素）
9.     temp1 = A_string.strip('\n') # 去掉每行最后的换行符 '\n'
10.    temp2 = temp1.lstrip('\ufeff')
11.    temp3 = temp2.strip('\r')
```

```
12.    char_list = list(temp3)  # 将处理后的评论逐条放入新的列表
13.    list1 = ['']
14.    list2 = ['']
15.    del1 = []
16.    flag = ['']
17.    i = 0
18.    while (i < len(char_list)):  # 遍历所有元素
19.        if (char_list[i] == list1[0]):
20.            if (list2 == ['']):
21.                list2[0] = char_list[i]
22.            else:
23.                if (list1 == list2):
24.                    t = len(list1)
25.                    m = 0
26.                    while (m < t):
27.                        del1.append(i - m - 1)
28.                        m = m + 1
29.                    list2 = ['']
30.                    list2[0] = char_list[i]
31.                else:
32.                    list1 = ['']
33.                    list2 = ['']
34.                    flag = ['']
35.                    list1[0] = char_list[i]
36.                    flag[0] = i
37.        else:
38.            if (list1 == list2) and (list1 != ['']) and (list2 != ['']):
39.                if len(list1) >= 2:
40.                    t = len(list1)
41.                    m = 0
42.                    while (m < t):
43.                        del1.append(i - m - 1)
44.                        m = m + 1
45.                    list1 = ['']
46.                    list2 = ['']
47.                    list1[0] = char_list[i]
48.                    flag[0] = i
49.                else:
50.                    if (list2 == ['']):
51.                        if (list1 == ['']):
52.                            list1[0] = char_list[i]
53.                            flag[0] = i
54.                        else:
55.                            list1.append(char_list[i])
56.                            flag.append(i)
57.                    else:
```

```
58.                        list2.append(char_list[i])
59.            i = i + 1
60.            if (i == len(char_list)):
61.                if (list1 == list2):
62.                    t = len(list1)
63.                    m = 0
64.                    while (m < t):
65.                        del1.append(i - m - 1)
66.                        m = m + 1
67.                    m = 0
68.                    while (m < t):
69.                        del1.append(flag[m])
70.                        m = m + 1
71.    a = sorted(del1)
72.    t = len(a)-1
73.    while (t >= 0):
74.        del char_list[a[t]]
75.        t = t - 1
76.    str1 = "".join(char_list)
77.    str2 = str1.strip( ) # 删除两边空格
78.    f1.writelines(str2 + '\r\n')
79.f1.close( )
```

Step4：在C_analysis文件夹下创建clean_lim4.py文件，删除字符数小于4的评论。

```
1. import pandas as pd
2. inputfile = '. ./data/dell_jd_process_2.txt'
3. outputfile = '. ./data/dell_jd_process_end.txt'
4. data = pd.read_csv(inputfile, encoding='utf-8', header=None)
5. data = pd.DataFrame(data[0])
6. with open(outputfile, 'w', encoding='utf-8') as f:
7.     file_obj = open(inputfile, encoding='utf8')
8.     all_lines = file_obj.readlines( )
9.     for line in all_lines:
10.        if (len(line) > 4):
11.            f.write(line)
12.    file_obj.close( )
```

Step5：在C_analysis文件夹下创建emotion_analysis.py文件，利用SnowNLP进行情感分析。

```
1. from snownlp import SnowNLP
2. import pandasas pd
3. inputfile = '. ./data/dell_jd_process_end.txt' # 评论文件
4. outputfile1 = '. ./data/dell_jd_process_end_pos.txt'
5. outputfile2 = '. ./data/dell_jd_process_end_neg.txt'
6. data = pd.read_csv(inputfile, encoding='utf-8', header=None)
7. comments = data[0]
8. coms = []
```

```
9.  coms = comments.apply(lambda x: SnowNLP(x).sentiments)
10. # 情感分析，大于 0.5 则为正面情感，越接近 1，正面情感越强烈
11. pos_data = comments[coms >= 0.7] # 此处取 0.7 是为了使词的情感更强烈
12. neg_data = comments[coms < 0.5] # 负面情感数据集，由于差评较少，设置 0.5 为分界
13. pos_data .to_csv(outputfile1, index=False, header=False, encoding='utf-8')
14. neg_data .to_csv(outputfile2, index=False, header=False, encoding='utf-8')
```

Step6：在 C_analysis 文件夹下创建 cut.py 文件，利用 jieba 进行分词。

```
1.  import pandas as pd
2.  import  jieba # 导入结巴分词
3.  inputfile1 = '. ./data/dell_jd_process_end_neg.txt'
4.  inputfile2 = '. ./data/dell_jd_process_end_pos.txt'
5.  outputfile1 = '. ./data/dell_jd_neg_cut.txt'
6.  outputfile2 = '. ./data/dell_jd_pos_cut.txt'
7.  data1 = pd. read_csv(inputfile1, encoding='utf-8', header=None) # 读入数据
8.  data2 = pd.read_csv(inputfile2, encoding='utf-8', header=None)
9.  mycut = lambda s: ' '.join(jieba.cut(s)) # 自定义简单分词函数
10. data1 = data1[0].apply(mycut) # 通过广播形式分词，加快速度
11. data2 = data2[0].apply(mycut)
12. data1.to_csv(outputfile1, index=False, header=False, encoding='utf-8')
13. # 保存结果
14. data2.to_csv(outputfile2, index=False, header=False, encoding='utf-8')
```

Step7：在 C_analysis 文件夹下创建 LDA.py 文件，建立主题模型。

```
1.  import pandas as pd
2.  negfile = '. ./data/dell_jd_neg_cut.txt'
3.  posfile = '. ./data /dell_jd_pos_cut.txt'
4.  stoplist = '. . /data/stoplist.txt'
5.  neg = pd.read_csv(negfile, encoding='utf-8', header=None) # 读入数据
6.  pos = pd.read_csv(posfile, encoding='utf-8', header=None)
7.  stop = pd.read_csv(stoplist, encoding='utf-8', header=None, sep='tipdm')
8.  # sep 设置分割词，由于 csv 默认以逗号为分割词，而该词恰好在停用词表中，这会导致读取出错
9.  # 解决办法是手动设置一个不存在的分割词，如 tipdm
10. stop = [' ', ''] + list(stop[0]) # Pandas 自动过滤了空格符，这里手动添加
11. neg[1] = neg[0].apply(lambda s: s.split(' ')) # 定义一个分割函数，然后用 apply 广播
12. neg[2] = neg[1].apply(lambda x: [i for i in x if i not in stop])
13.                                          # 逐词判断是否为停用词，思路同上
14. pos[1] = pos[0].apply(lambda s: s.split(' '))
15. pos[2] = pos[1].apply(lambda x: [i for i in x if i not in stop])
16. from gensim import corpora, models
17. # 负面主题分析
18. neg_dict = corpora.Dictionary(neg[2]) # 建立词典
19. neg_corpus = [neg_dict.doc2bow(i) for i in neg[2]] # 建立语料库
20. neg_lda = models.LdaModel(neg_corpus, num_topics=2, id2word=neg_dict)
21. # LDA 模型训练
22. for i in range(2):
```

```
23.    print(" 差评: " + neg_lda.print_topic(i)) # 输出每个主题
24.# 正面主题分析
25.pos_dict = corpora.Dictionary(pos[2])
26.pos_corpus = [pos_dict.doc2bow(i) for i in pos[2]]
27.pos_lda = models.LdaModel(pos_corpus, num_topics=2, id2word=pos_dict)
28.for i in range(2):
29.    print(" 好评: " + pos_lda.print_topic(i)) # 输出每个主题
```

运行结果如图5-93所示。

差评: 0.013*"问题" + 0.011*"电脑" + 0.011*"买" + 0.008*"开机" + 0.008*"声音" + 0.007*"客服" + 0.007*"好" + 0.006*"风扇"
好评: 0.030*"不错" + 0.024*"电脑" + 0.024*"好" + 0.015*"速度" + 0.012*"买" + 0.008*"高" + 0.008*"很快" + 0.008*"使用" +

图5-93　电商产品评论数据情感分析实现结果

我们对结果做以下分析。

（1）负面评论分析。

发现在负面评价当中出现了"好"等正面的词，这并不奇怪，原因是京东的客户评价还是以好评为主，当然这也与电商保留正面评价有关。

第一个主题当中，"电脑"的比重大，说明该主题与电脑相关，而倾向于负面的评论出现了"客服""声音""风扇"等字眼，说明电脑可能有相关的问题。

第二个主题当中，但是出现"开机"主题，可以从这里看出一点端倪，说明该电脑开机时可能会出现问题。

（2）正面评论分析。

第一个主题出现了"不错""好""速度"等字眼，那说明有人认可该电脑的运行速度快、外观不错、适合办公。

第二个主题出现了"高""很快""使用"等字眼，又因为这是好评，所以可能是与价格实惠、性价比高有关。

巩固·练习

使用本案例的知识，对微博评论进行情感分析，掌握评论的主要动向和情绪导向，实现对微博舆论的监控。

小贴士

使用LDA模型分析微博情绪导向的具体步骤，参考如下。

Step1：对数据集进行预处理，处理缺失值、异常值等。

Step2：划分训练数据集和测试数据集。

Step3：使用训练数据集对模型进行训练。

Step4：使用测试数据集对所训练的模型进行测试。

Step5：对模型进行评估。

实战技能 97 图像特征提取

实战·说明

　　图像特征提取在图像拼接和图像匹配方面都有重要应用，特征检测方法也多种多样，本实战技能采用Harris角点检测方法来检测图片特征点，并将特征点用红点标记。标记结果如图5-94所示。

图5-94　检测图片特征点

技能·详解

1.技术要点

本实战技能将用到OpenCV的使用和Harris角点检测方法。

1）OpenCV及其图像特征检测

OpenCV是开放源代码计算机视觉库，也就是说，它是一套关于计算机视觉的开放源代码的API函数库。OpenCV可以运用于许多领域，如人机互动、物体识别、图像分割、人脸识别、动作识别、运动跟踪、机器人、运动分析、机器视觉、结构分析、汽车安全驾驶等。OpenCV在特征提取方面提供了一些特征描述的API，对于人脸检测而言，它不仅提供了haar特征和hog特征的API，而且还提供了LBP纹理特征的API。说到图片特征提取与检测，就不得不先说说什么是图片的特征。

图片的特征是表达图像中对象的主要信息，并且以此为依据，从其他未知图像中检测出相似或者相同的对象，如人脸。特征点的检测广泛应用到目标匹配、目标跟踪、三维重建等应用中，在进行目标建模时，会对图像进行目标特征的提取，常用的有颜色、角点、特征点、轮廓、纹理等特征。

高手点拨

OpenCV的安装方法如下。

（1）pip安装：在cmd中输入"pip install opencv-python"。

（2）whl安装：先去官网下载相应Python版本的OpenCV的whl文件，如下载opencv_python-4.1.2-cp37-cp37m-win_amd64.whl，然后在whl文件所在目录下，命令 pip install opencv_python-4.1.2-cp37-cp37m-win_amd64.whl 进行安装即可。

注意，whl安装方法中，cp37中的37表示Python版本是3.7，读者根据自己的Python版本进行下载。

安装OpenCV后，初次使用OpenCV，读取显示一张图片。

```
1. import cv2 as cv # 导入 OpenCV 模块，引用为 cv
2. src = cv.imread('../example.png') # 读取这个路径的图片，注意路径不能包含中文
3. cv.namedWindow('input_image', cv.WINDOW_AUTOSIZE)  # namedWindow() 函数用于创建一个窗口
4. cv.imshow('input_image', src)  # 在指定的窗口中显示一副图像
5. cv.waitKey(0)  # 若参数等于 0（也可以小于 0），则一直显示，不会有返回值，直到按下一个键
6.                # 才消失；若参数大于 0，则显示多少毫秒，超过指定时间就返回 -1
7. cv.destroyAllWindows()  # 删除建立的全部窗口，释放资源
```

温馨提示

若同时使用 namedWindow( ) 和 imshow( ) 函数，则两个函数的第一个参数名字必须相同。

下面给出OpenCV常用的各种特征点检测方法，如表5-5所示。

表5-5　OpenCV 常用特征点检测方法

函数	意义
cv2.AKAZE_create( )	检测 AKAZE 特征点
cv2.BRISK_create( )	检测 BRISK 特征点
cv2.cornerHarris( )	检测 Harris 角点
cv2.FastFeatureDetector_create( )	检测 FAST 特征点
cv2.KAZE_create( )	检测 KAZE 特征点
cv2.ORB_create( )	检测 ORB 特征点
cv2.xfeatures2d.SIFT_create( )	检测 SIFT 特征点
cv2.xfeatures2d.SURF_create( )	检测 SURF 特征点

2）Harris角点检测

Harris角点检测是特征点检测的基础，提出了应用邻近像素点灰度差值概念，从而判断是否为角点、边缘、平滑区域。Harris角点检测原理是利用移动的窗口在图像中计算灰度变化值，其中关键流程包括转化为灰度图像、计算差分图像、高斯平滑、计算局部极值、确认角点。

角点原理来源于人对角点的感性判断，即图像在各个方向的灰度有明显变化。算法的核心是利用局部窗口在图像上进行移动，判断灰度的变化，所以此窗口用于计算图像的灰度变化，即[-1,0,1;-1,0,1;-1,0,1]和[-1,-1,-1;0,0,0;1,1,1]。在各个方向上移动这个特征的小窗口，若窗口内的灰度发生了较大的变化，那么就认为在窗口内遇到了角点；若窗口内的灰度没有发生变化，那么窗口内就不存在角点。如果窗口在某一个方向移动时，窗口内图像的灰度发生了较大的变化，而在另一些方向上没有发生变化，那么窗口内的图像可能就是一条直线的线段。

其表达式如下：

$$E(u,v) = \sum_{x,y} w(x,y) \big[I(x+u, y+v) - I(x,y) \big]^2 \qquad （公式5-31）$$

其含义是对于图像$I(x, y)$，在点(x,y)处平移(u,v)后的自相似性。其中，$w(x, y)$是加权函数，它可以是常数，如图5-95左侧所示，也可以是高斯加权函数，如图5-95右侧所示。

图5-95　函数

根据泰勒公式进行展开后，可得到如下结果：

$$E(u,v) \approx [u,v] M \begin{bmatrix} u \\ v \end{bmatrix} \qquad （公式5-32）$$

其中，

$$M = \sum_{x,y} w(x,y) \begin{bmatrix} I_x^2 & I_x I_y \\ I_x I_y & I_y^2 \end{bmatrix} \qquad （公式5-33）$$

式中，I_x和I_y是在x和y方向获取的区域。

最后转化为$R = \det(M) - k(\text{trace} M)^2$，该公式决定了一个区域内是否包含角特征。式中，$\det M = \lambda_1 \lambda_2$，$\text{trace} M = \lambda_1 + \lambda_2$。$\lambda_1$和$\lambda_2$是$M$的特征值，这些特征值决定了一个区域是角点、线段还是平面。当λ_1和λ_2很小时，该区域为平面；当λ_1和λ_2一大一小时，该区域为线段；当λ_1和λ_2很大时，该区域为角点。它们的关系如图5-96所示。

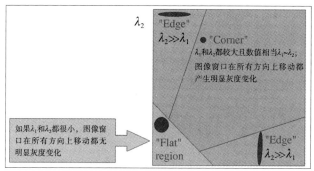

图5-96　角特性判断关系图

下面介绍Harris角点检测算法的实现步骤。

Step1：计算图像I在两个方向的梯度I_x、I_y。

$$I_x = \frac{\partial I}{\partial x} = I \otimes (-101), I_y = \frac{\partial I}{\partial x} = I \otimes (-101)^{\mathrm{T}}$$ （公式5-34）

Step2：计算图像在两个方向的梯度I_x、I_y的乘积。

$$I_x^2 = I_x \times I_x, I_y^2 = I_y \times I_y, I_{xy} = I_x \times I_y$$ （公式5-35）

Step3：使用高斯函数对I_x^2、I_y^2和I_{xy}进行高斯加权（取$\sigma = 1$），生成矩阵$\boldsymbol{M}$的元素A、B和C。

$$A = g(I_x^2) = I_x^2 \otimes w, B = g(I_y^2) = I_y^2 \otimes w, C = g(I_{xy}) = I_{xy} \otimes w$$ （公式5-36）

Step4：计算每个像素的Harris响应值R，并对小于某一阈值t的R置为0。

$$R = \left\{ R : \det \boldsymbol{M} - a(\mathrm{trace}\boldsymbol{M})^2 < t \right\}$$ （公式5-37）

Step5：在3×3或5×5的领域内进行非最大值抑制，局部最大值点即为图像中的角点。

2.主体设计

本实战技能特征检测和提取采用Harris角点测试算法和暴力匹配算法。图像特征提取流程如图5-97所示。

图5-97　图像特征提取流程

图像特征提取具体通过以下4个步骤实现。

Step1：读入图像，并转化为灰度图。

Step2：创建Harris对象，计算灰度图像。

Step3：在图像上绘制关键点。

Step4：退出检测，释放资源。

3.编程实现

本实战技能使用PyCharm进行编写，创建源文件【案例97：图像特征提取.py】，在界面输入代码。参考下面的详细步骤，编写具体代码，具体步骤及代码如下所示。

Step1：建立项目源文件img_feature.py。

Step2：导入模块并检测角点。

```
1. import cv2 # 导入模块
2. import numpy as np # 导入 numpy 模块
3. img = cv2.imread("../data/3.jpg") # 读取图片
4. gray = cv2.cvtColor(img, cv2.COLOR_BGR2GRAY) # 彩色转化为灰度
5. gray = np.float32(gray)
6. # 输入的图像必须是 float32 格式的
7. dst = cv2.cornerHarris(gray, 2, 3, 0.04) # 检测角点
8. img[dst > 0.0005 * dst.max()]=[0, 0, 255]
9. # 把原图像中超过相应阈值的区域标红，注意调参
10.cv2.imshow('dst', img) # 显示图片
11.cv2.waitKey(0) # 退出循环条件
12.cv2.destroyAllWindows() # 删除建立的全部窗口，释放资源
```

高手点拨

图像灰度化的原因主要有以下两点。

（1）识别物体最关键的因素是梯度，梯度意味着边缘，这是最本质的部分，而计算梯度自然就用到灰度图像，可以把灰度理解为图像的强度。

（2）颜色易受光照影响，难以提供关键信息，故将图像进行灰度化，同时也可以加快特征提取的速度。

Step3：需要最大精度的角点检测，模块也提供了cornerSubPix()函数，代码如下所示。

```
1. import cv2 # 导入模块
2. import numpy as np # 导入 numpy 模块
3. import matplotlib.pyplot as plt # 导入 matplotlib 模块
4. img = cv2.imread("../data/3.jpg") # 读取图片
5. gray = cv2.cvtColor(img, cv2.COLOR_BGR2GRAY)
6. # 先找出角点
7. gray = np.float32(gray)
8. dst = cv2.cornerHarris(gray, 2, 3, 0.04) # 检测角点
9. ret, dst = cv2.threshold(dst, 0.01 * dst.max(), 255, 0)
10.dst = np.uint8(dst)
11.# cv2.connectedComponentsWithStats() 函数是 opencv3 新出的一个函数,作用是连接图像内部
12.# 的缺口,使之成为一个整体(对比新旧函数,用于过滤原始图像中轮廓后较小的区域,留下较大的区域)
13.ret, labels, stats, centroids = cv2.connectedComponentsWithStats(dst)
14.criteria = (cv2.TERM_CRITERIA_EPS + cv2.TERM_CRITERIA_MAX_ITER, 100, 0.001)
15.# 定义迭代停止的条件
16.corners = cv2.cornerSubPix(gray, np.float32(centroids), (5, 5), (-1, -1), criteria)
17.res = np.hstack((centroids, corners)) # hstack 按照列顺序堆叠数组, 同理 vstack 是行顺序
18.res = np.int0(res) int0 # 可以省略小数点后面的数字
```

```
19.img[res[:, 1], res[:, 0]] = [0, 0, 255]
20.img[res[:, 3], res[:, 2]] = [0, 255, 0]
21.b, g, r = cv2.split(img)
22.img2 = cv2.merge([r, g, b])
23.plt.imshow(img2)
```

这样得到的标记点更加精确，因为标记点
太小，所以把它放大了，如图5-98所示。

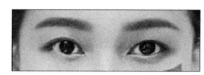

图5-98　亚像素级精确度的角点

巩固·练习

根据本案例的实现，利用OpenCV的使用和Harris角点检测方法，实现图片中内容相同部分的
匹配。

小贴士

利用Harris角点检测方法，实现图片内容匹配的具体步骤，参考如下。

Step1：特征提取。

Step2：可视化特征点。

Step3：特征匹配。

Step4：特征匹配结果可视化。

匹配原理很简单，遍历两幅图像的特征描述符，然后计算匹配的质量，根据距离对特征点
进行排序，在一定的置信度下，显示匹配结果。

实战技能 98 模仿世界名画作画

实战·说明

模仿世界名画作画，其实是一个风格迁移的过程。本实战技能可以完成这个风格迁移的过
程，即输入一张普通图片和一张世界名画的图片，让程序学习名画风格，不断迭代，将名画风格迁
移到输入的普通图片上。这个过程十分有趣，输入普通图片A（如图5-99所示）和名画图片B（如
图5-100所示），然后提取A的内容和B的风格，将两者结合起来，得到结果C（如图5-101所示）。

图5-99 输入普通图片A

图5-100 输入名画图片B

图5-101 风格迁移后图片C

技能·详解

1.技术要点

本实战技能主要利用TensorFlow的框架和VGG16的卷积神经网络模型，实现世界名画的风格迁移，其技术难点在于TensorFlow框架的使用和风格迁移的数学模型理解。要实现本案例，需要掌握以下几个知识点。

1）VGG16

VGG卷积神经网络是牛津大学在2014年提出来的模型。当这个模型被提出时，由于它的简洁性和实用性，马上成为当时最流行的卷积神经网络模型。它在图像分类和目标检测任务中都表现得非常好。VGG16采用连续的几个3×3的卷积核代替AlexNet中的较大卷积核（11×11，7×7，5×5）。对于给定的感受野（与输出有关的输入图片的局部大小），采用堆积的小卷积核优于采用大的卷积核，因为多层非线性层可以增加网络深度来保证学习更复杂的模式，而且代价还比较小（参数更少）。简单地说，在VGG中，使用了3个3×3卷积核来代替7×7卷积核，使用了2个3×3卷积核来代替5×5卷积核，这样做的主要目的是在保证具有相同感知野的条件下，提升了网络的深度，在一定程度上提升了神经网络的效果。本案例使用已经训练好的VGG16模型，不需要自己训练模型，因此不过多介绍VGG16原理。

2）TensorFlow

TensorFlow是谷歌于2015年11月9日正式开源的计算框架。TensorFlow计算框架可以很好地支持深度学习的各种算法，但它的应用也不限于深度学习。TensorFlow的基本概念如下。

（1）图（Graph）：图描述了计算的过程，TensorFlow使用图表示计算任务。

（2）张量（Tensor）：一个类型化的多维数组，TensorFlow使用张量表示数据。

（3）操作（OP）：图中的节点，一个OP获得0个或多个Tensor，执行计算，产生0个或多个Tensor。

（4）会话（Session）：图必须在会话的上下文中执行，会话将图的OP分发到CPU或GPU之类的设备上执行。

（5）变量（Variable）：运行过程中可以改变，用于维护状态。

（6）feed和fetch：可以为任意的操作赋值或者从其中获取数据。

（7）边：实线边表示数据依赖关系。虚线边表示控制依赖，可以用于控制操作的运行。例如，确保happens-before关系，这类边上没有数据流过，源节点必须在目的节点执行前完成。

TensorFlow运行流程分为两步，分别是构造模型和训练。在构造阶段，我们需要去构建一个图来描述我们的模型，然后在会话中启动它。所谓图，可以理解为流程图，就是将数据的输入和输出的过程表示出来，模型流程如图5-102所示。

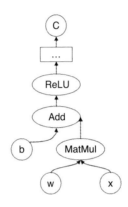

图5-102　模型流程图

但是，此时是不会发生实际运算的，因为TensorFlow是延迟执行模型，首先定义计算图，然后执行图。构建图的过程中，只是建立了各个节点之间的运算关系，并没有进行实际的运算，在执行图的过程中，计算才真正发生。所以首先在内存中创建一个计算图，然后使用session.run执行实际训练任务，如梯度计算等操作。

3）风格迁移的实现损失计算

首先计算内容损失，再计算风格损失，将两者相加得到总的损失函数。

（1）内容损失。

假设一个卷积层包含N_l个过滤器filters，feature map的大小是M_l（长乘宽），则可以通过一个矩阵来存储l层的数据：

$$F^l \in \mathbf{R}^{N_l \times M_l} \tag{公式5-38}$$

其中，$F_{i,j}^l$表示第l层的第i个过滤器filters在j位置上的激活值。所以现在一张内容图片$\vec{p}$和一张生成图片$\vec{x}$，经过卷积层l可以得到其对应的特征表示，即P^l和F^l，则对应的损失采用均方误差：

$$L_{content(\vec{p},\vec{x},l)} = \frac{1}{2}\sum_{ij}\left(F_{ij}^l - P_{ij}^l\right)^2 \tag{公式5-39}$$

F和P是两个矩阵，大小是$N_l \times M_l$，即卷积层l层过滤器filters的个数和 feature map 的长乘宽的值。

（2）风格损失。

采用格拉姆矩阵表示风格：

$$G^l \in \mathbf{R}^{N_l \times N_l} \qquad \text{（公式5-40）}$$

$$G^l_{ij} = \sum_k F^l_{jk} F^l_{jk} \qquad \text{（公式5-41）}$$

格拉姆矩阵计算的是两两特征的相关性，即哪两个特征是同时出现的，以及哪两个特征是此消彼长的，能够保留图像的风格。例如，一幅画中有人和树，它们可以出现在任意位置，格拉姆矩阵可以衡量它们之间的关系，可以表示这幅画的风格信息。

假设 $\vec{a}$ 是风格图像，$\vec{x}$ 是生成图像，A^l 和 G^l 表示在 l 层的格拉姆矩阵，则这一层的损失为：

$$E_l = \frac{1}{4 N_l^2 M_l^2} \sum_{i,j} \left(G^l_{ij} - A^l_{ij} \right)^2 \qquad \text{（公式5-42）}$$

提取风格信息时，我们会使用多个卷积层的输出，所以总损失为：

$$L_{\text{style}} \left(\vec{a}, \vec{x} \right) = \sum_l^L w_l E_l \qquad \text{（公式5-43）}$$

式中，w_l 是每一层损失的权重。

（3）总损失函数。

通过白噪声初始化一个输出的结果，然后通过网络对这个结果进行风格和内容两方面的修正，得：

$$L_{\text{total}} \left(\vec{p}, \vec{a}, \vec{x} \right) = a L_{\text{content}} \left(\vec{p}, \vec{x} \right) + \beta L_{\text{style}} \left(\vec{a}, \vec{x} \right) \qquad \text{（公式5-44）}$$

2.主体设计

风格迁移实现流程如图5-103所示。

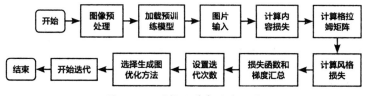

图5-103 风格迁移实现流程图

实现风格迁移具体通过以下9个步骤实现。

Step1：将内容图片与风格图片准备好。

Step2：加载VGG16模型。

Step3：输入内容图片与风格图片。

Step4：计算内容损失，即内容图和生成图之间的距离。

Step5：计算特征图的格拉姆矩阵。格拉姆矩阵计算两者的相关性，这里算的是一张特征图的自相关。

Step6：计算风格图的格拉姆矩阵和生成图的格拉姆矩阵。计算风格图与生成图之间的格拉姆矩阵的距离，即为风格损失。

Step7：将这些损失函数组合成一个标量。

Step8：设置迭代次数并选择生成图的优化方法。

Step9：开始迭代，迭代完成后储存图片。

3.编程实现

本实战技能使用PyCharm进行编写，创建源文件【案例98：模仿世界名画作画.py】，在界面输入代码。参考下面的详细步骤，编写具体代码，具体步骤及代码如下所示。

Step1：下载VGG16模型，放入如图5-104所示的目录中。

图5-104　VGG16存放路径

▌温馨提示

每个人的主目录都不一样，笔者的主目录是"wangxiaolan"，如果没有.keras这个文件夹，新建就可以了。

Step2：新建一个neural_style_transfer.py源文件，然后在文件里依次编写功能代码。

Step3：导入模块。

```
1. from keras.preprocessing.image import load_img, img_to_array
2. from scipy.misc import imsave
3. import numpy as np
4. from scipy.optimize import fmin_l_bfgs_b
5. import time
6. import argparse
7. from keras.applications import vgg16
8. from keras import backend as K
```

Step4：解析参数的定义和添加，读者可以在这里修改参数，添加自己想要的内容图和风格图。除了修改代码还可以修改图片名称，完成图片替换。1-content.jpg为内容图，1-style.jpg为风格图。

```
1. parser = argparse.ArgumentParser(description='Neural style transfer with Keras.')
2. parser.add_argument('--base_image_path', metavar='base', default='1-content.jpg',
3.                 type=str, help='Path to the image to transform.')
4. parser.add_argument('--style_reference_image_path', metavar='ref', default='1-
5.                 style.jpg', type=str, help='Path to the style reference image.')
6. parser.add_argument('--result_prefix', metavar='res_prefix', default='1-output.jpg',
7.                 type=str, help='Prefix for the saved results.')
8. parser.add_argument('--iter', type=int, default=2, required=False, help='Number
```

```
9.                      of iterations to run.')
10.parser.add_argument('--content_weight', type=float, default=0.025,
11.                     required=False, help='Content weight.')
12.parser.add_argument('--style_weight', type=float, default=1.0, required=False,
13.                     help='Style weight.')
14.parser.add_argument('--tv_weight', type=float, default=1.0, required=False,
15.                     help='Total Variation weight.')
```

Step5：自定义参数的设置。

```
1. args = parser.parse_args( )
2. base_image_path = args.base_image_path
3. style_reference_image_path = args.style_reference_image_path
4. result_prefix = args.result_prefix
5. iterations = args.iter
```

Step6：不同损失部分的权重。

```
1. total_variation_weight = args.tv_weight      # 总损失权重
2. style_weight = args.style_weight             # 风格损失权重
3. content_weight = args.content_weight         # 内容损失权重
```

Step7：设置生成图片的尺寸。

```
1. width, height = load_img(base_image_path).size      # 下载内容图的尺寸
2. img_nrows = height    # 图片高度
3. img_ncols = width     # 图片宽度
```

Step8：创建图像预处理函数，作用是打开、调整和格式化图片到适当的张量。

```
1. def preprocess_image(image_path):
2.     img = load_img(image_path, target_size=(img_nrows, img_ncols))
3.     img = img_to_array(img)
4.     img = np.expand_dims(img, axis=0)
5.     img = vgg16.preprocess_input(img)
6.     return img
```

Step9：创建函数，将张量转换成有效图像。

```
1. def deprocess_image(x):
2.     if K.image_data_format( ) == 'channels_first':
3.         x = x.reshape((3, img_nrows, img_ncols))
4.         x = x.transpose((1, 2, 0))
5.     else:
6.         x = x.reshape((img_nrows, img_ncols, 3))
7.     x[:, :, 0] += 103.939
8.     x[:, :, 1] += 116.779
9.     x[:, :, 2] += 123.68
10.    x = x[:, :, ::-1]
11.    x = np.clip(x, 0, 255).astype('uint8')
```

```
12.    return x
```

Step10：读入内容图和风格图。

```
1. base_image = K.variable(preprocess_image(base_image_path))
2. style_reference_image = K.variable(preprocess_image(style_reference_image_path))
```

Step11：给目标图片定义占位符。

```
1. if K.image_data_format( ) == 'channels_first':
2.     combination_image = K.placeholder((1, 3, img_nrows, img_ncols))
3. else:
4.     combination_image = K.placeholder((1, img_nrows, img_ncols, 3))
```

Step12：将张量串联到一起。

```
1. input_tensor = K.concatenate([base_image, style_reference_image,
2.                               combination_image], axis=0)
```

Step13：构建VGG16网络，该模型将加载预先训练的ImageNet权重。

```
1. model = vgg16.VGG16(input_tensor=input_tensor, weights='imagenet',
2.                     include_top=False)
3. print('Model loaded.')
```

Step14：获取每个关键图层的符号输出。

```
1. outputs_dict = dict([(layer.name, layer.output) for layer in model.layers])
```

Step15：计算特征图的格拉姆矩阵，这里算的是一张特征图的自相关。

```
1. def gram_matrix(x):
2.     assert K.ndim(x) == 3
3.     if K.image_data_format( ) == 'channels_first':
4.         features = K.batch_flatten(x)
5.     else:
6.         features = K.batch_flatten(K.permute_dimensions(x, (2, 0, 1)))
7.     gram = K.dot(features, K.transpose(features))
8.     return gram
```

Step16：计算风格图的格拉姆矩阵、生成图的格拉姆矩阵、风格图与生成图之间的格拉姆矩阵的距离，将得到的格拉姆矩阵的距离作为风格loss。

```
1. def style_loss(style, combination):
2.     assert K.ndim(style) == 3
3.     assert K.ndim(combination) == 3
4.     S = gram_matrix(style)image_data_format( ) == 'channels_first':
5.         C = gram_matrix(combination)
6.         channels = 3
7.         size = img_nrows * img_ncols
8.         returnK.sum(K.square(S - C)) / (4. * (channels ** 2) * (size ** 2))
```

Step17：内容图和生成图之间的距离作为内容loss。

```
1. def content_loss(base, combination):
2.     returnK.sum(K.square(combination - base))
```

Step18：计算变异loss。

```
1. def total_variation_loss(x):
2.     assert K.ndim(x) == 4
3.     if K.image_data_format( ) == 'channels_first':
4.         a = K.square(x[:, :, :img_nrows - 1, :img_ncols - 1] -
5.                      x[:, :, 1:, :img_ncols - 1])
6.         b = K.square(x[:, :, :img_nrows - 1, :img_ncols - 1] -
7.                      x[:, :, :img_nrows - 1, 1:])
8.     else:
9.         a = K.square(x[:, :img_nrows - 1, :img_ncols - 1, :] -
10.                      x[:, 1:, :img_ncols - 1, :])
11.         b = K.square(x[:, :img_nrows - 1, :img_ncols - 1, :] -
12.                      x[:, :img_nrows - 1, 1:, :])
13.     returnK.sum(K.pow(a + b, 1.25))
```

Step19：将这些损失函数组合成一个标量。

```
1. loss = K.variable(0.)
2. layer_features = outputs_dict['block4_conv2']
3. base_image_features = layer_features[0, :, :, :]
4. combination_features = layer_features[2, :, :, :]
5. loss += content_weight * content_loss(base_image_features, combination_features)
6. feature_layers = ['block1_conv1', 'block2_conv1', 'block3_conv1',
7.                    'block4_conv1', 'block5_conv1']
8. # 抽取风格图和生成图第一个卷积层输出的特征图，并逐层计算风格 loss
9. for layer_name in feature_layers:
10.     layer_features = outputs_dict[layer_name]
11.     style_reference_features = layer_features[1, :, :, :]
12.     combination_features = layer_features[2, :, :, :]
13.     sl = style_loss(style_reference_features, combination_features)
14.     loss += (style_weight / len(feature_layers)) * sl
15.     loss += total_variation_weight * total_variation_loss(combination_image)
16.                                                 # 叠加生成图像的变异 loss
17.     grads = K.gradients(loss, combination_image) # 计算生成图的梯度
18.     # outputs 为 loss
19.     outputs = [loss]
20.if isinstance(grads, (list, tuple)):
21.     outputs += grads
22.else:
23.     outputs.append(grads)
```

Step20：定义需要迭代优化过程的计算图。计算图的前向传导以生成图为输入，以loss和grad

为输出，反过来就是优化过程。在初始化之前，生成图仍然只是占位符而已，并且在创建函数的同时取出loss和grad。

```
1. f_outputs = K.function([combination_image], outputs)
2. def eval_loss_and_grads(x):
3.     if K.image_data_format( ) == 'channels_first':
4.         x = x.reshape((1, 3, img_nrows, img_ncols))
5.     else:
6.         x = x.reshape((1, img_nrows, img_ncols, 3))
7.         outs = f_outputs([x])
8.         loss_value = outs[0]
9.     if len(outs[1:]) == 1:
10.        grad_values = outs[1].flatten( ).astype('float64')
11.    else:
12.        grad_values = np.array(outs[1:]).flatten( ).astype('float64')
13.        return loss_value, grad_values
```

Step21：定义一个Evaluator类，这个Evaluator类在计算出loss和grad的基础上，通过不同的函数分别获取loss和grad。

```
1. class Evaluator(object):
2.     def __init__(self):
3.         self.loss_value = None
4.         self.grads_values = None
5.     def loss(self, x):
6.         assert self.loss_value is None
7.         loss_value, grad_values = eval_loss_and_grads(x)
8.         self.loss_value = loss_value
9.         self.grads_values = grad_values
10.        return self.loss_value
11.    def grads(self, x):
12.        assert self.loss_value is  not None
13.        grad_values = np.copy(self.grad_values)
14.        self.loss_value = None
15.        self.grads_values = None
16.        return grad_values
17.        evaluator = Evaluator( )
```

Step22：运行优化算法，尽量减少神经风格的损失。

```
1. if K.image_data_format( ) == 'channels_first':
2.     x = np.random.uniform(0, 255, (1, 3, img_nrows, img_ncols)) - 128
3. else:
4.     x = np.random.uniform(0, 255, (1, img_nrows, img_ncols, 3)) - 128
```

Step23：迭代优化过程。

```
1. for i inrange(iterations):
```

```
2.      print('Start of iteration', i)
3.      start_time = time.time( )
4.      x, min_val, info = fmin_l_bfgs_b(evaluator.loss, x.flatten( ),
5.                                       fprime=evaluator.grads, maxfun=20)
6.      print('Current loss value:', min_val)
```

Step24：储存图片。

```
1. img = deprocess_image(x.copy( ))
2. fname = result_prefix + '_at_iteration_%d.png' % i
3. imsave(fname, img)
4. end_time = time.time( )
5. print('Image saved as', fname)
6. print('Iteration %d completed in %ds' % (i, end_time - start_time))
```

巩固·练习

利用DeepPy框架实现对图片风格的迁移。

小贴士

　　根据本案例代码，可以完成绘画风格的迁移。在案例中，除了应用Tensorflow框架来进行风格迁移，其他深度学习框架也能完成，如DeepPy。DeepPy是基于NumPy的深度学习框架，读者可以尝试通过其他的深度学习框架来完成风格迁移。

实战技能 99 财政收入影响因素分析及预测

实战·说明

　　本实战技能将研究我国某重要地区的财政收入与经济的关系，以得到市财政收入的关键影响因素。本案例所用的财政收入分为地方一般预算收入和政府性基金收入。由于数据获取的有限性，使用的数据均来自于《某市统计年鉴》。为了得到某市财政收入的关键影响因素，本案例的最终目标是梳理影响地方财政收入的关键特征，分析影响地方财政收入的关键特征的选择模型，以及对某市的财政收入进行预测。

技能·详解

1.技术要点

本实战技能主要利用Python，实现对财政收入影响因素的分析及预测，其技术关键在于算法的适用性，要实现本案例，需要掌握以下几个知识点。

1）Adaptive-Lasso方法

在以往的文献中，分析影响财政收入的因素，大多都是使用普通最小二乘法来对回归模型的系数进行估计，预测变量的选取则是使用逐步回归。然而，无论是最小二乘法还是逐步回归，都有其不足之处，它们一般都是局限于局部最优解而并不是全局最优解。如果预测变量过多，子集选择的计算具有内在的不连续性，从而导致子集选择十分多变。Adaptive-Lasso是近年来被广泛应用于参数估计和变量选择的方法之一，并且在确定的条件下，可以使用Adaptive-Lasso方法进行变量选择。使用Adaptive-Lasso方法来探究地方财政收入与经济的关系，本方案将选择参数估计与变量同时进行的一种正则化方法，其被定义为：

$$\hat{\beta}^{\star(n)} = \arg\min{}^2 \left\| y - \sum_{j=1}^{p} x_j \beta_j \right\|^2 + \lambda \sum_{j=1}^{p} \hat{\omega} \left| \beta_j \right| \qquad （公式5-45）$$

其中，λ为非负正则参数，$\lambda\sum_{j=1}^{p}\hat{\omega}\left|\beta_j\right|$为惩罚项。

由普通最小二乘法得出的系数为：

$$\hat{\omega} = \frac{1}{\left|\hat{\beta}_j\right|^{\gamma}}, \gamma > 0; j = 1,2,3,\cdots,p, \hat{\beta}_j \qquad （公式5-46）$$

设变量 $X^{(0)} = \left\{ X^{(0)}(i), i = 1,2,\cdots,n \right\}$ 为非负单调原始数据序列，建立灰色预测模型，首先对$X^{(1)}$可以建立下述一阶线性微分方程，即GM(1,1)模型：

$$\frac{\mathrm{d}X^{(1)}}{\mathrm{d}t} + aX^{(1)} = u \qquad （公式5-47）$$

求解微分方程，得到预测模型如下：

$$\hat{X}^{(1)}(k+1) = \left[\hat{X}^{(1)}(0) - \frac{\hat{u}}{\hat{a}} \right] e^{-\hat{a}k} + \frac{\hat{u}}{\hat{a}} \qquad （公式5-48）$$

GM(1,1)模型得到的是一次累加量，将GM(1,1)模型所得数据$\hat{X}^{(1)}(k+1)$经过累减还原$\hat{X}^{(0)}(k+1)$，即灰色预测模型为：

$$\hat{X}^{(1)}(k+1) = \left(e^{-\hat{a}} - 1 \right) \left[\hat{X}^{(0)}(n) - \frac{\hat{u}}{\hat{a}} \right] e^{-\hat{a}k} \qquad （公式5-49）$$

后验差检验判别参照如表5-6所示。

表 5-6　后验差检验判别参照表

P（后验差的比值）	C（残差的方差）	模型精度等级
>0.95	<0.35	好
>0.80	<0.5	合格
>0.70	<0.65	勉强合格
<0.70	>0.65	不合格

2）GM(1,1)模型

GM(1,1)模型（灰色预测模型）是对某一数据序列用累加的方式生成一组趋势明显的新序列，按照新的数据序列的增长趋势建立模型，对数据进行预测，再使用累减的方式进行逆向计算，恢复原始数据序列，最后得到预测结果。

GM(1,1)模型实现过程如下。

（1）假设有一组原始数据：

$$x^{(0)} = \left(x_1^{(0)}, x_2^{(0)}, \cdots, x_n^{(0)} \right)$$ （公式5-50）

其中，n为数据个数。对$x^{(0)}$累加弱化随机序列的波动性及随机性，得到新的序列：

$$x^{(1)} = \left(x_1^{(1)}, x_2^{(1)}, \cdots, x_n^{(1)} \right)$$ （公式5-51）

其中，

$$x^{(1)}(k) = \sum_{i=1}^{k} x^{(0)}(i), k = 1, 2, \cdots, n$$ （公式5-52）

生成$x^{(1)}$的邻均值等权数列：

$$z^{(1)} = \left(z_2^{(1)}, z_3^{(1)}, \cdots z_k^{(1)} \right), k = 2, 3, \cdots, n$$ （公式5-53）

其中，$z^{(1)}(k)$的计算为：

$$z^{(1)}(k) = 0.5 x^{(1)}(k-1) + 0.5 x^{(1)}(k), k = 2, 3, \cdots, n$$ （公式5-54）

再根据灰色理论，建立白化形式的一阶一元微分方程：

$$\frac{\mathrm{d}x^{(1)}}{\mathrm{d}t} + ax^{(1)} = u$$ （公式5-55）

其中，a、u为待解系数，分别称为发展系数和灰色作用量，a的有效区间为$(-2,2)$，并记a、u构成的矩阵灰参数为：

$$\hat{a} = \begin{bmatrix} a \\ u \end{bmatrix} \rightarrow x^{(1)}_{(t)}$$ （公式5-56）

只要求出参数a和u，就能求出$x^{(1)}_{(t)}$，进而求出$x^{(0)}$的预测值。计算累加生成数据的均值，生成B与常数项向量：

$$\boldsymbol{B} = \begin{bmatrix} -z_2^{(1)} & 1 \\ -z_3^{(1)} & 1 \\ \vdots & \vdots \\ -z_n^{(1)} & 1 \end{bmatrix} = \begin{bmatrix} -\frac{1}{2}\left(x_1^{(1)} + x_2^{(1)}\right) & 1 \\ -\frac{1}{2}\left(x_2^{(1)} + x_3^{(1)}\right) & 1 \\ \vdots & \vdots \\ -\frac{1}{2}\left(x_{(n-1)}^{(1)} + x_{(n)}^{(1)}\right) & 1 \end{bmatrix}, \boldsymbol{Y}_n = \begin{bmatrix} x_2^{(0)} \\ x_3^{(0)} \\ \vdots \\ x_n^{(0)} \end{bmatrix} \qquad (公式5-57)$$

（2）使用最小二乘法求解灰参数$\hat{\boldsymbol{a}}$，得：

$$\hat{\boldsymbol{a}} = \left(\boldsymbol{B}^{\mathrm{T}}\boldsymbol{B}\right)^{-1}\boldsymbol{B}^{\mathrm{T}}\boldsymbol{Y} \qquad (公式5-58)$$

将灰参数$\hat{\boldsymbol{a}}$代入公式进行求解，得：

$$\hat{x}^{(1)}(t+1) = \left(x_1^{(1)} - \frac{u}{a}\right)\mathrm{e}^{-at} + \frac{u}{a} \qquad (公式5-59)$$

（3）再将结果进行累减还原，得到一组预测值：

$$x^{(0)} = \left(x_1^{(0)}, x_2^{(0)}, \cdots, x_n^{(0)}, x_{n+1}^{(0)}, \cdots, x_{n+m}^{(0)}\right) \qquad (公式5-60)$$

（4）对模型精度进行评价。

利用模型进行预测之后，对建立的灰色预测模型进行精度检验，本章节推荐使用后验差检验，计算公式如下所示：

$$\overline{X} = \frac{1}{n}\sum_{k=1}^{n} x_k^{(0)} \qquad (公式5-61)$$

均值：

$$S_1 = \frac{1}{n}n\sum_{k=1}^{n}\left[x_k^{(0)} - \overline{X}\right]^2 \qquad (公式5-62)$$

方差：

$$\overline{E} = \frac{1}{n-1}\sum_{k=2}^{n} E(k) \qquad (公式5-63)$$

残差的均值：

$$S_2 = \sqrt{\frac{1}{n-1}\sum_{k=2}^{n}\left[E(k) - \overline{E}\right]^2} \qquad (公式5-64)$$

残差的方差：

$$C = \frac{s_2}{s_1} \qquad (公式5-65)$$

后验差的比值：

$$P = P\left\{\left|E(k) - \overline{E}\right| < 0.675S_1\right\} \qquad (公式5-66)$$

预测精度等级对照如表5-7所示。

表 5-7　预测精度等级对照表

预测精度等级	P（后验差的比值）	C（残差的方差）
好	> 0.95	< 0.35
合格	> 0.80	< 0.45
勉强合格	> 0.70	< 0.50
不合格	≤ 0.70	≥ 0.65

3）神经网络算法

神经网络算法，在其学习和任职科学领域是一种模仿生物神经网络的结构和功能的数学模型或计算模型，用于对函数进行估计或近似。神经网络由大量的人工神经元联结进行计算。大多数情况下，人工神经网络能够在外界信息的基础上改变内部结构，是一种自适应系统。典型的人工神经网络具有以下三个部分。

（1）结构：指定了网络中的变量和它们的拓扑关系。

（2）激励函数：大部分神经网络模型具有一个短时间的动力学规则，来定义如何根据其他神经元的活动，改变自己的激励值。一般激励函数依赖于网络中的权重，即该网络的参数。

（3）学习规则：指定了网络中的权重如何随着时间推进而调整。

神经元示意如图5-105所示。

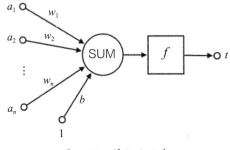

图5-105　神经元示意

图中的各网络变量和网络参数解释如下。

（1）$a_1 \sim a_n$为输入向量的各个分量。

（2）$w_1 \sim w_n$为神经元各个突触之间的权值。

（3）b为偏置。

（4）f为传递函数，通常是非线性的。

（5）t为神经元输出。

神经网络算法实现的基本步骤如下。

Step1：初始化网络中各节点的阈值和权值，以及最大学习次数和期望误差。

Step2：输入训练样本数，根据阈值和权值的计算公式，计算出隐含层的输入和输出。

Step3：根据输入层的激励函数、阈值和隐含层与输出层间的权值，计算出输出层的输入和输出。

Step4：利用BP的反传误差，对隐含层和输出层的阈值和权值进行调整。

Step5：记录训练的样本数目，若样本数目大于总训练次数，执行后续步骤；若小于总训练次数，返回Step2。

Step6：计算更新后的阈值和权值所对应各层的输出和误差。

Step7：判断当前误差是否小于期望误差或当前的学习次数是否等于最大学习次数，若是，结束训练；反之，进行新一轮学习。

神经网络算法流程如图5-106所示。

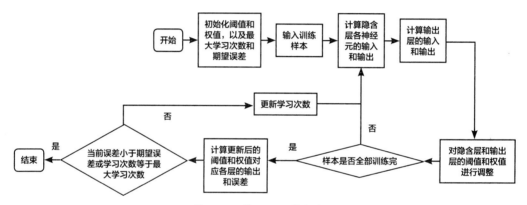

图5-106　神经网络算法流程

4）数据收集

从某市统计年鉴中获取需要的数据。

5）数据探索分析

影响财政收入（y）的因素有很多，在查阅大量文献的基础上，通过经济理论对财政收入的解释，考虑一些与能源消耗关系密切并且有线性关系的因素，初步选取以下因素为自变量，分析它们之间的关系。

社会从业人数（x1）：就业人数的上升伴随着居民消费水平的提高，从而间接增加财政收入。

在岗职工工资总额（x2）：在岗职工工资总额反映的是社会分配情况，主要影响财政收入中的个人所得税、房产税和潜在的消费能力。

社会消费品零售总额（x3）：代表社会整体消费情况，是可支配收入在经济生活中的体现。当社会消费品零售总额增长时，表明社会消费意愿强烈。

城镇居民人均可支配收入（x4）：居民收入越高，消费能力越强，同时意味着其工作积极性越高，创造出的财富越多，从而能带来财政收入的增长。

城镇居民人均消费性支出（x5）：居民在消费商品的过程中会产生各种税费，税费又是调节生产规模的手段之一。在商品经济发达的今天，居民消费得越多，对财政收入的贡献就越大。

年末总人口（x6）：在地方经济发展水平既定的条件下，地方人均财政收入与地方人口数呈反比例变化。

全社会固定资产投资额（x7）：建造和购置固定资产的经济活动，即固定资产再生产活动。

地区生产总值（x8）：地方经济发展水平。

第一产业产值（x9）：第一产业对财政收入的影响小。

税收（x10）：政府财政收入的最重要的收入形式和来源。

居民消费价格指数（x11）：影响城乡居民的生活支出和国家的财政收入。

第三产业与第二产业产值比（x12）：产业结构。

居民消费水平（x13）：间接影响地方财政收入。

2.主体设计

财政收入分析预测模型流程如图5-107所示。

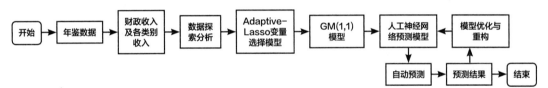

图5-107 财政收入分析预测模型流程图

财政收入分析预测模型具体通过以下4个步骤实现。

Step1：搜集某市财政收入和各类别收入的相关数据。

Step2：利用Step1形成的已完成数据预处理的建模数据，建立Adaptive-Lasso变量选择模型。

Step3：在Step2的基础上建立单变量的灰色预测模型和人工神经网络预测模型。

Step4：将Step3的预测值代入构建好的人工神经网络模型中，从而得到某市财政收入和各类别收入的预测值。

3.编程实现

本实战技能使用Jupyter Notebook工具进行编写，建立相关的源文件【案例99：财务收入影响因素分析及预测.ipynb】，然后在相应的【cell】里面编写代码。参考下面的详细步骤，编写具体代码，具体步骤及代码如下所示。

Step1：初步选取自变量，对数据进行描述性统计分析，对于所获取的数据有整体上的认识，代码如下所示。

```
1. import numpy as np
2. import pandas as pd
3. inputfile = '../data/data1.csv' # 输入的数据文件
4. data = pd.read_csv(inputfile) # 读取数据
5. r = [data.min( ), data.max( ), data.mean( ), data.std( )] # 依次计算最小值、最大值、
6.                                                            # 均值、标准差
```

```
7. r = pd.DataFrame(r, index=['Min', 'Max', 'Mean', 'STD']).T  # 计算相关系数矩阵
8. np.round(r, 2) # 保留两位小数
```

通过上述的描述分析，可以得到数据集的最小值、最大值、均值和标准差。发现财政收入的均值和标准差数值较大，从而可以说明某市各个年份之间的财政收入存在较大的差异。

Step2：相关系数可以用来描述定量和变量之间的关系，初步判断因变量与解释变量之间是否具有线性相关性，利用原始数据求解相关系数，代码如下所示。

```
1. import numpy as np
2. import pandas as pd
3. inputfile = '../data/data1.csv' # 输入的数据文件
4. data = pd.read_csv(inputfile) # 读取数据
5. np.round(data.corr(method='pearson'), 2) # 计算相关系数矩阵，保留两位小数
```

根据分析结果可以知道，居民消费价格指数（x11）与财政收入的线性关系不显著，而且呈现负相关，其余变量都是与财政收入呈现高度的正相关。

Step3：使用LARS算法，解决Adaptive-Lasso估计，代码如下所示。

```
1. import pandas as pd
2. inputfile = '../data/data1.csv'    # 输入的数据文件
3. data = pd.read_csv(inputfile, engine='python') # 读取数据
4.
5.
6. # 导入算法
7. from sklearn import linear_model
8. model = linear_model.Lasso(alpha=1)
9. model.fit(data.iloc[:, 0:13], data['y'])
10.model.coef_ # 各个特征的系数
11.print(model.coef_)
```

运行程序得到系数表，如表5-8所示。

表 5-8　系数表

x1	x2	x3	x4	x5	x6	x7
−0.0001	−0.2309	0.1375	−0.0401	0.076	0	0.3069

x8	x9	x10	x11	x12	x13
0	0	0	0	0	0

由表5-8可以看出，使用Adaptive-Lasso方法构建模型时，能够剔除存在共线性关系的变量。年末总人口（x6）、地区生产总值（x8）、第一产业产值（x9）、税收（x10）、居民消费价格指数（x11）、第三产业与第二产业产值比（x12），以及居民消费水平（x13）等因素的系数为0，即在模型建立的过程中，这几个变量被剔除了。由于某市存在流动人口与外来打工人口多的特性，年末总人口（x6）并不显著影响某市财政收入，居民消费价格指数（x11）与财政收入的相关性太小，

可以忽略。由于农牧业在各项税收总额中所占比重过小,第一产业值(x9)对地方财政收入的贡献率极低,所以变量被剔除,体现了Adaptive-Lasso方法对多指标进行建模的优势。

综上所述,利用Adaptive-lasso方法识别影响财政收入的关键影响因素是社会从业人数(x1)、在岗职工工资总额(x2)、社会消费品零售总额(x3)、城镇居民人均可支配收入(x4)、城镇居民人均消费性支出(x5)和全社会固定资产投资额(x7)。

Step4:建立GM(1,1)模型,编写GM(1,1)模型的灰色预测函数,代码如下所示。

```
1. def GM11(x0): # 自定义灰色预测函数
2.     x1 = x0.cumsum( ) # 1-AGO 序列
3.     z1 = (x1[:len(x1)-1] + x1[1:]) / 2.0 # 生成序列
4.     z1 = z1.reshape((len(z1), 1))
5.     B = np.append(-z1, np.ones_like(z1), axis=1)
6.     Yn = x0[1:].reshape((len(x0)-1, 1))
7.     [[a], [b]] = np.dot(np.dot(np.linalg.inv(np.dot(B.T, B)), B.T), Yn) # 计算参数
8.     f = lambda k: (x0[0]-b / a) * np.exp(-a * (k-1)) - (x0[0] - b / a) *
9.         np.exp(-a * (k -2 )) # 还原值
10.    delta = np.abs(x0 - np.array([f(i) for i in range(1, len(x0) + 1)]))
11.    C = delta.std( ) / x0.std( )
12.    P = 1.0 * (np.abs(delta - delta.mean( )) < 0.6745 * x0.std( )).sum( ) / len(x0)
13.    return f, a, b, x0[0], C, P # 返回灰色预测函数、a、b、首项、方差比、小残差概率
```

Step5:通过Adaptive-Lasso方法识别的影响财政收入的因素,建立灰色预测模型,本案例将通过建立灰色预测模型得到社会从业人数(x1)、在岗职工工资总额(x2)、社会消费品零售总额(x3)、城镇居民人均可支配收入(x4)、城镇居民人均消费性支出(x5)、全社会固定资产投资额(x7),代码如下所示。

```
1. inputfile = inputfile = '../data/data1.csv'  # 输入的数据文件
2. outfile = ' inputfile = '../data/ data1_GM1.xls'
3. data = pd.read_csv(inputfile, engine='python') # 读取数据
4. data.index = range(1998, 2018)
5.
6. data.loc[2018] = None
7. data.loc[2019] = None
8. l = ['x1', 'x2', 'x3', 'x4', 'x5', 'x7', 'y']
9. P = []
10.C = []
11.for i in l:
12.    gm = GM11(data[i][:-2].as_matrix( ))
13.    f = gm[0]
14.    P = gm[-1]
15.    C = gm[-2]
16.    data[i][2018] = f(len(data) - 1)
17.    data[i][2019] = f(len(data))
18.    data[i] = data[i].round(2)
```

```
19.     if (C < 0.35 and P > 0.95):
20.         print(' 对于 {0}；预测精度等级：好；该模型 2018 年预测值为 {1}；
21.                 2019 年预测值：{2}' .format(i, data[i][2018], data[i][2019]))
22.     elif (C < 0.5 and P > 0.8):
23.         print(' 对于 {0}；预测精度等级：合格；该模型 2018 年预测值为 {1}；
24.                 2019 年预测值：{2}' .format(i, data[i][2018], data[i][2019]))
25.     elif (C < 0.65 and P > 0.7):
26.         print(' 对于 {0}；预测精度等级：勉强合格；该模型 2018 年预测值为 {1}；
27.                 2019 年预测值：{2}' .format(i, data[i][2018], data[i][2019]))
28.     else:
29.         print(' 对于 {0}；预测精度等级：不合格；该模型 2018 年预测值为 {1}；
30.                 2019 年预测值：{2}' .format(i, data[i][2018], data[i][2019]))
31.data[1].to_excel(outfile)
```

预测结果如图5-108所示。

图5-108　地方财政收入灰色预测结果

Step6：建立神经网络预测模型，将数据零均值值标准化后，编写网络预测算法。代入地方财政收入所建立的3层神经网络预测模型，得到某市财政收入2018年的预测值为2114.62亿元，2019年的预测值为2366.42亿元。地方财政收入神经网络预测模型，代码如下所示。

```
1. import pandas as pd
2. from keras.models import Sequential
3. from keras.layers.core import Dense, Activation
4. import matplotlib.pyplot as plt
5.
6. inputfile = '../data/data1_GM11.xls' # 灰色预测后保存的路径
7. outputfile = '../data/revenue.xls' # 神经网络预测后保存的结果
8. modelfile = '../data/1-net.model' # 模型保存路径
9. data = pd.read_excel(inputfile) # 读取数据
10.feature = ['x1', 'x2', 'x3', 'x4', 'x5', 'x7'] # 特征所在列
11.
12.data_train = data.loc[range(2002, 2018)].copy() # 取 2018 年前的数据建模
13.data_mean = data_train.mean()
14.data_std = data_train.std()
```

```
15.data_train = (data_train - data_mean) / data_std # 数据标准化
16.x_train = data_train[feature].as_matrix( ) # 特征数据
17.y_train = data_train['y'].as_matrix( ) # 标签数据
18.
19.model = Sequential( ) # 建立模型
20.model.add(Dense(6, 12))
21.model.add(Activation('relu')) # 用 relu 函数作为激活函数，能够大幅提升准确度
22.model.add(Dense(12, 1))
23.model.compile(loss='mean_squared_error', optimizer='adam') # 编译模型
24.model.fit(x_train, y_train, nb_epoch=10000, batch_size=16) # 训练模型,学习一万次
25.model.save_weights(modelfile) # 保存模型参数
26.
27.# 预测，还原结果
28.x = ((data[feature] - data_mean[feature]) / data_std[feature]).as_matrix( )
29.data[u'y_pred'] = model.predict(x) * data_std['y'] + data_mean['y']
30.data.to_excel(outputfile)
31.
32.# 画出预测结果图
33.p = data[['y', 'y_pred']].plot(subplots=True, style=['b-o', 'r-*'])
34.plt.show( )
```

预测结果如图5-109所示。

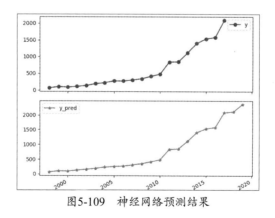

图5-109　神经网络预测结果

巩固·练习

（1）使用灰色预测，计算该地未来两年的增值税、营业税、企业所得税、个人所得税。

（2）使用神经网络预测，计算该地未来两年的增值税、营业税、企业所得税、个人所得税。

> **小贴士**
>
> 　　利用灰色预测和神经网络预测方法，实现该地增值税、营业税、企业所得税、个人所得税的预测的具体步骤，参考如下。
>
> **Step1**：对数据集进行预处理，处理缺失值、异常值等。
>
> **Step2**：划分训练数据集和测试数据集。
>
> **Step3**：使用训练数据集对模型进行训练。
>
> **Step4**：使用测试数据集对所训练的模型进行测试。
>
> **Step5**：对模型进行评估。

实战技能 100 识别偷税漏税行为

实战·说明

　　本实战技能将结合本书所使用的数据挖掘的思想，智能地识别企业偷税漏税行为，有效地打击企业偷税漏税行为，维护社会经济的正常秩序。

　　本实战技能将以汽车销售行业为例，将提供汽车销售行业纳税人的各个属性和是否偷税漏税的标识，结合汽车销售行业纳税人的各个属性，总结衡量纳税人的经营特征，建立偷税漏税行为的识别模型，识别偷税漏税的纳税人。

技能·详解

1.技术要点

　　本实战技能主要利用神经网络，实现对偷税漏税行为的识别，其技术难点在于使用怎样的算法效果最好，要实现本案例，需要掌握以下知识点。

　　LM（Levenberg-Marquardt）神经网络算法是梯度下降法和高斯牛顿法的结合，这种神经网络算法综合了这两种算法的优点，在一定程度上克服了基本BP神经网络收敛速度慢和容易陷入局部最小值等问题。LM神经网络算法参数沿着与误差梯度相反的方向移动，使误差函数减小，直到取得极小值。

　　设误差指标函数为：

$$E(w)\frac{1}{2}\sum_{i=1}^{p}\left\|Y_i-Y_i'\right\|^2=\frac{1}{2}\sum_{i=1}^{p}e_i^2(w) \qquad （公式5-67）$$

　　其中，Y_i 是期望的网络输出向量，Y_i' 是实际的网络输出向量，p 是样本数目，w 是网络权值和与之所组成的向量，e_i^2是误差。

设w^k表示第k次迭代的权值和阈值所组成的向量，新的权值和与之组成的向量w^{k+1}为$w^{k+1}=w^k+\Delta w$。在LM方法中，权值增量Δw计算公式如下：

$$\Delta w = \left[\boldsymbol{J}^{\mathrm{T}}(\boldsymbol{w}) \boldsymbol{J}(\boldsymbol{w}) + \mu \boldsymbol{I} \right]^{-1} \boldsymbol{J}^{\mathrm{T}}(\boldsymbol{w}) e(\boldsymbol{w}) \qquad （公式5-68）$$

其中，$\boldsymbol{I}$是单位矩阵，μ是用户定义的学习率，$\boldsymbol{J}(\boldsymbol{w})$是Jacobian矩阵。

$$\boldsymbol{J}(\boldsymbol{w}) = \begin{bmatrix} \dfrac{\partial e_1(\boldsymbol{w})}{\partial(w_1)} & \dfrac{\partial e_1(\boldsymbol{w})}{\partial(w_2)} & \cdots & \dfrac{\partial e_1(\boldsymbol{w})}{\partial(w_n)} \\ \dfrac{\partial e_2(\boldsymbol{w})}{\partial(w_1)} & \dfrac{\partial e_2(\boldsymbol{w})}{\partial(w_2)} & \cdots & \dfrac{\partial e_2(\boldsymbol{w})}{\partial(w_1)} \\ \vdots & \vdots & \ddots & \vdots \\ \dfrac{\partial e_n(\boldsymbol{w})}{\partial(w_1)} & \dfrac{\partial e_n(\boldsymbol{w})}{\partial(w_1)} & \cdots & \dfrac{\partial e_n(\boldsymbol{w})}{\partial(w_n)} \end{bmatrix} \qquad （公式5-69）$$

LM算法的计算步骤如下所示。

Step1：给出训练误差允许值ε，常数μ_0和$\beta(0<\beta<1)$，并且初始权值和阈值向量，令

$$k = 0, \mu = \mu_0 \qquad （公式5-70）$$

Step2：计算网络输出及误差指标函数$E(w^k)$。

Step3：计算Jacobian矩阵$\boldsymbol{J}(\boldsymbol{w})$。

Step4：计算Δw。

Step5：若$E(w^k) < \varepsilon$，转到Step7。

Step6：以$w^{k+1}=w^k+\Delta w$为权值和阈值向量，计算误差指标函数$E(w^{k+1})$，若$E(w^{k+1})<E(w^k)$，则令$k=k+1$，$\mu=\mu/\beta$，转到Step4。

Step7：算法结束。

2.主体设计

识别偷税漏税行为流程如图5-110所示。

图5-110　识别偷税漏税行为流程

识别偷税漏税行为具体通过以下6个步骤实现。

Step1：收集某地区汽车销售行业的销售情况和纳税情况。

Step2：利用Step1的数据，对数据进行数据探索，查看是否有数据缺失值、异常值等。

Step3：利用Step2中的探索结果，对数据进行清洗。随机选择80%的数据集作为后续模型的训练数据集，20%的数据集作为测试数据集。

Step4：利用CART决策树和神经网络算法建立汽车销售行业预测模型，并且对模型进行训练。

Step5：利用Step4中训练的模型和Step3中的测试评估数据集，对模型进行评估测试。

Step6：对识别结果进行输出。

3.编程实现

本实战技能使用Jupyter Notebook工具进行编写，建立相关的源文件【案例100：汽车销售行业偷税漏税行为识别.xls】，然后在相应的【cell】里面编写代码。参考下面的详细步骤，编写具体代码，具体步骤及代码如下所示。

Step1：数据获取。

本实战技能为了尽可能覆盖各种偷税漏税方式，收集了124条数据。本案例获取的数据如图5-111所示。

销售模式	汽车销售平均毛利	维修毛利	企业维修收入占销售收入比重	增值税税负	存货周转率	成本费用利润率	整体理论税负	整体税负控制数	办牌率	单台办牌手续费收入	代办保险率	保费返还率	输出
4S店	0.0635	0.3241	0.0879	0.0084	8.5241	0.0018	0.0166	0.0147	0.4	0.02	0.7155	0.15	正常
4S店	0.052	0.2577	0.1394	0.0298	5.2782	-0.0013	0.0032	0.0137	0.3307	0.02	0.2697	0.137	正常
4S店	0.0173	0.1965	0.1025	0.0067	19.8356	0.0014	0.008	0.0061	0.2256	0.02	0.2445	0.13	正常
一级代理商	0.0501	0	0	0.1673	1.0673	-0.3596	-0.1673	0	0	0	0	0	异常
4S店	0.0564	0.0034	0.0066	0.0017	12.847	-0.0014	0.0123	0.0095	0.0039	0.08	0.0117	0.187	正常
4S店	0.0484	0.6814	0.0064	0.0031	15.2445	0.0012	0.0063	0.0089	0.1837	0.04	0.0942	0.27	正常
4S店	0.052	0.3868	0.0348	0.0054	16.8715	0.0054	0.0103	0.0108	0.2456	0.05	0.5684	0.14	正常
一级代理商	-1.0646	0	0	0.077	2	-0.2905	-0.181	0	0	0	0	0	异常
二级及二级以下代理商	0.0341	-1.2062	0.0025	0.007	9.6142	-0.1295	0.0413	0.0053	0.7485	0.07	0.307	0.036	异常
二级及二级以下代理商	0.0312	0.2364	0.0406	0.0081	21.3944	0.0092	0.0112	0.0067	0.6621	0.06	0.3379	0.131	正常
4S店	0.0489	0.4763	0.0851	0	10.9974	0.2156	0.0136	0.0145	0	0	0	0	正常
4S店	0.0638	0.457	0.1521	0.0175	3.5134	0.1022	0.0239	0.021	0	0	0	0	正常
4S店	0.025	0.5117	0.0332	0.0107	18.3744	0.5642	0.0071	0.007	0	0	0	0	正常
4S店	0.0354	0.3237	0.0505	0	8.1862	-0.0001	0.0002	0.0085	0	0	0	0	正常
4S店	0.0204	0.4578	0.0568	0	9.8039	0.0002	0.0046	0.0077	0	0	0	0	正常
4S店	0.0578	0.4547	0.0677	0.015	11.4036	0.0014	0.0118	0.0144	0	0	0	0	正常
4S店	0.0614	0.5868	0.008	0.003	11.9058	0	0.0184	0.0112	0	0	0	0	正常
4S店	0.0546	0.4269	0.042	0.0055	6.4187	1.094	-0.0044	0.0119	0	0	0	0	正常
4S店	0.0323	0.4132	0.0352	0.0047	11.0045	1.2121	0.0188	0.0078	0	0	0	0	正常

图5-111　汽车销售行业纳税情况汇总

Step2：数据探索分析。

观察所获得的数据，可以知道样本数据包含15个特征属性，分别为14个输入特征和1个输出特征，有纳税人基本信息和经营指标数据。数据探索分析能够及早发现数据是否存在较大差异，并且对数据整体情况有基本的认识，代码如下所示。

```
1. import pandas as pd
2. import matplotlib.pyplot as plt
3.
4. # 读取数据
5. inputfile = 'F:/第五章/案例100：偷税漏税分析/数据集/案例100：汽车销售行业偷税漏税
6.         行为识别.xls'
7. data=pd.read_excel(inputfile, index_col='纳税人编号')
8. # print(data)
9.
10.plt.rcParams['font.sans-serif'] = ['SimHei'] # 设置中文标签正常
```

```
11.plt.rcParams['axes.unicode_minus'] = False
12.
13.# 数据探索
14.data.describe( )
15.fig, axes = plt.subplots(1, 2)
16.fig.set_size_inches(12, 4,)
17.ax0, ax1 = axes.flat
18.a = data[' 销售类型 '].value_counts( ).plot(kind='barh', ax=ax0,
19.                                  title=' 销售类型分布情况 ',)
20.a.xaxis.get_label( )
21.a.yaxis.get_label( )
22.a.legend(loc='upper right')
23.for label in ([a.title] + a.get_xticklabels( ) + a.get_yticklabels( )):
24.    b = data[' 销售模式 '].value_counts( ).plot(kind='barh', ax=ax1,
25.                                  title=' 销售模式分布情况 ')
26.    b.xaxis.get_label( )
27.    b.yaxis.get_label( )
28.    b.legend(loc='upper right')
29.    for label in ([b.title] + b.get_xticklabels( ) + b.get_yticklabels( )):
30.        print(data.describe( ).T)
31.        plt.show( )
```

运行结果如图5-112和图5-113所示。

	纳税人编号	汽车销售平均毛利	维修毛利	企业维修收入占销售收入比重	增值税税负	存货周转率	成本费用利润率	整体理论税负	整体税负控制数	办牌率	单台办牌手续费收入	代办保险率
count	124.000000	124.000000	124.000000	124.000000	124.000000	124.000000	124.000000	124.000000	124.000000	124.000000	124.000000	124.000000
mean	62.500000	0.023709	0.154894	0.068717	0.008287	11.036540	0.174839	0.010435	0.006961	0.146077	0.016387	0.169976
std	35.939764	0.103790	0.414387	0.158254	0.013389	12.984948	1.121757	0.032753	0.008926	0.236064	0.032510	0.336220
min	1.000000	-1.064600	-3.125500	0.000000	0.000000	0.000000	-1.000000	-0.181000	-0.007000	0.000000	0.000000	0.000000
25%	31.750000	0.003150	0.000000	0.000000	0.000475	2.459350	-0.004075	0.000725	0.000000	0.000000	0.000000	0.000000
50%	62.500000	0.025100	0.156700	0.025950	0.004800	8.421250	0.000500	0.009100	0.006000	0.000000	0.000000	0.000000
75%	93.250000	0.049425	0.398925	0.079550	0.008800	15.199725	0.009425	0.015925	0.011425	0.272325	0.020000	0.138500
max	124.000000	0.177400	1.000000	1.000000	0.077000	96.746100	9.827200	0.159300	0.057000	0.877500	0.200000	1.529700

图5-112 数据描述结果展示

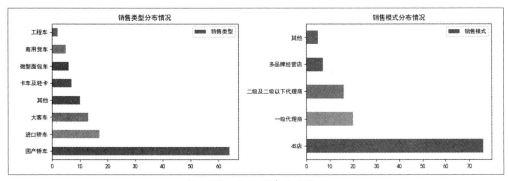

图5-113 数据探索结果展示

根据数据的分布情况可以看出，销售类型主要是国产轿车和进口轿车，销售模式主要是4S店和一级代理商。

Step3：数据预处理。

通过数据探索可以知道数据里存在缺失值和异常值，代码如下所示。

```
1. data = pd.merge(data, pd.get_dummies(data[u' 销售模式 ']), left_index=True,
2.                  right_index=True)
3. data = pd.merge(data, pd.get_dummies(data[u' 销售类型 ']), left_index=True,
4.                  right_index=True)
5. data['type'] = pd.get_dummies(data[u' 输出 '])[u' 正常 ']
6. data = data.iloc[:, 3:]
7. del data[u' 输出 ']
8. from random import shuffle
9. data_2 = data
10.data[:5]
```

运行结果如图5-114所示。

	汽车销售平均毛利	维修毛利	企业维修收入占销售收入比重	增值税税负	存货周转率	成本费用利润率	整体理论税负	整体税负控制数	办牌率	单台办牌手续费收入	...	多品牌经营店	其他	卡车及轻卡	商用货车	国产轿车	大客车	工程车
0	0.0635	0.3241	0.0879	0.0084	8.5241	0.0018	0.0166	0.0147	0.4000	0.02	...	0	0	0	0	1	0	0
1	0.0520	0.2577	0.1394	0.0298	5.2782	-0.0013	0.0032	0.0137	0.3307	0.02	...	0	0	0	0	1	0	0
2	0.0173	0.1965	0.1025	0.0067	19.8356	0.0014	0.0080	0.0061	0.2256	0.02	...	0	0	0	0	1	0	0
3	0.0501	0.0000	0.0000	0.0000	1.0673	-0.3596	-0.1673	0.0000	0.0000	0.00	...	0	0	0	0	1	0	0
4	0.0564	0.0034	0.0066	0.0017	12.8470	-0.0014	0.0123	0.0095	0.0039	0.08	...	0	0	0	0	0	0	0

图5-114　数据预处理结果

Step4：划分训练数据集与测试数据集。

为了保证模型的正确性和合理性，需要将数据集划分为训练数据集和测试数据集。将80%的数据集作为训练数据集，20%的数据集作为测试数据集，代码如下所示。

```
1. data = data.as_matrix( ) # 将表格转换为矩阵
2. shuffle(data)
3.
4. p = 0.8 # 设置训练数据比例
5. train = data[:int(len(data) * p), :] # 80% 为训练集
6. test = data[int(len(data) * p):, :] # 20% 为测试集
```

使用分类预测模型来实现偷税漏税的自动识别，比较常用的分类模型有CART决策树和LM神经网络。两种模型都有自己的优点，故采用两种模型进行训练，对比选择最优的分类模型。

Step5：建立CART决策树分类模型。

```
1. import pandas as pd
2. import matplotlib.pyplot as plt
3. from random import shuffle
4.
5. # 读取数据
```

```
6. inputfile = 'F:/ 第五章 / 案例 100：偷税漏税分析 / 数据集 / 案例 100：汽车销售行业偷税漏税
7.              行为识别 .xls'
8. train = 'F:/ 第五章 / 案例 100：偷税漏税分析 / 数据集 / 训练数据集 .xls'
9. # 混淆矩阵函数
10. def cm_plot(y, yp):
11.     from sklearn.metrics import confusion_matrix
12.     cm = confusion_matrix(y, yp)
13.     plt.matshow(cm, cmap=plt.cm.Greens)
14.     plt.colorbar( )
15.     for x in range(len(cm)):
16.         for y in range(len(cm)):
17.             plt.annotate(cm[x, y], xy=(x, y), horizontalalignment='center',
18.                         verticalalignment='center')
19.     plt.ylabel('True label')
20.     plt.xlabel('Predicted label')
21.     return plt
22.
23. # 构建 CART 决策树模型
24. from sklearn.tree import DecisionTreeClassifier # 导入决策树模型
25. treefile = 'output/cartree.pkl' # 输出模型名字
26. tree = DecisionTreeClassifier( ) # 建立决策树模型
27. tree.fit(train[:, :25], train[:, 25]) # 训练
28. # 保存模型
29. from sklearn.externals import joblib
30. joblib.dump(tree, treefile)
31. cm_plot(train[:, 25], tree.predict(train[:, :25])).show( ) # 显示混淆矩阵可视化结果
```

训练结果如图5-115所示。

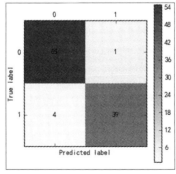

图5-115　CART模型训练结果

Step6：决策树分类模型评估。

对于训练的模型，我们使用ROC曲线对CART模型进行评估，代码如下所示。

```
1. # 模型评价
2. # 绘制决策树模型的 ROC 曲线
3. from sklearn.metrics import roc_curve  # 导入 ROC 曲线函数
```

```
4. fpr, tpr, thresholds = roc_curve(train[:, 24], tree.predict_proba(
5.                                  train[:, :24])[:, 1], pos_label=1)
6.
7. plt.plot(fpr, tpr, linewidth=2, label='ROC of CHAR')  # 绘制 ROC 曲线
8. plt.xlabel('False Positve Rate')  # 坐标轴标签
9. plt.ylabel('True Postive Rate')
10.plt.xlim(0, 1.05)  # 设定边界范围
11.plt.ylim(0, 1.05)
12.plt.legend(loc=4)  # 设定图例位置
13.plt.show()  # 显示绘图结果
```

决策树分类模型ROC评估曲线，如图5-116所示。

Step7：建立LM神经网络模型。

利用LM神经网络，对汽车销售行业进行偷税漏税行为的识别分析，代码如下所示。

```
1. from sklearn.metrics import roc_curve # 导入 ROC 曲线函数
2. import pandas as pd
3. import matplotlib.pyplot as plt
4. from random import shuffle
5. from keras.models import Sequential # 导入神经网络初始函数
6. from keras.layers.core import Dense, Activation # 导入神经网络层函数及激活函数
7.
8.
9. # 读取数据
10.inputfile = 'F:/ 第五章 / 案例 100：偷税漏税分析 / 数据集 / 案例 100：汽车销售行业偷税漏税
11.            行为识别 .xls'
12.data = pd.read_excel(inputfile, index_col=' 纳税人编号 ')
13.
14.p = 0.2
15.data = data.as_matrix()
16.train_x, test_x, train_y, test_y = data(data[:, :14], data[:, 14], test_size=p)
17.net_file = 'net.model' # 构建的神经网络模型存储路径
18.net = Sequential() # 建立神经网络
19.net.add(Dense(10, input_shape=(14))) # 添加输入层（14 节点）到隐藏层（10 节点）的连接
20.net.add(Activation('relu')) # 隐藏层使用 relu 激活函数
21.net.add(Dense(1, input_shape=(10,))) # 添加隐藏层（10 节点）到输出层（1 节点）的连接
22.net.add(Activation('sigmoid')) # 输出层使用 sigmoid 激活函数
23.net.compile(loss='binary_crossentropy', optimizer='adam',
24.            class_mode='binary') # 编译模型，使用 adam 方法求解
25.net.fit(train_x, train_y, nb_epoch=1000, batch_size=10) # 训练模型循环一千次
26.net.save_weights(net_file) # 保存模型
27.predict_result = net.predict_classes(train_x).reshape(len(train_x)) # 预测结果
28.
29.# 混淆矩阵函数
30.def cm_plot(y, yp):
31.  from sklearn.metrics import confusion_matrix
```

```
32.  cm = confusion_matrix(y, yp)
33.  plt.matshow(cm, cmap=plt.cm.Greens)
34.  plt.colorbar( )
35.  for x in range(len(cm)):
36.      for y in range(len(cm)):
37.          plt.annotate(cm[x, y], xy=(x, y), horizontalalignment='center',
38.                      verticalalignment='center')
39.  plt.ylabel('True label')
40.  plt.xlabel('Predicted label')
41.  return plt
```

运行结果如图5-117所示。

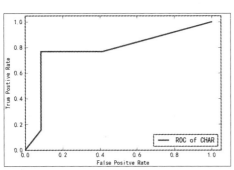

图5-116　决策树分类模型ROC评估曲线

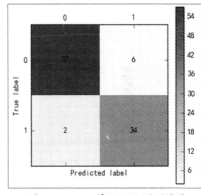

图5-117　LM神经网络预测结果

Step8：评估LM神经网络模型。

```
1.  # 绘制 LM 神经网络模型的 ROC 曲线
2.  from sklearn.metrics import roc_curve   # 导入 ROC 曲线函数
3.  predict_result = net.predict(test_x).reshape(len(test_x))   # 预测结果
4.  fpr, tpr, thresholds = roc_curve(test_y, predict_result, pos_label=1)
5.
6.  plt.plot(fpr, tpr, linewidth=2, label='ROC of LM')   # 绘制 ROC 曲线
7.  plt.xlabel('False Positive Rate')   # 坐标轴标签
8.  plt.ylabel('True POstive Rate')
9.  plt.xlim(0, 1.05)   # 设定边界范围
10. plt.ylim(0, 1.05)
11. plt.legend(loc=4)   # 设定图例位置
12. plt.show( )   # 显示绘图结果
```

评估结果如图5-118所示。

对于训练集，LM神经网络模型和CART决策树的分类准确率都比较高。为了进一步评估模型分类的效果，本案例使用ROC曲线评估方法对两个数学模型进行了评价。优秀的分类器所对应的ROC曲线应该更加靠近左上角。对比分析图5-116和图5-118，LM神经网络的ROC曲线比CART决策树的ROC曲线更加靠近左上角，说明LM神经网络模型的分类性能更好，更加适用于对本案例的偷

漏税行为的识别。

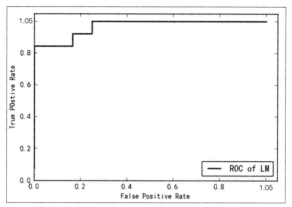

图5-118　LM神经网络模型ROC评估曲线

巩固·练习

　　本案例为了对企业偷税漏税行为进行识别，提出了LM神经网络模型和CART决策树分类模型。请读者结合本书前述章节所提出的方法，对偷税漏税行为数据集进行探索分析与预处理，从而构建机器学习模型，对企业偷税漏税行为进行识别分析，最后再对模型进行优化与重构，得到一个全新的识别偷税漏税行为的机器学习模型。

　　小贴士

　　本巩固练主要是对本书提出的案例的一个综合应用，主要参考前述案例所提出来的数据分析思想和模型建立步骤。

　　数据分析的时候需要对数据集进行探索分析和预处理。

　　数据挖掘模型建立的时候需要对数据进行划分，将数据集划分为训练数据集和测试数据集。模型建立之后，需要使用训练数据集对模型进行训练，再使用测试数据集对模型进行检验。

附录 A
Python 的安装与环境配置

目前，Python有两个版本供大家选择和使用，即Python 2.x和Python 3.x。Python 3.x是对Python 2.x的一次更新。由于Python 3.x在设计的时候并没有考虑到向下相容，许多针对Python 2.x设计的函数、语法或者库，都无法在Python 3.x正常执行。Python核心团队计划在2020年停止对Python 2.x的支持，因此本书建议大家使用Python 3.x。接下来，我们将以Python 3.6为例，详细讲解安装方法。

这里将介绍两种Python安装方式。

如果读者仅需要使用Python编译环境，可采用A.1的官方安装方式。

如果读者需要利用Python进行数据分析和处理，需要使用各种Python库，如Numpy、Scipy、Pandas、Scikit-learn等，在这样的情况下，可使用A.2介绍的Anaconda安装方法，同时完成Python及各种库的安装，非常方便。

A.1 Python的官方安装

Python的官方安装过程需要先在Python官方网站下载相应的安装包，然后再进行安装和配置，下面将详细介绍安装过程。

A.1.1 Python的官方下载

下面是通过Python官方网站下载相应版本的安装包的详细操作过程。

Step1：在浏览器地址栏输入Python官网网址，打开该网站，如图A-1所示。

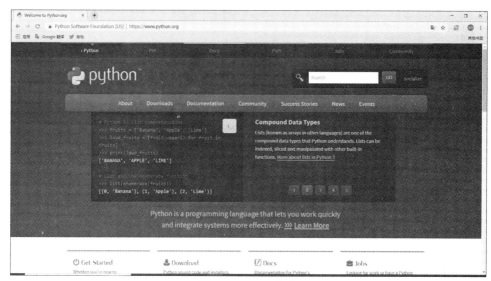

图A-1　Python官网

Step2：单击网页中的【Downloads】按钮，进入如图A-2所示的界面。

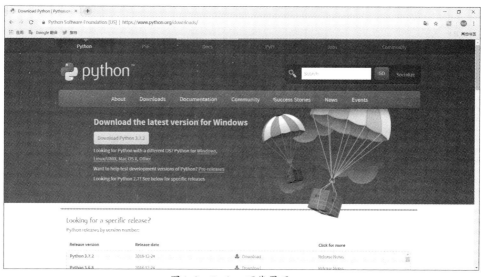

图A-2　Python下载界面

Step3：选择电脑的操作系统（本书以Windows操作系统为例），单击【Windows】链接，进入如图A-3所示的界面。

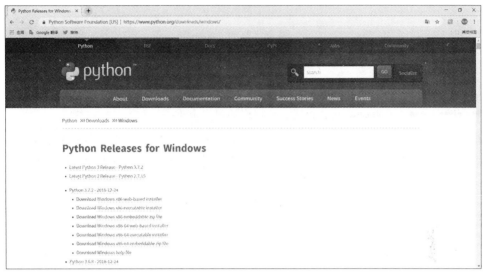

图A-3　Windows系统下载界面

Step4：本书建议使用Python 3.6.8版本。单击【Download Windows x86-64 executable installer】链接，下载所需要的版本，如图A-4所示。

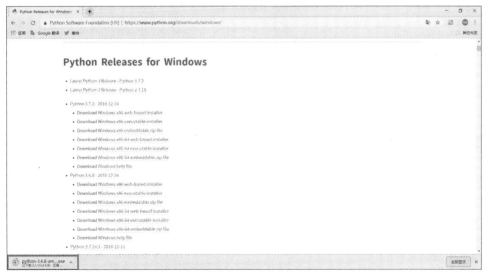

图A-4　下载界面

Step5：软件下载成功，打开所在文件夹，找到Python安装图标，如图A-5所示。

图A-5　Python安装包图标

A.1.2 Python的官方安装

从官方网站下载好Python的安装包之后，可以通过以下步骤进行安装。

Step1：双击下载的安装文件，或者右击该文件，在弹出的快捷菜单中选择【打开】选项，就会出现如图A-6所示的安装界面（如果该电脑曾经安装过Python，看到的安装界面中的第一个选项将是【Upgrade Now】）。

> ▌**温馨提示**
>
> 建议读者在安装的时候，选择图 A-6 中箭头指向的【Add Python 3.6 to PATH】复选框。该选项的含义是将 Python 的安装信息添加到系统环境变量中，这样方便以后在系统命令行中直接使用 Python 指令。如果此处不选中，那么在安装成功之后需要手动将 Python 的安装信息添加到系统环境变量中，操作会比较复杂。如果确实忘记选中此复选框，可以参考 A.1.3 小节方法进行手动添加。

Step2：普通用户选择第一项【Install Now】选项，然后根据提示单击【Next】按钮，即可成功安装。为了说明整个安装过程，此处选择自定义安装并对后续步骤进行说明，所以选择【Customize installation】选项，弹出新界面如图A-7所示。

图A-6　安装界面1

图A-7　安装界面2

Step3：选中所有复选框，然后单击【Next】按钮，进入下一个界面，如图A-8所示。在此界面中对一些高级安装选项进行配置，通常可以按照图中所示进行选择，也可以根据自己的需求更改软件安装的路径，本书不更改安装的路径。

Step4：单击【Install】按钮，进行安装，显示安装的进度，如图A-9所示。

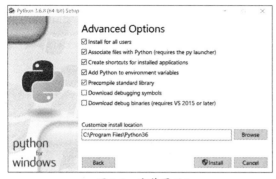

图A-8　安装界面3

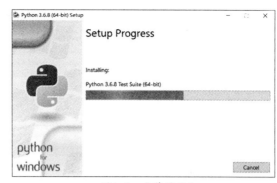

图A-9　安装界面4

Step5：安装完成，出现如图A-10所示的界面，单击【Close】按钮，即可完成安装。

Step6：同时按住【Win】和【R】键，打开运行界面，如图A-11所示。

图A-10　安装界面5

图A-11　运行界面

Step7：在文本框里面输入"cmd"，然后单击【确定】按钮。运行界面如图A-12所示。

Step8：输入"Python"，出现如图A-13所示的提示，说明Python安装成功。

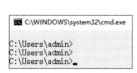

图A-12　cmd运行界面

图A-13　Python安装检测

A.1.3 手动配置环境变量

Python的安装实际上就是普通的Windows应用程序的安装，如果完全按照上述步骤进行操作，一般情况下都能够正常完成安装。安装完成后，在cmd上运行Python时，如果出现"Python不是内部命令"的错误提示，是因为在安装的过程中，没有选中【添加环境变量】复选框，此时就需要手动设置环境变量。如果不设置环境变量，在后续的使用过程中容易出错，导致Python在使用过程中出现错误环境。

设置Python的环境变量的具体步骤如下。

Step1：右击桌面【此电脑】图标，从弹出的快捷菜单中选择【属性】选项，弹出如图A-14所示的界面，单击【高级系统设置】按钮。

图A-14　计算机属性界面

Step2：在打开的【系统属性】的【高级】选项卡对话框中，单击【环境变量】按钮，如图A-15所示。

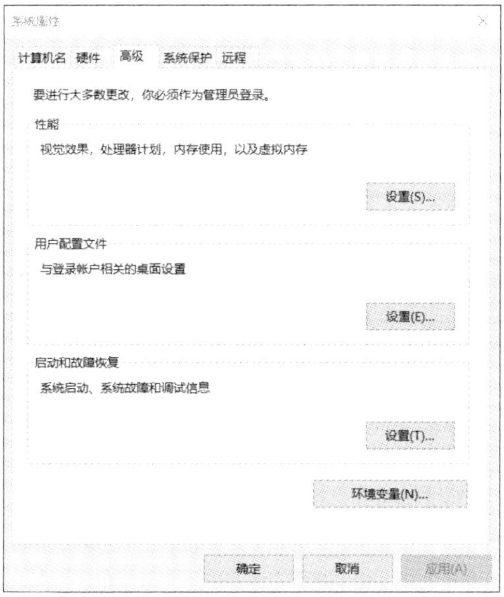

图A-15　高级系统设置界面

Step3：弹出【环境变量】对话框，如图A-16所示。

Step4：在下方的【系统变量(s)】列表框中选择【Path】选项并双击，或选择【Path】选项，单击下面的【编辑】按钮，如图A-17所示。

 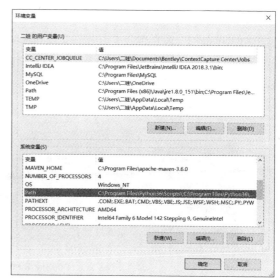

图A-16　环境变量设置界面 1　　　　　　　图A-17　环境变量操作界面

Step5：在打开的【编辑环境变量】对话框中，单击【新建】按钮，输入Python安装路径，单击【确定】按钮，环境变量即设置成功，如图A-18所示。

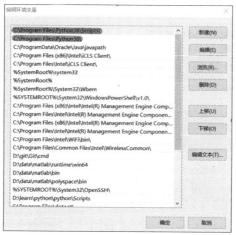

图A-18　环境变量设置界面2

至此，完成手动将Python安装信息添加到环境变量，如果一切顺利，就可以通过命令行或相应的编译环境进行Python代码的编写。

A.2 Anaconda的安装与运行

Anaconda是专注于数据分析的Python发行版本，包含了Conda、Python等一百多个科学包及其依赖项。其中，Conda是开源包和虚拟环境的管理系统。我们可以使用Conda来安装、更新、卸载工具包，并且它更加关注与数据科学相关的工具包。在安装Anaconda时，就预先集成了常用的Numpy、Scipy、Pandas、Scikit-learn这些数据分析中常用的包。从省时、省心的角度出发，本书建议大家安装Anaconda。本节将介绍Anaconda的下载、安装、配置和运行。

A.2.1 Anaconda的下载

Anaconda的安装也包含了下载、安装和配置等过程，首先介绍下载过程。

Step1：在浏览器地址栏输入Anaconda官网网址，打开该网站，如图A-19所示。

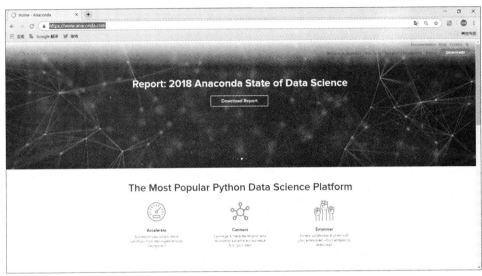

图A-19　Anaconda官网

Step2：单击网页中的【Download】按钮，进入如图A-20所示的界面。

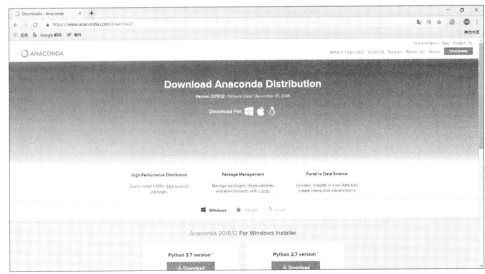

图A-20　Anaconda下载界面

　　Step3：选择自己的操作系统（本书以Windows操作系统为例），单击【Windows】下载链接，进入如图A-21所示的界面。

　　Step4：本文选择Python 3.7版本，然后单击【Download】按钮，开始下载Anaconda，界面如图A-22所示。

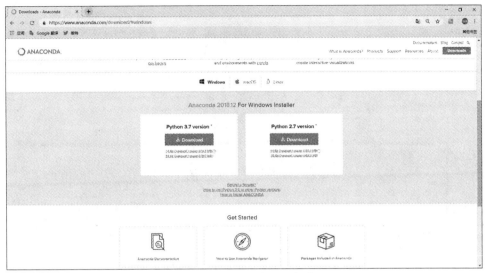

图A-21　Windows系统下载界面

图A-22　Anaconda下载界面

Step5：软件下载成功，打开所在文件夹，找到Anaconda安装图标，图标如图A-23所示。

A.2.2 Anaconda的安装

Anaconda的安装过程和普通的Windows程序的安装过程非常类似，操作如下。

Step1：双击如图A-23所示的图标，或者右击该文件，在弹出的快捷菜单中选择【打开】选项，就会弹出如图A-24所示的安装界面，单击【Next】按钮。

图A-23　Anaconda图标

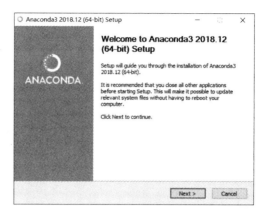

图A-24　安装界面1

Step2：弹出如图A-25所示的界面，单击【I Agree】按钮，同意使用协议。

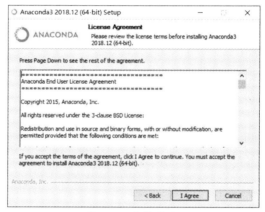

图A-25　安装界面2

Step3：弹出如图A-26所示的界面，单击【All Users】选钮，然后单击【Next】按钮。

Step4：弹出如图A-27所示的界面，单击【Browse】按钮，选择软件安装位置，然后单击【Next】按钮。

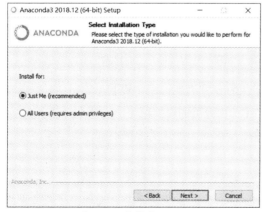

图A-26　安装界面3

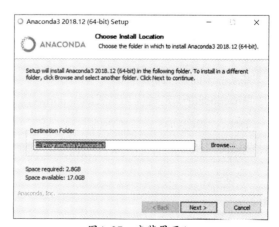

图A-27　安装界面4

Step5：弹出如图A-28所示的界面，可选择是否添加环境变量到系统中。

Step6：在如图A-29所示的界面中，选择两个复选框，选择添加环境变量到系统中。强烈建议选择此选项，否则需要手动进行环境变量配置。单击【Install】按钮，开始安装Anaconda。

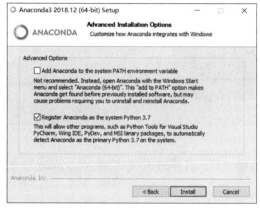

图A-28　安装界面5

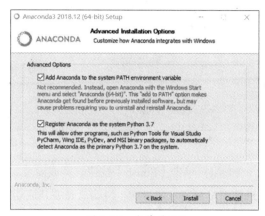

图A-29　安装界面6

Step7：显示安装进度，界面如图A-30所示。

Step8：安装完成之后，界面如图A-31所示。

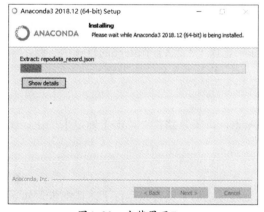

图A-30　安装界面7

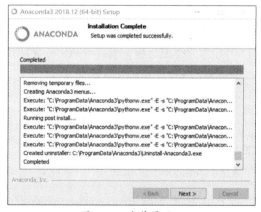

图A-31　安装界面8

Step9：单击【Next】按钮，弹出如图A-32所示的界面。

Step10：安装VS Code。VS Code是一款很好用的编辑器，可以选择安装。本文就不一一赘述了，单击【Skip】按钮，跳过此步骤，完成安装，弹出如图A-33所示的界面。

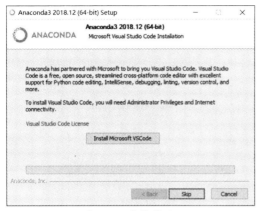

图A-32　安装界面9

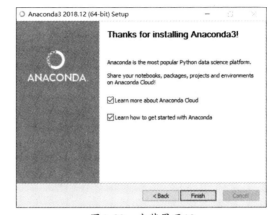

图A-33　安装界面10

Step11：单击【Finish】按钮，完成安装，完成安装之后，打开cmd，然后输入"conda"，如果出现如图A-34所示的界面，说明已经安装成功。

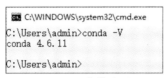

图A-34　安装检测

A.2.3 手动配置Anaconda的环境变量

Anaconda在配置过程中最大的问题与Python官网安装的问题一样，如果在安装向导中没有选中【添加环境变量】复选框，就会导致命令无法使用。如果选择了A.2.2小节Step6的复选框，则不需要再手动设置了，主要的配置过程如下。

Step1：找到编辑环境变量的窗口。

Step2：在图A-35中，单击【新建】按钮，输入Anaconda安装路径，单击【确定】按钮，环境变量设置成功。

A.2.4 Anaconda的运行

和其他Windows应用程序一样，Anaconda安装和配置好之后，就可以运行了，详细步骤如下。

Step1：打开【开始】菜单，如图A-36所示。

Step2：双击【Anaconda Navigator】程序，运行Anaconda，界面如图A-37所示。

图A-35　Anaconda环境变量配置

图A-36　菜单界面

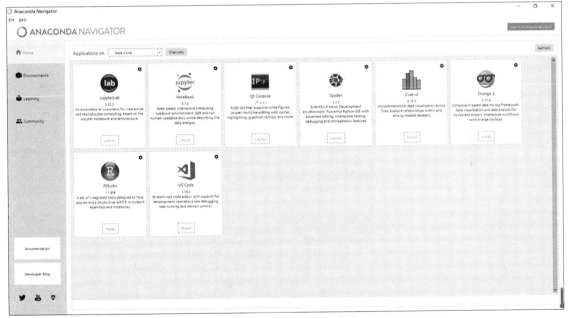

图A-37　Anaconda运行界面

附录 B
Python 开发工具的安装

　　本书主要使用Jupyter Notebook（有时候将其简称为Jupyter）和PyCharm两种开发工具。

　　Jupyter支持数据科学领域多种常见的语言，如 Python、R、Scala、Julia 等，用户能够使用Markdown 标记语言，并将逻辑和思考写在其中。这和Python内部注释部分不同，它常用于数据清洗、数据转换、统计建模和机器学习，能够用图显示单元代码的输出，比PyCharm更为轻便。

　　PyCharm是一个功能完备的代码编辑器，它具有齐全的代码编辑选项，集成了众多人性化的工具（GitHub、Maven等）。除此之外，PyCharm还能进行服务端开发。

　　读者可根据自身需求选择安装类型。附录B将详细介绍这两种工具的安装、配置和运行。

B.1 Jupyter Notebook安装

Jupyter Notebook是一种基于网页的，用于交互计算的应用程序，可以在浏览器内编辑代码，具有自动语法突显、代码缩进和制表等功能，也能够直接在浏览器内执行代码，运行结果可以直接在代码后面显示。Jupyter Notebook可以使用多种媒体来显示运行结果，如HTML、LaTeX、PNG、SVG等，还可以使用Markdown标记语言，对代码进行注释。

B.1.1 Jupyter Notebook的下载和安装

安装Jupyter Notebook的时候，我们将使用pip工具，如果完全按照附录A的Python官方安装流程来安装，那么就已经安装好了pip工具。如果未完全按照附录A的Python官方安装流程进行安装，那么还需要单独下载安装pip工具。接下来将详细介绍如何安装pip工具，并通过pip命令安装Jupyter Notebook，其具体步骤如下。

Step1：打开pip官网，界面如图B-1所示。

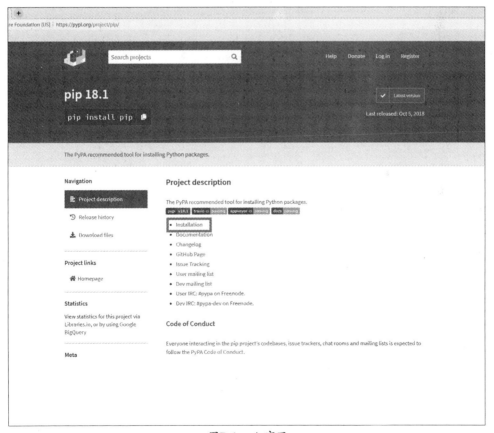

图B-1　pip官网

Step2：单击【Installation】按钮，弹出如图B-2所示的界面。

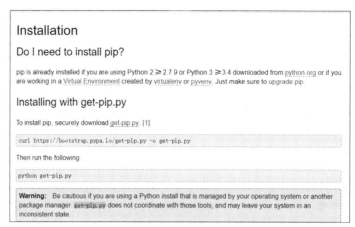

图B-2　get-pip.py下载界面

Step3：打开cmd，输入"curl https://bootstrap.pypa.io/get-pip.py -o get-pip.py"和"Python get-pip.py"，如图B-3所示。

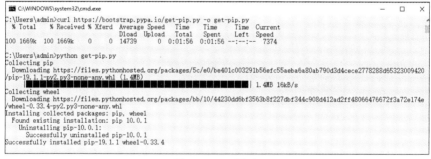

图B-3　cmd界面

Step4：输入"python .\get-pip.py"命令，如果出现"could not install packages due to an EnvironmentError: [WinError 5] 拒绝访问 Consider using the `--user` option or check the permissions"的报错，则可使用"python .\get-pip.py --user"来解决。

Step5：检测pip的版本信息，如图B-4所示。

图B-4　pip版本检测界面

Step6：查看Python的帮助文档，打开cmd，输入"pip"，如图B-5所示。

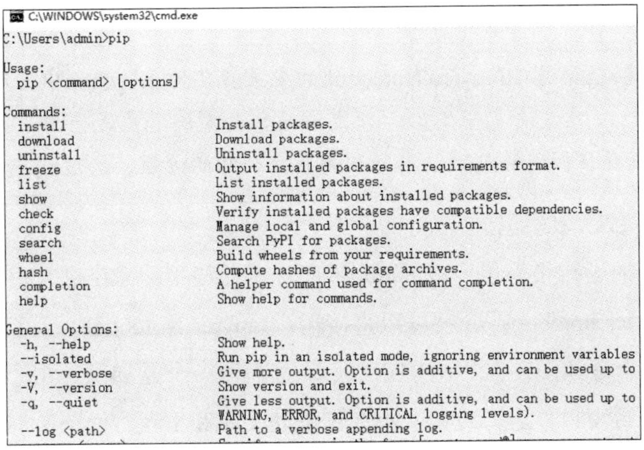

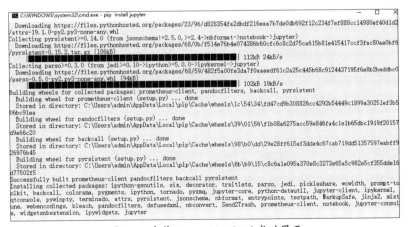

图B-5　pip帮助文档

根据pip帮助文档，可以知道pip常用命令，常用命令如下所示，代码中的【xxx】即为待安装的包的名称。

```
1. # 安装包
2. pip install xxx
3.
4. # 升级包，可以使用 -U 或者 --upgrade
5. pip install -U xxx
6.
7. # 卸载包
8. pip uninstall xxx
9.
10.# 列出已经安装的包
11.pip list
```

Step7：至此，pip已经安装好了，可以直接使用"pip install jupyter"命令进行Jupyter Notebook的安装，pip命令将自动下载Jupyter Notebook的安装包并进行安装，安装成功的界面如图B-6所示。

图B-6　安装Jupyter Notebook成功界面

高手点拨

此处只是介绍了通过pip进行Jupyter Notebook的安装，实际上Python中的所有第三方包（库）都可以通过pip进行安装，安装方法完全类似。正文中的各大案例也广泛使用了第三方包，读者在实现的时候如果发现提示不存在调用的包，请自行利用此处介绍的方法，通过pip进行手动安装。

B.1.2 Jupyter Notebook的运行

Jupyter Notebook的运行很简单，打开cmd界面，然后使用cd命令进入想要存储源文件的地址，然后在cmd中输"jupyter notebook"，就可以直接运行Jupyter Notebook。运行Jupyter Notebook之后会产生两个界面，一个是如图B-7所示的控制台界面，另一个是如图B-8所示的网页界面。其中，图B-7是代码的真实执行窗口，运行过程中不允许手动关闭和干预，而图B-8是用户编程的界面，可以在其中输入Python源代码。

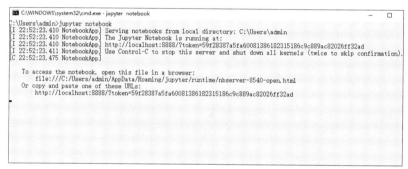

图B-7　Jupyter Notebook的cmd运行界面

图B-8　Jupyter Notebook的浏览器运行界面

至此，Jupyter Notebook的开发环境就安装完成了，读者可以在Jupyter Notebook中进行编辑和运行。

温馨提示

如果 Python 的运行环境是按照附录 A 中的方式进行安装的，就需要参考本小节，手动进行 Jupyter Notebook 的安装。如果是直接安装的 Anaconda，那么 Jupyter Notebook 也在其中，不需要单独安装，可以直接通过 Anaconda 菜单运行，也可以用本小节介绍的方法运行。

B.2 PyCharm安装

PyCharm是一种Python IDE，带有一整套可以帮助用户在使用Python语言开发时提高效率的工具，如调试、语法高亮、Project管理、代码跳转、智能提示、自动完成、单元测试、版本控制等。此外，该IDE提供了一些高级功能，用于支持Django框架下的专业Web开发。

B.2.1 PyCharm的下载

PyCharm作为一个普通的Windows应用程序，同样需要手动进行下载和安装，下面是下载的详细步骤。

Step1：在浏览器地址栏输入PyCharm官网地址，打开界面如图B-9所示。

图B-9　PyCharm官网

Step2：单击【DOWNLOAD NOW】按钮，出现界面如图B-10所示。

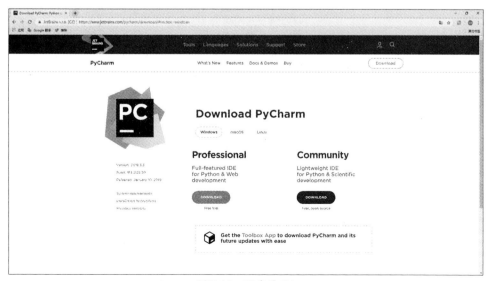

图B-10　下载界面1

Step3：PyCharm分为专业版和社区版，专业版是提供给企业进行商业应用开发的，是收费版本。社区版是一个免费版本，主要提供给学生和广大科研人员使用，两个版本的功能相差不大，主要区别在于对应用的优化程度不同。本书使用社区版就足够了，所以我们单击社区版下面的【DOWNLOAD】按钮进行下载，界面如图B-11所示。

Step4：完成下载，打开相应的存储文件，找到PyCharm安装图标，如图B-12所示。

图B-11　下载界面2

图B-12　PyCharm安装图标

B.2.2 PyCharm的安装

PyCharm的安装也比较简单，基本上一直单击【Next】按钮就能够成功，具体步骤如下。

Step1：双击安装文件，弹出如图B-13所示的界面。

Step2：单击【Next】按钮，弹出如图B-14所示的界面。

Step3：单击【Browse】按钮，选择自定义安装的位置，然后单击【Next】按钮，弹出如图B-15所示的界面。

Step4：选择相应的复选框选项，如图B-16所示。

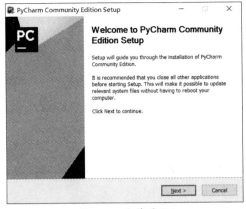

图B-13 安装界面1

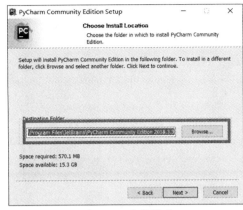

图B-14 安装界面2

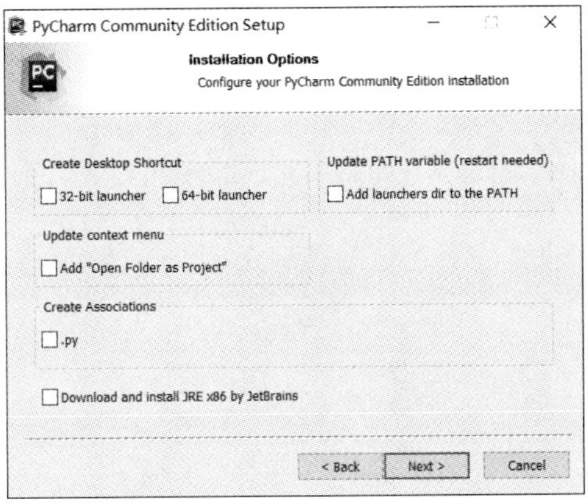

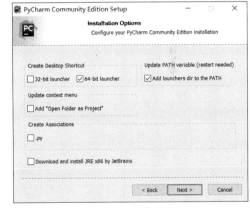

图B-15 安装界面3

图B-16 安装界面4

Step5：单击【Next】按钮，弹出如图B-17所示的界面。

Step6：单击【Install】按钮，开始进行安装，界面如图B-18所示。

图B-17 安装界面5

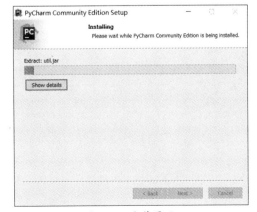

图B-18 安装界面6

Step7：等待几分钟，加载完成，用户可以选择重启软件的方式，如图B-19所示。

图B-19　安装界面7

Step8：单击【Finish】按钮，完成安装。

至此，PyCharm的安装过程就完成了，之后就可以通过开始菜单或者桌面快捷方式运行PyCharm，进行Python项目开发。